T0222248

Geometria proiettiva

Problemi risolti e richiami di teoria

Elisabetta Fortuna · Roberto Frigerio · Rita Pardini

Geometria proiettiva
Problemi risolti e richiami di teoria

 Springer

Elisabetta Fortuna
Dipartimento di Matematica "L. Tonelli"
Università di Pisa

Roberto Frigerio
Dipartimento di Matematica "L. Tonelli"
Università di Pisa

Rita Pardini
Dipartimento di Matematica "L. Tonelli"
Università di Pisa

UNITEXT – La Matematica per il 3+2
ISSN print edition: 2038-5722   ISSN electronic edition: 2038-5757

ISBN 978-88-470-1746-7   ISBN 978-88-470-1747-4 (eBook)
DOI 10.1007/978-88-470-1747-4

Springer Milan Dordrecht Heidelberg London New York

Layout copertina: Beatrice Я., Milano
Immagine di copertina: Tito Fornasiero, *Punto di fuga*, 34×49 cm, acquerello, 2010.
http://bluoltremare.blogspot.com. Riprodotto su autorizzazione

Impaginazione: PTP-Berlin, Protago TEX-Production GmbH, Germany (www.ptp-berlin.eu)
Stampa: Grafiche Porpora, Segrate (MI)

Springer-Verlag Italia S.r.l., Via Decembrio 28, I-20137 Milano
Springer-Verlag fa parte di Springer Science+Business Media (www.springer.com)

Prefazione

Argomenti di geometria proiettiva compaiono nei programmi di molti corsi di laurea in Matematica, Fisica e Ingegneria, anche in virtù delle applicazioni pratiche in settori quali l'ingegneria, la computer vision, l'architettura e la crittografia. Oltre ai vasti trattati classici sull'argomento, ormai molto datati dal punto di vista del linguaggio e della terminologia, sono in commercio alcuni testi moderni, come [Beltrametti et al.: *Lezioni di geometria analitica e proiettiva*, Bollati Boringhieri 2002] e [Sernesi: *Geometria* 1, Bollati Boringhieri 2000], che contengono anche esaurienti bibliografie.

Questo non è un ulteriore libro di testo, in particolare non è concepito per essere letto ordinatamente dalla prima all'ultima pagina; vuole invece affiancarsi a un libro di testo e accompagnare il lettore nell'apprendimento della materia secondo la filosofia dell'"imparar facendo". Per questo non ha pretese di sistematicità; ha invece l'ambizione, o almeno la speranza, non solo di facilitare e consolidare la comprensione della materia tramite l'elaborazione di numerosi esempi e applicazioni della teoria, ma anche di stimolare la curiosità del lettore, il suo senso di sfida nella ricerca di una soluzione, la sua capacità di guardare un argomento da diverse angolazioni. Il libro contiene inoltre, sotto forma di problemi risolti, alcuni risultati geometrici classici ottenibili con le tecniche relativamente elementari qui illustrate. Forse qualcuno dei lettori sarà invogliato da questi esempi ad approfondire gli argomenti trattati e ad affrontare lo studio della geometria algebrica classica.

In effetti il testo, pur avendo preso le mosse dalla nostra esperienza di docenti nel corso di Geometria Proiettiva per la laurea triennale in Matematica a Pisa e dal relativo imbatterci nelle difficoltà degli studenti, si è poi arricchito di contenuti di solito non trattati negli insegnamenti della laurea triennale, ma che possono essere utili e interessanti per un lettore intenzionato ad approfondire la materia trattata. Un'altra caratteristica del testo è di non limitarsi allo studio delle ipersuperfici e delle curve algebriche complesse, più tradizionalmente trattate, ma di prestare notevole attenzione anche al caso reale.

La prima parte del testo contiene richiami, sintetici ma esaurienti, dei risultati fondamentali della geometria proiettiva, di cui il lettore interessato può trovare le dimostrazioni in qualsiasi libro di testo che tratti dell'argomento. Lo scopo di questa parte iniziale è di dare al lettore una visione d'insieme della materia trattata e di fissare le notazioni e i concetti adoperati nel seguito. Nei tre capitoli successivi sono raccolti problemi risolti riguardanti rispettivamente le proprietà lineari degli spazi proiettivi, lo studio delle ipersuperfici e delle curve algebriche piane e, infine, le coniche e le quadriche. Nello spirito descritto, nella risoluzione dei problemi non abbiamo privilegiato né l'approccio analitico né quello sintetico, ma abbiamo scelto di volta in volta la soluzione secondo noi più interessante, o più elegante, o più rapida; talvolta abbiamo presentato più di una soluzione. Il livello di difficoltà è variabile: si spazia da esercizi di carattere calcolativo a problemi più impegnativi di carattere teorico. Gli esercizi a nostro parere più complicati sono indicati con il simbolo ☕, che vuol significare: "mettiti comodo, prenditi un caffè o un tè, armati di pazienza e determinazione, e vedrai che ne verrai a capo". Di altri esercizi abbiamo dato, oltre a una soluzione oggettivamente semplice, soluzioni alternative che richiedono ragionamenti più lunghi o complicati, che hanno però il pregio di offrire un punto di vista concettuale più profondo o di mettere in luce collegamenti non immediatamente evidenti con altri fenomeni. Abbiamo contrassegnato queste soluzioni, per così dire, "illuminanti" con il simbolo ⚡. Abbiamo cercato in questo modo di offrire una guida alla lettura del testo; siamo infatti convinti che il modo migliore di utilizzarlo, una volta acquisite le nozioni di base illustrate nei richiami, sia quello di cercare di risolvere autonomamente i problemi presentati, usando le soluzioni da noi fornite come verifica e approfondimento.

I prerequisiti necessari si limitano a nozioni di base, per lo più di algebra lineare, usualmente fornite durante il primo anno dei corsi di laurea in Matematica, Fisica o Ingegneria.

Siamo estremamente grati a Ciro Ciliberto, che ha creduto in questo progetto, ci ha incoraggiati e ci ha messo costantemente a disposizione la sua esperienza di matematico, di autore e di editore. Ringraziamo inoltre la dottoressa Francesca Bonadei della Springer che ha curato la realizzazione del libro.

Pisa, gennaio 2011

Elisabetta Fortuna
Roberto Frigerio
Rita Pardini

Indice

Richiami di teoria

1

Punti chiave

- Spazi proiettivi
- Trasformazioni proiettive
- Dualità
- La retta proiettiva
- Ipersuperfici affini e proiettive
- Carte affini e chiusura proiettiva
- Coniche e quadriche
- Curve algebriche piane e sistemi lineari

1.1
Notazioni standard

Nel testo, oltre a notazioni che verranno di volta in volta introdotte, si usano notazioni e simboli comunemente usati in letteratura. Per evitare comunque dubbi e fraintendimenti, elenchiamo qui per comodità del lettore alcune notazioni standard utilizzate nel seguito.

I simboli $\mathbb{N}, \mathbb{Z}, \mathbb{Q}, \mathbb{R}, \mathbb{C}$ indicano rispettivamente gli insiemi dei numeri naturali, interi, razionali, reali e complessi. Il coniugato $a - ib$ di un numero complesso $z = a + ib$ è denotato con $\overline{z}$.

Denoteremo con $\mathbb{K}$ un sottocampo di $\mathbb{C}$ e con $\mathbb{K}[x_1, \ldots, x_n]$ l'anello dei polinomi a coefficienti in $\mathbb{K}$ nelle indeterminate $x_1, \ldots, x_n$. Per ogni polinomio $f \in \mathbb{K}[x_1, \ldots, x_n]$ denoteremo con f_{x_i} la derivata parziale di f rispetto a x_i, e in modo simile le derivate parziali di ordine superiore. Per un polinomio in una variabile $p(x)$ la derivata prima sarà denotata con $p'(x)$.

Poniamo $\mathbb{K}^* = \mathbb{K} \setminus \{0\}$.

Fortuna E., Frigerio R., Pardini R.: Geometria proiettiva. Problemi risolti e richiami di teoria.
© Springer-Verlag Italia 2011

L'applicazione identità di un insieme A viene denotata con Id_A, o semplicemente con Id.

$M(p,q,\mathbb{K})$ denota lo spazio vettoriale delle matrici $p \times q$ a coefficienti nel campo $\mathbb{K}$ e $M(n,\mathbb{K})$ quello delle matrici quadrate di ordine n. Le matrici invertibili di ordine n costituiscono il gruppo $\text{GL}(n,\mathbb{K})$ e le matrici ortogonali reali il sottogruppo $O(n)$ di $\text{GL}(n,\mathbb{R})$. La matrice identica di $\text{GL}(n,\mathbb{K})$ viene denotata con I (o con I_n se è importante specificarne l'ordine).

Poiché l'applicazione $\mathbb{K}^n \to M(n,1,\mathbb{K})$ che associa ad ogni vettore $X = (x_1,\ldots,x_n) \in \mathbb{K}^n$ la colonna $\begin{pmatrix} x_1 \\ \vdots \\ x_n \end{pmatrix}$ è bigettiva, scriveremo indifferentemente un vettore di $\mathbb{K}^n$ nella forma di n-upla o nella forma di colonna.

Per ogni $A \in M(p,q,\mathbb{K})$ denotiamo con $\text{rk}\,A$ il rango di A e, se $p = q$, con $\det A$ e $\text{tr}A$ rispettivamente il determinante e la traccia di A. Se $A = (a_{i,j}) \in M(n,\mathbb{K})$, denotiamo con $c_{i,j}(A)$ la matrice complementare dell'elemento $a_{i,j}$ di A, ossia la sottomatrice di ordine $n - 1$ ottenuta cancellando in A la riga e la colonna contenenti $a_{i,j}$. Denotiamo inoltre con $A_{i,j}$ il complemento algebrico di $a_{i,j}$, ossia $A_{i,j} = (-1)^{i+j} \det(c_{i,j}(A))$.

Per ogni spazio vettoriale V, denotiamo con $\text{GL}(V)$ il gruppo degli isomorfismi lineari $V \to V$.

1.2
Spazi e sottospazi proiettivi, trasformazioni proiettive

1.2.1
Spazi e sottospazi proiettivi

Se V è uno spazio vettoriale di dimensione finita su $\mathbb{K}$, si chiama *spazio proiettivo* associato a V l'insieme quoziente $\mathbb{P}(V) = (V \setminus \{0\})/\sim$, dove $\sim$ è la relazione di equivalenza in $V \setminus \{0\}$ definita da

$$v \sim w \quad \Longleftrightarrow \quad \exists k \in \mathbb{K}^* \text{ tale che } v = kw.$$

Si chiama *dimensione* di $\mathbb{P}(V)$ l'intero $\dim \mathbb{P}(V) = \dim V - 1$. Se $V = \{0\}$, si ha $\mathbb{P}(V) = \emptyset$ e $\dim(\emptyset) = -1$.

Nel seguito, a meno che non venga diversamente specificato, V denoterà uno spazio vettoriale su $\mathbb{K}$ di dimensione $n + 1$ e $\mathbb{P}(V)$ lo spazio proiettivo ad esso associato di dimensione n.

Denotiamo con $\pi: V \setminus \{0\} \to \mathbb{P}(V)$ la proiezione al quoziente e con $[v]$ la classe di equivalenza del vettore $v \in V \setminus \{0\}$.

Lo spazio $\mathbb{P}(\mathbb{K}^{n+1})$ viene denotato con $\mathbb{P}^n(\mathbb{K})$ e chiamato lo *spazio proiettivo standard* di dimensione n su $\mathbb{K}$. Per ogni $(x_0, \ldots, x_n) \in \mathbb{K}^{n+1}$ denoteremo $[(x_0, \ldots, x_n)]$ semplicemente con $[x_0, \ldots, x_n]$.

Chiamiamo *sottospazio proiettivo* di $\mathbb{P}(V)$ ogni sottoinsieme $\mathbb{P}(W)$ con W sottospazio vettoriale di V; si ha allora $\mathbb{P}(W) = \pi(W \setminus \{0\})$. Pertanto $\dim \mathbb{P}(W) = \dim W - 1$. Se $W = \{0\}$, il sottospazio $\mathbb{P}(W)$ è vuoto e ha dimensione -1. Un sottospazio proiettivo viene detto *retta proiettiva* se ha dimensione 1, *piano proiettivo* se ha dimensione 2, *iperpiano proiettivo* se ha dimensione $n-1$. Seguendo l'usuale terminologia, chiamiamo *codimensione* di un sottospazio proiettivo S in $\mathbb{P}(V)$ l'intero $\mathrm{codim}\, S = \dim \mathbb{P}(V) - \dim S$.

1.2.2
Trasformazioni proiettive

Siano V e W due $\mathbb{K}$-spazi vettoriali. Un'applicazione $f \colon \mathbb{P}(V) \to \mathbb{P}(W)$ si dice *trasformazione proiettiva* se esiste un'applicazione lineare iniettiva $\varphi \colon V \to W$ tale che $f([v]) = [\varphi(v)]$ per ogni $v \in V \setminus \{0\}$. In tal caso scriviamo $f = \overline{\varphi}$.

Se $\varphi \colon V \to W$ è un'applicazione lineare che induce f, l'insieme di tutte le applicazioni lineari tra V e W che inducono f coincide con la famiglia $\{k\varphi \mid k \in \mathbb{K}^*\}$, ossia l'applicazione lineare che induce una proiettività è determinata a meno di un coefficiente moltiplicativo non nullo.

Se f è indotta da un isomorfismo lineare φ (e quindi in particolare $\dim \mathbb{P}(V) = \dim \mathbb{P}(W)$), allora diciamo che f è un *isomorfismo proiettivo*. Due spazi proiettivi su un campo $\mathbb{K}$ si dicono *isomorfi* se esiste un isomorfismo proiettivo tra di essi; due spazi proiettivi su $\mathbb{K}$ sono isomorfi se e solo se hanno la stessa dimensione.

Un isomorfismo proiettivo $f \colon \mathbb{P}(V) \to \mathbb{P}(V)$ è chiamato una *proiettività* di $\mathbb{P}(V)$. Una proiettività f di $\mathbb{P}(V)$ si dice un'*involuzione* se $f^2 = \mathrm{Id}$.

Se $f \colon \mathbb{P}(V) \to \mathbb{P}(W)$ è una trasformazione proiettiva e H è un sottospazio di $\mathbb{P}(V)$, allora $f(H)$ è un sottospazio di $\mathbb{P}(W)$ della stessa dimensione di H e $f|_H \colon H \to f(H)$ è un isomorfismo proiettivo.

Due sottoinsiemi A, B di $\mathbb{P}(V)$ sono detti *proiettivamente equivalenti* se esiste una proiettività f di $\mathbb{P}(V)$ tale che $f(A) = B$.

1.2.3
Operazioni con i sottospazi

Siano $S_1 = \mathbb{P}(W_1)$ e $S_2 = \mathbb{P}(W_2)$ due sottospazi proiettivi di $\mathbb{P}(V)$. Poiché $\mathbb{P}(W_1) \cap \mathbb{P}(W_2) = \mathbb{P}(W_1 \cap W_2)$, l'intersezione di due (o più) sottospazi proiettivi è un sottospazio proiettivo. I sottospazi S_1 e S_2 sono detti *incidenti* se $S_1 \cap S_2 \neq \emptyset$, mentre sono detti *sghembi* se $S_1 \cap S_2 = \emptyset$.

Per ogni sottoinsieme non vuoto $A \subseteq \mathbb{P}(V)$ chiamiamo *sottospazio generato* da A il sottospazio proiettivo $L(A)$ ottenuto come intersezione di tutti i sottospazi di $\mathbb{P}(V)$ che contengono A. Se $A = S_1 \cup S_2$ con $S_1 = \mathbb{P}(W_1), S_2 = \mathbb{P}(W_2)$ sottospazi proiettivi, il sottospazio generato da A sarà denotato con $L(S_1, S_2)$ ed evidentemente si ha $L(S_1, S_2) = \mathbb{P}(W_1 + W_2)$. Denotiamo con $L(P_1, \dots, P_m)$ il sottospazio generato dai punti $P_1, \dots, P_m$.

Proposizione 1.2.1 (Formula di Grassmann). *Siano S_1, S_2 sottospazi proiettivi di $\mathbb{P}(V)$. Allora* $\dim L(S_1, S_2) = \dim S_1 + \dim S_2 - \dim(S_1 \cap S_2)$.

Dalla formula di Grassmann segue che se $\dim S_1 + \dim S_2 \geq \dim \mathbb{P}(V)$ i sottospazi S_1, S_2 non possono essere sghembi, per cui ad esempio due rette nel piano proiettivo o una retta e un piano nello spazio proiettivo tridimensionale si incontrano sempre.

1.2.4
Il gruppo lineare proiettivo

Le proiettività di $\mathbb{P}(V)$ formano un gruppo rispetto alla composizione, detto *gruppo lineare proiettivo* e denotato $\mathrm{PGL}(V)$.

Poiché l'automorfismo che induce una proiettività $f \in \mathrm{PGL}(V)$ è determinato a meno di un coefficiente moltiplicativo non nullo, l'applicazione $\mathrm{GL}(V) \to \mathrm{PGL}(V)$ che associa all'automorfismo φ la proiettività $f = \overline{\varphi}$ induce un isomorfismo di gruppi tra il gruppo quoziente $\mathrm{GL}(V)/\sim$ e $\mathrm{PGL}(V)$, dove $\sim$ è la relazione di equivalenza in $\mathrm{GL}(V)$ definita da: $\varphi \sim \psi$ se e solo se esiste $k \in \mathbb{K}^*$ tale che $\varphi = k\psi$.

Se $\dim V = n + 1$, il gruppo $\mathrm{GL}(V)$ è isomorfo al gruppo moltiplicativo $\mathrm{GL}(n + 1, \mathbb{K})$ formato dalle matrici quadrate invertibili di ordine $n + 1$ a coefficienti in $\mathbb{K}$. Ne segue che $\mathrm{PGL}(V)$ è isomorfo al gruppo $\mathrm{PGL}(n + 1, \mathbb{K}) = \mathrm{GL}(n + 1, \mathbb{K})/\sim$, dove $\sim$ è la relazione di equivalenza che identifica due matrici A, B se e solo se esiste $k \in \mathbb{K}^*$ tale che $A = kB$.

1.2.5
Punti fissi

Se f è una proiettività di $\mathbb{P}(V)$, diciamo che un punto $P \in \mathbb{P}(V)$ è un *punto fisso* per f se $f(P) = P$; più in generale diciamo che $A \subset \mathbb{P}(V)$ è un *sottoinsieme invariante* per f se $f(A) = A$ (naturalmente non è detto che i punti appartenenti ad un sottoinsieme invariante siano fissi).

Se S è un sottospazio di $\mathbb{P}(V)$ invariante per f, allora $f|_S$ è una proiettività di S. Se S_1, S_2 sono sottospazi di $\mathbb{P}(V)$ invarianti per f, allora sono sottospazi invarianti anche $S_1 \cap S_2$ e $L(S_1, S_2)$.

Se $f \in \mathbb{PGL}(V)$ è indotta dall'isomorfismo lineare φ e $P = [v]$, allora P è un punto fisso per f se e solo se v è un autovettore per φ. Di conseguenza il luogo dei punti fissi di una proiettività è unione di sottospazi proiettivi $S_1, \ldots, S_m$ di $\mathbb{P}(V)$ con la proprietà che, per ogni $j = 1, \ldots, m$, i sottospazi S_j e $L(S_1, \ldots, S_{j-1}, S_{j+1}, \ldots, S_m)$ sono sghembi.

Se $\mathbb{K}$ è algebricamente chiuso, ogni proiettività di $\mathbb{P}^n(\mathbb{K})$ ha almeno un punto fisso. Similmente ogni proiettività di uno spazio proiettivo reale di dimensione pari ha almeno un punto fisso.

1.2.6
Trasformazioni proiettive degeneri

È possibile estendere la definizione di trasformazione proiettiva in modo da includere trasformazioni indotte da applicazioni lineari non iniettive. Se $\varphi\colon V \to W$ è un'applicazione lineare non nulla tra $\mathbb{K}$-spazi vettoriali e $H = \mathbb{P}(\ker \varphi) \subset \mathbb{P}(V)$, si chiama *trasformazione proiettiva degenere* indotta da φ l'applicazione $f\colon \mathbb{P}(V) \setminus H \to \mathbb{P}(W)$ definita da $f([v]) = [\varphi(v)]$ per ogni $[v] \in \mathbb{P}(V) \setminus H$. Come nel caso delle trasformazioni proiettive, l'applicazione lineare φ è determinata da f a meno di moltiplicazione per uno scalare non nullo. Osserviamo che, se φ è iniettiva, il sottospazio proiettivo H è vuoto e f è la trasformazione proiettiva indotta da φ. Se $S = \mathbb{P}(U) \subseteq \mathbb{P}(V)$ è un sottospazio non contenuto in H, la restrizione di f a $S \setminus (S \cap H)$ è una trasformazione proiettiva degenere a valori in $\mathbb{P}(W)$, e, se $S \cap H = \emptyset$, è una trasformazione proiettiva. L'immagine tramite f di $S \setminus (S \cap H)$ è un sottospazio proiettivo, più precisamente è il proiettivizzato del sottospazio $\varphi(U) \subseteq W$ e ha dimensione uguale a $\dim S - \dim(S \cap H) - 1$ (cfr. Esercizio 2.28).

1.2.7
Proiezione di centro un sottospazio

Siano $S = \mathbb{P}(U)$ e $H = \mathbb{P}(W)$ sottospazi proiettivi di $\mathbb{P}(V)$ tali che $S \cap H = \emptyset$ e $L(S, H) = \mathbb{P}(V)$. Se poniamo $k = \dim S$ e $h = \dim H$, dalla formula di Grassmann (cfr. Proposizione 1.2.1) otteniamo $k + h = n - 1$. Per ogni $P \in \mathbb{P}(V) \setminus H$, lo spazio $L(H, P)$ ha dimensione $h + 1$ così che, per la formula di Grassmann, abbiamo $\dim(S \cap L(H, P)) = 0$. Quindi $L(H, P)$ interseca S esattamente in un punto. L'applicazione $\pi_H\colon \mathbb{P}(V) \setminus H \to S$ che associa a P il punto $L(H, P) \cap S$ è detta *proiezione su S di centro H*; si verifica facilmente che π_H è una trasformazione proiettiva degenere (cfr. Esercizio 2.29).

1.2.8
Prospettività

Consideriamo nel piano proiettivo $\mathbb{P}^2(\mathbb{K})$ due rette distinte r e s e indichiamo con A il loro punto di intersezione. Dato un punto $O \notin r \cup s$, la restrizione a r della proiezione su s di centro O è un isomorfismo proiettivo $f : r \rightarrow s$, detto *prospettività di centro O*. Risulta evidente dalla costruzione che $f(A) = A$ e che l'isomorfismo inverso $f^{-1} : s \rightarrow r$ è anch'esso una prospettività di centro O.

La definizione di prospettività può essere data in un contesto più generale. Dati in uno spazio proiettivo $\mathbb{P}(V)$ di dimensione n due sottospazi S_1, S_2, entrambi di dimensione k, e un sottospazio H tale che $H \cap S_1 = H \cap S_2 = \emptyset$ e $\dim H = n - k - 1$, la restrizione a S_1 della proiezione su S_2 di centro H è un isomorfismo proiettivo $f : S_1 \rightarrow S_2$, detto *prospettività di centro H*. Come nel caso delle prospettività tra rette nel piano, l'isomorfismo inverso $f^{-1} : S_2 \rightarrow S_1$ è ancora una prospettività di centro H e la restrizione di f a $S_1 \cap S_2$ è l'identità.

1.3
Riferimenti proiettivi e coordinate omogenee

1.3.1
Posizione generale e riferimenti proiettivi

I punti $P_0 = [v_0], \ldots, P_k = [v_k]$ dello spazio proiettivo $\mathbb{P}(V)$ sono detti *linearmente indipendenti* se i vettori $v_0, \ldots, v_k \in V$ sono linearmente indipendenti. Pertanto i punti $P_0, \ldots, P_k$ sono linearmente indipendenti se e solo se il sottospazio $L(P_0, \ldots, P_k)$ ha dimensione k; inoltre il massimo numero di punti linearmente indipendenti in $\mathbb{P}(V)$ è $\dim \mathbb{P}(V) + 1$.

Più in generale, se $\dim \mathbb{P}(V) = n$, diciamo che i punti $P_0, \ldots, P_k$ sono *in posizione generale* se sono linearmente indipendenti (nel caso in cui $k \leq n$) oppure se $k > n$ e, comunque si scelgano $n + 1$ punti fra i P_i, essi sono linearmente indipendenti (cioè non sono contenuti in un iperpiano di $\mathbb{P}(V)$).

Si chiama *riferimento proiettivo* di $\mathbb{P}(V)$ ogni insieme ordinato $\mathcal{R} = \{P_0, \ldots, P_n, P_{n+1}\}$ di $n + 2$ punti in posizione generale; i punti $P_0, \ldots, P_n$ sono detti i *punti fondamentali* del riferimento, mentre P_{n+1} viene detto *punto unità*.

1.3.2
Sistemi di coordinate omogenee

Sia $\mathcal{R} = \{P_0, \ldots, P_n, P_{n+1}\}$ un riferimento proiettivo di $\mathbb{P}(V)$. Per ogni $u \in V \setminus \{0\}$ tale che $[u] = P_{n+1}$ esiste una e sola base $\mathcal{B}_u = \{v_0, \ldots, v_n\}$ di V tale che $[v_i] = P_i$

per ogni $i = 0, \ldots, n$ e $u = v_0 + \ldots + v_n$. Inoltre per ogni $\lambda \in \mathbb{K}^*$ si ha $\mathcal{B}_{\lambda u} = \{\lambda v_0, \ldots, \lambda v_n\}$.

Ogni base $\mathcal{B}_u$ così ottenuta viene detta *base normalizzata* di V e può essere utilizzata per introdurre un sistema di *coordinate omogenee* in $\mathbb{P}(V)$: se $P = [v]$ e $(x_0, \ldots, x_n)$ sono le coordinate del vettore v rispetto alla base vettoriale $\mathcal{B}_u$, diciamo che $(x_0, \ldots, x_n)$ è una $(n + 1)$-upla di coordinate omogenee di P rispetto al riferimento $\mathcal{R}$. Tali coordinate sono individuate a meno di un coefficiente moltiplicativo non nullo, per cui al punto P risulta associata la $(n + 1)$-upla omogenea $[P]_\mathcal{R} = [x_0, \ldots, x_n] \in \mathbb{P}^n(\mathbb{K})$. In particolare risulta $[P_0]_\mathcal{R} = [1, 0, \ldots, 0], [P_1]_\mathcal{R} = [0, 1, \ldots, 0], \ldots, [P_n]_\mathcal{R} = [0, 0, \ldots, 1], [P_{n+1}]_\mathcal{R} = [1, 1, \ldots, 1]$.

Quando è stato fissato un riferimento proiettivo e quindi un sistema di coordinate su $\mathbb{P}(V)$, invece di $[P]_\mathcal{R} = [x_0, \ldots, x_n]$ possiamo anche più semplicemente scrivere $P = [x_0, \ldots, x_n]$.

Fissare un riferimento proiettivo $\mathcal{R}$ equivale a fissare un isomorfismo proiettivo tra $\mathbb{P}(V)$ e $\mathbb{P}^n(\mathbb{K})$. Infatti l'applicazione $\phi_\mathcal{R} : \mathbb{P}(V) \to \mathbb{P}^n(\mathbb{K})$ definita da $\phi_\mathcal{R}(P) = [P]_\mathcal{R}$ risulta un isomorfismo proiettivo indotto dall'isomorfismo lineare $\phi_\mathcal{B} : V \to \mathbb{K}^{n+1}$ che associa ad ogni $v \in V$ le coordinate di v rispetto alla base $\mathcal{B}$, dove $\mathcal{B}$ è una qualsiasi base normalizzata associata a $\mathcal{R}$.

In $\mathbb{P}^n(\mathbb{K})$ si chiama *riferimento proiettivo standard* quello formato dai punti $[1, 0, \ldots, 0], [0, 1, \ldots, 0], \ldots, [0, 0, \ldots, 1], [1, 1, \ldots, 1]$, di cui una base normalizzata è la base canonica di $\mathbb{K}^{n+1}$.

Teorema 1.3.1 (Teorema fondamentale delle trasformazioni proiettive). *Siano* $\mathbb{P}(V)$ *e* $\mathbb{P}(W)$ *due spazi proiettivi sul campo* $\mathbb{K}$ *tali che* $\dim \mathbb{P}(V) = n \leq \dim \mathbb{P}(W)$. *Sia* $\mathcal{R} = \{P_0, \ldots, P_{n+1}\}$ *un riferimento proiettivo di* $\mathbb{P}(V)$ *e sia* $\mathcal{R}' = \{Q_0, \ldots, Q_{n+1}\}$ *un riferimento proiettivo di un sottospazio* S *di dimensione* n *di* $\mathbb{P}(W)$. *Allora esiste una e una sola trasformazione proiettiva* $f : \mathbb{P}(V) \to \mathbb{P}(W)$ *tale che* $f(P_i) = Q_i$ *per ogni* $i = 0, \ldots, n + 1$. *Se* $S = \mathbb{P}(W)$, *allora* f *è un isomorfismo proiettivo.*

In particolare, dati due riferimenti proiettivi $\mathcal{R}$ e $\mathcal{R}'$ di $\mathbb{P}(V)$, esiste una e una sola proiettività di $\mathbb{P}(V)$ che trasforma $\mathcal{R}$ in $\mathcal{R}'$; inoltre l'unica proiettività di $\mathbb{P}(V)$ che lascia fissi $n + 2$ punti in posizione generale è l'identità.

1.3.3
Rappresentazione analitica di una trasformazione proiettiva

La possibilità di disporre di coordinate omogenee permette di rappresentare analiticamente sottospazi e trasformazioni proiettive. Ad esempio, sia $f : \mathbb{P}(V_1) \to \mathbb{P}(V_2)$ una trasformazione proiettiva indotta dall'applicazione lineare iniettiva $\varphi : V_1 \to V_2$, con $\dim \mathbb{P}(V_1) = n$ e $\dim \mathbb{P}(V_2) = m$. Siano $\mathcal{R}_1$ e $\mathcal{R}_2$ riferimenti proiettivi rispettivamente su $\mathbb{P}(V_1)$ e $\mathbb{P}(V_2)$ e siano $\mathcal{B}_1$ e $\mathcal{B}_2$ basi normalizzate associate ai riferimenti fissati. Sia A la matrice associata a φ rispetto alle basi $\mathcal{B}_1$ e $\mathcal{B}_2$. Se $P \in \mathbb{P}(V_1)$, siano $[P]_{\mathcal{R}_1} = [x_0, \ldots, x_n]$ e $[f(P)]_{\mathcal{R}_2} = [y_0, \ldots, y_m]$. Se poniamo $X = (x_0, \ldots, x_n)$ e $Y = (y_0, \ldots, y_n)$, allora esiste $k \in \mathbb{K}^*$ tale che $kY = AX$. La matrice A, detta *matrice associata alla trasformazione f rispetto ai riferimenti* $\mathcal{R}_1$ *e* $\mathcal{R}_2$, è individuata a meno di un coefficiente moltiplicativo non nullo, in quanto sia l'applicazione lineare φ sia le basi normalizzate $\mathcal{B}_1$ e $\mathcal{B}_2$ sono individuate a meno di un coefficiente moltiplicativo non nullo.

1.3.4
Cambiamenti di riferimento proiettivo

Siano $\mathcal{R}_1$ e $\mathcal{R}_2$ due riferimenti proiettivi su $\mathbb{P}(V)$ e siano $\mathcal{B}_1$ e $\mathcal{B}_2$ basi normalizzate associate ai riferimenti fissati. Sia $A \in \mathrm{GL}(n+1, \mathbb{K})$ la matrice del cambiamento di coordinate tra la base $\mathcal{B}_1$ e la base $\mathcal{B}_2$. Se $P \in \mathbb{P}(V)$, siano $[P]_{\mathcal{R}_1} = [x_0, \ldots, x_n]$ e $[P]_{\mathcal{R}_2} = [y_0, \ldots, y_n]$. Se poniamo $X = (x_0, \ldots, x_n)$ e $Y = (y_0, \ldots, y_n)$, allora esiste $k \in \mathbb{K}^*$ tale che $kY = AX$. La matrice A, individuata a meno di un coefficiente moltiplicativo non nullo, è detta *matrice del cambiamento di riferimento (o matrice del cambiamento di coordinate omogenee) tra* $\mathcal{R}_1$ *e* $\mathcal{R}_2$.

Se $\phi_{\mathcal{R}_1} \colon \mathbb{P}(V) \to \mathbb{P}^n(\mathbb{K})$ e $\phi_{\mathcal{R}_2} \colon \mathbb{P}(V) \to \mathbb{P}^n(\mathbb{K})$ sono gli isomorfismi proiettivi indotti dai riferimenti $\mathcal{R}_1$ e $\mathcal{R}_2$, la relazione $kY = AX$ rappresenta in coordinate la trasformazione proiettiva $\phi_{\mathcal{R}_2} \circ \phi_{\mathcal{R}_1}{}^{-1} \colon \mathbb{P}^n(\mathbb{K}) \to \mathbb{P}^n(\mathbb{K})$.

1.3.5
Rappresentazione cartesiana di sottospazi

Sia $S = \mathbb{P}(W)$ un sottospazio proiettivo di dimensione k di $\mathbb{P}(V)$. Siano $\mathcal{R}$ un riferimento proiettivo in $\mathbb{P}(V)$ e $\mathcal{B}$ una base normalizzata di V associata al riferimento. Poiché W è un sottospazio vettoriale di V di dimensione $k+1$, è possibile darne una rappresentazione cartesiana in coordinate. Esiste cioè una matrice $A \in M(n-k, n+1, \mathbb{K})$ di rango $n-k$ tale che W è l'insieme dei vettori $w \in V$ le cui coordinate X rispetto alla base $\mathcal{B}$ verificano la relazione $AX = 0$. Allora

$$S = \{P \in \mathbb{P}(V) \mid AX = 0, \text{ dove } [P]_{\mathcal{R}} = [x_0, \ldots, x_n] \text{ e } X = (x_0, \ldots, x_n)\}.$$

Le equazioni del sistema lineare omogeneo $AX = 0$ sono dette *equazioni cartesiane del sottospazio S* rispetto al riferimento $\mathcal{R}$.

In questo modo S viene visto come l'insieme dei punti di $\mathbb{P}(V)$ le cui coordinate omogenee rispetto a $\mathcal{R}$ soddisfano un sistema lineare omogeneo di $n-k$ equazioni indipendenti, dove $n-k$ è la codimensione di S in $\mathbb{P}(V)$. In particolare ogni iperpiano di $\mathbb{P}(V)$ può essere rappresentato da un'equazione lineare omogenea in $n+1$ incognite $a_0 x_0 + \ldots + a_n x_n = 0$ con gli a_i non tutti nulli. Gli iperpiani H_i di equazione $x_i = 0$ sono detti *iperpiani fondamentali*, o anche *iperpiani coordinati*.

1.3.6
Rappresentazione parametrica di sottospazi

È possibile dare anche una rappresentazione parametrica di un sottospazio $S = \mathbb{P}(W)$ di dimensione k. Infatti W può essere rappresentato parametricamente vedendolo come immagine di un'applicazione lineare iniettiva $\varphi \colon \mathbb{K}^{k+1} \to V$, per cui S è immagine della trasformazione proiettiva $f \colon \mathbb{P}^k(\mathbb{K}) \to \mathbb{P}(V)$ indotta da φ. Le componenti della rappresentazione analitica di f (rispetto al riferimento proiettivo standard su $\mathbb{P}^k(\mathbb{K})$ e ad un fissato riferimento $\mathcal{R}$ su $\mathbb{P}(V)$) sono dette *equazioni parametriche del sottospazio S* rispetto a $\mathcal{R}$. In questo modo le coordinate omogenee dei punti di S sono funzioni lineari omogenee di $k + 1$ parametri.

Per determinare esplicitamente tali equazioni basta scegliere $k + 2$ punti $Q_0, \ldots, Q_{k+1}$ di S in posizione generale (così che $S = L(Q_0, \ldots, Q_k)$) e costruire la trasformazione proiettiva f che trasforma il riferimento proiettivo standard di $\mathbb{P}^k(\mathbb{K})$ nel riferimento proiettivo $\{Q_0, \ldots, Q_{k+1}\}$ di S (l'esistenza di f è garantita dal Teorema fondamentale delle trasformazioni proiettive, cfr. Teorema 1.3.1). Se $[Q_i]_{\mathcal{R}} = [q_{i,0}, \ldots, q_{i,n}]$, allora P sta in S se e solo se esistono $\lambda_0, \ldots, \lambda_k \in \mathbb{K}$ tali che

$$\begin{cases} x_0 = \lambda_0 q_{0,0} + \ldots + \lambda_k q_{k,0} \\ \vdots \\ x_n = \lambda_0 q_{0,n} + \ldots + \lambda_k q_{k,n} \end{cases},$$

dove $[x_0, \ldots, x_n]$ sono coordinate omogenee di P. Ciò avviene se e solo se la matrice

$$M = \begin{pmatrix} q_{0,0} & \cdots & q_{k,0} & x_0 \\ \vdots & \vdots & \vdots & \vdots \\ q_{0,n} & \cdots & q_{k,n} & x_n \end{pmatrix}$$

(in cui le prime $k + 1$ colonne sono linearmente indipendenti) ha rango $k + 1$. Per il criterio degli orlati questo equivale all'annullarsi di $n - k$ determinanti di minori (ossia sottomatrici quadrate) di ordine $k + 2$ di M; troviamo così $n - k$ equazioni che rappresentano S in forma cartesiana.

1.3.7
Estensione di riferimenti proiettivi

Se S è un sottospazio proiettivo di $\mathbb{P}(V)$ di dimensione k, in S possiamo scegliere $k + 1$ punti $P_0, \ldots, P_k$ linearmente indipendenti e completarli ad un riferimento proiettivo di $\mathbb{P}(V)$. Nel sistema di coordinate omogenee $[x_0, \ldots, x_n]$ così determinato il sottospazio S ha equazioni $x_{k+1} = \ldots = x_n = 0$ e i punti di S hanno coordinate omogenee del tipo $[x_0, \ldots, x_k, 0, \ldots, 0]$. L'applicazione

$$S \ni P = [x_0, \ldots, x_k, 0, \ldots, 0] \to [x_0, \ldots, x_k] \in \mathbb{P}^k(\mathbb{K})$$

è un isomorfismo proiettivo e definisce su S un sistema di coordinate omogenee, detto *sistema di coordinate omogenee indotto su S*.

1.3.8
Carte affini

Consideriamo l'iperpiano fondamentale $H_0 = \{x_0 = 0\}$ di $\mathbb{P}^n(\mathbb{K})$ e denotiamo $U_0 = \mathbb{P}^n(\mathbb{K}) \setminus H_0$. L'applicazione $j_0 \colon \mathbb{K}^n \to U_0$ definita da

$$j_0(x_1, \ldots, x_n) = [1, x_1, \ldots, x_n]$$

è bigettiva e ha come inversa la mappa $U_0 \to \mathbb{K}^n$ definita da

$$j_0^{-1}([x_0, \ldots, x_n]) = \left(\frac{x_1}{x_0}, \ldots, \frac{x_n}{x_0} \right).$$

La coppia (U_0, j_0^{-1}) viene detta *carta affine standard* di $\mathbb{P}^n(\mathbb{K})$.

È possibile generalizzare la nozione di carta affine di uno spazio proiettivo $\mathbb{P}(V)$ di dimensione n a partire da un qualsiasi iperpiano H.

Infatti sia $f \colon \mathbb{P}^n(\mathbb{K}) \to \mathbb{P}(V)$ un isomorfismo proiettivo tale che $f(H_0) = H$ (e quindi $f(U_0) = U_H$, dove $U_H = \mathbb{P}(V) \setminus H$); la mappa $j_H \colon \mathbb{K}^n \to U_H$ definita da $j_H = f \circ j_0$ è biunivoca e la coppia (U_H, j_H^{-1}) viene detta *carta affine* di $\mathbb{P}(V)$. Talvolta per abuso di linguaggio, se non c'è rischio di confusione, può capitare di indicare con il termine "carta" o solo il sottoinsieme U_H o solo la bigezione con $\mathbb{K}^n$.

Ad esempio, sia H un iperpiano di $\mathbb{P}(V)$ avente equazione $a_0 x_0 + \ldots + a_n x_n = 0$ nel sistema di coordinate omogenee indotte da un riferimento proiettivo $\mathcal{R}$. Poiché gli a_i non sono tutti nulli, possiamo ad esempio supporre $a_0 \neq 0$. Allora l'applicazione $f \colon \mathbb{P}^n(\mathbb{K}) \to \mathbb{P}(V)$ che associa al punto $[x_0, \ldots, x_n] \in \mathbb{P}^n(\mathbb{K})$ il punto di $\mathbb{P}(V)$ avente coordinate $\left[\frac{x_0 - a_1 x_1 - \ldots - a_n x_n}{a_0}, x_1, \ldots, x_n \right]$ rispetto al riferimento $\mathcal{R}$ è un isomorfismo proiettivo tale che $f(H_0) = H$. In tal caso la mappa $j_H = f \circ j_0 \colon \mathbb{K}^n \to U_H$ è data da

$$j_H(x_1, \ldots, x_n) = f([1, x_1, \ldots, x_n]) = \left[\frac{1 - a_1 x_1 - \ldots - a_n x_n}{a_0}, x_1, \ldots, x_n \right]$$

e ha come inversa la mappa $U_H \to \mathbb{K}^n$ definita da

$$j_H^{-1}([x_0, \ldots, x_n]) = \left(\frac{x_1}{\sum_{i=0}^n a_i x_i}, \ldots, \frac{x_n}{\sum_{i=0}^n a_i x_i} \right).$$

Se $P \in U_H$, le componenti del vettore $j_H^{-1}(P) = \left(\frac{x_1}{\sum a_i x_i}, \ldots, \frac{x_n}{\sum a_i x_i} \right)$ sono dette *coordinate affini* del punto P nella carta U_H. I punti di H sono detti *punti impropri* (o anche *punti all'infinito*) rispetto alla carta U_H, mentre i punti di U_H sono detti *punti propri* rispetto a U_H.

Naturalmente si può procedere in modo analogo scegliendo un qualsiasi coefficiente $a_i \neq 0$ nell'equazione di H ottenendo così una diversa carta affine.

Evidentemente il fatto di essere "improprio" è un concetto relativo: un punto può essere improprio rispetto ad una carta e proprio per un'altra; anzi ogni punto P può essere visto come punto improprio scegliendo una carta U_H determinata da un iperpiano H che contiene P.

Nel caso in cui $\mathbb{P}(V) = \mathbb{P}^n(\mathbb{K})$ e prendiamo uno degli iperpiani fondamentali $H_i = \{x_i = 0\}$, conveniamo di denotare $U_i = \mathbb{P}^n(\mathbb{K}) \setminus H_i$; procedendo come sopra otteniamo che la mappa $j_i : \mathbb{K}^n \to U_i$ definita da

$$j_i(y_1, \ldots, y_n) = [y_1, \ldots, y_{i-1}, 1, y_{i+1}, \ldots, y_n]$$

è una bigezione avente come inversa l'applicazione

$$j_i^{-1}([x_0, \ldots, x_n]) = \left(\frac{x_0}{x_i}, \ldots, \frac{x_{i-1}}{x_i}, \frac{x_{i+1}}{x_i}, \ldots, \frac{x_n}{x_i} \right).$$

Nel caso $i = 0$ ritroviamo l'applicazione j_0 definita all'inizio.

Notiamo che $U_0 \cup \ldots \cup U_n = \mathbb{P}^n(\mathbb{K})$; la famiglia $\{(U_i, j_i^{-1})\}_{i=0,\ldots,n}$ viene chiamata *atlante standard* di $\mathbb{P}^n(\mathbb{K})$.

Componendo j_i con l'inclusione naturale di U_i in $\mathbb{P}^n(\mathbb{K})$ si ottiene un'immersione di $\mathbb{K}^n$ in $\mathbb{P}^n(\mathbb{K})$; possiamo così interpretare $\mathbb{P}^n(\mathbb{K})$ come *ampliamento* di $\mathbb{K}^n$ attraverso l'aggiunta dell'iperpiano improprio H_i.

Una proiettività f di $\mathbb{P}(V)$ fissa una carta affine $U_H = \mathbb{P}(V) \setminus H$ (ossia $f(U_H) = U_H$) se e solo se $f(H) = H$; le proiettività che fissano una carta affine formano un sottogruppo di $\mathbb{PGL}(V)$. A meno di un cambiamento di coordinate omogenee possiamo supporre che H abbia equazione $x_0 = 0$; sia A una matrice associata a f in tale sistema di coordinate. Allora f fissa H se e solo se A è una matrice a blocchi del tipo

$$A = \left(\begin{array}{c|ccc} 1 & 0 & \ldots & 0 \\ \hline B & & C & \end{array} \right),$$

dove $B \in \mathbb{K}^n$ e C è una matrice quadrata invertibile di ordine n. Pertanto in coordinate affini f agisce sulla carta U_H trasformando il vettore $X \in \mathbb{K}^n$ nel vettore $CX + B$, ossia la restrizione di f alla carta è un'affinità. In altre parole il sottogruppo di $\mathbb{PGL}(V)$ che fissa un iperpiano è isomorfo al gruppo delle affinità di $\mathbb{K}^n$.

1.3.9
Chiusura proiettiva di un sottospazio affine

Sia W un sottospazio affine di $\mathbb{K}^n$ definito dalle equazioni

$$\begin{cases} a_{1,1}x_1 + \ldots + a_{1,n}x_n + b_1 &= 0 \\ \phantom{a_{1,1}x_1} \vdots & \vdots \\ a_{h,1}x_1 + \ldots + a_{h,n}x_n + b_h &= 0 \end{cases}$$

e consideriamo, ad esempio, l'immersione di $\mathbb{K}^n$ in $\mathbb{P}^n(\mathbb{K})$ data dall'applicazione j_0 definita sopra. Allora j_0 trasforma i punti di W nei punti propri (rispetto all'iperpiano H_0) del sottospazio proiettivo $\overline{W}$ di $\mathbb{P}^n(\mathbb{K})$ definito dalle equazioni

$$\begin{cases} a_{1,1}x_1 + \ldots + a_{1,n}x_n + b_1 x_0 = 0 \\ \quad\vdots \qquad\qquad\qquad\qquad \vdots \\ a_{h,1}x_1 + \ldots + a_{h,n}x_n + b_h x_0 = 0 \end{cases}.$$

Il sottospazio $\overline{W}$ coincide con il più piccolo sottospazio proiettivo di $\mathbb{P}^n(\mathbb{K})$ che contiene W e viene detto *chiusura proiettiva* di W (rispetto a j_0).

1.3.10
Trasformazioni proiettive e cambiamenti di coordinate

Sia $f\colon \mathbb{P}(V) \to \mathbb{P}(W)$ una trasformazione proiettiva, con $\dim \mathbb{P}(V) = n$ e $\dim \mathbb{P}(W) = m$. Siano $\mathcal{R}_1, \mathcal{R}_2$ riferimenti proiettivi in $\mathbb{P}(V)$ e $\mathcal{S}_1, \mathcal{S}_2$ riferimenti proiettivi in $\mathbb{P}(W)$. Denotiamo con X (risp. X') la colonna costituita da una $(n+1)$-upla di coordinate omogenee di un generico punto $P \in \mathbb{P}(V)$ rispetto a $\mathcal{R}_1$ (risp. $\mathcal{R}_2$). Denotiamo inoltre con Y (risp. Y') la colonna costituita da una $(m+1)$-upla di coordinate omogenee del punto $f(P) \in \mathbb{P}(W)$ rispetto a $\mathcal{S}_1$ (risp. $\mathcal{S}_2$). Se A è una matrice associata a f rispetto ai riferimenti $\mathcal{R}_1$ e $\mathcal{S}_1$, allora $Y = kAX$ con $k \in \mathbb{K}^*$. D'altra parte se denotiamo con N (risp. M) una matrice di cambiamento di riferimento tra $\mathcal{R}_1, \mathcal{R}_2$ (risp. tra $\mathcal{S}_1, \mathcal{S}_2$), allora $X' = \alpha N X$ e $Y' = \beta M Y$ con $\alpha, \beta \in \mathbb{K}^*$. Pertanto si ha

$$Y' = \beta M Y = \beta k M A X = (\beta k \alpha^{-1}) M A N^{-1} X',$$

per cui f è rappresentata dalla matrice MAN^{-1} rispetto ai riferimenti $\mathcal{R}_2$ e $\mathcal{S}_2$.

In particolare se $f \in \mathbb{PGL}(V)$, cambiando riferimento proiettivo in $\mathbb{P}(V)$ (allo stesso modo nel dominio e nel codominio di f), due matrici A, B che rappresentano f nei due diversi sistemi di coordinate omogenee sono *simili* a meno di un coefficiente moltiplicativo non nullo, cioè esiste $M \in GL(n+1, \mathbb{K})$ ed esiste $\lambda \in \mathbb{K}^*$ tali che $B = \lambda M A M^{-1}$. Ad esempio, nel caso in cui $\mathbb{K}$ è algebricamente chiuso, scegliendo un opportuno sistema di riferimento si può ottenere che la proiettività f sia rappresentata da una matrice di Jordan.

Due proiettività f, g di $\mathbb{P}(V)$ sono dette *coniugate* se esiste una proiettività $h \in \mathbb{PGL}(V)$ tale che $g = h^{-1} \circ f \circ h$. Pertanto f, g sono coniugate se e solo se le matrici che rappresentano rispettivamente f e g in un sistema di coordinate omogenee sono simili a meno di un coefficiente moltiplicativo non nullo.

1.4
Spazio proiettivo duale e dualità

1.4.1
Lo spazio proiettivo duale

Sia V un $\mathbb{K}$-spazio vettoriale e sia V^* il suo duale. Lo spazio proiettivo $\mathbb{P}(V^*)$ è chiamato *spazio proiettivo duale* e denotato anche $\mathbb{P}(V)^*$. Se dim $V = n + 1$, allora $\mathbb{P}(V)^*$ ha dimensione n ed è quindi proiettivamente isomorfo a $\mathbb{P}(V)$.

Se $\mathcal{B}$ è una base di V (ottenuta ad esempio a partire da un riferimento proiettivo di $\mathbb{P}(V)$), allora la base duale $\mathcal{B}^*$ di V^* può essere usata per indurre in $\mathbb{P}(V)^*$ un sistema di *coordinate omogenee duali*. Se $[L] \in \mathbb{P}(V)^*$ è la classe di equivalenza di un funzionale lineare non nullo $L \in V^*$ e nel sistema di coordinate indotto da $\mathcal{B}$ si ha $L(x_0, \ldots, x_n) = a_0 x_0 + \ldots + a_n x_n$, allora L ha coordinate $(a_0, \ldots, a_n)$ rispetto alla base $\mathcal{B}^*$ di V^* e $[L]$ ha coordinate omogenee $[a_0, \ldots, a_n]$.

Poiché $a_0 x_0 + \ldots + a_n x_n = 0$ rappresenta un iperpiano di $\mathbb{P}(V)$, lo spazio $\mathbb{P}(V)^*$ si identifica in modo naturale con l'insieme degli iperpiani proiettivi di $\mathbb{P}(V)$, che quindi ha una struttura di spazio proiettivo. Così diciamo che degli iperpiani sono linearmente indipendenti (risp. in posizione generale) se lo sono i punti di $\mathbb{P}(V)^*$ ad essi corrispondenti. Chiamiamo *coordinate omogenee di un iperpiano* le coordinate omogenee dell'elemento di $\mathbb{P}(V)^*$ corrispondente, per cui l'iperpiano di equazione $a_0 x_0 + \ldots + a_n x_n = 0$ ha coordinate omogenee $[a_0, \ldots, a_n]$.

1.4.2
Corrispondenza di dualità

Sia $S = \mathbb{P}(W)$ un sottospazio proiettivo di $\mathbb{P}(V)$ di dimensione k. Allora l'annullatore $\mathrm{Ann}(W) = \{L \in V^* \mid L|_W \equiv 0\}$ è un sottospazio vettoriale di V^* di dimensione $n - k$. L'applicazione δ dall'insieme dei sottospazi proiettivi di $\mathbb{P}(V)$ di dimensione k all'insieme dei sottospazi proiettivi di $\mathbb{P}(V)^*$ di dimensione $n - k - 1$ che associa al sottospazio $S = \mathbb{P}(W)$ il sottospazio $\mathbb{P}(\mathrm{Ann}(W))$ è detta *corrispondenza di dualità*. L'applicazione δ è biunivoca, rovescia le inclusioni e si ha

$$\delta(S_1 \cap S_2) = L(\delta(S_1), \delta(S_2)) \qquad \delta(L(S_1, S_2)) = \delta(S_1) \cap \delta(S_2).$$

Se $k = n - 1$ ritroviamo la corrispondenza biunivoca tra iperpiani di $\mathbb{P}(V)$ e punti di $\mathbb{P}(V)^*$; se $k = 0$ otteniamo una corrispondenza biunivoca tra punti di $\mathbb{P}(V)$ e iperpiani di $\mathbb{P}(V)^*$.

1.4.3
Sistemi lineari di iperpiani

Ogni sottospazio proiettivo di $\mathbb{P}(V)^*$ viene chiamato *sistema lineare*; per quanto visto in 1.4.2, i punti di un sistema lineare sono iperpiani di $\mathbb{P}(V)$. Chiamiamo *centro di un sistema lineare* l'intersezione di tutti gli iperpiani del sistema lineare; se denotiamo con S il centro di un sistema lineare $\mathcal{L}$, allora $\mathcal{L}$ coincide con l'insieme di tutti gli iperpiani di $\mathbb{P}(V)$ che contengono S. Per questo il sistema lineare $\mathcal{L}$ viene anche detto *sistema lineare degli iperpiani di centro S* e denotato $\Lambda_1(S)$.

Se H è un iperpiano di $\mathbb{P}(V)$, visto che δ rovescia le inclusioni, H contiene S se e solo se il punto $\delta(H) \in \mathbb{P}(V)^*$ appartiene a $\delta(S)$; dunque $\Lambda_1(S) = \delta(S)$ per cui, se $\dim S = k$, allora $\dim \Lambda_1(S) = n - k - 1$.

Esplicitamente, se rappresentiamo S in forma cartesiana attraverso un insieme minimale di $n - k$ equazioni lineari omogenee, vediamo S come intersezione di $n - k$ iperpiani $H_1, \ldots, H_{n-k}$ di $\mathbb{P}(V)$ tali che $\delta(H_1), \ldots, \delta(H_{n-k})$ sono punti linearmente indipendenti in $\mathbb{P}(V)^*$. D'altra parte, come visto sopra,

$$\Lambda_1(S) = \delta(S) = \delta(H_1 \cap \ldots \cap H_{n-k}) = L(\delta(H_1), \ldots, \delta(H_{n-k}))$$

da cui ritroviamo che $\dim \Lambda_1(S) = n - k - 1$.

Nel caso in cui $k = n - 2$ il sistema lineare $\Lambda_1(S)$ ha dimensione 1 e viene chiamato *fascio di iperpiani di centro S*. Ad esempio se $n = 2$ e S contiene solo un punto P, allora $\Lambda_1(S)$ è il *fascio di rette* di centro P del piano proiettivo $\mathbb{P}(V)$; se $n = 3$ e S è una retta, allora $\Lambda_1(S)$ è il *fascio di piani* dello spazio proiettivo $\mathbb{P}(V)$ di centro la retta S.

Se L è un iperpiano di $\mathbb{P}(V)$, denotiamo con $\Lambda_1(S) \cap U_L$ la famiglia delle intersezioni degli iperpiani proiettivi del sistema lineare $\Lambda_1(S)$ con la carta $U_L = \mathbb{P}(V) \setminus L$; questa famiglia è costituita da iperpiani affini e viene detta *sistema lineare di iperpiani affini*. Nel caso in cui il centro S non è contenuto in L (e dunque $L \notin \Lambda_1(S)$), tutti gli iperpiani affini di $\Lambda_1(S) \cap U_L$ si intersecano nel sottospazio affine $S \cap U_L$ e in tal caso si parla di *sistema lineare proprio di iperpiani affini*. Se invece $S \subset L$, si parla di *sistema lineare improprio di iperpiani affini*.

In particolare, se $\Lambda_1(S)$ è un fascio (ossia ha dimensione 1), $\Lambda_1(S) \cap U_L$ è detto *fascio proprio* (o *fascio improprio*) di iperpiani affini; due qualsiasi iperpiani di un fascio improprio sono paralleli. Quando $n = 2$ ritroviamo così la nozione di fascio proprio di rette (che si intersecano in un punto) e di fascio improprio di rette (costituito dalle rette parallele ad una retta fissata).

Nel caso di sistemi lineari propri, associando ad ogni iperpiano $H \in \Lambda_1(S)$ l'intersezione $H \cap U_L$, si ottiene una corrispondenza biunivoca fra il sistema lineare proiettivo $\Lambda_1(S)$ e il sistema lineare affine proprio $\Lambda_1(S) \cap U_L$; invece se $S \subset L$, l'iperpiano L appartiene a $\Lambda_1(S)$ ma la sua intersezione con U_L è vuota.

1.4.4
Principio di dualità

Poiché $\mathbb{P}(V)^*$ è proiettivamente isomorfo a $\mathbb{P}(V)$, l'applicazione biunivoca δ introdotta in 1.4.2 può essere vista come applicazione che trasforma sottospazi di dimensione k di $\mathbb{P}(V)$ in sottospazi di dimensione "duale" $n - k - 1$ di $\mathbb{P}(V)$ stesso. Dalle proprietà di δ ricordate sopra discende il seguente:

Teorema 1.4.1 (Principio di dualità). *Sia $\mathcal{P}$ una proposizione che riguarda i sottospazi di uno spazio proiettivo n-dimensionale $\mathbb{P}(V)$, le loro intersezioni, i sottospazi da essi generati e le loro dimensioni. Allora $\mathcal{P}$ è vera se e solo se è vera la proposizione "duale" $\mathcal{P}^*$ ottenuta da $\mathcal{P}$ sostituendo i termini "intersezione, sottospazio generato, contenuto, contenente, dimensione" rispettivamente con "sottospazio generato, intersezione, contenente, contenuto, dimensione duale", dove la "dimensione duale" vale $n - k - 1$ se la dimensione vale k.*

Una proposizione viene detta *autoduale* se coincide con la sua duale. Un esempio di proposizione autoduale è il seguente:

Teorema 1.4.2 (Teorema di Desargues). *Sia $\mathbb{P}(V)$ un piano proiettivo e siano $A_1, A_2, A_3, B_1, B_2, B_3$ punti distinti di $\mathbb{P}(V)$ a tre a tre non allineati. Consideriamo i triangoli T_1 e T_2 di $\mathbb{P}(V)$ di vertici rispettivamente A_1, A_2, A_3 e B_1, B_2, B_3 e diciamo che T_1 e T_2 sono in prospettiva se esiste un punto O del piano, detto il "centro di prospettiva", distinto dagli A_i e dai B_i, tale che tutte le rette $L(A_i, B_i)$ passino per O. Allora T_1 e T_2 sono in prospettiva se e solo se i punti $P_3 = L(A_1, A_2) \cap L(B_1, B_2)$, $P_1 = L(A_2, A_3) \cap L(B_2, B_3)$ e $P_2 = L(A_3, A_1) \cap L(B_3, B_1)$ sono allineati.*

Per una dimostrazione del Teorema di Desargues si veda l'Esercizio 2.12.

1.4.5
Proiettività duale

Sia f una proiettività di $\mathbb{P}(V)$ rappresentata da una matrice $A \in \mathrm{GL}(n + 1, \mathbb{K})$ in un sistema di coordinate omogeneee. L'applicazione f trasforma un iperpiano H di equazione ${}^t CX = 0$ nell'iperpiano $f(H)$ di equazione ${}^t C'X = 0$ dove $C' = {}^t A^{-1} C$. Infatti

$$ {}^t CX = 0 \iff {}^t CA^{-1}AX = 0 \iff {}^t ({}^t A^{-1}C)AX = 0 \iff {}^t C'AX = 0. $$

Allora l'applicazione $f_* \colon \mathbb{P}(V)^* \to \mathbb{P}(V)^*$ definita da $f_*(H) = f(H)$ è rappresentata dalla matrice ${}^t A^{-1}$ nel sistema di coordinate omogenee duali su $\mathbb{P}(V)^*$. Pertanto f_* è una proiettività di $\mathbb{P}(V)^*$, detta *proiettività duale*.

Un iperpiano H di equazione ${}^t CX = 0$ risulta essere invariante per f se e solo se esiste $\lambda \neq 0$ tale che $C = \lambda {}^t A^{-1} C$, ossia ${}^t AC = \lambda C$ e quindi se e solo se C è autovettore per la matrice ${}^t A$.

1.5
Spazi proiettivi di dimensione 1

1.5.1
Il birapporto

Dati quattro punti P_1, P_2, P_3, P_4 di una retta proiettiva $\mathbb{P}(V)$, i primi tre dei quali siano distinti, si chiama *birapporto* $\beta(P_1, P_2, P_3, P_4)$ il numero $\frac{y_1}{y_0} \in \mathbb{K} \cup \{\infty\}$, dove $[y_0, y_1]$ sono coordinate omogenee di P_4 nel riferimento proiettivo $\{P_1, P_2, P_3\}$ di $\mathbb{P}(V)$.

In particolare si ha $\beta(P_1, P_2, P_3, P_1) = 0$, $\beta(P_1, P_2, P_3, P_2) = \infty$ e $\beta(P_1, P_2, P_3, P_3) = 1$. In pratica per ogni $P_4 \neq P_2$ lo scalare $\beta(P_1, P_2, P_3, P_4)$ rappresenta la coordinata affine del punto P_4 nella carta affine $\mathbb{P}(V) \setminus \{P_2\}$ rispetto al riferimento affine $\{P_1, P_3\}$.

Se $[\lambda_i, \mu_i]$ sono coordinate omogenee di P_i per $i = 1, \ldots, 4$ in un qualche sistema di coordinate omogenee, si ha

$$\beta(P_1, P_2, P_3, P_4) = \frac{(\lambda_1 \mu_4 - \lambda_4 \mu_1)(\lambda_3 \mu_2 - \lambda_2 \mu_3)}{(\lambda_1 \mu_3 - \lambda_3 \mu_1)(\lambda_4 \mu_2 - \lambda_2 \mu_4)}$$

(con la usuale convenzione che $\frac{1}{0} = \infty$). Usando questa formula si può estendere la nozione di birapporto al caso in cui tre dei quattro punti sono distinti, ma non necessariamente i primi tre.

Se $\lambda_i \neq 0$ per ogni i e consideriamo le coordinate affini $z_i = \frac{\mu_i}{\lambda_i}$ dei punti P_i, l'espressione del birapporto diventa

$$\beta(P_1, P_2, P_3, P_4) = \frac{(z_4 - z_1)(z_3 - z_2)}{(z_3 - z_1)(z_4 - z_2)}.$$

Osserviamo che, se P_1, P_2, P_3 sono punti distinti di una retta proiettiva, per ogni $k \in \mathbb{K} \cup \{\infty\}$ esiste un unico punto Q tale che $\beta(P_1, P_2, P_3, Q) = k$.

Se $\mathcal{F}_O$ denota il fascio di rette di centro un punto O in un piano proiettivo $\mathbb{P}(V)$, l'immagine del fascio tramite dualità è una retta in $\mathbb{P}(V)^*$ per cui $\mathcal{F}_O$ ha una naturale struttura di spazio proiettivo di dimensione 1. Date quattro rette in un piano proiettivo $\mathbb{P}(V)$ uscenti da un punto O, tre delle quali siano distinte, possiamo pertanto definire il *birapporto delle quattro rette* come il birapporto dei quattro punti allineati di $\mathbb{P}(V)^*$ ad esse corrispondenti.

Allo stesso modo, dato un sottospazio S di codimensione 2 di uno spazio proiettivo $\mathbb{P}(V)$, denotiamo con $\mathcal{F}_S$ il fascio di iperpiani di centro S, cioè l'insieme degli iperpiani di $\mathbb{P}(V)$ che contengono S. Poiché $\mathcal{F}_S$ è un sottospazio proiettivo di dimensione 1 dello spazio proiettivo duale $\mathbb{P}(V)^*$, dati H_1, H_2, H_3, H_4 iperpiani in $\mathcal{F}_S$ tre dei quali siano distinti, è definito il birapporto $\beta(H_1, H_2, H_3, H_4)$.

La proprietà fondamentale del birapporto è quella di essere invariante per isomorfismi proiettivi:

Teorema 1.5.1. *Siano* P_1, P_2, P_3, P_4 *punti di una retta proiettiva* $\mathbb{P}(V)$, *con* P_1, P_2, P_3 *distinti, e siano* Q_1, Q_2, Q_3, Q_4 *punti di una retta proiettiva* $\mathbb{P}(W)$, *con* Q_1, Q_2, Q_3 *distinti. Allora esiste un isomorfismo proiettivo* $f : \mathbb{P}(V) \to \mathbb{P}(W)$ *tale che* $f(P_i) = Q_i$ *per* $i = 1, \ldots, 4$ *se e solo se* $\beta(P_1, P_2, P_3, P_4) = \beta(Q_1, Q_2, Q_3, Q_4)$.

Questa proprietà può anche essere utilizzata per costruire un isomorfismo proiettivo f tra due rette proiettive $\mathbb{P}(V)$ e $\mathbb{P}(W)$ che trasformi tre punti distinti P_1, P_2, P_3 di $\mathbb{P}(V)$ rispettivamente in tre punti distinti Q_1, Q_2, Q_3 di $\mathbb{P}(W)$. Infatti per ogni $X \in \mathbb{P}(V)$ necessariamente $f(X)$ sarà l'unico punto di $\mathbb{P}(W)$ tale che $\beta(P_1, P_2, P_3, X) = \beta(Q_1, Q_2, Q_3, f(X))$.

1.5.2
Simmetrie del birapporto

Poiché il birapporto di quattro punti di una retta proiettiva dipende dall'ordine dei punti e poiché esistono 24 modi di ordinare quattro punti distinti, da una quaterna non ordinata di punti distinti si possono a priori ottenere 24 birapporti. Dall'espressione analitica del birapporto si vede che esso è invariante rispetto alle permutazioni

$$\text{Id}, \quad (1\,2)(3\,4), \quad (1\,3)(2\,4), \quad (1\,4)(2\,3),$$

per cui

$$\beta(P_1, P_2, P_3, P_4) = \beta(P_2, P_1, P_4, P_3) = \beta(P_3, P_4, P_1, P_2) = \beta(P_4, P_3, P_2, P_1).$$

Come conseguenza di queste uguaglianze, per descrivere i valori del birapporto per le 24 quaterne ordinate ottenibili con i punti P_1, P_2, P_3, P_4 è sufficiente considerare le quaterne ordinate in cui P_1 compare al primo posto. Si verifica che, se $\beta(P_1, P_2, P_3, P_4) = k$, allora

$$\beta(P_1, P_2, P_4, P_3) = \frac{1}{k}, \quad \beta(P_1, P_4, P_3, P_2) = 1 - k,$$

$$\beta(P_1, P_4, P_2, P_3) = \frac{1}{1-k}, \quad \beta(P_1, P_3, P_4, P_2) = \frac{k-1}{k},$$

$$\beta(P_1, P_3, P_2, P_4) = \frac{k}{k-1}.$$

Pertanto permutando i quattro punti si possono ottenere al più solo 6 birapporti distinti e cioè

$$k, \; \frac{1}{k}, \; 1-k, \; \frac{1}{1-k}, \; \frac{k-1}{k}, \; \frac{k}{k-1}.$$

Dunque due quaterne non ordinate $\{P_1, P_2, P_3, P_4\}$ e $\{Q_1, Q_2, Q_3, Q_4\}$ di punti distinti di una retta proiettiva $\mathbb{P}(V)$ sono proiettivamente equivalenti se e solo se, posto $k = \beta(P_1, P_2, P_3, P_4)$, si ha che $\beta(Q_1, Q_2, Q_3, Q_4) \in \left\{ k, \frac{1}{k}, 1-k, \frac{1}{1-k}, \frac{k-1}{k}, \frac{k}{k-1} \right\}$.

Esistono peraltro valori di k per cui i birapporti distinti di una quaterna sono meno di 6 (cfr. Esercizio 2.21).

Se $\beta(P_1, P_2, P_3, P_4) = -1$ si dice che l'insieme ordinato (P_1, P_2, P_3, P_4) forma una *quaterna armonica*.

1.5.3
Classificazione delle proiettività di $\mathbb{P}^1(\mathbb{C})$ e di $\mathbb{P}^1(\mathbb{R})$

Sia f una proiettività di $\mathbb{P}^1(\mathbb{K})$ con $\mathbb{K} = \mathbb{C}$ oppure $\mathbb{K} = \mathbb{R}$.

Se $\mathbb{K} = \mathbb{C}$, allora esiste un sistema di coordinate omogenee in $\mathbb{P}^1(\mathbb{C})$ in cui f è rappresentata da una delle seguenti matrici:

(a) $\begin{pmatrix} \lambda & 0 \\ 0 & \mu \end{pmatrix}$ con $\lambda, \mu \in \mathbb{K}^*, \lambda \neq \mu$;

(b) $\begin{pmatrix} \lambda & 0 \\ 0 & \lambda \end{pmatrix}$ con $\lambda \in \mathbb{K}^*$;

(c) $\begin{pmatrix} \lambda & 1 \\ 0 & \lambda \end{pmatrix}$ con $\lambda \in \mathbb{K}^*$.

Ricordiamo che la matrice che rappresenta una proiettività è individuata a meno di un coefficiente moltiplicativo non nullo e che per ogni $\lambda \in \mathbb{K}^*$ la matrice $\begin{pmatrix} 1 & \frac{1}{\lambda} \\ 0 & 1 \end{pmatrix}$ è simile alla matrice $\begin{pmatrix} 1 & 1 \\ 0 & 1 \end{pmatrix}$. Pertanto nelle matrici precedenti è possibile supporre $\lambda = 1$.

Se $\mathbb{K} = \mathbb{R}$ e se una (e quindi ogni) matrice associata a f ha autovalori reali, allora in un opportuno sistema di coordinate omogenee di $\mathbb{P}^1(\mathbb{R})$ la proiettività f è rappresentata da una delle matrici $(a), (b), (c)$. Esiste però anche il caso in cui una matrice associata a f non abbia autovalori reali, e dunque abbia autovalori complessi coniugati $a + ib$ e $a - ib$ con $b \neq 0$.

In tal caso in un opportuno sistema di coordinate f sarà rappresentata da una matrice di tipo:

(d) $\begin{pmatrix} a & -b \\ b & a \end{pmatrix}$ con $a \in \mathbb{R}, b \in \mathbb{R}^*$,

detta "matrice di Jordan reale". Anche in questo caso, scegliendo un opportuno multiplo della matrice, è possibile ad esempio supporre $a^2 + b^2 = 1$.

Esaminiamo i quattro casi dal punto di vista dei punti fissi:

(a) ci sono due (e solo due) punti fissi, e precisamente i punti di coordinate $[1, 0]$ e $[0, 1]$; in questo caso diciamo che f è una *proiettività iperbolica*;

(b) tutti i punti sono fissi e f è l'identità;

(c) esiste un unico punto fisso $[1, 0]$; f viene detta una *proiettività parabolica*;

(d) non ci sono punti fissi e allora diciamo che f è una *proiettività ellittica*.

Pertanto i quattro casi si distinguono l'uno dall'altro per il diverso numero di punti fissi; fra l'altro vengono esibiti esplicitamente esempi di proiettività di $\mathbb{P}^1(\mathbb{C})$ con uno o due punti fissi e esempi di proiettività di $\mathbb{P}^1(\mathbb{R})$ con nessuno, uno o due punti fissi.

1.5.4
Caratteristica di una proiettività

Sia $\mathbb{K} = \mathbb{C}$ oppure $\mathbb{K} = \mathbb{R}$. Sia f una proiettività iperbolica di $\mathbb{P}^1(\mathbb{K})$ e denotiamo con A, B i suoi due punti fissi distinti (cfr. 1.5.3). Sia $\mathcal{R}$ un riferimento proiettivo in $\mathbb{P}^1(\mathbb{K})$ in cui A e B siano i punti fondamentali (e quindi $[A]_\mathcal{R} = [1, 0]$ e $[B]_\mathcal{R} = [0, 1]$). Poiché A e B sono punti fissi, f sarà rappresentata nel sistema di coordinate omogenee indotto da $\mathcal{R}$ da una matrice del tipo $\begin{pmatrix} \lambda & 0 \\ 0 & \mu \end{pmatrix}$.

Se $P \in \mathbb{P}^1(\mathbb{K}) \setminus \{A, B\}$ e $[P]_\mathcal{R} = [a, b]$, allora $[f(P)]_\mathcal{R} = [\lambda a, \mu b]$, per cui dalla definizione segue subito che $\beta(A, B, P, f(P)) = \frac{\mu}{\lambda}$ (in particolare non dipende dal punto P). Il valore $\frac{\mu}{\lambda}$ viene detto *caratteristica della proiettività*.

Evidentemente il valore della caratteristica dipende dall'ordine dei punti fissi: scambiando A con B la caratteristica diventa $\frac{\lambda}{\mu}$.

1.6
Coniugio e complessificazione

Lo spazio $\mathbb{R}^n$ si immerge in modo naturale in $\mathbb{C}^n$ e si caratterizza come l'insieme dei punti $z = (z_1, \ldots, z_n) \in \mathbb{C}^n$ tali che $\sigma(z) = z$, dove denotiamo con $\sigma \colon \mathbb{C}^n \to \mathbb{C}^n$ l'involuzione definita da $\sigma(z_1, \ldots, z_n) = (\overline{z_1}, \ldots, \overline{z_n})$.

Se $a_1 z_1 + \ldots + a_n z_n = c$, con $a_1, \ldots, a_n$ numeri complessi non tutti nulli e $c \in \mathbb{C}$, è l'equazione di un iperpiano affine L di $\mathbb{C}^n$, allora $\sigma(L)$ è un iperpiano di equazione $\overline{a_1} z_1 + \ldots + \overline{a_n} z_n = \overline{c}$ detto il *coniugato* di L.

Nel caso in cui i numeri $a_1, \ldots, a_n, c$ sono reali, l'equazione $a_1 x_1 + \ldots + a_n x_n = c$ definisce un iperpiano affine H di $\mathbb{R}^n$; d'altra parte la stessa equazione definisce in $\mathbb{C}^n$ un iperpiano affine detto il *complessificato* di H e denotato $H_\mathbb{C}$. In modo analogo si può definire il *complessificato* $S_\mathbb{C}$ di un sottospazio affine S di $\mathbb{R}^n$ di dimensione qualsiasi; $S_\mathbb{C}$ è un sottospazio affine di $\mathbb{C}^n$ della stessa dimensione di S tale che $\sigma(S_\mathbb{C}) = S_\mathbb{C}$ e $S_\mathbb{C} \cap \mathbb{R}^n = S$.

Pensando $\mathbb{R}^n$ immerso in $\mathbb{C}^n$, ogni affinità di $\mathbb{R}^n$ si estende ad un'affinità di $\mathbb{C}^n$. Il viceversa non è vero: in particolare un'affinità $T(X) = MX + N$ di $\mathbb{C}^n$ in generale non trasforma punti di $\mathbb{R}^n$ in punti di $\mathbb{R}^n$. Ciò accade se e solo se T trasforma $n + 1$ punti di $\mathbb{R}^n$ affinemente indipendenti in $n + 1$ punti di $\mathbb{R}^n$ affinemente indipendenti, ossia se e solo se M è una matrice di $\mathrm{GL}(n, \mathbb{R})$ e $N \in \mathbb{R}^n$. In tal caso la restrizione di T a $\mathbb{R}^n$ è un'affinità di $\mathbb{R}^n$.

Considerazioni analoghe possono essere fatte nel caso proiettivo. Anche $\mathbb{P}^n(\mathbb{R})$ è naturalmente immerso in $\mathbb{P}^n(\mathbb{C})$ e può essere pensato come l'insieme dei punti di $\mathbb{P}^n(\mathbb{C})$ che ammettono un rappresentante in $\mathbb{R}^{n+1} \setminus \{0\}$. Se per semplicità denotiamo ancora con σ l'involuzione $\mathbb{P}^n(\mathbb{C}) \to \mathbb{P}^n(\mathbb{C})$ definita da $\sigma([z_0, \ldots, z_n]) = [\overline{z_0}, \ldots, \overline{z_n}]$, allora $\mathbb{P}^n(\mathbb{R})$ coincide con l'insieme dei punti $P \in \mathbb{P}^n(\mathbb{C})$ tali che $\sigma(P) = P$. Si può in modo analogo definire il coniugato $\sigma(H)$ di un iperpiano proiettivo H di $\mathbb{P}^n(\mathbb{C})$ e il complessificato $S_\mathbb{C}$ di un sottospazio proiettivo S di $\mathbb{P}^n(\mathbb{R})$.

Ogni proiettività di $\mathbb{P}^n(\mathbb{R})$ si estende ad una proiettività di $\mathbb{P}^n(\mathbb{C})$. Viceversa una proiettività f di $\mathbb{P}^n(\mathbb{C})$ rappresentata da una matrice $A \in \mathrm{GL}(n+1, \mathbb{C})$ trasforma punti di $\mathbb{P}^n(\mathbb{R})$ in punti di $\mathbb{P}^n(\mathbb{R})$ se e solo se esiste $\lambda \in \mathbb{C}^*$ tale che $\lambda A \in \mathrm{GL}(n+1, \mathbb{R})$; in tal caso la restrizione di f a $\mathbb{P}^n(\mathbb{R})$ è una proiettività di $\mathbb{P}^n(\mathbb{R})$.

1.7
Ipersuperfici affini e proiettive

Le quadriche, le curve algebriche piane e le coniche sono esempi di ipersuperfici sui quali ci concentreremo nel seguito. Per evitare inutili ripetizioni, raccogliamo in questa sezione notazioni, definizioni e alcuni risultati di base sulle ipersuperfici che saranno poi specializzati e utilizzati nelle sezioni successive nei casi particolari sopra ricordati.

1.7.1
Polinomi omogenei

Da qui in poi supponiamo $\mathbb{K} = \mathbb{C}$ o $\mathbb{K} = \mathbb{R}$. Denotiamo con $\mathbb{K}[x_0, \ldots, x_n]$ l'anello dei polinomi nelle indeterminate $x_0, \ldots, x_n$ a coefficienti in $\mathbb{K}$ e con $\deg F$ il grado di un polinomio $F(x_0, \ldots, x_n)$. Ricordiamo (cfr. 1.1) che F_{x_i} denota la derivata parziale di F rispetto a x_i; in modo simile vengono denotate le derivate parziali di ordine superiore.

Un polinomio non nullo $F \in \mathbb{K}[x_0, \ldots, x_n]$ si dice *omogeneo* se tutti i suoi monomi hanno lo stesso grado (è usuale denotare i polinomi omogenei con lettere maiuscole). Ogni polinomio non nullo si scrive in modo unico come somma di polinomi omogenei.

Per i polinomi omogenei valgono molte importanti proprietà; ricordiamo qui soltanto che:

(a) un polinomio non nullo $F(x_0, \ldots, x_n)$ è omogeneo di grado d se e solo se vale in $\mathbb{K}[x_0, \ldots, x_n, t]$ l'identità $F(tx_0, \ldots, tx_n) = t^d F(x_0, \ldots, x_n)$;

(b) (*identità di Eulero*) se $F(x_0, \ldots, x_n)$ è omogeneo, allora in $\mathbb{K}[x_0, \ldots, x_n]$ vale l'uguaglianza

$$\sum_{i=0}^{n} x_i F_{x_i} = (\deg F) F;$$

(c) ogni polinomio che divide un polinomio omogeneo è omogeneo.

Se $F(x_0, \ldots, x_n) \in \mathbb{K}[x_0, \ldots, x_n]$ è omogeneo, il polinomio $f(x_1, \ldots, x_n) = F(1, x_1, \ldots, x_n)$ è detto il *deomogeneizzato* di F rispetto a x_0. Se F è omogeneo di grado d e x_0 non divide F, allora il deomogeneizzato di F ha grado d.

Se $f(x_1, \ldots, x_n) \in \mathbb{K}[x_1, \ldots, x_n]$ è un polinomio di grado d, il polinomio

$$F(x_0, \ldots, x_n) = x_0^d f\left(\frac{x_1}{x_0}, \ldots, \frac{x_n}{x_0}\right)$$

è detto il polinomio *omogeneizzato* di f rispetto a x_0. Si verifica subito che F è omogeneo di grado d e non è divisibile per x_0.

Se partiamo da un polinomio $f \in \mathbb{K}[x_1, \ldots, x_n]$, lo omogeneizziamo e poi deomogeneizziamo il polinomio ottenuto, riotteniamo f. Viceversa se F è omogeneo, l'omogeneizzato del suo deomogeneizzato rispetto a x_0 coincide con F se e solo se x_0 non divide F. Pertanto esiste una corrispondenza biunivoca fra i polinomi di $\mathbb{K}[x_1, \ldots, x_n]$ di grado d e i polinomi di $\mathbb{K}[x_0, \ldots, x_n]$ omogenei di grado d e non divisibili per x_0. Analoghe definizioni possono essere date rispetto a una qualsiasi delle indeterminate x_i.

Se $F(x_0, \ldots, x_n)$ e $f(x_1, \ldots, x_n)$ sono polinomi che si ottengono uno dall'altro per omogeneizzazione e deomogeneizzazione (per cui in particolare x_0 non divide F), allora F è irriducibile se e solo se f è irriducibile. Più precisamente, se F si fattorizza in fattori omogenei irriducibili come $F = c F_1^{m_1} \cdot \ldots \cdot F_s^{m_s}$ con c costante non nulla, allora f si fattorizza come $f = c f_1^{m_1} \cdot \ldots \cdot f_s^{m_s}$ dove f_i è il polinomio ottenuto deomogeneizzando F_i, e viceversa.

Per i polinomi omogenei in due variabili a coefficienti complessi vale il seguente importante risultato, che è la versione omogenea del Teorema fondamentale dell'algebra:

Teorema 1.7.1 (Fattorizzazione di polinomi omogenei complessi in due variabili). *Sia $F(x_0, x_1) \in \mathbb{C}[x_0, x_1]$ un polinomio omogeneo di grado positivo d. Allora esistono* $(a_1, b_1), \ldots, (a_d, b_d) \in \mathbb{C}^2 \setminus \{(0,0)\}$ *tali che*

$$F(x_0, x_1) = (a_1 x_1 - b_1 x_0) \cdot \ldots \cdot (a_d x_1 - b_d x_0).$$

Le coppie (a_i, b_i) sono univocamente individuate a meno dell'ordine e di costanti moltiplicative non nulle.

Una coppia omogenea $[a, b] \in \mathbb{P}^1(\mathbb{C})$ è detta *radice* di molteplicità m di un polinomio omogeneo $F(x_0, x_1) \in \mathbb{C}[x_0, x_1]$ se m è il massimo degli interi non negativi h tali che $(a x_1 - b x_0)^h$ divide $F(x_0, x_1)$.

Per polinomi omogenei reali in due variabili il Teorema 1.7.1 non vale, basti pensare al polinomio $x_0^2 + x_1^2$. Tuttavia, poiché gli unici polinomi irriducibili in una variabile a coefficienti reali sono quelli di primo grado e quelli di secondo grado con discriminante negativo, si ottiene la seguente versione reale:

Teorema 1.7.2 (Fattorizzazione di polinomi omogenei reali in due variabili). *Sia $F(x_0, x_1) \in \mathbb{R}[x_0, x_1]$ un polinomio omogeneo di grado positivo. Allora esistono coppie $(a_1, b_1), \ldots, (a_h, b_h) \in \mathbb{R}^2 \setminus \{(0,0)\}$ e terne $(\alpha_1, \beta_1, \gamma_1), \ldots, (\alpha_k, \beta_k, \gamma_k) \in$*

$\mathbb{R}^3 \setminus \{(0,0,0)\}$ *tali che*

$$F(x_0, x_1) = \prod_{i=1}^{h} (a_i x_1 - b_i x_0) \cdot \prod_{j=1}^{k} \left(\alpha_j x_1^2 + \beta_j x_0 x_1 + \gamma_j x_0^2 \right),$$

con $\beta_j^2 - 4\alpha_j \gamma_j < 0$. *Le coppie* (a_i, b_i) *e le terne* $(\alpha_j, \beta_j, \gamma_j)$ *sono univocamente individuate a meno dell'ordine e di costanti moltiplicative non nulle.*

In particolare ogni polinomio omogeneo di grado dispari in $\mathbb{R}[x_0, x_1]$ ha almeno un fattore lineare reale e quindi una radice in $\mathbb{P}^1(\mathbb{R})$.

1.7.2
Ipersuperfici affini e proiettive

Introduciamo in $\mathbb{K}[x_1, \ldots, x_n]$ la relazione di equivalenza per cui due polinomi $f, g \in \mathbb{K}[x_1, \ldots, x_n]$ sono in relazione se esiste $\lambda \in \mathbb{K}^*$ tale che $f = \lambda g$; in tal caso diciamo che f e g sono proporzionali. Si chiama *ipersuperficie affine di* $\mathbb{K}^n$ ogni classe di proporzionalità di polinomi di grado positivo in $\mathbb{K}[x_1, \ldots, x_n]$; un'ipersuperficie affine è detta *curva affine piana* nel caso $n = 2$ e *superficie affine* nel caso $n = 3$.

Se f è un rappresentante dell'ipersuperficie $\mathcal{I}$, diciamo che $f(x_1, \ldots, x_n) = 0$ è un'*equazione dell'ipersuperficie* e chiamiamo *grado* di $\mathcal{I}$ il grado di f. Se $\mathcal{I} = [f]$ e $\mathcal{J} = [g]$, denotiamo con $\mathcal{I} + \mathcal{J}$ l'ipersuperficie definita dal polinomio fg e, per ogni intero positivo m, denotiamo $m\mathcal{I} = [f^m]$.

L'ipersuperficie $\mathcal{I} = [f]$ è detta *irriducibile* se f lo è. Se $f = c f_1^{m_1} \cdot \ldots \cdot f_s^{m_s}$ con c costante non nulla e f_i polinomi irriducibili a due a due coprimi, le ipersuperfici $\mathcal{I}_i = [f_i]$ sono dette le *componenti irriducibili* di $\mathcal{I}$ e l'intero m_i è detto *molteplicità* della componente $\mathcal{I}_i$; in tal caso $\mathcal{I} = m_1 \mathcal{I}_1 + \ldots + m_s \mathcal{I}_s$. Ogni componente irriducibile di molteplicità $m_i > 1$ è detta *componente multipla*; le ipersuperfici senza componenti multiple sono dette *ridotte*.

Per ogni $f \in \mathbb{K}[x_1, \ldots, x_n]$ denotiamo

$$V(f) = \{(x_1, \ldots, x_n) \in \mathbb{K}^n \mid f(x_1, \ldots, x_n) = 0\}.$$

Poiché $V(\lambda f) = V(f) \ \forall \lambda \in \mathbb{K}^*$, chiamiamo *supporto* dell'ipersuperficie $\mathcal{I} = [f]$ l'insieme (ben definito) $V(\mathcal{I}) = V(f)$.

Essendo il campo $\mathbb{K}$ infinito, il Principio di identità dei polinomi assicura che un polinomio f di $\mathbb{K}[x_1, \ldots, x_n]$ è tale che $f(a_1, \ldots, a_n) = 0$ per ogni $(a_1, \ldots, a_n) \in \mathbb{K}^n$ se e solo se $f = 0$. Di conseguenza il complementare del supporto di ogni ipersuperficie è non vuoto.

Mentre un'ipersuperficie individua univocamente il suo supporto, il viceversa in generale non è vero: ad esempio, le ipersuperfici di equazione $f = 0$ e $f^m = 0$ hanno lo stesso supporto pur essendo ipersuperfici diverse. In realtà se $\mathbb{K} = \mathbb{C}$ la corrispondenza fra ipersuperficie e supporto diventa biunivoca nel caso delle ipersuperfici ridotte, mentre se $\mathbb{K} = \mathbb{R}$ esistono ipersuperfici ridotte diverse con stesso supporto (ad esempio, le curve piane reali di equazioni $x_1^2 + x_2^2 = 0$ e $x_1^4 + x_2^4 = 0$). Talvolta con un abuso di notazione denoteremo con lo stesso simbolo sia un'ipersuperficie sia il suo supporto.

Un altro fenomeno da notare è che, mentre il supporto di ogni ipersuperficie complessa contiene infiniti punti se $n \geq 2$, nel caso di un campo non algebricamente chiuso esistono ipersuperfici di grado positivo con supporto finito (come nel caso della curva di $\mathbb{R}^2$ di equazione $x_1^2 + x_2^2 = 0$) o addirittura vuoto (si pensi alla curva di $\mathbb{R}^2$ di equazione $x_1^2 + x_2^2 + 1 = 0$).

Un'ipersuperficie affine $\mathcal{I}$ viene detta *cono* se esiste un punto $P \in \mathcal{I}$ (detto *vertice*) tale che, per ogni punto $Q \in \mathcal{I}$ diverso da P, la retta congiungente P e Q è contenuta in $\mathcal{I}$. Ad esempio, se f è un polinomio omogeneo, l'ipersuperficie affine $\mathcal{I} = [f]$ è un cono di vertice l'origine. L'insieme dei vertici di un cono può anche essere un insieme infinito (cfr. Esercizio 3.60); ad esempio i vertici del cono di $\mathbb{R}^3$ di equazione $x_1 x_2 = 0$ sono tutti e soli i punti dell'asse x_3.

Si chiama *ipersuperficie proiettiva di* $\mathbb{P}^n(\mathbb{K})$ ogni classe di proporzionalità di polinomi omogenei di grado positivo in $\mathbb{K}[x_0, \ldots, x_n]$. In modo analogo a quanto visto sopra, si definiscono i concetti di *equazione* e di *grado* di un'ipersuperficie proiettiva, di *ipersuperficie irriducibile*, di *componente irriducibile*, di *molteplicità* di una componente, di *cono*. Un'ipersuperficie viene detta *curva proiettiva piana* nel caso $n = 2$ e *superficie proiettiva* nel caso $n = 3$.

Anche il *supporto* di un'ipersuperficie proiettiva $\mathcal{I} = [F]$ può essere definito in modo analogo come l'insieme dei punti $P = [x_0, \ldots, x_n] \in \mathbb{P}^n(\mathbb{K})$ tali che $F(x_0, \ldots, x_n) = 0$. Notiamo che questa è una buona definizione in quanto non dipende né dalla scelta del rappresentante di $\mathcal{I}$, né da quella delle coordinate omogenee di P: infatti, poiché F è omogeneo, si ha che $F(kx_0, \ldots, kx_n) = k^d F(x_0, \ldots, x_n)$ per ogni $k \in \mathbb{K}$, con $d = \deg F$. Ad esempio le ipersuperfici di $\mathbb{P}^1(\mathbb{K})$ hanno come supporto un insieme finito di punti (eventualmente vuoto).

Ogni iperpiano di $\mathbb{P}^n(\mathbb{K})$ è il supporto di un'ipersuperficie irriducibile di grado 1 (che chiameremo ancora iperpiano).

Anche nel caso proiettivo si ha corrispondenza biunivoca fra ipersuperfici proiettive ridotte e loro supporti solo nel caso in cui $\mathbb{K} = \mathbb{C}$ (cfr. Esercizio 3.11 nel caso delle curve).

Le ipersuperfici (affini o proiettive) di grado 2, 3, 4 vengono dette rispettivamente *quadriche*, *cubiche*, *quartiche*. Le quadriche di $\mathbb{P}^2(\mathbb{K})$ sono dette *coniche*.

1.7.3
Intersezione di un'ipersuperficie con un iperpiano

Sia $\mathcal{I}$ un'ipersuperficie di $\mathbb{P}^n(\mathbb{K})$ di equazione $F(x_0, \ldots, x_n) = 0$, e sia H un iperpiano non contenuto in $\mathcal{I}$ di equazione $x_i = L(x_0, \ldots, \widehat{x_i}, \ldots, x_n)$, dove L è un polinomio omogeneo di primo grado che non dipende dalla variabile x_i.

Se P_i è l'i–esimo punto del riferimento proiettivo standard di $\mathbb{P}^n(\mathbb{K})$ e H_i è l'iperpiano fondamentale di equazione $x_i = 0$, si ha allora $P_i \notin H \cup H_i$, per cui è ben definita la prospettività $f : H_i \to H$ di centro P_i (cfr. 1.2.8), restrizione della proiezione $\pi_{P_i} : \mathbb{P}^n(\mathbb{K}) \setminus \{P_i\} \to H$ su H di centro P_i (cfr. 1.2.7). Ricordiamo che le coordinate omogenee standard di $\mathbb{P}^n(\mathbb{K})$ inducono su H_i coordinate omogenee $x_0, \ldots, \widehat{x_i}, \ldots, x_n$. Tramite l'isomorfismo proiettivo f tali coordinate definiscono coordinate omogenee su H, che vengono usualmente indicate ancora con $x_0, \ldots, \widehat{x_i}, \ldots, x_n$. È immediato verificare che, con queste scelte, il punto di H di coordinate $[x_0, \ldots, \widehat{x_i}, \ldots, x_n]$ coincide con il punto di $\mathbb{P}^n(\mathbb{K})$ di coordinate $[x_0, \ldots, L(x_0, \ldots, \widehat{x_i}, \ldots, x_n), \ldots, x_n]$. Il polinomio

$$G(x_0, \ldots, \widehat{x_i}, \ldots, x_n) = F(x_0, \ldots, x_{i-1}, L(x_0, \ldots, \widehat{x_i}, \ldots, x_n), x_{i+1}, \ldots, x_n)$$

non è nullo perché H non è contenuto in $\mathcal{I}$; nelle coordinate su H appena descritte l'equazione $G(x_0, \ldots, \widehat{x_i}, \ldots, x_n) = 0$ definisce un'ipersuperficie di H, che denoteremo con $\mathcal{I} \cap H$ e che ha lo stesso grado di $\mathcal{I}$.

È facile verificare che il punto $[a_0, \ldots, a_n]$ di $\mathbb{P}^n(\mathbb{K})$ appartiene a $\mathcal{I} \cap H$ se e solo se $a_i = L(a_0, \ldots, \widehat{a_i}, \ldots, a_n)$ e $G(a_0, \ldots, \widehat{a_i}, \ldots, a_n) = 0$.

Una volta fissato in H un sistema di coordinate omogenee e quindi fissato un isomorfismo proiettivo tra H e $\mathbb{P}^{n-1}(\mathbb{K})$, le considerazioni precedenti essenzialmente riconducono la definizione dell'ipersuperficie $\mathcal{I} \cap H$ a quella di ipersuperficie in $\mathbb{P}^{n-1}(\mathbb{K})$ vista in 1.7.2.

Un altro modo per fissare in H un sistema di coordinate omogenee si ottiene rappresentando l'iperpiano in forma parametrica. Siano $P_0, \ldots, P_{n-1}$ punti linearmente indipendenti tali che $H = L(P_0, \ldots, P_{n-1})$. Una volta fissati rappresentanti $(p_{i,0}, \ldots, p_{i,n})$ dei punti P_i, denotiamo con $\lambda_0, \ldots, \lambda_{n-1}$ il corrispondente sistema di coordinate omogenee su H. Conveniamo da ora in poi di scrivere $\lambda_0 P_0 + \ldots + \lambda_{n-1} P_{n-1}$ invece di

$$[\lambda_0 p_{0,0} + \ldots + \lambda_{n-1} p_{n-1,0}, \ldots, \lambda_0 p_{0,n} + \ldots + \lambda_{n-1} p_{n-1,n}].$$

Possiamo allora rappresentare parametricamente H come l'insieme dei punti $\lambda_0 P_0 + \ldots + \lambda_{n-1} P_{n-1}$ al variare di $[\lambda_0, \ldots, \lambda_{n-1}]$ in $\mathbb{P}^{n-1}(\mathbb{K})$.

Conveniamo di scrivere $F(\lambda_0 P_0 + \ldots + \lambda_{n-1} P_{n-1})$ invece di

$$F(\lambda_0 p_{0,0} + \ldots + \lambda_{n-1} p_{n-1,0}, \ldots, \lambda_0 p_{0,n} + \ldots + \lambda_{n-1} p_{n-1,n}),$$

convenzione che sarà adottata sempre nel seguito senza ulteriori avvertenze.

Il polinomio

$$G(\lambda_0, \ldots, \lambda_{n-1}) = F(\lambda_0 P_0 + \ldots + \lambda_{n-1} P_{n-1})$$

(che non è nullo perché H non è contenuto in $\mathcal{I}$) è omogeneo in $\lambda_0, \ldots, \lambda_{n-1}$ dello stesso grado di F. Pertanto, se H non è contenuto in $\mathcal{I}$, il polinomio $G(\lambda_0, \ldots, \lambda_{n-1})$ definisce un'ipersuperficie di H (dotato delle coordinate omogenee $\lambda_0, \ldots, \lambda_{n-1}$) denotata con $\mathcal{I} \cap H$ e avente lo stesso grado di $\mathcal{I}$.

In modo simile si può vedere che l'intersezione di un'ipersuperficie affine con un iperpiano affine H non contenuto in essa è un'ipersuperficie di H.

1.7.4
Chiusura proiettiva di un'ipersuperficie affine

Identifichiamo $\mathbb{K}^n$ con la carta affine $U_0 = \mathbb{P}^n(\mathbb{K}) \setminus \{x_0 = 0\}$ attraverso la mappa $j_0 \colon \mathbb{K}^n \to U_0$ definita da $j_0(x_1, \ldots, x_n) = [1, x_1, \ldots, x_n]$.

Sia F un polinomio omogeneo che definisce l'ipersuperficie proiettiva $\mathcal{I}$ di $\mathbb{P}^n(\mathbb{K})$. Supponiamo che F non abbia x_0 come unico fattore irriducibile. Si chiama *parte affine* di $\mathcal{I}$ nella carta U_0 l'ipersuperficie affine definita dal polinomio f ottenuto deomogeneizzando F rispetto a x_0 (per cui $f(x_1, \ldots, x_n) = F(1, x_1, \ldots, x_n)$). Tale ipersuperficie ha come supporto l'intersezione del supporto di $\mathcal{I}$ con U_0: conveniamo pertanto di denotarla con $\mathcal{I} \cap U_0$. La parte affine $\mathcal{I} \cap U_0$ ha lo stesso grado di $\mathcal{I}$ se e solo se x_0 non divide F.

Se $\pi \colon \mathbb{K}^{n+1} \setminus \{0\} \to \mathbb{P}^n(\mathbb{K})$ è la proiezione canonica al quoziente, l'insieme $\pi^{-1}(\mathcal{I}) \cup \{0\}$ è un cono di $\mathbb{K}^{n+1}$ di vertice 0. La parte affine $\mathcal{I} \cap U_0$ può allora essere interpretata come l'intersezione del cono $\pi^{-1}(\mathcal{I}) \cup \{0\}$ con l'iperpiano affine di $\mathbb{K}^{n+1}$ di equazione $x_0 = 1$.

Procedendo in modo analogo, per ogni iperpiano H di $\mathbb{P}^n(\mathbb{K})$ è possibile definire la parte affine di $\mathcal{I}$ nella carta $U_H = \mathbb{P}^n(\mathbb{K}) \setminus H$.

Sia $\mathcal{I} = [f]$ un'ipersuperficie affine di $\mathbb{K}^n$. Se $F(x_0, \ldots, x_n)$ è il polinomio omogeneizzato di f rispetto a x_0, diciamo che l'ipersuperficie proiettiva $\overline{\mathcal{I}} = [F]$ è la *chiusura proiettiva* di $\mathcal{I}$. Poiché deomogeneizzando F rispetto a x_0 ritroviamo f, la parte affine $\overline{\mathcal{I}} \cap U_0$ di $\overline{\mathcal{I}}$ coincide con $\mathcal{I}$. Inoltre, poiché x_0 non divide F, l'intersezione di $\overline{\mathcal{I}}$ con l'iperpiano $H_0 = \{x_0 = 0\}$ è un'ipersuperficie di H_0 dello stesso grado di $\mathcal{I}$. Ad esempio se $n = 2$ la chiusura proiettiva della curva $\mathcal{I}$ contiene solo un numero finito di punti sulla retta $x_0 = 0$, che sono detti *punti impropri* o *punti all'infinito* di $\mathcal{I}$.

Osserviamo che, se $\mathcal{I} = [F]$ è un'ipersuperficie proiettiva e x_0 non divide F, allora $\overline{\mathcal{I} \cap U_0} = \mathcal{I}$.

Inoltre se $\mathcal{I}$ è un'ipersuperficie affine e H è un iperpiano affine di $\mathbb{K}^n$ non contenuto in $\mathcal{I}$, allora $\overline{\mathcal{I} \cap H} = \overline{\mathcal{I}} \cap \overline{H}$.

1.7.5
Equivalenza affine e proiettiva di ipersuperfici

Ricordiamo che due sottoinsiemi di $\mathbb{K}^n$ sono detti affinemente equivalenti se esiste una affinità φ che trasforma l'uno nell'altro. Poiché in generale le ipersuperfici non sono determinate dal loro supporto, introduciamo una nozione di equivalenza affine fra ipersuperfici affini partendo dalle loro equazioni.

Sia $\mathcal{I}$ un'ipersuperficie affine di $\mathbb{K}^n$ di equazione $f(X) = 0$ con $X = (x_1, \ldots, x_n)$ e sia $\varphi(X) = AX + B$ un'affinità di $\mathbb{K}^n$, con $A \in \mathrm{GL}(n, \mathbb{K})$ e $B \in \mathbb{K}^n$. Denotiamo con $\varphi(\mathcal{I})$ l'ipersuperficie affine di equazione $g(X) = f(\varphi^{-1}(X)) = 0$. Questa notazione è coerente con il fatto che φ trasforma il supporto di $\mathcal{I}$ nel supporto di $\varphi(\mathcal{I})$.

Due ipersuperfici affini $\mathcal{I}$, $\mathcal{J}$ di $\mathbb{K}^n$ sono dette *affinemente equivalenti* se esiste un'affinità φ di $\mathbb{K}^n$ tale che $\mathcal{I} = \varphi(\mathcal{J})$. Come osservato sopra, i supporti di ipersuperfici affinemente equivalenti sono affinemente equivalenti.

In modo analogo si può definire l'equivalenza proiettiva di ipersuperfici proiettive. Sia $\mathcal{I}$ un'ipersuperficie di $\mathbb{P}^n(\mathbb{K})$ di equazione $F(x_0, \ldots, x_n) = 0$ e sia g una proiettività di $\mathbb{P}^n(\mathbb{K})$. Se $X = (x_0, \ldots, x_n)$ e $N \in \mathrm{GL}(n+1, \mathbb{K})$ è una matrice associata a g, allora g agisce trasformando il punto di coordinate X nel punto di coordinate NX. Denotiamo con $g(\mathcal{I})$ l'ipersuperficie proiettiva di equazione $G(X) = F(N^{-1}X) = 0$.

Due ipersuperfici proiettive $\mathcal{I}$, $\mathcal{J}$ di $\mathbb{P}^n(\mathbb{K})$ sono dette *proiettivamente equivalenti* se esiste una proiettività g di $\mathbb{P}^n(\mathbb{K})$ tale che $\mathcal{I} = g(\mathcal{J})$. In tal caso si verifica che g trasforma il supporto di $\mathcal{J}$ nel supporto di $\mathcal{I}$, per cui i supporti di ipersuperfici proiettivamente equivalenti sono insiemi proiettivamente equivalenti. Inoltre il grado, il numero e la molteplicità delle componenti irriducibili di un'ipersuperficie si conservano mediante un isomorfismo proiettivo (e quindi mediante un cambiamento di coordinate omogenee di $\mathbb{P}^n(\mathbb{K})$).

Siano $\mathcal{I}$ e $\mathcal{J}$ due ipersuperfici che non abbiano $[x_0]$ come componente irriducibile e sia g una proiettività di $\mathbb{P}^n(\mathbb{K})$ tale che $\mathcal{I} = g(\mathcal{J})$. Se g fissa la carta affine U_0, allora g è rappresentata da una matrice a blocchi di tipo (cfr. 1.3.8)

$$N = \left(\begin{array}{c|ccc} 1 & 0 & \ldots & 0 \\ \hline B & & C & \end{array} \right),$$

con $B \in \mathbb{K}^n$ e C matrice quadrata invertibile di ordine n. La restrizione di g alla carta U_0 è l'affinità di $\mathbb{R}^n$ data da $Y \mapsto CY + B$ e trasforma $\mathcal{J} \cap U_0$ in $\mathcal{I} \cap U_0$, mentre la restrizione di g all'iperpiano all'infinito H_0 è la proiettività di H_0 rappresentata dalla matrice C che trasforma $\mathcal{J} \cap H_0$ in $\mathcal{I} \cap H_0$.

Analogamente, se $\mathcal{I}$ e $\mathcal{J}$ sono ipersuperfici di $\mathbb{K}^n$ affinemente equivalenti e φ è un'affinità di $\mathbb{K}^n$ tale che $\mathcal{I} = \varphi(\mathcal{J})$, possiamo vedere φ come la restrizione alla carta U_0 di una proiettività g di $\mathbb{P}^n(\mathbb{K})$ che fissa U_0 e tale che $\overline{\mathcal{I}} = g(\overline{\mathcal{J}})$ e $\overline{\mathcal{I}} \cap H_0 = g|_{H_0}(\overline{\mathcal{J}} \cap H_0)$. Pertanto le chiusure proiettive e le parti all'infinito di ipersuperfici affinemente equivalenti sono ipersuperfici proiettivamente equivalenti.

1.7.6
Intersezione di un'ipersuperficie con una retta

Sia $\mathcal{I}$ un'ipersuperficie proiettiva di $\mathbb{P}^n(\mathbb{K})$ di grado d avente equazione $F(x_0, \ldots, x_n) = 0$ e sia r una retta proiettiva.

Siano R e Q due punti distinti di r. Riprendendo le considerazioni e le convenzioni stabilite in 1.7.3, una volta fissati due rappresentanti $(r_0, \ldots, r_n)$ e $(q_0, \ldots, q_n)$ rispettivamente di R e Q, la retta r è l'insieme dei punti $\lambda R + \mu Q$ al variare di $[\lambda, \mu]$ in $\mathbb{P}^1(\mathbb{K})$ e i punti di intersezione fra $\mathcal{I}$ e r si ottengono risolvendo l'equazione

$$G(\lambda, \mu) = F(\lambda R + \mu Q) = F(\lambda r_0 + \mu q_0, \ldots, \lambda r_n + \mu q_n) = 0.$$

Se r è contenuta in $\mathcal{I}$, il polinomio $G(\lambda, \mu)$ è identicamente nullo; altrimenti $G(\lambda, \mu)$ è omogeneo di grado d. Pertanto se $\mathbb{K} = \mathbb{C}$ l'equazione $G(\lambda, \mu) = 0$ ha esattamente d radici $[\lambda, \mu]$ in $\mathbb{P}^1(\mathbb{C})$ contate con molteplicità per il Teorema 1.7.1. Se invece $\mathbb{K} = \mathbb{R}$, per il Teorema 1.7.2 tale equazione ha al più d radici reali corrispondenti ai fattori lineari di $G(\lambda, \mu)$.

Esaminando il contributo delle varie radici, se $[\lambda_0, \mu_0]$ è radice del polinomio $G(\lambda, \mu)$ di molteplicità m, diciamo che $\mathcal{I}$ e r hanno *molteplicità di intersezione m* nel punto corrispondente $P = \lambda_0 R + \mu_0 Q$. In tal caso scriviamo $I(\mathcal{I}, r, P) = m$.

Osserviamo che la definizione è ben posta in quanto non dipende dalla scelta dei due punti sulla retta r.

Per convenzione poniamo $I(\mathcal{I}, r, P) = 0$ se $P \notin \mathcal{I} \cap r$ e $I(\mathcal{I}, r, P) = \infty$ se r è contenuta in $\mathcal{I}$.

Riguardo alla nozione di molteplicità di intersezione appena introdotta si può verificare che:

(a) se g è una proiettività di $\mathbb{P}^n(\mathbb{K})$, allora $I(\mathcal{I}, r, P) = I(g(\mathcal{I}), g(r), g(P))$, per cui in particolare la molteplicità di intersezione si conserva per equivalenza proiettiva;

(b) se $\mathcal{I}$ e $\mathcal{J}$ sono ipersuperfici proiettive di $\mathbb{P}^n(\mathbb{K})$, allora

$$I(\mathcal{I} + \mathcal{J}, r, P) = I(\mathcal{I}, r, P) + I(\mathcal{J}, r, P);$$

(c) se la retta r non è contenuta nell'ipersuperficie proiettiva $\mathcal{I}$ di $\mathbb{P}^n(\mathbb{C})$ di grado d, allora $\sum_{P \in r} I(\mathcal{I}, r, P) = d$ (ossia $\mathcal{I}$ e r si intersecano esattamente in d punti contati con molteplicità). Nel caso di ipersuperfici reali, pur contando le intersezioni con molteplicità, in generale possiamo solo dire che $\sum_{P \in r} I(\mathcal{I}, r, P) \leq d$.

Procedendo in modo analogo, si può definire la molteplicità di intersezione di un'ipersuperficie e di una retta in un punto anche nel caso affine. Infatti, se $\mathcal{I} = [f]$ è un'ipersuperficie affine di $\mathbb{K}^n$ e r è una retta congiungente due punti $R, Q \in \mathbb{K}^n$ parametrizzata da $t \mapsto (1 - t)R + tQ$, allora diciamo che $I(\mathcal{I}, r, P) = m$ se $P = (1-t_0)R+t_0 Q$ e t_0 è radice di molteplicità m per il polinomio $g(t) = f((1-t)R+tQ)$.

Come nel caso proiettivo, è possibile verificare che la definizione di $I(\mathcal{I}, r, P)$ è ben posta e non dipende dalla scelta dei punti R, Q. Si ha inoltre che $I(\mathcal{I}, r, P) = I(\overline{\mathcal{I}}, \overline{r}, P)$ e dunque la molteplicità di intersezione fra un'ipersuperficie proiettiva e una retta in un punto può anche essere calcolata in coordinate affini in una qualsiasi carta U contenente il punto.

1.7.7
Spazio tangente ad un'ipersuperficie, punti singolari

Sia $\mathcal{I} = [F]$ un'ipersuperficie proiettiva di $\mathbb{P}^n(\mathbb{K})$ di grado d e sia r una retta proiettiva. Diciamo che la retta r è *tangente* a $\mathcal{I}$ in P se $I(\mathcal{I}, r, P) \geq 2$.

Si verifica che l'unione delle rette tangenti in $P = [v]$ all'ipersuperficie $\mathcal{I} = [F]$ coincide con il sottospazio proiettivo di $\mathbb{P}^n(\mathbb{K})$ definito da

$$F_{x_0}(v)x_0 + \ldots + F_{x_n}(v)x_n = 0;$$

tale spazio è detto *spazio tangente* a $\mathcal{I}$ in P e denotato con $T_P(\mathcal{I})$. La nozione precedente è ben posta, ossia non dipende dalla scelta del rappresentante di P, poiché ogni derivata parziale prima di un polinomio omogeneo di grado d o è nulla o è un polinomio omogeneo di grado $d - 1$.

Se r è una retta contenuta in $\mathcal{I}$, essa è tangente a $\mathcal{I}$ in ogni suo punto e dunque $r \subseteq T_P(\mathcal{I})$ per ogni $P \in r$.

Se denotiamo con ∇F l'usuale gradiente di F, scriveremo che $\nabla F(P) = 0$ se il gradiente di F si annulla su un qualsiasi rappresentante di P.

Il punto $P \in \mathcal{I}$ è detto *punto singolare* per $\mathcal{I}$ se $\nabla F(P) = 0$; altrimenti il punto è detto *non singolare* o *liscio*. Denoteremo con $\mathrm{Sing}(\mathcal{I})$ l'insieme dei punti singolari di $\mathcal{I}$. Se P è non singolare, $T_P(\mathcal{I})$ è un iperpiano di $\mathbb{P}^n(\mathbb{K})$, altrimenti coincide con $\mathbb{P}^n(\mathbb{K})$.

Un'ipersuperficie viene detta *non singolare*, o *liscia*, se tutti i suoi punti sono non singolari, altrimenti è detta *singolare*.

Un iperpiano proiettivo è detto *tangente* a $\mathcal{I}$ in P se è contenuto in $T_P(\mathcal{I})$: se P è non singolare, l'unico iperpiano tangente in P è lo spazio tangente $T_P(\mathcal{I})$; se P è singolare, ogni iperpiano passante per P è tangente.

Analogamente al caso proiettivo, diciamo che la retta affine r è *tangente* all'ipersuperficie affine $\mathcal{I}$ in P se $I(\mathcal{I}, r, P) \geq 2$.

Se $P = (p_1, \ldots, p_n)$, l'unione delle rette tangenti in P a $\mathcal{I} = [f]$ coincide con il sottospazio affine $T_P(\mathcal{I})$ di $\mathbb{K}^n$ di equazione

$$f_{x_1}(P)(x_1 - p_1) + \ldots + f_{x_n}(P)(x_n - p_n) = 0,$$

detto *spazio tangente* a $\mathcal{I}$ in P.

Il punto $P \in \mathcal{I} = [f]$ è detto *punto singolare* per $\mathcal{I}$ se $\nabla f(P) = 0$, ossia se tutte le derivate parziali prime di f si annullano in P; altrimenti il punto è detto *non singolare* o *liscio*. Denoteremo con $\mathrm{Sing}(\mathcal{I})$ l'insieme dei punti singolari di $\mathcal{I}$. Se P è non singolare, lo spazio tangente $T_P(\mathcal{I})$ è un iperpiano affine di $\mathbb{K}^n$, altrimenti coincide con $\mathbb{K}^n$. Un iperpiano affine è detto *tangente* a $\mathcal{I}$ in P se è contenuto in $T_P(\mathcal{I})$.

Osserviamo infine che:

(a) P è singolare per $\mathcal{I}$ se e solo se è singolare per $\overline{\mathcal{I}}$;
(b) una retta affine r è tangente ad $\mathcal{I}$ in P se e solo se $\overline{r}$ è tangente a $\overline{\mathcal{I}}$ in P;
(c) $\overline{T_P(\mathcal{I})} = T_P(\overline{\mathcal{I}})$.

1.7.8
Molteplicità di un punto di un'ipersuperficie

Sia $\mathcal{I}$ un'ipersuperficie proiettiva di $\mathbb{P}^n(\mathbb{K})$ di grado d e sia P un punto di $\mathbb{P}^n(\mathbb{K})$. Al variare di r nel fascio di rette di centro P ed escludendo le eventuali rette contenute nell'ipersuperficie, la molteplicità di intersezione $I(\mathcal{I}, r, P)$ può variare fra 0 e d.

Chiamiamo *molteplicità di P per* $\mathcal{I}$ (o anche molteplicità di $\mathcal{I}$ in P) il numero intero

$$m_P(\mathcal{I}) = \min_{r \ni P} I(\mathcal{I}, r, P).$$

Poiché esiste almeno una retta non contenuta nell'ipersuperficie, si ha che $0 \leq m_P(\mathcal{I}) \leq d$; inoltre $m_P(\mathcal{I}) = 0$ se e solo se $P \notin \mathcal{I}$.

Si può verificare (cfr. 1.7.6) che:

(a) se g è una proiettività di $\mathbb{P}^n(\mathbb{K})$, allora $m_P(\mathcal{I}) = m_{g(P)}(g(\mathcal{I}))$, e quindi la molteplicità di un'ipersuperficie in un punto si conserva per equivalenza proiettiva;

(b) se $\mathcal{I}$ e $\mathcal{J}$ sono ipersuperfici proiettive di $\mathbb{P}^n(\mathbb{K})$, allora

$$m_P(\mathcal{I} + \mathcal{J}) = m_P(\mathcal{I}) + m_P(\mathcal{J})$$

(cfr. Esercizio 3.1);

(c) la molteplicità $m_P(\mathcal{I})$ può anche essere calcolata in coordinate affini in una qualsiasi carta U contenente P.

Lavorando in una carta affine dove P ha coordinate affini $(0, \ldots, 0)$, la parte affine di $\mathcal{I}$ è definita da un'equazione $f = f_m + f_{m+1} + \ldots + f_d = 0$, dove ogni f_i è un polinomio omogeneo in $\mathbb{K}[x_1, \ldots, x_n]$ di grado i, a meno che non sia il polinomio nullo, e $f_m \neq 0$. In tal caso ogni retta passante per P ha molteplicità di intersezione con $\mathcal{I}$ in P maggiore o uguale a m e le rette r per cui $I(\mathcal{I}, r, P) > m$ sono esattamente quelle la cui parte affine è contenuta nell'ipersuperficie $C_P(\mathcal{I})$ di $\mathbb{K}^n$ di equazione $f_m = 0$, detta *cono tangente affine* a $\mathcal{I}$ in P (in effetti si tratta di un cono di vertice P). La chiusura proiettiva $\overline{C_P(\mathcal{I})}$ di $C_P(\mathcal{I})$ è detta *cono tangente proiettivo* a $\mathcal{I}$ in P e il suo supporto coincide con l'unione di P e delle rette proiettive per P tali che $I(\mathcal{I}, r, P) > m$. Ad esempio il cono tangente proiettivo in $(0, 0)$ alla curva di $\mathbb{R}^2$ di equazione $x^2 + y^2 - x^3 = 0$ ha nel suo supporto solo il punto $(0, 0)$ in quanto $x^2 + y^2 = 0$ non contiene rette.

Interpretando $f = f_m + f_{m+1} + \ldots + f_d$ come lo sviluppo di Taylor di f di centro $P = (0, \ldots, 0)$, si osserva subito che $P \in \mathcal{I}$ è un punto di molteplicità 1 per $\mathcal{I}$ se e solo se almeno una derivata prima di f non si annulla in P, ossia se e solo se il punto è non singolare. In tal caso talvolta si dice che P è un *punto semplice*. Invece P è un punto di molteplicità $m > 1$ se e solo se f e tutte le derivate parziali di f di ordine inferiore a m si annullano in P ed esiste almeno una derivata parziale di ordine m che non si annulla in P.

Se non lavoriamo in una carta affine ma utilizziamo un'equazione omogenea $F = 0$ che definisce $\mathcal{I}$, allora per l'identità di Eulero (cfr. 1.7.1) P è un punto di molteplicità $m > 1$ se e solo se tutte le derivate parziali di F di ordine $m - 1$ si annullano in P ed esiste almeno una derivata parziale di ordine m che non si annulla in P.

1.7.9
Ipersuperfici reali

Estendendo quanto fatto in 1.6, per ogni polinomio $f \in \mathbb{C}[x_1, \ldots, x_n]$ denotiamo con $\sigma(f)$ il polinomio ottenuto da f coniugando ciascuno dei coefficienti e chiamiamo *coniugata* dell'ipersuperficie affine $\mathcal{I} = [f]$ di $\mathbb{C}^n$ l'ipersuperficie $\sigma(\mathcal{I}) = [\sigma(f)]$. Per ogni ipersuperficie affine $\mathcal{I}$ di $\mathbb{C}^n$ con supporto $V(\mathcal{I}) \subseteq \mathbb{C}^n$ si può considerare l'insieme $V_{\mathbb{R}}(\mathcal{I})$ dei punti del supporto che sono punti reali; in simboli, $V_{\mathbb{R}}(\mathcal{I}) = V(\mathcal{I}) \cap \mathbb{R}^n$. I punti di $V_{\mathbb{R}}(\mathcal{I})$ sono detti i *punti reali dell'ipersuperficie*.

Partendo invece da un qualsiasi polinomio $f \in \mathbb{R}[x_1, \ldots, x_n]$, possiamo considerare sia la classe di equivalenza $[f]_{\mathbb{R}}$ in $\mathbb{R}[x_1, \ldots, x_n]$ sia la classe di equivalenza $[f]_{\mathbb{C}}$ in $\mathbb{C}[x_1, \ldots, x_n]$. Pertanto per ogni ipersuperficie affine $\mathcal{I} = [f]_{\mathbb{R}}$ di $\mathbb{R}^n$ con supporto $V(\mathcal{I}) \subseteq \mathbb{R}^n$, possiamo considerare l'ipersuperficie affine $\mathcal{I}_{\mathbb{C}} = [f]_{\mathbb{C}}$ di $\mathbb{C}^n$, detta *complessificata* di $\mathcal{I}$; si ha allora $V_{\mathbb{R}}(\mathcal{I}_{\mathbb{C}}) = V(\mathcal{I})$.

Ad esempio, la curva affine $\mathcal{I} = [x^2 + y^2]_{\mathbb{R}}$ ha come supporto in $\mathbb{R}^2$ il solo punto $(0,0)$ mentre il supporto in $\mathbb{C}^2$ della curva $\mathcal{I}_{\mathbb{C}} = [x^2 + y^2]_{\mathbb{C}}$ è l'unione delle rette di equazione $x + iy = 0$ e $x - iy = 0$. Similmente il supporto complesso della curva di equazione $x^2 + 1 = 0$ è l'unione delle rette $x + i = 0$ e $x - i = 0$, mentre il supporto reale è vuoto.

Se $g \in \mathbb{C}[x_1, \ldots, x_n]$, è possibile che $[g]_{\mathbb{C}}$ contenga rappresentanti reali, ossia esistano $\alpha \in \mathbb{C}^*, h \in \mathbb{R}[x_1, \ldots, x_n]$ tali che $g = \alpha h$. In tal caso si dice che l'ipersuperficie affine $\mathcal{I} = [g]_{\mathbb{C}}$ di $\mathbb{C}^n$ è un'*ipersuperficie reale*; se denotiamo $\mathcal{I}_{\mathbb{R}} = [h]_{\mathbb{R}}$, allora $\mathcal{I} = (\mathcal{I}_{\mathbb{R}})_{\mathbb{C}}$. Esiste dunque una naturale bigezione fra le ipersuperfici di $\mathbb{R}^n$ e le ipersuperfici reali di $\mathbb{C}^n$.

Se $g \in \mathbb{C}[x_1, \ldots, x_n]$, allora il polinomio $g\sigma(g)$ ha coefficienti reali, per cui l'ipersuperficie $[g] + \sigma([g])$ è un'ipersuperficie reale.

Se $\eta(X) = MX + N$ è un'affinità di $\mathbb{C}^n$ con $M \in GL(n, \mathbb{R})$ e $N \in \mathbb{R}^n$ (così che η trasforma punti di $\mathbb{R}^n$ in punti di $\mathbb{R}^n$, cfr. 1.6), allora η trasforma ogni ipersuperficie reale di $\mathbb{C}^n$ in un'ipersuperficie reale.

Dal punto di vista della riducibilità, osserviamo che sia la curva di equazione $x^2 + y^2 = 0$ sia quella di equazione $x^2 + 1 = 0$ sono riducibili se pensate come curve complesse, mentre sono irriducibili se viste come curve reali.

In generale ogni polinomio $h \in \mathbb{R}[x_1, \ldots, x_n]$ ha una fattorizzazione in $\mathbb{C}[x_1, \ldots, x_n]$ del tipo

$$h = c\varphi_1^{m_1} \cdot \ldots \cdot \varphi_s^{m_s} \psi_1^{n_1} \cdot \ldots \cdot \psi_t^{n_t} \sigma(\psi_1)^{n_1} \cdot \ldots \cdot \sigma(\psi_t)^{n_t},$$

dove c è una costante reale, $\varphi_1, \ldots, \varphi_s$ sono polinomi a coefficienti reali irriducibili in $\mathbb{C}[x_1, \ldots, x_n]$ a due a due coprimi, e $\psi_1, \ldots, \psi_t$ sono polinomi a coefficienti complessi, irriducibili, a due a due coprimi e non proporzionali ad alcun polinomio a coefficienti reali. Pertanto l'ipersuperficie reale $\mathcal{I} = [h]$ di $\mathbb{C}^n$ può avere componenti irriducibili reali (determinate dai fattori reali $\varphi_1, \ldots, \varphi_s$ di h) e componenti irriducibili non reali; più precisamente, se $\mathcal{J}$ è una componente irriducibile non reale di $\mathcal{I}$ di molteplicità m, allora anche $\sigma(\mathcal{J})$ è una componente irriducibile non reale di $\mathcal{I}$ della stessa molteplicità. Poiché $\psi_j \sigma(\psi_j) \in \mathbb{R}[x_1, \ldots, x_n]$ ed è irriducibile sui reali, le componenti irriducibili dell'ipersuperficie $\mathcal{I}_\mathbb{R} = [h]_\mathbb{R}$ sono date dai fattori irriducibili reali $\varphi_1, \ldots, \varphi_s, \psi_1\sigma(\psi_1), \ldots, \psi_t\sigma(\psi_t)$. In tal caso i punti di $V(\psi_j) \cap V(\sigma(\psi_j))$, se esistono, sono punti reali che contribuiscono al supporto $V_\mathbb{R}(\mathcal{I}_\mathbb{R})$.

In particolare per un'ipersuperficie irriducibile $\mathcal{I}$ di $\mathbb{R}^n$ ci sono solo due possibilità: o $\mathcal{I}_\mathbb{C}$ è irriducibile, oppure esiste un'ipersuperficie irriducibile complessa $\mathcal{J}$ tale che $\mathcal{I}_\mathbb{C} = \mathcal{J} + \sigma(\mathcal{J})$. Nel secondo caso $\deg\mathcal{I} = \deg\mathcal{I}_\mathbb{C} = 2\deg\mathcal{J}$ e dunque questa situazione può presentarsi solo nel caso di ipersuperfici di grado pari. Ad esempio se $\mathcal{I}$ è una quadrica reale (cioè $\deg\mathcal{I} = 2$) riducibile su $\mathbb{C}$, allora le sue componenti irriducibili sono due iperpiani reali o due iperpiani complessi coniugati.

Considerazioni analoghe possono essere fatte nel caso proiettivo. Così per ogni polinomio omogeneo $F \in \mathbb{C}[x_0, \ldots, x_n]$ chiamiamo *coniugata* dell'ipersuperficie proiettiva $\mathcal{I} = [F]$ di $\mathbb{P}^n(\mathbb{C})$ l'ipersuperficie $\sigma(\mathcal{I}) = [\sigma(F)]$.

Inoltre per ogni polinomio omogeneo $F \in \mathbb{R}[x_0, \ldots, x_n]$ chiamiamo *complessificata* dell'ipersuperficie $\mathcal{I} = [F]_\mathbb{R}$ di $\mathbb{P}^n(\mathbb{R})$ l'ipersuperficie $\mathcal{I}_\mathbb{C} = [F]_\mathbb{C}$ di $\mathbb{P}^n(\mathbb{C})$; il supporto di $\mathcal{I}$ in $\mathbb{P}^n(\mathbb{R})$ coincide con l'insieme dei punti reali del supporto di $\mathcal{I}_\mathbb{C}$ in $\mathbb{P}^n(\mathbb{C})$. Ogni punto $P \in \mathbb{P}^n(\mathbb{R})$ singolare per $\mathcal{I}$ è singolare anche per $\mathcal{I}_\mathbb{C}$ e, più precisamente, $m_P(\mathcal{I}) = m_P(\mathcal{I}_\mathbb{C})$.

Un'ipersuperficie proiettiva $\mathcal{I} = [F]$ di $\mathbb{P}^n(\mathbb{C})$ definita da un polinomio omogeneo $F \in \mathbb{C}[x_0, \ldots, x_n]$ viene detta un'*ipersuperficie proiettiva reale* se $[F]$ contiene un rappresentante reale $G \in \mathbb{R}[x_0, \ldots, x_n]$. Se f è una proiettività di $\mathbb{P}^n(\mathbb{C})$ che trasforma punti di $\mathbb{P}^n(\mathbb{R})$ in punti di $\mathbb{P}^n(\mathbb{R})$ (e dunque esiste una matrice $A \in \mathrm{GL}(n+1, \mathbb{R})$ che la rappresenta, cfr. 1.6), allora f trasforma ogni ipersuperficie reale di $\mathbb{P}^n(\mathbb{C})$ in un'ipersuperficie reale.

In virtù delle considerazioni precedenti, combinando l'immersione di $\mathbb{R}^n$ in $\mathbb{P}^n(\mathbb{R})$ e di $\mathbb{P}^n(\mathbb{R})$ in $\mathbb{P}^n(\mathbb{C})$, per ogni polinomio $f \in \mathbb{R}[x_1, \ldots, x_n]$ può essere utile porre in relazione le proprietà geometriche (come ad esempio supporto e irriducibilità) dell'ipersuperficie reale affine $\mathcal{I} = [f]_\mathbb{R}$, della sua chiusura proiettiva $\overline{\mathcal{I}}$ in $\mathbb{P}^n(\mathbb{R})$ e della complessificata $(\overline{\mathcal{I}})_\mathbb{C}$ in $\mathbb{P}^n(\mathbb{C})$. Osserviamo a tale proposito che $\overline{\mathcal{I}_\mathbb{C}} = (\overline{\mathcal{I}})_\mathbb{C}$. Ad esempio il polinomio $x_1^2 + x_2^2 - 1 \in \mathbb{R}[x_1, x_2]$ definisce una conica irriducibile $\mathcal{I}$ in $\mathbb{R}^2$ la cui chiusura proiettiva $\overline{\mathcal{I}}$ in $\mathbb{P}^2(\mathbb{R})$ non interseca la retta all'infinito in punti reali; ciò avviene perché la complessificata $(\overline{\mathcal{I}})_\mathbb{C}$ in $\mathbb{P}^2(\mathbb{C})$ interseca H_0 nell'ipersuperficie di equazione $x_1^2 + x_2^2 = 0$ il cui supporto è costituito dai punti complessi $[1, i]$ e $[1, -i]$ che non sono reali.

1.8
Le quadriche

1.8.1
Prime nozioni e classificazione proiettiva

Un'ipersuperficie proiettiva di $\mathbb{P}^n(\mathbb{K})$ di grado 2 è detta *quadrica*; una quadrica di $\mathbb{P}^2(\mathbb{K})$ è detta *conica*.

Se $F(x_0, \ldots, x_n) = 0$ è un'equazione di una quadrica $\mathcal{Q}$ di $\mathbb{P}^n(\mathbb{K})$, allora esiste un'unica matrice simmetrica A di ordine $n + 1$ tale che

$$F(x_0, \ldots, x_n) = {}^t X A X,$$

dove ${}^t X = \begin{pmatrix} x_0 & x_1 & \ldots & x_n \end{pmatrix}$. In tal caso diciamo che la quadrica è rappresentata dalla matrice simmetrica A.

La quadrica $\mathcal{Q}$ di equazione ${}^t X A X = 0$ viene detta *non degenere* se la matrice A è invertibile; inoltre chiamiamo *rango* della quadrica il rango della matrice A (nozione ben posta visto che A è individuata da $\mathcal{Q}$ a meno di un coefficiente moltiplicativo non nullo). Ad esempio, le quadriche di rango 1 sono iperpiani contati due volte.

Se $P = [Y]$ è un punto di $\mathcal{Q} = [F]$ dove $F(X) = {}^t X A X$, calcolando il gradiente di F in Y si vede subito che $\nabla F(Y) = 2\,{}^t Y A$. Pertanto lo spazio tangente $T_P(\mathcal{Q})$ è definito da ${}^t Y A X = 0$ e $\mathrm{Sing}(\mathcal{Q}) = \{ P = [Y] \in \mathbb{P}^n(\mathbb{K}) \mid A Y = 0 \}$. Dunque la quadrica è singolare se e solo se $\det A = 0$, cioè se e solo se $\mathcal{Q}$ è degenere; inoltre il luogo singolare di $\mathcal{Q}$ è un sottospazio proiettivo di $\mathbb{P}^n(\mathbb{K})$.

La quadrica $\mathcal{Q}$ è riducibile (ossia il polinomio F è riducibile) se e solo se A ha rango 1 o 2. In particolare, se $\mathcal{Q}$ è riducibile e $n \geq 2$, allora è degenere e quindi singolare; d'altra parte esistono quadriche singolari e irriducibili, come ad esempio la quadrica di $\mathbb{P}^3(\mathbb{C})$ di equazione $x_1^2 + x_2^2 - x_3^2 = 0$.

Intersecando una quadrica $\mathcal{Q}$ con un iperpiano H non contenuto in $\mathcal{Q}$ si ottiene una quadrica di H che è singolare in un punto P se e solo se l'iperpiano è tangente a $\mathcal{Q}$ in P (cfr. Esercizio 3.6). Più precisamente nel caso in cui la quadrica $\mathcal{Q}$ è non degenere e l'iperpiano H è tangente a $\mathcal{Q}$ in P, allora la quadrica $\mathcal{Q} \cap H$ ha rango $n - 1$ e $\mathrm{Sing}(\mathcal{Q} \cap H) = \{P\}$ (per una dimostrazione di questo risultato si veda l'Esercizio 4.48).

Ricordiamo che ogni proiettività di $\mathbb{P}^n(\mathbb{K})$ trasforma una quadrica in una quadrica (cfr. 1.7.5). Più precisamente se $\mathcal{Q}$ ha equazione ${}^t X A X = 0$ e se la proiettività g è rappresentata da una matrice invertibile N, allora $g(\mathcal{Q})$ ha equazione ${}^t X N^{-1} A N^{-1} X = 0$. Poiché le matrici A e ${}^t N^{-1} A N^{-1}$ hanno lo stesso rango, g trasforma $\mathcal{Q}$ in una quadrica dello stesso rango.

Se due quadriche $\mathcal{Q}$ e $\mathcal{Q}'$ di $\mathbb{P}^n(\mathbb{K})$ hanno rispettivamente equazione ${}^t X A X = 0$ e ${}^t X A' X = 0$, allora esse sono *proiettivamente equivalenti* (cfr. 1.7.5) se e solo se esiste $\lambda \in \mathbb{K}^*$ tale che le matrici A e $\lambda A'$ sono congruenti, ossia esiste $M \in \mathrm{GL}(n + 1, \mathbb{K})$ tale che $\lambda A' = {}^t M A M$. Nel caso $\mathbb{K} = \mathbb{C}$ ciò equivale al fatto che A e A' sono congruenti, mentre se $\mathbb{K} = \mathbb{R}$ questo avviene se e solo se A è congruente a $\pm A'$.

Di conseguenza, è possibile classificare le quadriche a meno di equivalenza proiettiva utilizzando la classificazione delle matrici simmetriche a meno di congruenza.

Se $\mathbb{K} = \mathbb{C}$, le quadriche $\mathcal{Q}$ e $\mathcal{Q}'$ sono proiettivamente equivalenti se e solo A e A' hanno lo stesso rango.

Se $\mathbb{K} = \mathbb{R}$, invece, A e A' sono congruenti se e solo se hanno la stessa segnatura (intendendo per segnatura di A la coppia $\text{sign}(A) = (i_+(A), i_-(A))$ dove $i_+(A)$ denota l'indice di positività della matrice A e $i_-(A)$ denota il suo indice di negatività; si ricordi che $i_+(A) + i_-(A)$ coincide con il rango di A). D'altra parte $\text{sign}(-A) = (i_-(A), i_+(A))$; dunque, a meno di scambiare A con $-A$ (matrici che definiscono la stessa quadrica), possiamo supporre $i_+(A) \geq i_-(A)$, cosa che faremo sempre nel seguito. Con tale convenzione le quadriche reali $\mathcal{Q}$ e $\mathcal{Q}'$ rappresentate rispettivamente dalle matrici simmetriche A e A' sono proiettivamente equivalenti se e solo $\text{sign}(A) = \text{sign}(A')$.

In base alle considerazioni precedenti otteniamo dunque il seguente

Teorema 1.8.1 (Classificazione proiettiva delle quadriche di $\mathbb{P}^n(\mathbb{K})$).

(a) Ogni quadrica di $\mathbb{P}^n(\mathbb{C})$ di rango r è proiettivamente equivalente alla quadrica di equazione

$$\sum_{i=0}^{r-1} x_i^2 = 0.$$

(b) Ogni quadrica di $\mathbb{P}^n(\mathbb{R})$ di segnatura $(p, r-p)$, con $p \geq r-p$, è proiettivamente equivalente alla quadrica di equazione

$$\sum_{i=0}^{p-1} x_i^2 - \sum_{i=p}^{r-1} x_i^2 = 0.$$

1.8.2
Polarità rispetto ad una quadrica

Sia $\mathcal{Q}$ una quadrica di $\mathbb{P}^n(\mathbb{K})$ di equazione ${}^t\!X A X = 0$ con A matrice simmetrica.

Se $P = [Y] \in \mathbb{P}^n(\mathbb{K})$, l'equazione ${}^t\!Y A X = 0$ definisce un sottospazio di $\mathbb{P}^n(\mathbb{K})$ che non dipende dalla scelta del rappresentante Y di P; conveniamo pertanto di scrivere nel seguito ${}^t\!P A X = 0$, senza precisare il rappresentante di P scelto. Similmente, se $P = [Y]$, denotiamo con AP il punto avente come rappresentante il vettore AY.

Per ogni $P \in \mathbb{P}^n(\mathbb{K})$ denotiamo con $\text{pol}_\mathcal{Q}(P)$ il sottospazio di $\mathbb{P}^n(\mathbb{K})$ di equazione ${}^t\!P A X = 0$; esso è detto *spazio polare di P rispetto a $\mathcal{Q}$*.

Se $P \in \mathcal{Q}$, allora $\text{pol}_\mathcal{Q}(P) = T_P(\mathcal{Q})$ (cfr. 1.8.1); in particolare se P è singolare per $\mathcal{Q}$, allora $\text{pol}_\mathcal{Q}(P) = \mathbb{P}^n(\mathbb{K})$.

Se $P \in \mathbb{P}^n(\mathbb{K}) \setminus \text{Sing}(\mathcal{Q})$, l'equazione ${}^t\!P A X = 0$ definisce un iperpiano di $\mathbb{P}^n(\mathbb{K})$, che viene detto *iperpiano polare di P rispetto a $\mathcal{Q}$*. Tale iperpiano, che spesso sarà denotato semplicemente con $\text{pol}(P)$, corrisponde quindi al punto di coordinate AP

nel duale $\mathbb{P}^n(\mathbb{K})^*$. Risulta così definita l'applicazione

$$\mathrm{pol}\colon \mathbb{P}^n(\mathbb{K}) \setminus \mathrm{Sing}(\mathcal{Q}) \to \mathbb{P}^n(\mathbb{K})^*$$

che associa al punto $P \in \mathbb{P}^n(\mathbb{K}) \setminus \mathrm{Sing}(\mathcal{Q})$ il punto $AP \in \mathbb{P}^n(\mathbb{K})^*$.

Ad esempio, se il punto fondamentale $P_i = [0,\ldots,1,\ldots,0]$ è non singolare per $\mathcal{Q}$, l'iperpiano polare di P_i ha equazione $a_{i,0}x_0 + \ldots + a_{i,n}x_n = 0$.

Se $\mathcal{Q}$ è una quadrica non degenere (ossia non singolare), la matrice A è invertibile e dunque l'applicazione $\mathrm{pol}\colon \mathbb{P}^n(\mathbb{K}) \to \mathbb{P}^n(\mathbb{K})^*$ è un isomorfismo proiettivo. In tal caso per ogni iperpiano H di $\mathbb{P}^n(\mathbb{K})$ esiste un unico punto, detto *polo* di H, avente H come iperpiano polare rispetto a $\mathcal{Q}$. In particolare il polo dell'i-esimo iperpiano fondamentale $H_i = \{x_i = 0\}$ è il punto $[A_{i,0},\ldots,A_{i,n}]$ (dove $A_{i,j} = (-1)^{i+j}\det(c_{i,j}(A))$, cfr. 1.2).

Ricordiamo le principali proprietà della polarità:

(a) (reciprocità) $P \in \mathrm{pol}(R) \iff R \in \mathrm{pol}(P)$
   (in particolare per ogni $P \in \mathbb{P}^n(\mathbb{K})$ e per ogni punto $R \in \mathrm{Sing}(\mathcal{Q})$ si ha che $P \in \mathrm{pol}(R)$ e quindi, per reciprocità, $R \in \mathrm{pol}(P)$, cioè $\mathrm{pol}(P)$ contiene sempre il luogo singolare della quadrica);
(b) $P \in \mathrm{pol}(P) \iff P \in \mathcal{Q}$;
(c) se $P \notin \mathcal{Q}$, $\mathrm{pol}(P)$ è un iperpiano che interseca $\mathcal{Q}$ nel luogo dei punti di intersezione fra $\mathcal{Q}$ e le rette uscenti da P e tangenti alla quadrica.

Dalla proprietà (c) di deduce immediatamente che le tangenti ad una conica non degenere uscenti da un fissato punto P del piano proiettivo $\mathbb{P}^2(\mathbb{K})$ sono al più due. In particolare se da P escono esattamente due tangenti, la polare di P è la retta che unisce i due punti di tangenza sulla conica.

Naturalmente nel caso reale è possibile che la polare di un punto non appartenente alla quadrica non intersechi la quadrica stessa (la polare di $[0,0,1]$ rispetto alla conica reale $x_0^2 + x_1^2 - x_2^2 = 0$ è la retta $x_2 = 0$ che non interseca la conica in punti reali).

Due punti P, R in $\mathbb{P}^n(\mathbb{K})$ si dicono *coniugati rispetto alla quadrica* $\mathcal{Q}$ se $^tPAR = 0$. In particolare per (b) il supporto della quadrica può essere visto come l'insieme dei punti di $\mathbb{P}^n(\mathbb{K})$ autoconiugati rispetto a $\mathcal{Q}$.

Diciamo che $n + 1$ punti $P_0,\ldots,P_n$ linearmente indipendenti di $\mathbb{P}^n(\mathbb{K})$ sono i vertici di un $(n+1)$-*edro autopolare* per $\mathcal{Q}$ se per ogni $i \neq j$ i punti P_i e P_j sono coniugati rispetto a $\mathcal{Q}$ (se $n = 2$ si parla di *triangolo autopolare*). In tal caso se $P_i \notin \mathrm{Sing}(\mathcal{Q})$ si ha che $\mathrm{pol}(P_i) = L(P_0,\ldots,P_{i-1},P_{i+1},\ldots,P_n)$; ciò accade per ogni P_i se $\mathcal{Q}$ è non degenere e questo giustifica il termine "autopolare".

Se $P_i = [v_i]$ per $i = 0,\ldots,n$ e A è una matrice simmetrica che rappresenta la quadrica rispetto alla base $\{v_0,\ldots,v_n\}$, allora i punti $P_0,\ldots,P_n$ sono i vertici di un $(n+1)$-edro autopolare per $\mathcal{Q}$ se e solo se $\{v_0,\ldots,v_n\}$ è una base ortogonale per il prodotto scalare su $\mathbb{K}^{n+1}$ associato alla matrice A. Quindi rappresentare $\mathcal{Q}$ attraverso una matrice diagonale equivale a scegliere un sistema di riferimento proiettivo in $\mathbb{P}^n(\mathbb{K})$ i cui punti fondamentali siano i vertici di un $(n+1)$-edro autopolare. In particolare per il Teorema di classificazione proiettiva delle quadriche (cfr. Teorema 1.8.1) per ogni quadrica esiste un $(n+1)$-edro autopolare; se la quadrica ha rango r, esso contiene esattamente r punti che non appartengono alla quadrica e $n - r + 1$ punti che appartengono a $\mathrm{Sing}(Q)$.

Se Q è una quadrica non degenere rappresentata da una matrice invertibile A, l'immagine di Q attraverso l'isomorfismo proiettivo pol_Q è una quadrica non degenere, detta *quadrica duale* e denotata Q^*, che rispetto alle coordinate duali risulta associata alla matrice simmetrica A^{-1}. Possiamo dunque pensare il supporto della quadrica duale come l'insieme degli iperpiani tangenti a Q. Attraverso l'usuale identificazione col biduale, si ha che $Q^{**} = Q$.

Se Q è non degenere, fra tutte le matrici che rappresentano Q^* troviamo in particolare la matrice aggiunta $A^* = (\det A)A^{-1}$. Ricordiamo che la matrice aggiunta A^* è definita anche quando $\det A = 0$ (è infatti la matrice avente nel posto (i, j) il complemento algebrico $A_{j,i}$) e A^* è non nulla se $\mathrm{rk}\, A = n$. Se Q è una quadrica di $\mathbb{P}^n(\mathbb{K})$ di rango n possiamo dunque estendere la nozione precedente definendo quadrica duale di Q come la quadrica rappresentata dalla matrice A^*. In tal caso Q^* ha rango 1 e il suo supporto è l'immagine della trasformazione proiettiva degenere pol.

1.8.3
Intersezione di una quadrica con una retta

Siano Q una quadrica di $\mathbb{P}^n(\mathbb{K})$ di equazione ${}^tXAX = 0$ e r una retta. Come già osservato (cfr. 1.7.6), se r non è contenuta in Q allora $Q \cap r$ consiste di al più due punti, eventualmente coincidenti nel caso in cui la retta è tangente. Se r non è tangente a Q (in particolare non è contenuta nella quadrica), diciamo che la retta r è *secante* Q se $Q \cap r$ è costituito da due punti distinti e che r è *esterna* a Q se il supporto di $Q \cap r$ è vuoto.

Più precisamente, se $\mathbb{K} = \mathbb{C}$ nessuna retta può essere esterna e, se r non è tangente, allora $Q \cap r$ consiste di esattamente due punti distinti. Se Q e r sono reali e se $Q \cap r$ contiene almeno un punto reale, allora $Q \cap r$ consiste di due punti reali, eventualmente coincidenti; inoltre, se una retta reale è tangente ad una quadrica reale, allora il punto di tangenza è reale.

Esplicitamente, se P, R sono due punti distinti di r e vediamo la retta come l'insieme dei punti $\lambda P + \mu R$ al variare di $[\lambda, \mu]$ in $\mathbb{P}^1(\mathbb{K})$, allora

$$\lambda P + \mu R \in Q \quad \Longleftrightarrow \quad {}^tPAP\, \lambda^2 + 2\, {}^tPAR\, \lambda\mu + {}^tRAR\, \mu^2 = 0. \tag{1.1}$$

In particolare se $P, R \in Q$ sono coniugati rispetto a Q, allora $r \subseteq Q$. Inoltre se $P \in \mathrm{Sing}(Q)$ e $R \in Q$, allora r è contenuta in Q, per cui ogni quadrica che possiede un punto singolare P è un cono di vertice P.

1.8.4
Quadriche proiettive in $\mathbb{P}^2(\mathbb{K})$ e in $\mathbb{P}^3(\mathbb{K})$

In questo paragrafo esaminiamo più da vicino le quadriche in spazi proiettivi di dimensione bassa.

Come già ricordato, le quadriche del piano proiettivo sono dette coniche. Una conica ha un'equazione del tipo

$$a_{0,0}x_0^2 + a_{1,1}x_1^2 + a_{2,2}x_2^2 + 2a_{0,1}x_0x_1 + 2a_{0,2}x_0x_2 + 2a_{1,2}x_1x_2 = 0,$$

ossia $^tXAX = 0$ con

$$A = \begin{pmatrix} a_{0,0} & a_{0,1} & a_{0,2} \\ a_{0,1} & a_{1,1} & a_{1,2} \\ a_{0,2} & a_{1,2} & a_{2,2} \end{pmatrix} \quad e \quad X = \begin{pmatrix} x_0 \\ x_1 \\ x_2 \end{pmatrix}.$$

La conica è non degenere se la matrice simmetrica A è invertibile, viene detta *semplicemente degenere* se A ha rango 2 e *doppiamente degenere* se A ha rango 1.

A differenza di quello che accade per le quadriche di $\mathbb{P}^n(\mathbb{C})$ per $n \geq 3$, una conica di $\mathbb{P}^2(\mathbb{C})$ è riducibile se e solo se è degenere; in tal caso le componenti irriducibili sono due rette (che sono coincidenti nel caso delle coniche doppiamente degeneri). Nel caso $\mathbb{K} = \mathbb{R}$ la precedente equivalenza non è più vera: ad esempio la conica di $\mathbb{P}^2(\mathbb{R})$ di equazione $x_0^2 + x_1^2 = 0$ è degenere ma il polinomio $x_0^2 + x_1^2$ è irriducibile in $\mathbb{R}[x_0, x_1, x_2]$.

Possiamo elencare in dettaglio le forme canoniche proiettive distinte delle coniche di $\mathbb{P}^2(\mathbb{K})$ specializzando al caso $n = 2$ il risultato del Teorema 1.8.1:

Teorema 1.8.2 (Classificazione proiettiva delle coniche di $\mathbb{P}^2(\mathbb{K})$).

(a) *Ogni conica di $\mathbb{P}^2(\mathbb{C})$ è proiettivamente equivalente ad una ed una sola tra le seguenti:*
   (ℂ1) $x_0^2 + x_1^2 + x_2^2 = 0$;
   (ℂ2) $x_0^2 + x_1^2 = 0$;
   (ℂ3) $x_0^2 = 0$.

(b) *Ogni conica di $\mathbb{P}^2(\mathbb{R})$ è proiettivamente equivalente ad una ed una sola tra le seguenti:*
   (ℝ1) $x_0^2 + x_1^2 + x_2^2 = 0$;
   (ℝ2) $x_0^2 + x_1^2 - x_2^2 = 0$;
   (ℝ3) $x_0^2 + x_1^2 = 0$;
   (ℝ4) $x_0^2 - x_1^2 = 0$;
   (ℝ5) $x_0^2 = 0$.

Come atteso, nel caso complesso si ha un modello per ciascun valore del rango; nel caso reale invece troviamo due modelli non degeneri ((ℝ1) con supporto vuoto e (ℝ2) con supporto formato da infiniti punti reali), due modelli semplicemente degeneri ((ℝ3) con supporto reale ridotto ad un solo punto e (ℝ4) unione di due rette reali distinte), un modello (ℝ5) di rango 1.

La conica $\mathcal{C}$ di equazione ${}^t\!XAX = 0$ è singolare se e solo se $\det A = 0$, cioè se e solo se $\mathcal{C}$ è degenere. Se $\mathbb{K} = \mathbb{C}$ e $\mathcal{C}$ è semplicemente degenere, l'unico punto singolare è il punto di intersezione delle due componenti irriducibili della conica; se $\mathcal{C}$ è doppiamente degenere, tutti i punti della curva sono singolari.

Se $\mathbb{K} = \mathbb{R}$ e $\mathcal{C}$ è semplicemente degenere, $\mathcal{C}$ può essere riducibile, con componenti irriducibili due rette distinte, oppure irriducibile, e in tal caso la complessificata $\mathcal{C}_{\mathbb{C}}$ ha come componenti irriducibili due rette complesse coniugate (cfr. 1.7.9). In ogni caso le due rette si intersecano in un punto reale che è l'unico punto singolare di $\mathcal{C}$. Se $\mathbb{K} = \mathbb{R}$ e $\mathcal{C}$ ha rango 1, il suo supporto è una retta e tutti i punti di tale retta sono singolari per $\mathcal{C}$.

Si ottengono equazioni in forma canonica scegliendo in $\mathbb{P}^2(\mathbb{K})$ un sistema di riferimento i cui punti fondamentali P_1, P_2, P_3 siano i vertici di un triangolo autopolare. Un tale triangolo esiste sempre (cfr. 1.8.2 o Esercizio 4.51) e la sua costruzione risulta particolarmente semplice nel caso $n = 2$.

Infatti se la conica è non degenere, scegliamo un punto P_1 non appartenente a $\mathcal{C}$ e consideriamo la retta $r_1 = \mathrm{pol}(P_1)$ (in particolare $P_1 \notin r_1$). Scegliamo poi $P_2 \in r_1 \setminus \mathcal{C}$ e sia $r_2 = \mathrm{pol}(P_2)$; per reciprocità $P_1 \in r_2$ e dunque $r_1 \neq r_2$. Scegliamo infine $P_3 = r_1 \cap r_2$ e sia $r_3 = \mathrm{pol}(P_3)$; allora $r_3 = L(P_1, P_2)$. Per costruzione i punti P_1, P_2, P_3 sono vertici di un triangolo autopolare in cui ciascun lato è la polare del vertice opposto.

Se la conica è semplicemente degenere, la polare di ogni punto contiene l'unico punto singolare Q; se prendiamo un punto P_1 fuori dalla conica e un punto P_2 diverso da Q su $\mathrm{pol}(P_1)$, allora P_1, P_2, Q sono vertici di un triangolo autopolare. Se la conica è doppiamente degenere e il suo supporto è una retta (doppia) r, per costruire un triangolo autopolare basta prendere due qualsiasi punti distinti su r e un punto fuori da r.

Più lunga è la lista dei modelli proiettivi delle quadriche dello spazio proiettivo tridimensionale:

Teorema 1.8.3 (Classificazione proiettiva delle quadriche di $\mathbb{P}^3(\mathbb{K})$).

(a) *Ogni quadrica di $\mathbb{P}^3(\mathbb{C})$ è proiettivamente equivalente ad una ed una sola tra le seguenti:*

(ℂ1) $x_0^2 + x_1^2 + x_2^2 + x_3^2 = 0$;

(ℂ2) $x_0^2 + x_1^2 + x_2^2 = 0$;

(ℂ3) $x_0^2 + x_1^2 = 0$;

(ℂ4) $x_0^2 = 0$.

(b) *Ogni quadrica di $\mathbb{P}^3(\mathbb{R})$ è proiettivamente equivalente ad una ed una sola tra le seguenti:*

(ℝ1) $x_0^2 + x_1^2 + x_2^2 + x_3^2 = 0$;

(ℝ2) $x_0^2 + x_1^2 + x_2^2 - x_3^2 = 0$;

(ℝ3) $x_0^2 + x_1^2 - x_2^2 - x_3^2 = 0$;

(ℝ4) $x_0^2 + x_1^2 + x_2^2 = 0$;

(ℝ5) $x_0^2 + x_1^2 - x_2^2 = 0$;

(ℝ6) $x_0^2 + x_1^2 = 0$;

(ℝ7) $x_0^2 - x_1^2 = 0$;

(ℝ8) $x_0^2 = 0$.

Osserviamo che nel caso reale esistono 3 tipi proiettivi distinti di quadriche non degeneri di $\mathbb{P}^3(\mathbb{R})$ (e cioè i modelli (ℝ1), (ℝ2) e (ℝ3) nell'ultimo enunciato), due tipi di rango 3 (i modelli (ℝ4) e (ℝ5)), due tipi di rango 2 (i modelli (ℝ6) e (ℝ7)) e un solo tipo (ℝ8) di rango 1.

Se A è una matrice simmetrica di ordine 4 che rappresenta Q, sappiamo che Q è singolare se e solo se $\det A = 0$; più precisamente:

(a) se $\operatorname{rk} A = 3$, Q ha un solo punto singolare P ed è un cono di vertice P (con supporto eventualmente ridotto al solo punto P se $\mathbb{K} = \mathbb{R}$, come nel modello (ℝ4) del Teorema 1.8.3);

(b) se $\operatorname{rk} A = 2$, Q ha una retta r di punti singolari; nel caso complesso Q è riducibile e il supporto è costituito da due piani distinti che si intersecano in r; se $\mathbb{K} = \mathbb{R}$ la quadrica Q può essere riducibile con componenti irriducibili due piani distinti che si intersecano in r, oppure irriducibile e in tal caso le componenti irriducibili della complessificata $Q_{\mathbb{C}}$ sono due piani complessi coniugati che si intersecano nella retta reale r (cfr. 1.7.9);

(c) se $\operatorname{rk} A = 1$, tutti i punti di Q sono singolari, la quadrica è riducibile e il supporto è costituito da due piani coincidenti.

Per quanto riguarda l'intersezione di Q con un piano H di $\mathbb{P}^3(\mathbb{K})$, ricordiamo che H è *tangente* a Q se $H \subseteq T_P(Q)$ per qualche $P \in Q$.

Se H non è tangente, allora:

(a) H è detto *esterno* a Q se la conica $Q \cap H$ ha supporto vuoto (il che può accadere solo se $\mathbb{K} = \mathbb{R}$);

(b) H è detto *secante* Q se la conica $Q \cap H$ è non vuota.

Considerando in particolare l'intersezione fra Q e il piano tangente $T_P(Q)$ in un punto liscio P, osserviamo che se $T_P(Q) \not\subseteq Q$ allora $Q \cap T_P(Q)$ è una conica degenere e singolare in P (cfr. 1.8.1). Di conseguenza $Q \cap T_P(Q)$ è un cono di vertice P (cfr. 1.8.3).

Pertanto per ogni punto liscio P di Q può presentarsi una delle seguenti situazioni:

(a) $Q \cap T_P(Q) = T_P(Q)$; in tal caso Q è riducibile, ossia è una coppia di piani; in particolare per ogni punto liscio R di Q si ha $Q \cap T_R(Q) = T_R(Q)$;

(b) $Q \cap T_P(Q) = \{P\}$ (caso possibile solo se $\mathbb{K} = \mathbb{R}$, quando la complessificata di $Q \cap T_P(Q)$ è l'unione di due rette complesse coniugate incidenti in P);

(c) $Q \cap T_P(Q)$ è una conica degenere spezzata in due rette eventualmente coincidenti (ad esempio l'intersezione del cono reale di equazione $x_0^2 + x_1^2 - x_2^2 = 0$ con il piano tangente in ogni punto liscio è una retta doppia).

Se inoltre Q è irriducibile, il primo di questi ultimi casi non può presentarsi; diciamo allora che:

(a) P è un *punto ellittico* se $Q \cap T_P(Q) = \{P\}$;

(b) P è un *punto parabolico* se $Q \cap T_P(Q)$ è una retta doppia;

(c) P è un *punto iperbolico* se $Q \cap T_P(Q)$ è costituito da due rette distinte.

Si verifica (cfr. Esercizio 4.53) che i punti di una quadrica Q non degenere e non vuota di $\mathbb{P}^3(\mathbb{K})$ sono o tutti iperbolici o tutti ellittici (quest'ultimo caso può presentarsi solo se $\mathbb{K} = \mathbb{R}$); in tal caso si dice che $\mathcal{Q}$ è una *quadrica iperbolica* o, rispettivamente, una *quadrica ellittica*. Si verifica inoltre (cfr. Esercizio 4.54) che tutti i punti non singolari di una quadrica degenere irriducibile di $\mathbb{P}^3(\mathbb{K})$ sono parabolici: in tal caso, se esiste almeno un punto non singolare, si parla di *quadrica parabolica*.

Nel caso complesso, in cui non esistono punti ellittici, tutte le quadriche non degeneri sono iperboliche, mentre quelle di rango 3 sono paraboliche. Nel caso $\mathbb{K} = \mathbb{R}$ si verifica che esistono quadriche irriducibili dei tre tipi possibili (cfr. Esercizio 4.55).

Sfruttando il fatto che la nozione di punto ellittico, iperbolico o parabolico è proiettiva, cioè è invariante per proiettività, si può indagare la natura dei punti delle quadriche irriducibili usando i loro modelli proiettivi o modelli proiettivamente equivalenti aventi equazione particolarmente semplice (cfr. Esercizio 4.58). Ad esempio la quadrica di $\mathbb{P}^3(\mathbb{R})$ di equazione $x_0 x_3 - x_1 x_2 = 0$ è proiettivamente equivalente alla quadrica (iperbolica) $x_0^2 + x_1^2 - x_2^2 - x_3^2 = 0$.

1.8.5
Quadriche nello spazio $\mathbb{R}^n$

Una *quadrica affine* $\mathcal{Q}$ di $\mathbb{R}^n$, cioè un'ipersuperficie affine di $\mathbb{R}^n$ di grado 2, è definita da un'equazione del tipo

$$^t X A X + 2\,^t B X + c = 0,$$

dove A è una matrice simmetrica non nulla di ordine n, B è un vettore di $\mathbb{R}^n$, $c \in \mathbb{R}$ e $^t X = \begin{pmatrix} x_1 & \cdots & x_n \end{pmatrix}$. Se identifichiamo $\mathbb{R}^n$ con la carta affine $U_0 = \mathbb{P}^n(\mathbb{R}) \setminus \{x_0 = 0\}$ attraverso la mappa $j_0 \colon \mathbb{R}^n \to U_0$ definita da $j_0(x_1, \ldots, x_n) = [1, x_1, \ldots, x_n]$, la chiusura proiettiva $\overline{\mathcal{Q}}$ della quadrica affine $\mathcal{Q}$ è rappresentata dalla matrice a blocchi

$$\overline{A} = \left(\begin{array}{c|c} c & {}^t B \\ \hline B & A \end{array} \right),$$

mentre la quadrica all'infinito $\mathcal{Q}_\infty = \overline{\mathcal{Q}} \cap H_0$ è rappresentata dalla matrice A. Diciamo che la quadrica affine $\mathcal{Q}$ è *degenere* se lo è la sua chiusura proiettiva e chiamiamo *rango* di $\mathcal{Q}$ il rango di $\overline{\mathcal{Q}}$, ossia il rango della matrice $\overline{A}$.

Se $\mathcal{Q}$ ha rango n, $\overline{\mathcal{Q}}$ ha un solo punto singolare P ed è un cono di vertice P (cfr. 1.8.3). In particolare si dice che $\mathcal{Q}$ è un *cono affine* se $P \in U_0$ ed è un *cilindro affine* se $P \in H_0$.

Due quadriche affini $\mathcal{Q}$ e $\mathcal{Q}'$ di $\mathbb{R}^n$ sono affinemente equivalenti se esiste un'affinità φ di $\mathbb{R}^n$ tale che $\mathcal{Q} = \varphi(\mathcal{Q}')$ (cfr. 1.7.5). Se $\varphi(X) = MX + N$, con M matrice invertibile di ordine n e $N \in \mathbb{R}^n$, allora φ è la restrizione alla carta U_0 della proiettività di $\mathbb{P}^n(\mathbb{R})$ rappresentata dalla matrice a blocchi

$$\overline{M}_N = \left(\begin{array}{c|ccc} 1 & 0 & \cdots & 0 \\ \hline N & & M & \end{array} \right)$$

(cfr. 1.3.8). Se φ trasforma $\mathcal{Q}$ in $\mathcal{Q}'$, allora $\overline{M}_N$ rappresenta una proiettività di $\mathbb{P}^n(\mathbb{R})$ che trasforma $\overline{\mathcal{Q}}$ in $\overline{\mathcal{Q}'}$ e M rappresenta una proiettività di H_0 che trasforma $\mathcal{Q}_\infty$ in

Q'_∞; pertanto se due quadriche affini sono affinemente equivalenti, le loro chiusure proiettive e le loro quadriche all'infinito sono proiettivamente equivalenti (vale anche l'implicazione opposta, come vedremo più avanti in questa sezione).

L'applicazione $\varphi(X) = MX + N$ è un'isometria di $\mathbb{R}^n$ se e solo se $M \in O(n)$; le quadriche Q e Q' di $\mathbb{R}^n$ sono dette *metricamente equivalenti* se esiste un'isometria $\varphi(X) = MX + N$ tale che $\varphi(Q) = Q'$.

Per ogni $X = (x_1, \ldots, x_n) \in \mathbb{R}^n$ poniamo $\widetilde{X} = \begin{pmatrix} 1 \\ x_1 \\ \vdots \\ x_n \end{pmatrix} = \begin{pmatrix} 1 \\ X \end{pmatrix}$, ossia deno-

tiamo con $\widetilde{X}$ il vettore di $\mathbb{R}^{n+1}$ ottenuto da X aggiungendo 1 come prima coordinata. Allora l'equazione di Q può essere scritta nella forma ${}^t\widetilde{X}\overline{A}\widetilde{X} = 0$; inoltre si ha che $\widetilde{\varphi(X)} = \begin{pmatrix} 1 \\ \varphi(X) \end{pmatrix} = \begin{pmatrix} 1 \\ MX + N \end{pmatrix} = \overline{M}_N\widetilde{X}$. In questo senso diremo d'ora in poi che la quadrica affine Q di $\mathbb{R}^n$ è rappresentata dalla matrice simmetrica $\overline{A}$ di ordine $n + 1$ e che l'affinità φ di $\mathbb{R}^n$ è rappresentata dalla matrice $\overline{M}_N$.

La quadrica $\varphi^{-1}(Q)$ è dunque rappresentata dalla matrice

$${}^t\overline{M}_N\overline{A}\,\overline{M}_N = \begin{pmatrix} 1 & {}^tN \\ 0 & \\ \vdots & {}^tM \\ 0 & \end{pmatrix} \begin{pmatrix} c & {}^tB \\ B & A \end{pmatrix} \begin{pmatrix} 1 & 0 & \ldots & 0 \\ N & & M & \end{pmatrix} =$$

$$= \begin{pmatrix} {}^tNAN + 2\,{}^tBN + c & {}^t({}^tM(AN + B)) \\ {}^tM(AN + B) & {}^tMAM \end{pmatrix}.$$

Da ciò si osserva che attraverso un'affinità sia la matrice $\overline{A}$ che la matrice A si modificano per congruenza, per cui si conservano le segnature di $\overline{A}$ e di A, e quindi in particolare il rango di $\overline{A}$ e il rango di A. D'altra parte la matrice che rappresenta una quadrica di $\mathbb{R}^n$ è individuata a meno di un coefficiente moltiplicativo non nullo α che può essere positivo o negativo. A tale proposito ricordiamo che per ogni matrice simmetrica reale S si ha che $\text{sign}(\alpha S) = (i_+(S), i_-(S))$ se $\alpha > 0$, mentre $\text{sign}(\alpha S) = (i_-(S), i_+(S))$ se $\alpha < 0$. A meno di moltiplicare l'equazione della quadrica per -1 (ossia scambiare $\overline{A}$ con $-\overline{A}$ e A con $-A$), possiamo supporre che $i_+(A) \geq i_-(A)$ e $i_+(\overline{A}) \geq i_-(\overline{A})$. Nel seguito adotteremo sempre questa convenzione; in questo modo le segnature ricordate sopra dipendono dalla quadrica e non dall'equazione scelta e la coppia $(\text{sign}(\overline{A}), \text{sign}(A))$ è un invariante affine della quadrica.

Si dice che la quadrica Q di equazione $F(X) = {}^tXAX + 2\,{}^tBX + c = 0$ è una *quadrica a centro* se esiste un punto $C \in \mathbb{R}^n$ tale che $F(C + X) = F(C - X)$ per ogni $X \in \mathbb{R}^n$, ossia se i polinomi $F(C + X)$ e $F(C - X)$ coincidono. Evidentemente l'origine 0 delle coordinate di $\mathbb{R}^n$ è centro per Q se e solo se $B = 0$. Se Q è una quadrica con centro C, allora la traslazione $\tau(X) = X + C$ è tale che $\tau(0) = C$ per cui 0 è centro per la quadrica traslata $Q' = \tau^{-1}(Q)$. Pertanto per Q' risulterà nullo il vettore dei coefficienti dei termini di primo grado, ossia $AC + B = 0$, per cui C

è soluzione del sistema $AX = -B$. D'altra parte se il sistema $AX = -B$ ha una soluzione C, il punto C risulta un centro per la quadrica.

Si verifica che, se φ è un'affinità, C è un centro per $\mathcal{Q}$ se e solo se $\varphi^{-1}(C)$ è un centro per la quadrica $\varphi^{-1}(\mathcal{Q})$. Dunque il fatto di essere una quadrica a centro è una proprietà affine (nel senso che ogni quadrica affinemente equivalente ad una quadrica a centro è anch'essa a centro).

Diremo che $\mathcal{Q}$ è un *paraboloide* se non è a centro.

Si verifica che $\operatorname{rk} A \leq \operatorname{rk} \overline{A} \leq \operatorname{rk} A + 2$ e che il sistema $AX = -B$ è risolubile, cioè la quadrica è a centro, se e solo se $\operatorname{rk} \overline{A} \leq \operatorname{rk} A + 1$, mentre $\mathcal{Q}$ è un paraboloide se e solo se $\operatorname{rk} \overline{A} = \operatorname{rk} A + 2$. In particolare $\mathcal{Q}$ è un paraboloide non degenere se e solo se $\det \overline{A} \neq 0$ e $\det A = 0$.

Ricordiamo (cfr. 1.8.2) che, se $\mathcal{Q}$ è non degenere, il polo rispetto a $\overline{\mathcal{Q}}$ dell'iperpiano all'infinito H_0 è il punto $C = [\overline{A}_{0,0}, \overline{A}_{0,1} \dots, \overline{A}_{0,n}] \in \mathbb{P}^n(\mathbb{R})$.

Se $\mathcal{Q}$ è un paraboloide non degenere, allora $\overline{A}_{0,0} = \det A = 0$; pertanto il polo rispetto a $\overline{\mathcal{Q}}$ dell'iperpiano all'infinito H_0 è un punto improprio, H_0 è tangente a $\overline{\mathcal{Q}}$ e quindi (cfr. 1.8.1) $\overline{\mathcal{Q}} \cap H_0$ è degenere (di rango $n-1$). Vale anche il viceversa: se $\mathcal{Q}$ è non degenere e $\overline{\mathcal{Q}} \cap H_0$ è degenere, allora $\operatorname{rk} \overline{A} = n + 1$ e $\det A = 0$, per cui $\operatorname{rk} A = n - 1 = \operatorname{rk} \overline{A} - 2$ e dunque $\mathcal{Q}$ è un paraboloide non degenere.

Se $\mathcal{Q}$ è una quadrica non degenere a centro, allora $\operatorname{rk} \overline{A} = n + 1$ e $\operatorname{rk} A = n$ e dunque il sistema $AX = -B$ ha una sola soluzione (ossia esiste un solo centro) che per la regola di Cramer è data dal punto $C = \left(\dfrac{\overline{A}_{0,1}}{\overline{A}_{0,0}}, \dots, \dfrac{\overline{A}_{0,n}}{\overline{A}_{0,0}} \right) \in \mathbb{R}^n$. Pensando C come un punto di $\mathbb{P}^n(\mathbb{R})$ si ha $C = [\overline{A}_{0,0}, \overline{A}_{0,1} \dots, \overline{A}_{0,n}]$. Dunque il centro C coincide con il polo rispetto a $\overline{\mathcal{Q}}$ dell'iperpiano all'infinito H_0 e tale punto è un punto proprio (perché $\overline{A}_{0,0} = \det A \neq 0$). Poiché $\overline{\mathcal{Q}} \cap H_0$ è non degenere, distinguendo in base al tipo di intersezione fra $\overline{\mathcal{Q}}$ e l'iperpiano improprio:

(a) una quadrica $\mathcal{Q}$ è detta un *iperboloide* se è non degenere a centro e $\overline{\mathcal{Q}} \cap H_0$ è una quadrica non degenere a supporto non vuoto;

(b) una quadrica $\mathcal{Q}$ è detta un *ellissoide* se è non degenere a centro e $\overline{\mathcal{Q}} \cap H_0$ è una quadrica non degenere a supporto vuoto.

Distinguendo le quadriche in base all'esistenza o meno di un centro e usando risultati classici di algebra lineare, è possibile determinare le forme canoniche distinte per equivalenza affine e per equivalenza metrica per le quadriche di $\mathbb{R}^n$, incluse quelle degeneri. Se ci limitiamo ad usare isometrie:

(a) per il Teorema spettrale, mediante un'isometria lineare $X \mapsto MX$ di $\mathbb{R}^n$ (con $M \in O(n)$) è possibile ridursi ad avere la matrice simmetrica A in forma diagonale con $a_{i,i} = 0$ per ogni $i = \operatorname{rk} A + 1, \dots, n$;

(b) se $\mathcal{Q}$ è a centro, traslando l'origine in un centro ci si riduce ad avere $B = 0$;

(c) se $\mathcal{Q}$ non è a centro, mediante un'isometria (ed eventualmente riscalando l'equazione) ci si riduce ad avere $B = (0, \dots, 0, -1)$ e $c = 0$.

Si ottiene dunque:

Teorema 1.8.4 (Classificazione metrica delle quadriche di $\mathbb{R}^n$). *Sia $\mathcal{Q}$ una quadrica di $\mathbb{R}^n$ di equazione ${}^t\widetilde{X}\overline{A}\widetilde{X} = 0$ con $p = i_+(A) \geq i_-(A)$ e $i_+(\overline{A}) \geq i_-(\overline{A})$. Poniamo $r = \mathrm{rk}\,A$ e $\overline{r} = \mathrm{rk}\,\overline{A}$. Allora:*

(a) Esistono $\lambda_1, \ldots, \lambda_r \in \mathbb{R}$ con $0 < \lambda_1 \leq \ldots \leq \lambda_p$ e $0 < \lambda_{p+1} \leq \ldots \leq \lambda_r$ tali che $\mathcal{Q}$ è metricamente equivalente alla quadrica avente una delle seguenti equazioni:

(m1) $x_1^2 + \lambda_2 x_2^2 + \ldots + \lambda_p x_p^2 - \lambda_{p+1} x_{p+1}^2 - \ldots - \lambda_r x_r^2 = 0$
  in tal caso si ha $\lambda_1 = 1$, $\overline{r} = r$ e $\mathrm{sign}(\overline{A}) = \mathrm{sign}(A)$;

(m2) $\lambda_1 x_1^2 + \ldots + \lambda_p x_p^2 - \lambda_{p+1} x_{p+1}^2 - \ldots - \lambda_r x_r^2 - 1 = 0$
  in tal caso si ha $\mathrm{sign}(\overline{A}) = (p, i_-(A) + 1)$ (in particolare $\overline{r} = r + 1$);

(m3) $\lambda_1 x_1^2 + \ldots + \lambda_p x_p^2 - \lambda_{p+1} x_{p+1}^2 - \ldots - \lambda_r x_r^2 + 1 = 0$
  in tal caso si ha $\mathrm{sign}(\overline{A}) = (p + 1, i_-(A))$ (in particolare $\overline{r} = r + 1$);

(m4) $\lambda_1 x_1^2 + \ldots + \lambda_p x_p^2 - \lambda_{p+1} x_{p+1}^2 - \ldots - \lambda_r x_r^2 - 2x_n = 0$
  in tal caso si ha $\overline{r} = r + 2$.

(b) Nei casi (m2), (m3) e (m4) i numeri $\lambda_1, \ldots, \lambda_r$ sono univocamente determinati da $\mathcal{Q}$.

Nel caso di quadriche di tipo (m1) i numeri $\lambda_2, \ldots, \lambda_r$ non sono univocamente individuati: ad esempio la quadrica di equazione $x_1^2 - 2x_2^2 = 0$ è metricamente equivalente alla quadrica di equazione $x_1^2 - \frac{1}{2}x_2^2 = 0$ (basta considerare l'isometria che scambia x_1 con x_2 e riscalare opportunamente l'equazione così ottenuta). Si arriva a una forma canonica metrica di tipo (m1), (m2) o (m3) se $\mathcal{Q}$ è a centro, al tipo (m4) se invece la quadrica è un paraboloide.

Se non ci limitiamo ad usare isometrie nel processo di semplificazione dell'equazione della quadrica, applicando un'opportuna affinità dopo la riduzione metrica descritta sopra è possibile "normalizzare" i coefficienti, ossia fare in modo che i coefficienti dell'equazione appartengano all'insieme $\{1, -1, 0\}$. Abbiamo dunque:

Teorema 1.8.5 (Classificazione affine delle quadriche di $\mathbb{R}^n$). *Sia $\mathcal{Q}$ una quadrica di $\mathbb{R}^n$ di equazione ${}^t\widetilde{X}\overline{A}\widetilde{X} = 0$ con $p = i_+(A) \geq i_-(A)$ e $i_+(\overline{A}) \geq i_-(\overline{A})$. Poniamo $r = \mathrm{rk}\,A$ e $\overline{r} = \mathrm{rk}\,\overline{A}$. Allora $\mathcal{Q}$ è affinemente equivalente ad una e una sola delle seguenti quadriche:*

(a1) $x_1^2 + \ldots + x_p^2 - x_{p+1}^2 - \ldots - x_r^2 = 0$,
  in tal caso $\overline{r} = r$ e $\mathrm{sign}(\overline{A}) = \mathrm{sign}(A)$;

(a2) $x_1^2 + \ldots + x_p^2 - x_{p+1}^2 - \ldots - x_r^2 - 1 = 0$
  in tal caso si ha $\mathrm{sign}(\overline{A}) = (p, i_-(A) + 1)$ (in particolare $\overline{r} = r + 1$);

(a3) $x_1^2 + \ldots + x_p^2 - x_{p+1}^2 - \ldots - x_r^2 + 1 = 0$
  in tal caso si ha $\mathrm{sign}(\overline{A}) = (p + 1, i_-(A))$ (in particolare $\overline{r} = r + 1$);

(a4) $x_1^2 + \ldots + x_p^2 - x_{p+1}^2 - \ldots - x_r^2 - 2x_n = 0$
 in tal caso si ha $\bar{r} = r + 2$.

Si perviene ad uno dei primi tre modelli nel caso di quadriche a centro, al quarto modello nel caso di un paraboloide.

Per ciascuno dei modelli del Teorema 1.8.5 la coppia $(\text{sign}(\overline{A}), \text{sign}(A))$ è diversa e quindi distingue i diversi tipi affini, per cui due quadriche affini Q e Q' di equazioni rispettivamente $\widetilde{X}A\widetilde{X} = 0$ e $\widetilde{X}A'\widetilde{X} = 0$ sono affinemente equivalenti se e solo se $(\text{sign}(\overline{A}), \text{sign}(A)) = (\text{sign}(\overline{A'}), \text{sign}(A'))$. Possiamo esprimere questo fatto dicendo che la coppia $(\text{sign}(\overline{A}), \text{sign}(A))$ è un sistema completo di invarianti affini.

Si ha allora che, se $\overline{Q}$ è proiettivamente equivalente a $\overline{Q'}$ e Q_∞ è proiettivamente equivalente a Q'_∞, allora $\text{sign}(\overline{A}) = \text{sign}(\overline{A'})$ e $\text{sign}(A) = \text{sign}(A')$ e dunque Q e Q' sono affinemente equivalenti. In altre parole se le chiusure proiettive e le quadriche all'infinito di due quadriche affini Q e Q' sono proiettivamente equivalenti, allora Q e Q' sono affinemente equivalenti.

Per decidere quale sia la forma canonica affine di una quadrica è dunque sufficiente calcolare la segnatura di A e quella di $\overline{A}$. In realtà in base al Teorema 1.8.5 non sempre è necessario calcolare entrambe le segnature. In effetti si può cominciare a calcolare la segnatura di A (e quindi $\text{rk}\,A$) e il rango di $\overline{A}$: a questo punto se $\text{rk}\,\overline{A} = \text{rk}\,A$ o se $\text{rk}\,\overline{A} = \text{rk}\,A + 2$ l'equazione del modello affine è determinata. Se invece $\text{rk}\,\overline{A} = \text{rk}\,A + 1$, è necessario calcolare anche la segnatura di $\overline{A}$.

Ricordiamo che l'indice di positività di una matrice simmetrica coincide con il numero di autovalori positivi della matrice e quindi con il numero di radici positive del suo polinomio caratteristico. Visto che il polinomio caratteristico di una matrice simmetrica reale ha tutte le radici in $\mathbb{R}$, il calcolo della segnatura di A e di $\overline{A}$ a partire dai rispettivi polinomi caratteristici risulta immediato usando il seguente risultato:

Teorema 1.8.6 (Criterio di Cartesio). *Un polinomio a coefficienti reali e avente tutte le radici reali ha tante radici positive, contate con molteplicità, quante sono le variazioni di segno nella successione dei coefficienti non nulli del polinomio.*

1.8.6
Iperpiani diametrali, assi, vertici

In questa sezione ci limitiamo a considerare quadriche di $\mathbb{R}^n$ non degeneri.

In 1.8.5 abbiamo visto che, se Q è una quadrica non degenere a centro, il centro coincide con il polo rispetto a $\overline{Q}$ dell'iperpiano all'infinito H_0. Nel caso delle quadriche non degeneri estendiamo allora la nozione di centro chiamando *centro della quadrica non degenere Q* il polo rispetto a $\overline{Q}$ dell'iperpiano all'infinito H_0. In particolare potremo parlare di centro di una quadrica anche nel caso di quadriche non a centro. Con la terminologia introdotta risulta che:

(a) il polo di H_0 è proprio, cioè sta in $\mathbb{R}^n$, se e solo se Q è una quadrica non degenere a centro (in tal caso Q ha come centro esattamente il polo di H_0);

(b) il polo di H_0 è un punto improprio, cioè appartiene all'iperpiano all'infinito H_0, se e solo se $\mathcal{Q}$ è un paraboloide non degenere (e $\overline{\mathcal{Q}}$ è tangente a H_0 nel centro di $\mathcal{Q}$).

Un iperpiano affine viene detto *iperpiano diametrale* di una quadrica non degenere $\mathcal{Q}$ (*piano diametrale* se $n = 3$, *diametro* se $n = 2$) se la sua chiusura proiettiva è l'iperpiano polare di un punto improprio. Se R è il centro della quadrica, per reciprocità un iperpiano è diametrale se e solo se la sua chiusura proiettiva passa per il centro R. Ad esempio se $\mathcal{Q}$ è un paraboloide non degenere, gli iperpiani diametrali sono tutti paralleli ad una stessa retta, in quanto le loro chiusure proiettive passano per il centro improprio di $\mathcal{Q}$.

Se $\mathcal{Q}$ è una quadrica non degenere di $\mathbb{R}^n$ e se l'iperpiano diametrale $\mathrm{pol}_{\overline{\mathcal{Q}}}(P) \cap \mathbb{R}^n$ relativo ad un punto $P \in H_0$ è ortogonale alla direzione l_P determinata dal punto all'infinito P, allora $\mathrm{pol}_{\overline{\mathcal{Q}}}(P)$ viene detto *iperpiano principale* di $\mathcal{Q}$.

Si dice inoltre *asse* di una quadrica non degenere $\mathcal{Q}$ ogni retta di $\mathbb{R}^n$ che sia intersezione di iperpiani principali (nel caso $n = 2$ i concetti di iperpiano principale e asse coincidono). Si chiama *vertice* di $\mathcal{Q}$ ogni punto di intersezione di $\mathcal{Q}$ con un asse (si noti che non può esserci confusione tra questa nozione di vertice e quella di vertice di un cono, in quanto i coni sono quadriche degeneri).

Si verifica che, per ogni vertice V di una quadrica non degenere $\mathcal{Q}$ di $\mathbb{R}^n$, l'iperpiano tangente a $\mathcal{Q}$ in V è ortogonale all'asse per V (per una prova si veda l'Esercizio 4.72).

L'iperpiano $\mathrm{pol}_{\overline{\mathcal{Q}}}(P) \cap \mathbb{R}^n = \{{}^t P \overline{A} \widetilde{X} = 0\}$ relativo a $P = [0, p_1, \ldots, p_n]$ risulta principale se e solo se esiste $\lambda \neq 0$ tale che $(p_1 \ldots p_n) A = \lambda (p_1 \ldots p_n)$, ossia se e solo se il vettore $(p_1, \ldots, p_n)$ è autovettore per A relativo ad un autovalore non nullo. Gli eventuali autovettori $v_0 \in \mathbb{R}^n$ per A relativi all'autovalore 0 non corrispondono ad iperpiani principali perché in tal caso l'iperpiano polare determinato dal punto $P = [(0, v_0)]$ è l'iperpiano improprio H_0 che non è la chiusura proiettiva di alcun iperpiano affine.

Se la quadrica $\mathcal{Q}$ è non degenere e a centro, si può provare (cfr. Esercizio 4.71) che esistono n assi della quadrica a due a due ortogonali che si intersecano nel centro di $\mathcal{Q}$. Si può dunque rappresentare la quadrica in forma canonica metrica scegliendo in $\mathbb{R}^n$ un sistema di riferimento cartesiano avente come origine il centro di $\mathcal{Q}$ e come assi coordinati n assi della quadrica a due a due ortogonali.

Se $\mathcal{Q}$ è un paraboloide non degenere, si può provare (cfr. Esercizio 4.71) che $\mathcal{Q}$ ha un unico asse (che è intersezione di $n - 1$ iperpiani principali di $\mathcal{Q}$ a due a due ortogonali) e un unico vertice. Si arriva dunque alla forma canonica metrica dell'equazione di $\mathcal{Q}$ scegliendo in $\mathbb{R}^n$ un sistema di riferimento cartesiano avente come origine il vertice V di $\mathcal{Q}$ e come assi coordinati rette a due a due ortogonali uscenti da V in modo tale che l'n-esimo iperpiano coordinato sia l'iperpiano tangente a $\mathcal{Q}$ in V e che gli altri $n - 1$ iperpiani coordinati siano iperpiani principali di $\mathcal{Q}$ a due a due ortogonali.

Fissato un punto $P = (a_1, \ldots, a_n) \in \mathbb{R}^n$ e un numero reale $\eta \geq 0$, il luogo dei punti di $\mathbb{R}^n$ che hanno distanza η da P è una quadrica di equazione

$$(x_1 - a_1)^2 + \ldots + (x_n - a_n)^2 = \eta. \tag{1.2}$$

Più in generale chiamiamo *sfera* ogni quadrica di $\mathbb{R}^n$ di equazione (1.2) con $\eta \in \mathbb{R}$. Tale sfera è un ellissoide con supporto non vuoto se $\eta > 0$, un ellissoide con supporto vuoto se $\eta < 0$; se $\eta = 0$ si tratta di una quadrica degenere il cui supporto è ridotto ad un punto.

Una sfera è una quadrica a centro avente un unico centro; tutti gli iperpiani per il centro sono principali, tutte le rette per il centro sono assi e tutti i punti del supporto sono vertici (cfr. Esercizio 4.71).

L'immagine di una sfera attraverso un'isometria è ancora una sfera; in particolare il fatto che una quadrica sia una sfera è invariante per cambiamenti di coordinate isometrici.

1.8.7
Coniche di $\mathbb{R}^2$

In questo paragrafo, usando le notazioni fissate precedentemente, esaminiamo in dettaglio le coniche di $\mathbb{R}^2$ sia dal punto di vista affine che da quello metrico, così come faremo in seguito per le quadriche di $\mathbb{R}^3$. Usando il fatto che $\mathbb{R}^2 \subset \mathbb{C}^2 \subset \mathbb{P}^2(\mathbb{C})$, sarà utile pensare una conica $\mathcal{C}$ di $\mathbb{R}^2$ non solo immersa nella sua chiusura proiettiva in $\mathbb{P}^2(\mathbb{R})$, ma anche immersa nella sua complessificata $\mathcal{C}_\mathbb{C}$ in $\mathbb{C}^2$ e nella chiusura proiettiva di quest'ultima in $\mathbb{P}^2(\mathbb{C})$ (cfr. 1.7.9).

Le coniche doppiamente degeneri hanno come supporto una retta i cui punti sono tutti singolari.

Una conica semplicemente degenere $\mathcal{C}$ può essere riducibile (con componenti irriducibili due rette distinte) oppure irriducibile (in tal caso la complessificata $\mathcal{C}_\mathbb{C}$ ha come componenti irriducibili due rette complesse coniugate, cfr. 1.7.9). In ogni caso le due rette si intersecano in un punto reale che è l'unico punto singolare di $\mathcal{C}$. A seconda che il punto di intersezione di tali due rette sia un punto proprio o all'infinito la conica è un cono affine o un cilindro affine (cfr. 1.8.5). Più precisamente si parla di *cono reale* e di *cilindro reale* se il supporto è unione di rette, di *cono immaginario* se il supporto si riduce al solo punto singolare, di *cilindro immaginario* se il supporto è vuoto.

Una conica non degenere $\mathcal{C}$ è detta:

(a) *parabola* se non è a centro (in tal caso H_0 è tangente a $\overline{\mathcal{C}}$);
(b) *iperbole* se è a centro e $\overline{\mathcal{C}}$ interseca H_0 in due punti distinti;
(c) *ellisse* se è a centro e la retta H_0 è esterna a $\overline{\mathcal{C}}$ (più precisamente si parla di *ellisse reale* se il supporto di $\mathcal{C}$ è non vuoto, altrimenti di *ellisse immaginaria*).

Specializzando al caso di $\mathbb{R}^2$ la classificazione ottenuta nel Teorema 1.8.5, abbiamo:

Teorema 1.8.7 (Classificazione affine delle coniche di $\mathbb{R}^2$). *Ogni conica di $\mathbb{R}^2_{(x,y)}$ è affinemente equivalente ad una e una sola fra le seguenti coniche:*

(a1) $x^2 + y^2 - 1 = 0$ *(ellisse reale);*
(a2) $x^2 + y^2 + 1 = 0$ *(ellisse immaginaria);*
(a3) $x^2 - y^2 + 1 = 0$ *(iperbole);*
(a4) $x^2 - 2y = 0$ *(parabola);*
(a5) $x^2 - y^2 = 0$ *(coppia di rette reali distinte incidenti);*
(a6) $x^2 + y^2 = 0$ *(coppia di rette complesse coniugate incidenti);*
(a7) $x^2 - 1 = 0$ *(coppia di rette reali distinte e parallele);*
(a8) $x^2 + 1 = 0$ *(coppia di rette complesse coniugate distinte parallele);*
(a9) $x^2 = 0$ *(coppia di rette reali coincidenti).*

Osserviamo che:

(a) per le forme canoniche (a1), (a2) o (a3) l'origine è il centro della conica $\mathcal{C}$ e gli assi x e y sono diametri per la conica con punti all'infinito coniugati rispetto a $\overline{\mathcal{C}}$;

(b) per la parabola $\mathcal{C}$ con equazione (a4) l'origine O è un punto della conica, l'asse x è la tangente a $\mathcal{C}$ in O e l'asse y è la retta passante per O e per il centro (improprio) di $\mathcal{C}$;

(c) il modello (a5) è un cono reale, (a6) è un cono immaginario, (a7) è un cilindro reale, (a8) è un cilindro immaginario; il modello doppiamente degenere (a9) è un cono avente come vertici tutti i punti del supporto.

Una retta affine r viene detta *asintoto* per una conica non degenere $\mathcal{C}$ se la sua chiusura proiettiva $\overline{r}$ è tangente a $\overline{\mathcal{C}}$ in uno dei suoi punti impropri (ossia se $\overline{r}$ è la polare rispetto a $\overline{\mathcal{C}}$ di uno dei punti impropri della conica). Un'ellisse reale non ha asintoti perché non ha punti impropri, una parabola non ha asintoti perché la tangente nell'unico punto all'infinito è la retta impropria, mentre un'iperbole ha due asintoti. Gli asintoti di un'iperbole, essendo le parti affini delle polari dei punti impropri, sono particolari diametri e si intersecano nel centro dell'iperbole.

Con la convenzione adottata (cfr. 1.8.5) di scegliere equazioni tali che $i_+(A) \geq i_-(A)$ e $i_+(\overline{A}) \geq i_-(\overline{A})$ e di denotare $\widetilde{X} = \begin{pmatrix} 1 \\ x \\ y \end{pmatrix}$, sappiamo che due coniche di $\mathbb{R}^2$ di equazioni ${}^t\widetilde{X}\overline{A}\widetilde{X} = 0$ e ${}^t\widetilde{X}\overline{A}'\widetilde{X} = 0$ sono affinemente equivalenti se e solo se $\mathrm{sign}(\overline{A}) = \mathrm{sign}(\overline{A}')$ e $\mathrm{sign}(A) = \mathrm{sign}(A')$.

Nella Tabella 1.1 sono riportati i valori di tali invarianti per ciascuno dei modelli affini elencati nel Teorema 1.8.7.

Chiamiamo *circonferenza* ogni sfera di $\mathbb{R}^2$, ossia ogni conica di equazione $(x - x_0)^2 + (y - y_0)^2 = \eta$. Tale circonferenza è un'ellisse reale se $\eta > 0$ e un'ellisse immaginaria se $\eta < 0$; se $\eta = 0$ si tratta di una conica degenere il cui supporto è ridotto ad un punto. L'immagine di una circonferenza attraverso un'isometria è ancora una circonferenza; in particolare il fatto che una conica sia una circonferenza è invariante per cambiamenti di coordinate isometrici.

Tabella 1.1. Invarianti affini per le coniche di $\mathbb{R}^2$

Modello	sign(A)	sign($\overline{A}$)
(a1)	$(2,0)$	$(2,1)$
(a2)	$(2,0)$	$(3,0)$
(a3)	$(1,1)$	$(2,1)$
(a4)	$(1,0)$	$(2,1)$
(a5)	$(1,1)$	$(1,1)$
(a6)	$(2,0)$	$(2,0)$
(a7)	$(1,0)$	$(1,1)$
(a8)	$(1,0)$	$(2,0)$
(a9)	$(1,0)$	$(1,0)$

La complessificata di una circonferenza ha come punti impropri i punti $I_1 = [0,1,i]$ e $I_2 = [0,1,-i]$, detti *punti ciclici* del piano euclideo. Inoltre si verifica facilmente che ogni conica di $\mathbb{R}^2$ la cui complessificata ha come punti impropri i punti ciclici è una circonferenza.

I punti ciclici sono strettamente collegati a fenomeni di carattere metrico. Ad esempio associando ad ogni retta per un punto $P \in \mathbb{R}^2$ la retta ortogonale per P si ha un'involuzione nel fascio $\mathcal{F}_P$ delle rette di centro P. In un sistema di coordinate affini in cui $P = (0,0)$ alla retta di equazione $ax - by = 0$ si associa così la retta di equazione $bx + ay = 0$. Poiché le chiusure proiettive di queste due rette intersecano la retta all'infinito $x_0 = 0$ rispettivamente nei punti $[0,b,a]$ e $[0,a,-b]$, l'involuzione dell'ortogonalità in $\mathcal{F}_P$ induce sulla retta impropria l'involuzione $[0,b,a] \mapsto [0,a,-b]$, detta *involuzione assoluta*. Quest'ultima non ha punti fissi reali, mentre la corrispondente involuzione di $(H_0)_{\mathbb{C}}$ (che è proiettivamente isomorfo a $\mathbb{P}^1(\mathbb{C})$) ha come punti fissi i punti ciclici I_1 e I_2.

Il nome di "involuzione assoluta" proviene dalla relazione di tale involuzione con la polarità rispetto alla quadrica di H_0 di equazione $x_1^2 + x_2^2 = 0$, detta classicamente *l'assoluto*. Infatti questa polarità associa al punto $[b,a]$ l'iperpiano di H_0 di equazione $bx_1 + ax_2 = 0$, il cui supporto consiste dell'unico punto $[a,-b]$.

Una retta di $\mathbb{C}^2$ avente come punto improprio un punto ciclico è detta *retta isotropa*; per ogni punto di $\mathbb{C}^2$ (e dunque per ogni punto di $\mathbb{R}^2$) passano esattamente due rette isotrope.

Un punto F di $\mathbb{R}^2$ si dice *fuoco* di una conica non degenere $\mathcal{C}$ se le chiusure proiettive delle rette isotrope uscenti da F sono tangenti alla chiusura proiettiva della complessificata di $\mathcal{C}$. Una conica non degenere ha uno o due fuochi (cfr. Esercizio 4.75).

Una retta di $\mathbb{R}^2$ si chiama *direttrice* di $\mathcal{C}$ se la sua chiusura proiettiva è la retta polare di un fuoco rispetto a $\overline{\mathcal{C}}$.

Specializzando al caso di $\mathbb{R}^2$ il Teorema 1.8.4 e limitandoci alle coniche non degeneri, otteniamo:

Teorema 1.8.8 (Classificazione metrica delle coniche di $\mathbb{R}^2$). *Ogni conica non degenere di $\mathbb{R}^2_{(x,y)}$ è metricamente equivalente ad una e una sola fra le seguenti coniche:*

(m1) $\quad \dfrac{x^2}{a^2} + \dfrac{y^2}{b^2} - 1 = 0 \qquad con\ a \geq b > 0 \qquad$ *(ellisse reale);*

(m2) $\quad \dfrac{x^2}{a^2} + \dfrac{y^2}{b^2} + 1 = 0 \qquad con\ a \geq b > 0 \qquad$ *(ellisse immaginaria);*

(m3) $\quad \dfrac{x^2}{a^2} - \dfrac{y^2}{b^2} + 1 = 0 \qquad con\ a > 0, b > 0 \qquad$ *(iperbole);*

(m4) $\quad x^2 - 2cy = 0 \qquad\qquad con\ c > 0 \qquad$ *(parabola).*

Utilizzando le equazioni canoniche delle coniche non degeneri elencate nel Teorema 1.8.8, si possono determinare formule esplicite per vertici, fuochi, assi e direttrici dei modelli metrici non degeneri sopra elencati (cfr. Esercizio 4.77).

Sempre partendo dalle equazioni canoniche metriche è facile verificare (cfr. Esercizio 4.78) che le coniche non degeneri sono caratterizzabili in termini di condizioni metriche, come già fatto sopra per la circonferenza:

(a) la parabola è il luogo dei punti del piano equidistanti da un punto (il fuoco) e da una retta non passante per tale punto (la direttrice);
(b) l'ellisse è il luogo dei punti del piano per i quali è costante la somma delle distanze da due punti distinti del piano (i fuochi);
(c) l'iperbole è il luogo dei punti del piano per i quali è costante il valore assoluto della differenza delle distanze da due punti distinti del piano (i fuochi).

Per un'altra caratterizzazione metrica delle coniche non degeneri si vedano l'Esercizio 4.79 e la Nota successiva.

1.8.8
Quadriche di $\mathbb{R}^3$

Ricordiamo che una quadrica $\mathcal{Q}$ di $\mathbb{R}^3$ è non degenere se e solo se una matrice $\overline{A}$ che la rappresenta è invertibile. Inoltre $\mathcal{Q}$ è riducibile se e solo se $\overline{A}$ ha rango 1 o 2.

Se $\text{rk}\,\overline{A} = 4$, $\mathcal{Q}$ può essere un paraboloide (se non è a centro, ossia H_0 è tangente a $\overline{\mathcal{Q}}$), un iperboloide (se $\mathcal{Q}$ è a centro e H_0 è secante $\overline{\mathcal{Q}}$) o un ellissoide (se $\mathcal{Q}$ è a centro e H_0 è esterno a $\overline{\mathcal{Q}}$). Possiamo ulteriormente raffinare questa terminologia in base alla natura dei punti di $\overline{\mathcal{Q}}$ (ricordando che nel caso di quadriche non degeneri i punti possono essere solo ellittici o iperbolici, cfr. 1.8.4). Parliamo quindi di:

(a) *iperboloide ellittico*, o *a due falde*, se tutti i suoi punti sono di tipo ellittico;
(b) *iperboloide iperbolico*, o *a una falda*, se tutti i suoi punti sono di tipo iperbolico;
(c) *paraboloide ellittico* se i suoi punti sono di tipo ellittico;
(d) *paraboloide iperbolico*, o *sella*, se i suoi punti sono di tipo iperbolico.

Si osservi che tutti i punti di un ellissoide Q sono necessariamente ellittici: se esistesse un punto P iperbolico per Q, allora $Q \cap T_P(Q)$ consisterebbe di due rette per cui $\overline{Q} \cap H_0$ conterrebbe punti reali (cfr. anche Esercizio 4.56).

Diciamo inoltre che un ellissoide è *reale* (risp. *immaginario*) se il suo supporto è non vuoto (risp. vuoto).

Se $\text{rk}\,\overline{A} = 3$, sappiamo che la chiusura proiettiva $\overline{Q}$ è un cono con un unico punto singolare S. La quadrica Q è dunque un cono affine (se S è un punto proprio, e ciò accade se e solo se $\det A \neq 0$) o un cilindro affine (se S è un punto improprio, il che accade se e solo se $\det A = 0$). Più precisamente si parla di *cono reale* e di *cilindro reale* se il supporto è unione di rette, di *cono immaginario* se il supporto si riduce al solo punto singolare, di *cilindro immaginario* se il supporto è vuoto. Nel caso di un cilindro reale, talvolta si raffina la terminologia in base al tipo dell'intersezione di $\overline{Q}$ con il piano H_0. Così se Q è un cilindro reale, si dice che Q è un *cilindro iperbolico* se $\overline{Q} \cap H_0$ è una coppia di rette reali distinte, un *cilindro ellittico* se $\overline{Q} \cap H_0$ è una coppia di rette complesse coniugate, un *cilindro parabolico* se $\overline{Q} \cap H_0$ è una retta doppia. Si osservi che questa terminologia non allude in alcun modo alla natura dei punti della quadrica in quanto, trattandosi di una quadrica degenere irriducibile, tutti i punti non singolari di un cilindro sono parabolici (cfr. Esercizio 4.54). Allude invece al fatto che le sezioni piane non degeneri sono rispettivamente iperboli, ellissi e parabole.

Specializzando al caso di $\mathbb{R}^3$ la classificazione ottenuta nel Teorema 1.8.5, abbiamo:

Teorema 1.8.9 (Classificazione affine delle quadriche di $\mathbb{R}^3$). *Ogni quadrica di $\mathbb{R}^3_{(x,y,z)}$ è affinemente equivalente ad una e una sola fra le seguenti quadriche:*

(a1)	$x^2 + y^2 + z^2 - 1 = 0$	*(ellissoide reale);*
(a2)	$x^2 + y^2 + z^2 + 1 = 0$	*(ellissoide immaginario);*
(a3)	$x^2 + y^2 - z^2 - 1 = 0$	*(iperboloide iperbolico);*
(a4)	$x^2 + y^2 - z^2 + 1 = 0$	*(iperboloide ellittico);*
(a5)	$x^2 + y^2 - 2z = 0$	*(paraboloide ellittico);*
(a6)	$x^2 - y^2 - 2z = 0$	*(paraboloide iperbolico);*
(a7)	$x^2 + y^2 + z^2 = 0$	*(cono immaginario);*
(a8)	$x^2 + y^2 - z^2 = 0$	*(cono reale);*
(a9)	$x^2 + y^2 + 1 = 0$	*(cilindro immaginario);*
(a10)	$x^2 + y^2 - 1 = 0$	*(cilindro ellittico);*
(a11)	$x^2 - y^2 + 1 = 0$	*(cilindro iperbolico);*
(a12)	$x^2 - 2z = 0$	*(cilindro parabolico);*
(a13)	$x^2 + y^2 = 0$	*(coppia di piani complessi incidenti);*
(a14)	$x^2 - y^2 = 0$	*(coppia di piani reali distinti incidenti);*
(a15)	$x^2 + 1 = 0$	*(coppia di piani complessi paralleli);*
(a16)	$x^2 - 1 = 0$	*(coppia di piani reali distinti e paralleli);*
(a17)	$x^2 = 0$	*(coppia di piani reali coincidenti).*

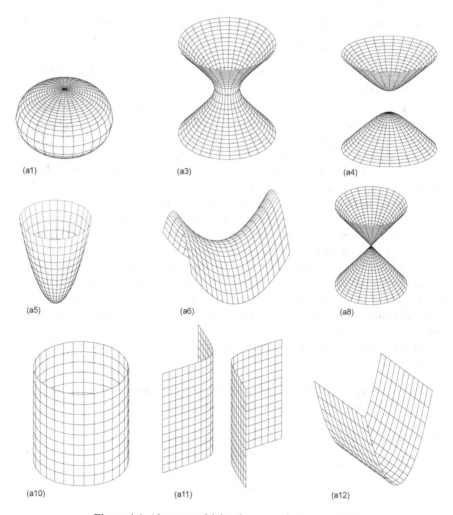

Figura 1.1. Alcune quadriche elencate nel Teorema 1.8.9

Come già osservato (cfr. 1.8.5), con la convenzione di scegliere equazioni tali che $i_+(A) \geq i_-(A)$ e $i_+(\overline{A}) \geq i_-(\overline{A})$, due quadriche di $\mathbb{R}^3$ di equazioni $\widetilde{X}\overline{A}\widetilde{X} = 0$ e $\widetilde{X}\overline{A'}\widetilde{X} = 0$ sono affinemente equivalenti se e solo se $\text{sign}(\overline{A}) = \text{sign}(\overline{A'})$ e $\text{sign}(A) = \text{sign}(A')$. Utili informazioni parziali possono essere ottenute dal fatto che sono inoltre invarianti affini l'annullarsi o meno del determinante di A e il segno del determinante di $\overline{A}$ (visto che $\overline{A}$ è una matrice di ordine pari).

Nella Tabella 1.2 sono riportati i valori di tali invarianti per ciascuno dei modelli affini elencati nel Teorema 1.8.9.

Osserviamo che, limitandoci alle quadriche non degeneri, per distinguere il tipo affine di $\mathcal{Q}$ è sufficiente calcolare il determinante di A e di $\overline{A}$ e la segnatura di A.

Tabella 1.2. Invarianti affini per le quadriche di $\mathbb{R}^3$

Modello	$\det(A)$	$\det(\overline{A})$	$\text{sign}(A)$	$\text{sign}(\overline{A})$
(a1)	$\neq 0$	< 0	$(3,0)$	$(3,1)$
(a2)	$\neq 0$	> 0	$(3,0)$	$(4,0)$
(a3)	$\neq 0$	> 0	$(2,1)$	$(2,2)$
(a4)	$\neq 0$	< 0	$(2,1)$	$(3,1)$
(a5)	0	< 0	$(2,0)$	$(3,1)$
(a6)	0	> 0	$(1,1)$	$(2,2)$
(a7)	$\neq 0$	0	$(3,0)$	$(3,0)$
(a8)	$\neq 0$	0	$(2,1)$	$(2,1)$
(a9)	0	0	$(2,0)$	$(3,0)$
(a10)	0	0	$(2,0)$	$(2,1)$
(a11)	0	0	$(1,1)$	$(2,1)$
(a12)	0	0	$(1,0)$	$(2,1)$
(a13)	0	0	$(2,0)$	$(2,0)$
(a14)	0	0	$(1,1)$	$(1,1)$
(a15)	0	0	$(1,0)$	$(2,0)$
(a16)	0	0	$(1,0)$	$(1,1)$
(a17)	0	0	$(1,0)$	$(1,0)$

Infatti:

(a) $\mathcal{Q}$ è un ellissoide reale $\iff \det A \neq 0$, $\det \overline{A} < 0$ e A è definita positiva;

(b) $\mathcal{Q}$ è un ellissoide immaginario $\iff \det A \neq 0$, $\det \overline{A} > 0$ e A è definita positiva;

(c) $\mathcal{Q}$ è un iperboloide iperbolico $\iff \det A \neq 0$, $\det \overline{A} > 0$ e A è indefinita;

(d) $\mathcal{Q}$ è un iperboloide ellittico $\iff \det A \neq 0$, $\det \overline{A} < 0$ e A è indefinita;

(e) $\mathcal{Q}$ è un paraboloide ellittico $\iff \det A = 0$ e $\det \overline{A} < 0$;

(f) $\mathcal{Q}$ è un paraboloide iperbolico $\iff \det A = 0$ e $\det \overline{A} > 0$.

Specializzando al caso di $\mathbb{R}^3$ la classificazione ottenuta nel Teorema 1.8.4, si possono ricavare le equazioni canoniche metriche delle quadriche di $\mathbb{R}^3$.

1.9
Curve algebriche piane

Le definizioni e le considerazioni presentate nella Sezione 1.7 per le ipersuperfici affini e proiettive si applicano in particolare alle ipersuperfici del piano (ossia al caso $n = 2$), cioè alle *curve algebriche piane*, denominate talvolta nel seguito semplicemente "curve". In particolare disponiamo della nozione di chiusura proiettiva di una curva affine, di equivalenza affine e proiettiva di curve, di molteplicità di un punto di una curva, di retta tangente, di curva singolare, etc.

In questa sezione ci limitiamo quindi ad enfatizzare alcuni risultati sullo studio locale di una curva in un suo punto e sull'intersezione di due curve.

1.9.1
Studio locale di una curva algebrica piana

Sia $\mathcal{C}$ una curva proiettiva di grado d di $\mathbb{P}^2(\mathbb{K})$, con $\mathbb{K} = \mathbb{C}$ o $\mathbb{K} = \mathbb{R}$, e sia P un punto di $\mathbb{P}^2(\mathbb{K})$.

Se $F(x_0, x_1, x_2) = 0$ è un'equazione omogenea di $\mathcal{C}$, allora (cfr. 1.7.8) P è un punto semplice per la curva se e solo se almeno una delle tre derivate parziali prime di F non si annulla in P. In tal caso la retta tangente a $\mathcal{C}$ in P ha equazione

$$F_{x_0}(P)x_0 + F_{x_1}(P)x_1 + F_{x_2}(P)x_2 = 0.$$

Un punto singolare $P \in \mathcal{C}$ (cioè tale che $m_P(\mathcal{C}) > 1$) viene detto *punto doppio* se $m_P(\mathcal{C}) = 2$, *triplo* se $m_P(\mathcal{C}) = 3$, *m-uplo* se $m_P(\mathcal{C}) = m$. Il punto P risulta m-uplo per $\mathcal{C}$ se e solo se tutte le derivate $(m - 1)$-esime di F si annullano in P ed esiste almeno una derivata m-esima di F che non si annulla in P.

Tutti i punti di una componente irriducibile multipla risultano singolari. Se $\mathcal{C}$ è una curva ridotta e $\mathcal{C}_1, \ldots, \mathcal{C}_m$ sono le sue componenti irriducibili, allora $\mathrm{Sing}(\mathcal{C})$ è un insieme finito e precisamente (cfr. Esercizio 3.2 ed Esercizio 3.4)

$$\mathrm{Sing}(\mathcal{C}) = \bigcup_{j=1}^{m} \mathrm{Sing}(\mathcal{C}_j) \cup \bigcup_{i \neq j} (\mathcal{C}_i \cap \mathcal{C}_j).$$

Una retta r viene detta *tangente principale* a $\mathcal{C}$ in P se $I(\mathcal{C}, r, P) > m_P(\mathcal{C})$.

Nei punti semplici la nozione di retta tangente coincide con quella di tangente principale. Se P è un punto multiplo di molteplicità m, tutte le rette passanti per P sono tangenti mentre le tangenti principali sono quelle contenute nel cono tangente a $\mathcal{C}$ in P (cfr. 1.7.8). L'insieme delle tangenti principali a una curva $\mathcal{C} + \mathcal{D}$ in P è formato dalle tangenti principali a $\mathcal{C}$ in P e dalle tangenti principali a $\mathcal{D}$ in P (cfr. Esercizio 3.1).

Per studiare localmente la curva in un punto P può essere utile scegliere una carta in cui $P = (0,0)$. In tale carta, se f è un polinomio che definisce la parte affine di $\mathcal{C}$ e se scriviamo f come somma di parti omogenee, la molteplicità dell'origine coincide con il grado della parte omogenea non nulla di grado minimo di f. Le parti affini delle tangenti principali in P sono allora definite dai fattori lineari di tale parte omogenea. In particolare le tangenti principali distinte in P sono al massimo $m = m_P(\mathcal{C})$. Più precisamente se $\mathbb{K} = \mathbb{C}$ ci sono m tangenti principali (contate con molteplicità) per il Teorema 1.7.1; se invece $\mathbb{K} = \mathbb{R}$, per il Teorema 1.7.2 le tangenti principali sono al più m, ma possono anche non esistere. Ad esempio il punto $[1, 0, 0]$ è un punto doppio per la curva reale di equazione $x_0 x_1^2 + x_0 x_2^2 - x_1^3 = 0$ in cui non esistono tangenti principali.

Se $\mathbb{K} = \mathbb{C}$ un punto singolare P viene detto *punto ordinario* se ci sono esattamente $m_P(\mathcal{C})$ tangenti principali distinte in P. Un punto doppio viene chiamato *nodo* se è ordinario, *cuspide* se è non ordinario; più precisamente si parla di *cuspide ordinaria* se l'unica tangente principale in P ha molteplicità di intersezione esattamente 3 con la curva nel punto.

Se $\mathbb{K} = \mathbb{R}$, un punto singolare P viene detto *punto ordinario* se è ordinario per la complessificata $\mathcal{C}_{\mathbb{C}}$; in tal caso, poiché $m_P(\mathcal{C}_{\mathbb{C}}) = m_P(\mathcal{C})$, la complessificata $\mathcal{C}_{\mathbb{C}}$ ha $m_P(\mathcal{C})$ tangenti principali distinte in P ma è possibile che quelle reali siano in numero strettamente inferiore a $m_P(\mathcal{C})$.

Se in una carta affine la parte affine di $\mathcal{C}$ ha equazione $f(x,y) = 0$ e $P = (a,b)$ è non singolare, allora la retta di equazione

$$f_x(P)(x - a) + f_y(P)(y - b) = 0$$

è la parte affine della tangente (principale) a $\mathcal{C}$ in P e si chiama la *tangente affine* in P.

Infine, generalizzando la nozione già data nel caso delle coniche non degeneri, una retta affine r viene detta *asintoto* per una curva affine $\mathcal{D}$ se la sua chiusura proiettiva $\bar{r}$ è tangente principale a $\overline{\mathcal{D}}$ in uno dei suoi punti impropri.

1.9.2
Il risultante di due polinomi

Sia D un dominio a fattorizzazione unica (i casi che a noi interessano sono $D = \mathbb{K}$ e $D = \mathbb{K}[x_1, \ldots, x_n]$). Consideriamo due polinomi $f, g \in D[x]$ di gradi positivi m e p rispettivamente

$$f(x) = a_0 + a_1 x + \ldots + a_m x^m \qquad a_m \neq 0$$

$$g(x) = b_0 + b_1 x + \ldots + b_p x^p \qquad b_p \neq 0.$$

Chiamiamo *matrice di Sylvester* di f e g la matrice quadrata di ordine $m + p$

$$S(f,g) = \begin{pmatrix} a_0 & a_1 & \ldots & \ldots & a_m & 0 & \ldots & 0 \\ 0 & a_0 & a_1 & \ldots & \ldots & a_m & 0 & \ldots \\ & & \ddots & \ddots & & & \ddots & \\ 0 & \ldots & 0 & a_0 & a_1 & \ldots & \ldots & a_m \\ b_0 & b_1 & \ldots & \ldots & b_p & 0 & \ldots & 0 \\ 0 & b_0 & b_1 & \ldots & \ldots & b_p & 0 & \ldots \\ & & \ddots & \ddots & & & \ddots & \\ 0 & \ldots & 0 & b_0 & b_1 & \ldots & \ldots & b_p \end{pmatrix}$$

le cui prime p righe sono formate a partire dai coefficienti di f e le successive m righe sono formate a partire dai coefficienti di g. Il determinante della matrice $S(f,g)$ è detto *risultante di f e g*; in simboli $\text{Ris}(f,g) = \det S(f,g)$.

La principale proprietà del risultante è che f e g hanno un fattore comune di grado positivo in $D[x]$ se e solo se $\text{Ris}(f,g) = 0$. Nel caso in cui $D = \mathbb{C}$, $\text{Ris}(f,g) = 0$ se e solo se f e g hanno una radice comune.

Se $f, g \in \mathbb{K}[x_1, \ldots, x_n]$, scegliendo una indeterminata, ad esempio x_n, possiamo pensare f e g come polinomi in x_n a coefficienti polinomi in $x_1, \ldots, x_{n-1}$, ossia

$f, g \in D[x_n]$ con $D = \mathbb{K}[x_1, \ldots, x_{n-1}]$. Denotiamo con $S(f, g, x_n)$ la matrice di Sylvester e con $\mathrm{Ris}(f, g, x_n)$ il risultante di f e g pensati come elementi di $D[x_n]$, per cui $\mathrm{Ris}(f, g, x_n) \in \mathbb{K}[x_1, \ldots, x_{n-1}]$. Denotiamo inoltre con $\deg_{x_n} f$ il grado di f rispetto alla variabile x_n.

Fra le molte importanti proprietà del risultante ricordiamo solo quelle essenziali per i nostri scopi.

Proprietà di specializzazione: Posto $X = (x_1, \ldots, x_{n-1})$, siano

$$f(x_1, \ldots, x_n) = a_0(X) + a_1(X)x_n + \ldots + a_m(X)x_n^m \qquad a_m(X) \neq 0$$

$$g(x_1, \ldots, x_n) = b_0(X) + b_1(X)x_n + \ldots + b_p(X)x_n^p \qquad b_p(X) \neq 0$$

e sia $R(x_1, \ldots, x_{n-1}) = \mathrm{Ris}(f, g, x_n)$.

Per ogni $c = (c_1, \ldots, c_{n-1}) \in \mathbb{K}^{n-1}$, possiamo:

(a) prima valutare per $X = c$ i polinomi f e g ottenendo così i polinomi in una variabile $f_c(x_n) = f(c, x_n)$ e $g_c(x_n) = g(c, x_n)$, e poi calcolare il risultante dei polinomi $f_c(x_n), g_c(x_n) \in \mathbb{K}[x_n]$;

(b) prima calcolare il risultante $R(x_1, \ldots, x_{n-1})$ e poi valutarlo per $X = c$.

Se ad esempio $a_m(c) \neq 0$ e $b_p(c) \neq 0$, allora $\deg_{x_n} f(x_1, \ldots, x_n) = \deg f_c(x_n)$ e $\deg_{x_n} g(x_1, \ldots, x_n) = \deg g_c(x_n)$, per cui la matrice di Sylvester di $f_c(x_n)$ e $g_c(x_n)$ coincide con la matrice $S(f, g, x_n)$ valutata per $X = c$. Di conseguenza

$$\mathrm{Ris}(f(c, x_n), g(c, x_n)) = R(c),$$

ossia la specializzazione $X = c$ commuta con il calcolo del risultante.

Proprietà di omogeneità: Siano $F(x_1, \ldots, x_n)$ e $G(x_1, \ldots, x_n)$ polinomi omogenei di gradi m e p rispettivamente. Posto $X = (x_1, \ldots, x_{n-1})$, sia

$$F(x_1, \ldots, x_n) = A_0(X) + A_1(X)x_n + \ldots + A_m x_n^m$$

$$G(x_1, \ldots, x_n) = B_0(X) + B_1(X)x_n + \ldots + B_p x_n^p,$$

dove ogni A_i (risp. B_i) non nullo è un polinomio omogeneo di $\mathbb{K}[x_1, \ldots, x_{n-1}]$ di grado $m - i$ (risp. $p - i$).

Se $A_m \neq 0$ e $B_p \neq 0$, allora il polinomio $\mathrm{Ris}(F, G, x_n)$ è omogeneo di grado mp nelle variabili $x_1, \ldots, x_{n-1}$ oppure è nullo.

1.9.3

Intersezione di due curve

È possibile generalizzare il concetto di molteplicità di intersezione fra due curve in un punto, dato precedentemente nel caso in cui una delle due curve è una retta. Fra i vari modi equivalenti di definire tale concetto ricordiamo qui quello più semplice da utilizzare per calcolare effettivamente tale molteplicità.

Siano C e D due curve proiettive di $\mathbb{P}^2(\mathbb{K})$ rispettivamente di gradi m e d senza componenti comuni e sia $P \in C \cap D$. Scegliamo un sistema di coordinate omogenee $[x_0, x_1, x_2]$ tali che $[0, 0, 1] \notin C \cup D$ e tali che P è l'unico punto di $C \cap D$ sulla retta congiungente P e $[0, 0, 1]$.

Se $C = [F]$ e $D = [G]$, denotiamo con $\text{Ris}(F, G, x_2)$ il risultante di F e G rispetto alla variabile x_2. Poiché $F(0, 0, 1) \neq 0$ e $G(0, 0, 1) \neq 0$, si ha $\deg_{x_2} F = \deg F$, $\deg_{x_2} G = \deg G$; inoltre, poiché C e D non hanno componenti comuni, il polinomio $R(x_0, x_1) = \text{Ris}(F, G, x_2)$ è omogeneo di grado md (cfr. 1.9.2, Proprietà di omogeneità).

Se $P = [c_0, c_1, c_2]$, chiamiamo *molteplicità di intersezione delle curve C e D in P* la molteplicità di $[c_0, c_1]$ come radice del polinomio $\text{Ris}(F, G, x_2)$ e la denotiamo con $I(C, D, P)$.

In modo diretto o indiretto, ma comunque laborioso, è possibile verificare che questa definizione non dipende dal sistema di coordinate omogenee. Si verifica inoltre che, nel caso in cui una delle due curve è una retta, la molteplicità di intersezione così definita coincide con quella definita in precedenza.

Nel caso in cui C e D sono curve in $\mathbb{P}^2(\mathbb{R})$ e P è un punto di $\mathbb{P}^2(\mathbb{R})$, si ha evidentemente che $I(C, D, P) = I(C_\mathbb{C}, D_\mathbb{C}, P)$.

Siano f e g i polinomi ottenuti deomogeneizzando F e G rispetto a x_0 e che definiscono le parti affini delle curve C e D nella carta U_0. Poiché $[0, 0, 1] \notin C \cup D$, la specializzazione $x_0 = 1$ non abbassa i gradi di F e G e, per la Proprietà di specializzazione del risultante, si ha che $\text{Ris}(F, G, x_2)(1, x_1) = \text{Ris}(f, g, x_2)(x_1)$ e quindi la molteplicità di intersezione di C e D in P può essere calcolata anche a partire dalle equazioni delle loro parti affini.

Teorema 1.9.1. *Siano C e D due curve proiettive di $\mathbb{P}^2(\mathbb{K})$ senza componenti comuni. Allora per ogni punto $P \in \mathbb{P}^2(\mathbb{K})$ si ha*

$$I(C, D, P) \geq m_P(C) \cdot m_P(D).$$

Per una prova del Teorema 1.9.1 si veda l'Esercizio 3.58.

Diciamo che le curve C e D sono *tangenti* in P se $I(C, D, P) \geq 2$. Notiamo che la nozione di curve tangenti in un punto può essere caratterizzata in termini delle rette tangenti alle curve nel punto, ossia $I(C, D, P) \geq 2$ se e solo se le curve C, D hanno in P almeno una tangente comune. Infatti se le due curve sono non singolari in P, allora $I(C, D, P) \geq 2$ se e solo se le rette tangenti in P alle due curve coincidono (cfr. Esercizio 3.57). Nel caso in cui almeno una delle due curve, ad esempio C, è singolare in P, allora tutte le rette passanti per P sono tangenti a C e almeno una di esse è tangente anche a D; d'altra parte in tal caso $I(C, D, P) \geq m_P(C) \cdot m_P(D) \geq 2$.

Per quanto riguarda l'intersezione globale di due curve proiettive, nel caso complesso abbiamo il seguente fondamentale risultato:

Teorema 1.9.2 (Teorema di Bézout). *Siano $\mathcal{C}$ e $\mathcal{D}$ due curve proiettive di $\mathbb{P}^2(\mathbb{C})$ di gradi rispettivamente m e d. Se $\mathcal{C}$ e $\mathcal{D}$ non hanno componenti comuni, allora esse hanno esattamente md punti in comune, contati con la relativa molteplicità di intersezione (in particolare $\mathcal{C} \cap \mathcal{D} \neq \emptyset$).*

Nel caso reale il Teorema di Bézout non vale più e può addirittura accadere che due curve proiettive di $\mathbb{P}^2(\mathbb{R})$ abbiano intersezione vuota (si pensi ad esempio alle coniche reali distinte di equazione $x_0^2 + x_1^2 - x_2^2 = 0$ e $x_0^2 + x_1^2 - 2x_2^2 = 0$). Tuttavia come conseguenza immediata del Teorema 1.9.2 si ottiene la seguente forma "debole" del Teorema di Bézout:

Teorema 1.9.3 (Teorema di Bézout reale). *Siano $\mathcal{C}$ e $\mathcal{D}$ due curve proiettive di $\mathbb{P}^2(\mathbb{R})$ di gradi rispettivamente m e d. Se $\mathcal{C}$ e $\mathcal{D}$ hanno più di md punti in comune, allora esse hanno una componente irriducibile comune.*

1.9.4
Punti di flesso

Un punto P di una curva proiettiva $\mathcal{C}$ viene detto *flesso* se è semplice e se $I(\mathcal{C}, \tau, P) \geq 3$, dove τ denota la tangente (principale) a $\mathcal{C}$ in P. Si parla di *flesso ordinario* nel caso in cui $I(\mathcal{C}, \tau, P) = 3$. Ad esempio tutti i punti di una retta sono flessi, le coniche irriducibili non hanno flessi e tutti i flessi di una cubica irriducibile sono ordinari.

I punti di flesso sono caratterizzati (e quindi possono essere individuati) come i punti non singolari P della curva proiettiva $\mathcal{C}$ di equazione $F(X) = 0$ tali che $H_F(P) = 0$, dove $H_F(X) = \det(F_{x_i x_j}(X))$. Se F ha grado $d \geq 2$, il polinomio $H_F(X)$ o è omogeneo di grado $3(d-2)$ o è nullo (ad esempio se $F = x_1 x_2 (x_1 - x_2)$, allora $H_F(X) = 0$).

La matrice simmetrica $\text{Hess}_F(X) = (F_{x_i x_j}(X))_{0 \leq i,j \leq 2}$ è detta *matrice Hessiana di F* e, se $H_F(X) = \det(\text{Hess}_F(X))$ non è nullo, la curva di equazione $H_F(X) = 0$ è chiamata la *curva Hessiana* di $F(X) = 0$ e denotata con $H(\mathcal{C})$.

Pertanto se $\mathbb{K} = \mathbb{C}$ ogni curva proiettiva complessa di grado $d \geq 3$ o ha infiniti flessi o, per il Teorema di Bézout, ne ha al più $3d(d-2)$; inoltre tale curva, se è non singolare, ha almeno un flesso.

Ricordiamo che, se $\mathcal{C}$ è una curva di equazione $F(X) = 0$ e se $g(X) = MX$ è una proiettività di $\mathbb{P}^2(\mathbb{K})$, la curva $\mathcal{D} = g^{-1}(\mathcal{C})$ ha equazione $G(X) = F(MX) = 0$. Si verifica che le matrici Hessiane di F e di G sono legate dalla relazione $\text{Hess}_G(X) = {}^t\!M\, \text{Hess}_F(MX)\, M$ e dunque $H_G(X) = (\det M)^2 H_F(MX)$. Pertanto il polinomio $H_G(X)$ è non nullo se e solo se $H_F(X)$ è non nullo e, in tal caso, $H(\mathcal{D}) = g^{-1}(H(\mathcal{C}))$.

1.9.5
Sistemi lineari, fasci

Per ogni $d \geq 1$ denotiamo con Λ_d l'insieme delle curve proiettive di grado d di $\mathbb{P}^2(\mathbb{K})$. Dalla definizione di curva risulta che $\Lambda_d = \mathbb{P}(\mathbb{K}[X]_d)$, dove $\mathbb{K}[X]_d = \mathbb{K}[x_0, x_1, x_2]_d$

denota lo spazio vettoriale formato dal polinomio nullo e dai polinomi omogenei in x_0, x_1, x_2 di grado d. Una base di tale spazio vettoriale è formata dai monomi $x_0^i x_1^j x_2^{d-i-j}$ di grado d, per cui $\mathbb{K}[x_0, x_1, x_2]_d$ ha dimensione $\dfrac{(d+1)(d+2)}{2}$. Di conseguenza Λ_d è uno spazio proiettivo di dimensione

$$N = \frac{(d+1)(d+2)}{2} - 1 = \frac{d(d+3)}{2}.$$

Così le rette formano uno spazio proiettivo di dimensione 2, le coniche uno spazio di dimensione 5, le cubiche di dimensione 9 e così via. Nel sistema di coordinate omogenee indotto dalla base dei monomi, le coordinate di una curva $\mathcal{C} \in \Lambda_d$ sono i coefficienti di uno dei polinomi che la definiscono.

Si chiama *sistema lineare di curve di grado d* ogni sottospazio proiettivo di Λ_d; un sistema lineare di curve di dimensione 1 viene chiamato *fascio*. Un sistema lineare di curve di dimensione r può essere rappresentato in modo parametrico a partire da $r+1$ suoi punti indipendenti $[F_0], \ldots, [F_r]$: ogni curva del sistema lineare ha allora equazione $\sum_{i=0}^r \lambda_i F_i(X) = 0$. Alternativamente può essere rappresentato in modo cartesiano come intersezione di iperpiani.

Si chiamano *punti base* di un sistema lineare di curve i punti appartenenti a tutte le curve del sistema lineare. Nel caso di un fascio di curve i punti base sono determinati dall'intersezione di due qualsiasi curve distinte $F_0(X) = 0$ e $F_1(X) = 0$ del fascio, in quanto ogni curva del fascio ha equazione del tipo $\lambda F_0(X) + \mu F_1(X) = 0$ con $[\lambda, \mu] \in \mathbb{P}^1(\mathbb{K})$. Se Q non è un punto base del fascio, esiste un'unica curva del fascio passante per Q poiché, imponendo il passaggio per Q, si ottiene una equazione in λ, μ che ammette un'unica soluzione $[\lambda_0, \mu_0] \in \mathbb{P}^1(\mathbb{K})$.

Se due curve di grado d sono tangenti in un punto P ad una stessa retta l, allora tutte le curve del fascio generato dalle due curve sono tangenti a l in P.

Ricordiamo infine che se f è una proiettività di $\mathbb{P}^2(\mathbb{K})$ e $\mathcal{C}$ è una curva di grado d, anche la curva $f(\mathcal{C})$ ha grado d, per cui f induce un'applicazione $\Lambda_d \to \Lambda_d$ che risulta essere una proiettività. In particolare f trasforma ogni sistema lineare di curve in un sistema lineare della stessa dimensione; ad esempio f trasforma il fascio generato da due curve $\mathcal{C}_1$ e $\mathcal{C}_2$ di grado d nel fascio generato dalle curve $f(\mathcal{C}_1)$ e $f(\mathcal{C}_2)$.

1.9.6
Condizioni lineari

L'equazione di un iperpiano di Λ_d è un'equazione lineare omogenea nelle coordinate di Λ_d, ossia nei coefficienti della generica curva di Λ_d. Una tale equazione viene detta una *condizione lineare* sulle curve di Λ_d.

Ad esempio imporre che una curva passi per un fissato punto P è una condizione lineare. Poiché N iperpiani di $\mathbb{P}^N(\mathbb{K})$ hanno sempre almeno un punto in comune, esiste sempre almeno una curva di grado d che soddisfi fino a $N = \dfrac{d(d+3)}{2}$ condizioni lineari.

In particolare, poiché $\dim \Lambda_2 = 5$, per cinque punti di $\mathbb{P}^2(\mathbb{K})$ passa sempre almeno una conica. Più precisamente, se i cinque punti sono a 4 a 4 non allineati, allora per i cinque punti passa una e una sola conica. Infatti osserviamo che se $\mathcal{C}_1$ e $\mathcal{C}_2$ sono due coniche distinte di $\mathbb{P}^2(\mathbb{K})$ senza componenti comuni, allora per il Teorema di Bézout (cfr. Teorema 1.9.2 o Teorema 1.9.3) $\mathcal{C}_1$ e $\mathcal{C}_2$ hanno al più 4 punti distinti in comune. Se invece $\mathcal{C}_1$ e $\mathcal{C}_2$ hanno una componente irriducibile comune (e in particolare sono entrambe degeneri), allora esse hanno in comune una retta e un punto non appartenente alla retta. Di conseguenza, due coniche possono avere cinque punti in comune a 4 a 4 non allineati solo se sono la stessa conica; dunque il sistema delle coniche passanti per 4 punti non allineati è un fascio. Se i cinque punti verificano la condizione più restrittiva di essere a 3 a 3 non allineati, allora l'unica conica passante per essi è necessariamente non degenere.

Imporre che un punto P sia di molteplicità almeno $r \geq 1$ per una curva di Λ_d equivale a imporre che tutte le derivate di ordine $r - 1$ di un polinomio che definisce la curva si annullino in P. Ciò corrisponde dunque a imporre $\dfrac{r(r+1)}{2}$ condizioni lineari.

Naturalmente imponendo k condizioni lineari in generale si ottiene un sistema lineare di dimensione maggiore o uguale a $N - k$; la dimensione è esattamente $N - k$ solo se le condizioni lineari imposte sono indipendenti. Ad esempio il sistema lineare delle coniche proiettive che passano per 4 punti allineati su una retta r è costituito dalle coniche riducibili formate dalla retta r e da un'altra retta; tale insieme è in corrispondenza biunivoca con lo spazio di tutte le rette del piano proiettivo e costituisce un sistema lineare di dimensione 2 (cfr. Esercizio 3.44).

Altri esempi di condizioni lineari si ottengono imponendo condizioni di tangenza in punti fissati alle curve di Λ_d. Ad esempio se r è una retta di equazione ${}^t R X = 0$ e $P \in r$, una curva $\mathcal{C}$ di Λ_d di equazione $F(X) = 0$ è tangente a r in P se e solo se i vettori $R = (r_0, r_1, r_2)$ e $(F_{x_0}(P), F_{x_1}(P), F_{x_2}(P))$ sono proporzionali, ossia se e solo se la matrice

$$M = \begin{pmatrix} r_0 & r_1 & r_2 \\ F_{x_0}(P) & F_{x_1}(P) & F_{x_2}(P) \end{pmatrix}$$

ha rango 1. Ciò equivale all'annullarsi dei determinanti di due sottomatrici 2×2 di M, e quindi a due condizioni lineari indipendenti (cfr. Esercizio 3.43). Osserviamo che se M ha rango 1 e quindi esiste $k \in \mathbb{K}$ tale che $(F_{x_0}(P), F_{x_1}(P), F_{x_2}(P)) = k(r_0, r_1, r_2)$, automaticamente $\mathcal{C}$ passa per il punto $P = [p_0, p_1, p_2]$ in quanto

$$(\deg F)F(P) = p_0 F_{x_0}(P) + p_1 F_{x_1}(P) + p_2 F_{x_2}(P) = k(p_0 r_0 + p_1 r_1 + p_2 r_2) = 0.$$

Un caso in cui le due condizioni lineari sono soddisfatte è quando la seconda riga di M è nulla, ossia $\mathcal{C}$ è singolare in P, conformemente al fatto che ogni retta passante per un punto singolare di una curva è tangente alla curva in quel punto.

1.9.7
Fasci di coniche

Un *fascio di coniche* è un sistema lineare di coniche di dimensione 1. Se $C_1 = [F_1]$ e $C_2 = [F_2]$ sono due coniche distinte del fascio, le coniche del fascio hanno equazione $\lambda F_1 + \mu F_2 = 0$ al variare di $[\lambda, \mu]$ in $\mathbb{P}^1(\mathbb{K})$. Se $F_1(X) = {}^t\!XA_1X$ e $F_2(X) = {}^t\!XA_2X$ con A_1, A_2 matrici 3×3 simmetriche, la generica conica $C_{\lambda,\mu}$ del fascio ha equazione ${}^t\!X(\lambda A_1 + \mu A_2)X = 0$.

La conica $C_{\lambda,\mu}$ è degenere se e solo se $D(\lambda, \mu) = \det(\lambda A_1 + \mu A_2) = 0$; pertanto se il polinomio omogeneo di terzo grado $D(\lambda, \mu)$ non è nullo, il fascio contiene almeno una e al più tre coniche degeneri. Se invece $D(\lambda, \mu)$ è il polinomio nullo, allora tutte le coniche del fascio sono degeneri; ciò accade ad esempio quando le coniche del fascio sono costituite da una retta fissata e da una retta variabile passante per un punto fissato.

Esistono peraltro fasci in cui tutte le coniche sono degeneri senza che esista una componente comune a tutte le coniche del fascio: basti pensare ad esempio al fascio generato da $x_0^2 = 0$ e da $x_1^2 = 0$.

Ricordiamo che i punti base di un fascio, ossia i punti comuni a tutte le coniche del fascio, possono essere determinati intersecando due qualsiasi coniche distinte C_1, C_2 del fascio. Poiché ogni fascio contiene almeno una conica degenere, possiamo supporre che una delle due coniche generatrici del fascio sia degenere, e quindi spezzata in due rette, il che rende più agevole il calcolo dei punti di intersezione fra C_1 e C_2.

Ad esempio, consideriamo il fascio delle coniche passanti per 4 punti non allineati (cfr. 1.9.6): se i 4 punti sono in posizione generale, allora l'insieme dei punti base del fascio è formato esattamente dai 4 punti; se 3 dei 4 punti appartengono ad una retta r, allora l'insieme dei punti base è l'unione della retta r e del quarto punto non giacente su r (in particolare è un insieme infinito).

Come osservato sopra, è possibile che il luogo dei punti base di un fascio sia un insieme infinito (in presenza di una componente comune a tutte le coniche del fascio) e in tal caso tutte le coniche del fascio sono degeneri. Se il fascio contiene almeno una conica non degenere, allora l'insieme dei punti base è finito.

Descriviamo adesso i tipi di fasci di coniche contenenti almeno una conica non degenere: sia $\mathcal{F}$ un tale fascio e siano C_1 e C_2 due coniche distinte di $\mathcal{F}$, con C_1 degenere.

Se $\mathbb{K} = \mathbb{C}$, le coniche C_1 e C_2 si intersecano in 4 punti non necessariamente distinti. Conveniamo di denotare la quaterna dei punti di intersezione delle due coniche ripetendo ciascun punto P tante volte quanto vale $I(C_1, C_2, P)$. A seconda del numero di punti base distinti e della loro molteplicità, otteniamo quindi i seguenti tipi di fasci contenenti almeno una conica non degenere:

(a) $C_1 \cap C_2 = \{A, B, C, D\}$: i punti A, B, C, D risultano in posizione generale; il fascio contiene 3 coniche degeneri, che sono $L(A, B) + L(C, D)$, $L(A, C) + L(B, D)$ e $L(A, D) + L(B, C)$;

(b) $C_1 \cap C_2 = \{A, A, B, C\}$: in questo caso i punti A, B, C non sono allineati; C_1 e C_2 (e quindi tutte le coniche del fascio) sono tangenti in A ad una retta t_A

che non contiene né B né C; il fascio contiene 2 coniche degeneri, che sono
$L(A,B) + L(A,C)$ e $t_A + L(B,C)$ (si veda anche l'Esercizio 4.2);

(c) $C_1 \cap C_2 = \{A, A, B, B\}$: tutte le coniche del fascio sono tangenti in A ad una retta
t_A non passante per B e in B ad una retta t_B non passante per A; il fascio contiene
2 coniche degeneri, che sono $t_A + t_B$ e $2L(A,B)$ (si veda anche l'Esercizio 4.6);

(d) $C_1 \cap C_2 = \{A, A, A, B\}$: in questo caso C_1 e C_2 si intersecano in A con molteplicità
di intersezione 3 e sono tangenti in A ad una retta t_A non passante per B; il fascio
contiene una sola conica degenere, e cioè $t_A + L(A,B)$;

(e) $C_1 \cap C_2 = \{A, A, A, A\}$: questo caso si presenta quando C_1 e C_2 si intersecano
in A con molteplicità di intersezione 4 e sono tangenti ad una retta t_A; il fascio
contiene una sola conica degenere, anzi doppiamente degenere: $2t_A$.

Se $\mathbb{K} = \mathbb{R}$, è possibile che i punti di intersezione fra le coniche C_1 e C_2, pur contati
con molteplicità, siano meno di quattro e magari nessuno (si pensi ad esempio alle
coniche di equazioni $x^2 + y^2 = 1$ e $x^2 - 4 = 0$). Un altro caso in cui si non hanno
punti base è quando C_1 è una conica con supporto ridotto ad un punto P (ciò avviene
quando C_1 è irriducibile e $(C_1)_{\mathbb{C}}$ ha come componenti irriducibili due rette complesse
coniugate incidenti in P) e C_2 non passa per P.

D'altra parte le complessificate $(C_1)_{\mathbb{C}}$ e $(C_2)_{\mathbb{C}}$ si intersecano comunque in quattro
punti, non necessariamente distinti, che risultano punti base complessi di $\mathcal{F}$. Poiché
$(C_1)_{\mathbb{C}}$ e $(C_2)_{\mathbb{C}}$ sono curve reali, se $A = [a_0, a_1, a_2]$ è un punto base complesso del
fascio, allora anche il punto $\sigma(A) = [\overline{a_0}, \overline{a_1}, \overline{a_2}]$ è un punto base. A tale proposito
osserviamo che la retta $L(A, \sigma(A))$ ammette un'equazione a coefficienti reali, cioè
è una retta reale. Se invece B e C sono punti qualsiasi di $\mathbb{P}^2(\mathbb{C})$ (e quindi in generale
$L(B,C)$ non ammette un'equazione reale), un'equazione della retta $L(\sigma(B), \sigma(C))$
si ottiene da un'equazione di $L(B,C)$ coniugandone i coefficienti; di conseguenza la
conica $L(B,C) + L(\sigma(B), \sigma(C))$ è una conica reale.

Pertanto nel caso reale, oltre ai cinque tipi di fasci contenenti almeno una conica
non degenere elencati sopra, esistono anche i seguenti ulteriori tipi:

(f) $(C_1)_{\mathbb{C}} \cap (C_2)_{\mathbb{C}} = \{A, \sigma(A), B, C\}$ dove $A \neq \sigma(A)$ e B, C sono punti reali: il
fascio $\mathcal{F}$ ha due punti base reali distinti e contiene una sola conica degenere e
cioè $L(A, \sigma(A)) + L(B,C)$;

(g) $(C_1)_{\mathbb{C}} \cap (C_2)_{\mathbb{C}} = \{A, \sigma(A), B, B\}$ dove $A \neq \sigma(A)$ e B è un punto reale: il fascio
ha un solo punto base reale, C_1 e C_2 (e quindi tutte le coniche del fascio) sono
tangenti in B ad una retta reale t_B; il fascio contiene due coniche degeneri e cioè
$L(A,B) + L(\sigma(A), B)$ e $L(A, \sigma(A)) + t_B$;

(h) $(C_1)_{\mathbb{C}} \cap (C_2)_{\mathbb{C}} = \{A, \sigma(A), B, \sigma(B)\}$ dove $A \neq \sigma(A)$ e $B \neq \sigma(B)$: il fascio non ha
punti base reali e contiene tre coniche degeneri; una di esse, e cioè $L(A, \sigma(A)) +$
$L(B, \sigma(B))$, è una coppia di rette; le altre due, e cioè $L(A, \sigma(B)) + L(\sigma(A), B)$
e $L(A,B) + L(\sigma(A), \sigma(B))$, sono coniche aventi come supporto un solo punto
ciascuna;

(i) $(C_1)_{\mathbb{C}} \cap (C_2)_{\mathbb{C}} = \{A, \sigma(A), A, \sigma(A)\}$ dove $A \neq \sigma(A)$: tutte le complessificate
delle coniche del fascio sono tangenti in A e $\sigma(A)$ rispettivamente a due rette
complesse coniugate t_A e $t_{\sigma(A)}$; il fascio contiene due coniche degeneri, che sono
$t_A + t_{\sigma(A)}$ e $2L(A, \sigma(A))$.

Esercizi sugli spazi proiettivi

2

Punti chiave

- > Spazi e sottospazi proiettivi
- > Riferimenti proiettivi e coordinate omogenee
- > Trasformazioni proiettive, proiettività
- > Sistemi lineari di iperpiani e dualità
- > La retta proiettiva
- > Birapporto

Assunzione: In tutto il capitolo con il simbolo $\mathbb{K}$ indicheremo un qualsiasi sottocampo di $\mathbb{C}$.

Esercizio 2.1

Si mostri che i punti del piano proiettivo reale

$$\left[\frac{1}{2}, 1, 1\right], \quad \left[1, \frac{1}{3}, \frac{4}{3}\right], \quad [2, -1, 2]$$

sono allineati, e si determini un'equazione della retta che li contiene.

Soluzione Poiché i punti $\left[\frac{1}{2}, 1, 1\right], \left[1, \frac{1}{3}, \frac{4}{3}\right]$ sono distinti, il punto $[x_0, x_1, x_2]$ giace sulla retta che li contiene se e solo se i vettori $(1, 2, 2)$, $(3, 1, 4)$, (x_0, x_1, x_2) sono linearmente dipendenti, ovvero se e solo se

$$0 = \det \begin{pmatrix} 1 & 3 & x_0 \\ 2 & 1 & x_1 \\ 2 & 4 & x_2 \end{pmatrix} = 6x_0 + 2x_1 - 5x_2.$$

Fortuna E., Frigerio R., Pardini R.: Geometria proiettiva. Problemi risolti e richiami di teoria.
© Springer-Verlag Italia 2011

La retta passante per $\left[\frac{1}{2}, 1, 1\right]$, $\left[1, \frac{1}{3}, \frac{4}{3}\right]$ ha dunque equazione $6x_0 + 2x_1 - 5x_2 = 0$, e tale equazione è verificata da $[2, -1, 2]$.

Esercizio 2.2

Si determinino i valori di $a \in \mathbb{C}$ per cui le rette di $\mathbb{P}^2(\mathbb{C})$ aventi equazioni

$$ax_1 - x_2 + 3ix_0 = 0, \quad -iax_0 + x_1 - ix_2 = 0, \quad 3ix_2 + 5x_0 + x_1 = 0$$

sono concorrenti.

Soluzione 1   Posto

$$A = \begin{pmatrix} 3i & a & -1 \\ -ia & 1 & -i \\ 5 & 1 & 3i \end{pmatrix},$$

le rette considerate sono concorrenti se e solo se il sistema lineare omogeneo che ha A quale matrice dei coefficienti ammette una soluzione non nulla, ovvero se e solo se $0 = \det A = -3a^2 - 4ia - 7$, ovvero se e solo se $a = i$ oppure $a = -\frac{7}{3}i$.

Soluzione 2   Tramite la corrispondenza di dualità (cfr. 1.4.2), le rette date individuano tre punti dello spazio $\mathbb{P}^2(\mathbb{C})^*$, le cui coordinate rispetto al riferimento indotto dalla base duale standard di $(\mathbb{C}^2)^*$ sono date da $[3i, a, -1], [-ia, 1, -i], [5, 1, 3i]$. Una facile applicazione del Principio di dualità mostra che tali punti sono allineati se e solo se le rette date sono concorrenti. Come visto nella soluzione dell'Esercizio 2.1, infine, i punti $[3i, a, -1], [-ia, 1, -i], [5, 1, 3i]$ sono allineati se e solo se la matrice A sopra introdotta ha determinante nullo.

Esercizio 2.3

Si considerino in $\mathbb{P}^3(\mathbb{R})$ i punti

$$P_1 = [1, 0, 1, 2], \quad P_2 = [0, 1, 1, 1], \quad P_3 = [2, 1, 2, 2], \quad P_4 = [1, 1, 2, 3].$$

(a) Si dica se P_1, P_2, P_3, P_4 sono in posizione generale.

(b) Si calcoli la dimensione del sottospazio generato da P_1, P_2, P_3, P_4 e se ne determinino equazioni cartesiane.

(c) Si completi, se possibile, l'insieme $\{P_1, P_2, P_3\}$ ad un riferimento proiettivo di $\mathbb{P}^3(\mathbb{R})$.

Soluzione   (a) Siano $v_1 = (1, 0, 1, 2)$, $v_2 = (0, 1, 1, 1)$, $v_3 = (2, 1, 2, 2)$, $v_4 = (1, 1, 2, 3)$ vettori di $\mathbb{R}^4$ tali che $P_i = [v_i]$ per ogni i, e sia

$$A = \begin{pmatrix} 1 & 0 & 2 & 1 \\ 0 & 1 & 1 & 1 \\ 1 & 1 & 2 & 2 \\ 2 & 1 & 2 & 3 \end{pmatrix}.$$

Si verifica facilmente che il determinante di A è nullo, per cui v_1, v_2, v_3, v_4 sono linearmente dipendenti, e dunque P_1, P_2, P_3, P_4 non sono in posizione generale.

(b) Il determinante del minore individuato dalle prime tre righe e dalle prime tre colonne di A è uguale a -1, per cui v_1, v_2, v_3 sono linearmente indipendenti. Dunque per il punto (a) il sottospazio vettoriale generato da $v_1, \ldots, v_4$ ha dimensione 3, per cui si ha $L(P_1, P_2, P_3, P_4) = L(P_1, P_2, P_3)$ e $\dim L(P_1, P_2, P_3, P_4) = 2$. Inoltre, ragionando come nella soluzione dell'Esercizio 2.1 si ottiene per $L(P_1, P_2, P_3, P_4) = L(P_1, P_2, P_3)$ l'equazione cartesiana

$$0 = \det \begin{pmatrix} 1 & 0 & 2 & x_0 \\ 0 & 1 & 1 & x_1 \\ 1 & 1 & 2 & x_2 \\ 2 & 1 & 2 & x_3 \end{pmatrix} = -x_0 - 2x_1 + 3x_2 - x_3.$$

(c) Per quanto visto nella soluzione di (b), la matrice ottenuta sostituendo all'ultima colonna di A il vettore $(0, 0, 0, 1)$ ha determinante -1, per cui i vettori v_1, v_2, v_3, $(0, 0, 0, 1)$ individuano una base di $\mathbb{R}^4$. Il riferimento proiettivo associato a tale base è dato dai punti $P_1, P_2, P_3, [0, 0, 0, 1], [3, 2, 4, 6]$. Tale quintupla di punti estende pertanto P_1, P_2, P_3 ad un riferimento proiettivo di $\mathbb{P}^3(\mathbb{R})$.

Esercizio 2.4

Sia $l \subset \mathbb{P}^2(\mathbb{K})$ la retta di equazione $x_0 + x_1 = 0$, si ponga $U = \mathbb{P}^2(\mathbb{K}) \setminus l$ e siano $\alpha, \beta \colon U \to \mathbb{K}^2$ definite da

$$\alpha([x_0, x_1, x_2]) = \left(\frac{x_1}{x_0 + x_1}, \frac{x_2}{x_0 + x_1} \right),$$

$$\beta([x_0, x_1, x_2]) = \left(\frac{x_0}{x_0 + x_1}, \frac{x_2}{x_0 + x_1} \right).$$

Si calcoli $\alpha \circ \beta^{-1}$, e si verifichi che tale mappa è un'affinità.

Soluzione Cerchiamo innanzi tutto di determinare β^{-1}. Sia $\beta([x_0, x_1, x_2]) = (u, v)$. Poiché $x_0 + x_1 \neq 0$ su U, possiamo supporre $x_0 + x_1 = 1$, ottenendo così

$$u = \frac{x_0}{x_0 + x_1} = x_0, \quad v = \frac{x_2}{x_0 + x_1} = x_2, \quad x_1 = 1 - x_0 = 1 - u.$$

Si ha perciò $\beta^{-1}(u, v) = [u, 1 - u, v]$, per cui $\alpha(\beta^{-1}(u, v)) = (1 - u, v)$, e $\alpha \circ \beta^{-1}$ è chiaramente un'affinità.

Esercizio 2.5

Per $i = 0, 1, 2$, sia $j_i \colon \mathbb{K}^2 \to U_i \subseteq \mathbb{P}^2(\mathbb{K})$ l'applicazione introdotta in 1.3.8.

(a) Si determinino due rette proiettive distinte $r, s \subset \mathbb{P}^2(\mathbb{K})$ tali che $j_i^{-1}(r \cap U_i)$, $j_i^{-1}(s \cap U_i)$ siano rette parallele per $i = 1, 2$.

(b) Esistono rette proiettive $r, s \subset \mathbb{P}^2(\mathbb{K})$ distinte tali che per ogni $i = 0, 1, 2$ le rette affini $j_i^{-1}(r \cap U_i), j_i^{-1}(s \cap U_i)$ siano parallele?

Soluzione   Data una retta proiettiva $r \subset \mathbb{P}^2(\mathbb{K})$ l'insieme $j_i^{-1}(r \cap U_i)$ è una retta affine se e solo se r non coincide con la retta di equazione $x_i = 0$. Inoltre, date due rette proiettive r, s distinte da $\{x_i = 0\}$, le rette affini $j_i^{-1}(r \cap U_i), j_i^{-1}(s \cap U_i)$ sono parallele se e solo se il punto $s \cap r$ appartiene alla retta di equazione $x_i = 0$. Ne segue che qualsiasi coppia di rette diverse da $\{x_1 = 0\}$ e da $\{x_2 = 0\}$ e distinte tra loro che si intersechino in $[1, 0, 0]$ soddisfano le richieste descritte al punto (a): per esempio, si può porre $r = \{x_1 + x_2 = 0\}$, $s = \{x_1 - x_2 = 0\}$.

Inoltre, poiché in $\mathbb{P}^2(\mathbb{K})$ si ha $\{x_0 = 0\} \cap \{x_1 = 0\} \cap \{x_2 = 0\} = \emptyset$, non esistono rette proiettive che verifichino le richieste descritte in (b).

Esercizio 2.6

Siano A, B, C, D punti di $\mathbb{P}^2(\mathbb{K})$ in posizione generale e siano

$$P = L(A, B) \cap L(C, D), \quad Q = L(A, C) \cap L(B, D), \quad R = L(A, D) \cap L(B, C).$$

Si mostri che P, Q, R non sono allineati.

Soluzione   Poiché A, B, C, D sono in posizione generale, è possibile scegliere un sistema di coordinate omogenee in $\mathbb{P}^2(\mathbb{K})$ in cui

$$A = [1, 0, 0], \quad B = [0, 1, 0], \quad C = [0, 0, 1], \quad D = [1, 1, 1].$$

Con facili calcoli si trova che

$$P = [1, 1, 0], \quad Q = [1, 0, 1], \quad R = [0, 1, 1].$$

Poiché $\det \begin{pmatrix} 1 & 0 & 1 \\ 1 & 1 & 0 \\ 0 & 1 & 1 \end{pmatrix} \neq 0$, i punti P, Q, R non sono allineati.

Esercizio 2.7

Sia $\mathcal{R} = \{P_0, \ldots, P_{n+1}\}$ un sistema di riferimento dello spazio proiettivo $\mathbb{P}(V)$ e sia $0 \leq k < n + 1$. Siano $S = L(P_0, P_1, \ldots, P_k)$, $S' = L(P_{k+1}, \ldots, P_{n+1})$.

(a) Si dimostri che esiste $W \in \mathbb{P}(V)$ tale che $S \cap S' = \{W\}$.
(b) Si dimostri che $\{P_0, \ldots, P_k, W\}$ è un sistema di riferimento proiettivo di S, e che $\{P_{k+1}, \ldots, P_{n+1}, W\}$ è un sistema di riferimento proiettivo di S'.

Soluzione   (a) Per definizione di sistema di riferimento proiettivo, si ha $\dim S = k$, $\dim S' = n - k$, e $\dim L(S, S') = n$, per cui dalla formula di Grassmann si ottiene $\dim(S \cap S') = \dim S + \dim S' - \dim L(S, S') = 0$, da cui segue (a).

(b) Allo scopo di dimostrare che $\{P_0, \ldots, P_k, W\}$ è un sistema di riferimento proiettivo di S è sufficiente provare che, per ogni sottoinsieme $A \subseteq \{P_0, \ldots, P_k, W\}$ formato da $k + 1$ punti, $\dim L(A) = k$ (e dunque $L(A) = S$).

Sia A un tale sottoinsieme. Se $W \notin A$, allora $\dim L(A) = k$ in quanto i punti di $\mathcal{R}$ sono in posizione generale. Supponiamo ora $W \in A$. Poiché i punti di $\mathcal{R}$ sono in posizione generale, si ha

$$\dim L((A \setminus \{W\}) \cup S') = \dim L((A \setminus \{W\}) \cup \{P_{k+1}, \ldots, P_{n+1}\}) = n,$$
$$\dim L(A \setminus \{W\}) = k - 1,$$

da cui, essendo $\dim S' = n - k$, si ottiene

$$\dim(L(A \setminus \{W\}) \cap S') = (k - 1) + (n - k) - n = -1,$$

ovvero $L(A \setminus \{W\}) \cap S' = \emptyset$. Poiché $W \in S'$, si ha allora $W \notin L(A \setminus \{W\})$, da cui segue $\dim L(A) = \dim L(A \setminus \{W\}) + 1 = k$. Dunque $\{P_0, \ldots, P_k, W\}$ è un sistema di riferimento proiettivo di S. Analogamente si mostra che $\{P_{k+1}, \ldots, P_{n+1}, W\}$ è un sistema di riferimento proiettivo di S'.

Esercizio 2.8

Siano $r, r' \subset \mathbb{P}^3(\mathbb{K})$ rette sghembe e sia $P \in \mathbb{P}^3(\mathbb{K}) \setminus (r \cup r')$. Si dimostri che esiste un'unica retta $l \subset \mathbb{P}^3(\mathbb{K})$ che contiene P e che interseca sia r sia r'. Si determinino equazioni cartesiane per l nel caso in cui $\mathbb{K} = \mathbb{R}$, r abbia equazioni $x_0 - x_2 + 2x_3 = 2x_0 + x_1 = 0$, r' abbia equazioni $2x_1 - 3x_2 + x_3 = x_0 + x_3 = 0$ e sia $P = [0, 1, 0, 1]$.

Soluzione Siano $S = L(r, P)$, $S' = L(r', P)$. Una semplice applicazione della formula di Grassmann mostra che $\dim S = \dim S' = 2$. Inoltre, $S \neq S'$ in quanto altrimenti r, r' sarebbero complanari, dunque incidenti. Ne segue che $\dim(S \cap S') < 2$. D'altro canto, $\dim(S \cap S') = \dim S + \dim S' - \dim L(S, S') \geq 2 + 2 - 3 = 1$, per cui $l = S \cap S'$ è una retta. Poiché l ed r (risp. r') giacciono entrambe su S (risp. S'), si ha $l \cap r \neq \emptyset$ (risp. $l \cap r' \neq \emptyset$). Dunque l verifica le proprietà richieste.

Sia ora l' una qualsiasi retta di $\mathbb{P}^3(\mathbb{K})$ che contenga P e che intersechi sia r sia r'. Si ha allora $l' \subseteq L(r, P) = S$, $l' \subseteq L(r', P) = S'$, per cui $l' \subseteq S \cap S' = l$, e $l' = l$ in quanto $\dim l' = \dim l$.

Si consideri ora il caso numerico sopra descritto. Il fascio di piani di centro r ha equazioni parametriche

$$\lambda(x_0 - x_2 + 2x_3) + \mu(2x_0 + x_1) = 0, \qquad [\lambda, \mu] \in \mathbb{P}^1(\mathbb{R}).$$

Imponendo il passaggio per P si ottiene $2\lambda + \mu = 0$, per cui S ha equazione $-3x_0 - 2x_1 - x_2 + 2x_3 = 0$. Procedendo analogamente, si ottiene per S' l'equazione $-3x_0 + 2x_1 - 3x_2 - 2x_3 = 0$. Le equazioni di l si ottengono semplicemente mettendo a sistema l'equazione di S e l'equazione di S'.

Esercizio 2.9

Siano W_1, W_2, W_3 *piani di* $\mathbb{P}^4(\mathbb{K})$ *tali che* $W_i \cap W_j$ *è un punto per ogni* $i \neq j$, *e che* $W_1 \cap W_2 \cap W_3 = \emptyset$. *Si mostri che esiste un unico piano* W_0 *tale che per* $i = 1, 2, 3$ *l'insieme* $W_0 \cap W_i$ *sia una retta proiettiva.*

Soluzione Per $i \neq yj$ sia $P_{ij} = W_i \cap W_j$, e si ponga $W_0 = L(P_{12}, P_{13}, P_{23})$ (si ha perciò naturalmente $P_{ij} = P_{ji}$ per ogni $i \neq j$). Se P_{12}, P_{13}, P_{23} non fossero tutti distinti tra loro, si avrebbe $W_1 \cap W_2 \cap W_3 \neq \emptyset$, mentre se P_{12}, P_{13}, P_{23} fossero distinti e giacessero su una retta, tale retta sarebbe contenuta in ogni W_i. Poiché entrambe queste possibilità sono escluse per ipotesi, P_{12}, P_{13}, P_{23} sono distinti e non allineati, per cui W_0 è un piano. Inoltre, per costruzione $W_0 \cap W_i$ contiene la retta $L(P_{ij}, P_{ik})$, $\{i, j, k\} = \{1, 2, 3\}$. D'altro canto, se fosse $\dim(W_0 \cap W_i) > 1$, si avrebbe $W_0 = W_i$, per cui $W_i \cap W_j = W_0 \cap W_j$ conterrebbe una retta per ogni $j \neq i$, contro le ipotesi. Dunque $W_0 \cap W_i$ è una retta per ogni $i = 1, 2, 3$.

Sia ora W_0' un piano che verifica le richieste, e per ogni $i = 1, 2, 3$ sia l_i la retta proiettiva $W_0' \cap W_i$. Allora $W_i \cap W_j \cap W_0' = (W_i \cap W_0') \cap (W_j \cap W_0') = l_i \cap l_j \neq \emptyset$ (le rette l_i, l_j giacciono su W_0', dunque non possono essere disgiunte!), per cui $P_{ij} \in W_0'$ per ogni $i, j = 1, 2, 3$, e $W_0 \subseteq W_0'$. Poiché $\dim W_0' = \dim W_0$ si ha allora $W_0' = W_0$.

Esercizio 2.10

Siano r_1, r_2, r_3 *rette di* $\mathbb{P}^4(\mathbb{K})$ *a due a due sghembe e non tutte contenute in un iperpiano. Si dimostri che esiste un'unica retta che interseca sia* r_1, *sia* r_2, *sia* r_3.

Soluzione 1 Dati $i, j \in \{1, 2, 3\}$, $i \neq j$, sia $V_{ij} = L(r_i, r_j)$. Sfruttando la formula di Grassmann, è facile verificare che $\dim V_{ij} = 3$ per ogni i, j. Poiché le rette r_1, r_2, r_3 non sono contenute in un iperpiano, si ha $L(V_{12} \cup V_{13}) = L(r_1, r_2, r_3) = \mathbb{P}^4(\mathbb{K})$, per cui, ancora sfruttando la formula di Grassmann, si ha $\dim(V_{12} \cap V_{13}) = 2$. Se poi fosse $V_{12} \cap V_{13} \subseteq V_{23}$, la retta r_1 sarebbe contenuta in V_{23}, il che contraddirebbe l'ipotesi che r_1, r_2, r_3 non siano contenute in un iperpiano. Ne segue che $l = V_{12} \cap V_{13} \cap V_{23}$ ha dimensione 1, ed è pertanto una retta proiettiva.

Verifichiamo ora che l interseca r_i per ogni $i = 1, 2, 3$, e che l è l'unica retta di $\mathbb{P}^4(\mathbb{K})$ con questa proprietà. Se $\{i, j, k\} = \{1, 2, 3\}$, per costruzione l giace sul piano $V_{ij} \cap V_{ik}$, che contiene anche r_i. Poiché due rette proiettive che giacciano su uno stesso piano si intersecano sempre, ne segue che $l \cap r_i \neq \emptyset$. Inoltre, se s è una retta che verifica le richieste, allora si vede facilmente che $s \subseteq V_{ij}$ per ogni $i, j \in \{1, 2, 3\}$, per cui $s \subseteq l$. Essendo $\dim s = \dim l = 1$, se ne deduce $s = l$.

Soluzione 2 Mostriamo come l'enunciato dell'Esercizio 2.10 possa essere dedotto da quello dell'Esercizio 2.8.

Se $V_{23} = L(r_2, r_3)$, sfruttando la formula di Grassmann è facile verificare che $\dim V_{23} = 3$. Inoltre, poiché r_1, r_2, r_3 non sono contenute in un iperpiano, r_1 non è contenuta in V_{23}, e da ciò si deduce facilmente che $r_1 \cap V_{23} = \{P\}$ per qualche $P \in \mathbb{P}^4(\mathbb{K})$. Per quanto visto nell'Esercizio 2.8, esiste un'unica retta $l \subseteq V_{23}$ che intersechi r_2 e r_3 e passi per P. Tale retta è dunque incidente r_1, r_2 e r_3. Inoltre, qualsiasi retta che intersechi sia r_2 sia r_3 deve essere contenuta in V_{23}, e può pertanto intersecare r_1 solo in P. Ne segue che l è l'unica retta di $\mathbb{P}^4(\mathbb{K})$ che verifichi le condizioni richieste.

Nota. Non è difficile verificare che dualizzando l'enunciato del testo si ottiene la seguente proposizione:

Siano H_1, H_2, H_3 piani di $\mathbb{P}^4(\mathbb{K})$ tali che $L(H_i, H_j) = \mathbb{P}^4(\mathbb{K})$ per ogni $i \neq j$, e che $H_1 \cap H_2 \cap H_3 = \emptyset$. Allora, esiste un unico piano H_0 tale che $L(H_0, H_i) \neq \mathbb{P}^4(\mathbb{K})$ per $i = 1, 2, 3$.

D'altronde, una semplice applicazione della formula di Grassmann mostra che se S, S' sono piani distinti di $\mathbb{P}^4(\mathbb{K})$, allora $L(S, S') \neq \mathbb{P}^4(\mathbb{K})$ se e solo se $S \cap S'$ è una retta, mentre $L(S, S') = \mathbb{P}^4(\mathbb{K})$ se e solo se $S \cap S'$ consta di un punto. Ne segue che gli enunciati dell'Esercizio 2.10 e dell'Esercizio 2.9 sono equivalenti.

Esercizio 2.11

Siano r e s rette distinte di $\mathbb{P}^3(\mathbb{K})$ e sia f una proiettività di $\mathbb{P}^3(\mathbb{K})$ tale che l'insieme dei punti fissi di f coincida con $r \cup s$. Per ogni $P \in \mathbb{P}^3(\mathbb{K}) \setminus (r \cup s)$ si denoti con l_P la retta congiungente P e $f(P)$. Si provi che, per ogni $P \in \mathbb{P}^3(\mathbb{K}) \setminus (r \cup s)$, la retta l_P interseca sia r che s.

Soluzione Ricordiamo innanzi tutto che le rette r e s sono sghembe (cfr. 1.2.5). Dato $P \in \mathbb{P}^3(\mathbb{K}) \setminus (r \cup s)$, quanto mostrato nell'Esercizio 2.8 assicura perciò l'esistenza di una retta t_P passante per P che intersechi sia r sia s. Mostriamo ora che $t_P = l_P$, da cui segue immediatamente la tesi.

Siano A, B i punti di intersezione di t_P rispettivamente con r, s. Si ha allora $f(P) \in f(L(A, B)) = L(f(A), f(B)) = L(A, B) = t_P$. Dunque t_P contiene sia P sia $f(P)$, e coincide pertanto con l_P.

Esercizio 2.12 (Teorema di Desargues)

Sia $\mathbb{P}(V)$ un piano proiettivo e siano $A_1, A_2, A_3, B_1, B_2, B_3$ punti distinti di $\mathbb{P}(V)$ a tre a tre non allineati. Consideriamo i triangoli T_1 e T_2 di $\mathbb{P}(V)$ di vertici rispettivamente A_1, A_2, A_3 e B_1, B_2, B_3 e diciamo che T_1 e T_2 sono in prospettiva se esiste un punto O del piano, detto il "centro di prospettiva", distinto dagli A_i e dai B_i, tale che tutte le rette $L(A_i, B_i)$ passino per O.

Si mostri che T_1 e T_2 sono in prospettiva se e solo se i punti $P_1 = L(A_2, A_3) \cap L(B_2, B_3)$, $P_2 = L(A_3, A_1) \cap L(B_3, B_1)$ e $P_3 = L(A_1, A_2) \cap L(B_1, B_2)$ sono allineati (cfr. Fig. 2.1).

Soluzione È facile verificare che i punti P_1, P_2, P_3 sono distinti tra loro e distinti dai vertici di T_1 e T_2 e che i punti A_1, B_1, P_3, P_2 sono un riferimento proiettivo di $\mathbb{P}(V)$. Il punto A_2 appartiene alla retta $L(A_1, P_3)$, e quindi ha coordinate $[1, 0, a_2]$,

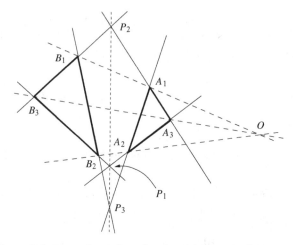

Figura 2.1. La configurazione descritta dal Teorema di Desargues

dove $a_2 \neq 0$, dato che A_1 e A_2 sono distinti. Ragionando allo stesso modo, otteniamo:

$$A_3 = [a_3, 1, 1], \quad B_2 = [0, 1, b_2], \quad B_3 = [1, b_3, 1],$$

dove $a_3, b_2, b_3 \in \mathbb{K}$ con $b_2 \neq 0$, $a_3 \neq 1$ e $b_3 \neq 1$.

Poniamo $P_1' = L(A_2, A_3) \cap L(P_2, P_3)$ e $P_1'' = L(B_2, B_3) \cap L(P_2, P_3)$. È chiaro che i punti P_1, P_2, P_3 sono allineati se e solo se $P_1' = P_1''$ (e in tal caso si ha $P_1 = P_1' = P_1''$). Le rette $L(A_2, A_3)$ e $L(B_2, B_3)$ hanno equazione, rispettivamente, $a_2 x_0 + (1 - a_2 a_3) x_1 - x_2 = 0$ e $(1 - b_2 b_3) x_0 + b_2 x_1 - x_2 = 0$. Quindi P_1' ha coordinate $[1, 1, 1 - a_2 a_3 + a_2]$ e P_1'' ha coordinate $[1, 1, 1 - b_2 b_3 + b_2]$. Pertanto, per quanto osservato precedentemente, P_1, P_2 e P_3 sono allineati se e solo se vale:

$$a_2(1 - a_3) = b_2(1 - b_3). \tag{2.1}$$

Esaminiamo ora la condizione che T_1 e T_2 siano in prospettiva. La retta $L(A_1, B_1)$ ha equazione $x_2 = 0$, la retta $L(A_2, B_2)$ ha equazione $a_2 x_0 + b_2 x_1 - x_2 = 0$ e la retta $L(A_3, B_3)$ ha equazione $(1 - b_3) x_0 + (1 - a_3) x_1 + (a_3 b_3 - 1) x_2 = 0$. Queste tre rette sono concorrenti in un punto se e solo se i corrispondenti punti del piano proiettivo duale sono allineati, cioè se e solo se vale:

$$\det \begin{pmatrix} 0 & 0 & 1 \\ a_2 & b_2 & -1 \\ 1 - b_3 & 1 - a_3 & a_3 b_3 - 1 \end{pmatrix} = 0. \tag{2.2}$$

Osserviamo che, se questa condizione è verificata, il punto O comune alle tre rette (il centro di prospettiva) ha coordinate $[b_2, -a_2, 0]$ ed è quindi distinto dai vertici di T_1 e T_2, dato che $a_2 \neq 0$ e $b_2 \neq 0$.

Poiché le condizioni numeriche (2.1) e (2.2) sono chiaramente equivalenti, la tesi dell'esercizio è dimostrata.

Nota. La soluzione dell'esercizio qui proposta dimostra direttamente per via analitica l'equivalenza delle due condizioni. Poiché, come già osservato in 1.4.4, l'enunciato del teorema di Desargues è autoduale, è sufficiente provare una delle due implicazioni perché poi l'altra segue per il Principio di dualità.

Esercizio 2.13 (Teorema di Pappo)

Sia $\mathbb{P}(V)$ un piano proiettivo e siano $A_1, \ldots, A_6$ punti distinti tali che le rette $L(A_1, A_2)$, $L(A_2, A_3)$, $\ldots$, $L(A_6, A_1)$ siano distinte. Si consideri l'esagono di $\mathbb{P}(V)$ di vertici $A_1, \ldots, A_6$, e si supponga che esistano due rette distinte r e s tali che $A_1, A_3, A_5 \in r$, $A_2, A_4, A_6 \in s$ e che $O = r \cap s$ sia distinto dagli A_i. Si dimostri che i punti di intersezione dei lati opposti dell'esagono, cioè $P_1 = L(A_1, A_2) \cap L(A_4, A_5)$, $P_2 = L(A_2, A_3) \cap L(A_5, A_6)$ e $P_3 = L(A_3, A_4) \cap L(A_6, A_1)$, sono allineati (cfr. Fig. 2.2).

Soluzione Per ipotesi $r = L(A_1, A_3)$ e $s = L(A_2, A_4)$. Poiché r e s sono distinte e il punto $O = r \cap s$ non è un vertice dell'esagono, i punti A_1, A_2, A_3, A_4 sono un riferimento proiettivo. Nel corrispondente sistema di coordinate omogenee di $\mathbb{P}(V)$ la retta r ha equazione $x_1 = 0$, la retta s ha equazione $x_0 - x_2 = 0$ e il punto O ha coordinate $[1, 0, 1]$. Il punto A_5 sta sulla retta r e è distinto da O, da A_1 e da A_2, quindi ha coordinate $[1, 0, a]$, dove $a \in \mathbb{K} \setminus \{0, 1\}$. Analogamente, il punto A_6 ha coordinate $[1, b, 1]$, con $b \in \mathbb{K} \setminus \{0, 1\}$. La retta $L(A_1, A_2)$ ha equazione $x_2 = 0$ e la retta $L(A_4, A_5)$ ha equazione $ax_0 + (1 - a)x_1 - x_2 = 0$, quindi il punto $P_1 = L(A_1, A_2) \cap L(A_4, A_5)$ ha coordinate $[a - 1, a, 0]$. Allo stesso modo si verifica che P_2 ha coordinate $[0, b, 1 - a]$ e P_3 ha coordinate $[b, b, 1]$. I punti P_1, P_2 e P_3 sono allineati, dato che

$$\det \begin{pmatrix} a - 1 & a & 0 \\ 0 & b & 1 - a \\ b & b & 1 \end{pmatrix} = 0.$$

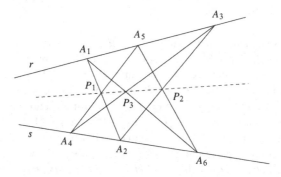

Figura 2.2. La configurazione descritta dal Teorema di Pappo

Esercizio 2.14

Siano A, A', B, B' quattro punti distinti di $\mathbb{P}^2(\mathbb{K})$ non tutti allineati. Si dimostri che A, A', B, B' sono in posizione generale se e solo se esiste una proiettività $f: \mathbb{P}^2(\mathbb{K}) \to \mathbb{P}^2(\mathbb{K})$ tale che $f(A) = B, f(A') = B', f^2 = \mathrm{Id}$.

Soluzione   Supponiamo che una proiettività f con le proprietà descritte nel testo esista, e osserviamo innanzi tutto che si ha allora $f(B) = f(f(A)) = A, f(B') = f(f(A')) = A'$. In particolare le rette $L(A, B)$ e $L(A', B')$ sono invarianti per f. Inoltre, poiché A, A', B, B' non sono tutti allineati, le rette $L(A, B)$ e $L(A', B')$ sono distinte e si intersecano pertanto in un punto O tale che $f(O) = f(L(A, B) \cap L(A', B')) = L(A, B) \cap L(A', B') = O$. È immediato verificare che se A, A', B, B' non fossero in posizione generale si avrebbe $O \in \{A, A', B, B'\}$, e ciò è assurdo in quanto nessun punto in $\{A, A', B, B'\}$ è lasciato fisso da f. Abbiamo così dimostrato che A, A', B, B' sono in posizione generale, come voluto.

Mostriamo ora che vale anche il viceversa. Supponiamo perciò che i punti A, A', B, B' siano in posizione generale. Il Teorema fondamentale delle trasformazioni proiettive assicura allora l'esistenza (e l'unicità) di una proiettività $f: \mathbb{P}^2(\mathbb{K}) \to \mathbb{P}^2(\mathbb{K})$ tale che $f(A) = B, f(A') = B', f(B) = A, f(B') = A'$. Per costruzione, f^2 e l'identità di $\mathbb{P}^2(\mathbb{K})$ coincidono su A, A', B, B', e sono pertanto uguali, ancora per il Teorema fondamentale delle trasformazioni proiettive. Dunque f verifica le proprietà richieste. Notiamo peraltro che una qualsiasi proiettività che verifichi le condizioni descritte nel testo deve coincidere con f su A, A', B, B', per cui f è univocamente determinata.

Esercizio 2.15

Si determini una proiettività $f: \mathbb{P}^2(\mathbb{R}) \to \mathbb{P}^2(\mathbb{R})$ con le seguenti proprietà: se $P = [1, 2, 1]$, $Q = [1, 1, 1]$ e r, r', s, s' sono le rette di equazione rispettivamente

$$r: x_0 - x_1 = 0, \qquad r': x_0 + x_1 = 0,$$
$$s: x_0 + x_1 + x_2 = 0, \quad s': x_1 + x_2 = 0,$$

allora $f(r) = r', f(s) = s', f(P) = Q$. Si dica inoltre se esiste più di una proiettività che verifichi le proprietà richieste.

Soluzione   Osserviamo innanzi tutto che $P \notin r \cup s$, $Q \notin r' \cup s'$. Siano $P_1 = r \cap s = [1, 1, -2], Q_1 = r' \cap s' = [1, -1, 1]$ e scegliamo due punti P_2, P_3 distinti da P rispettivamente su r, s: per esempio, poniamo $P_2 = [0, 0, 1], P_3 = [-1, 1, 0]$. Si verifica facilmente che i punti P_1, P_2, P_3, P sono in posizione generale. Analogamente, se $Q_2 = [0, 0, 1]$, allora $Q_2 \in r'$, e Q_1, Q_2, Q sono in posizione generale. Se Q_3 è un qualsiasi punto di s' diverso da Q_1 e da $s' \cap L(Q_2, Q) = [1, 1, -1]$, le quaterne $\{P_1, P_2, P_3, P\}$ e $\{Q_1, Q_2, Q_3, Q\}$ definiscono due riferimenti proiettivi di $\mathbb{P}^2(\mathbb{R})$, ed esiste pertanto un'unica proiettività $f: \mathbb{P}^2(\mathbb{R}) \to \mathbb{P}^2(\mathbb{R})$ tale che $f(P_i) = Q_i$ per ogni $i = 1, 2, 3$ e $f(P) = Q$. Poiché $r = L(P_1, P_2), s = L(P_1, P_3), r' = L(Q_1, Q_2), s' = L(Q_1, Q_3)$, si ha inoltre $f(r) = r', f(s) = s'$. Poiché la scelta di Q_3 può essere effettuata in infiniti modi distinti, esiste pertanto un numero infinito di proiettività che verificano le condizioni richieste.

Costruiamo esplicitamente f nel caso in cui $Q_3 = [1,0,0]$. Una base normalizzata associata al riferimento $\{P_1, P_2, P_3, P\}$ è data da $\{v_1 = (3,3,-6), v_2 = (0,0,8), v_3 = (-1,1,0)\}$, mentre una base normalizzata associata al riferimento $\{Q_1, Q_2, Q_3, Q\}$ è data da $\{w_1 = (-1,1,-1), w_2 = (0,0,2), w_3 = (2,0,0)\}$. Dunque f è indotta dall'unico isomorfismo lineare $\varphi \colon \mathbb{R}^3 \to \mathbb{R}^3$ tale che $\varphi(v_i) = w_i$ per $i = 1,2,3$. Un semplice conto mostra che tale isomorfismo è dato, a meno di uno scalare non nullo, dalla matrice $\begin{pmatrix} 14 & -10 & 0 \\ -2 & -2 & 0 \\ -1 & -1 & -3 \end{pmatrix}$, per cui la funzione f richiesta ha la seguente forma esplicita: $f([x_0, x_1, x_2]) = [14x_0 - 10x_1, -2x_0 - 2x_1, -x_0 - x_1 - 3x_2]$.

Esercizio 2.16

Siano r, s, r', s' rette di $\mathbb{P}^2(\mathbb{K})$ tali che $r \neq s$, $r' \neq s'$, e siano $g \colon r \to r'$, $h \colon s \to s'$ isomorfismi proiettivi. Si trovino condizioni necessarie e sufficienti affinché esista una proiettività f di $\mathbb{P}^2(\mathbb{K})$ tale che $f|_r = g$ e $f|_s = h$. Nel caso in cui una tale f esista, si mostri che è unica.

Soluzione Consideriamo i punti $P = r \cap s$, $P' = r' \cap s'$ (tali punti esistono e sono univocamente definiti in quanto $r \neq s$, $r' \neq s'$). Naturalmente, condizione necessaria affinché la proiettività richiesta nel testo esista è che si abbia $g(P) = h(P)$ (ed in tal caso, si ha allora necessariamente $g(P) = h(P) = P'$). Mostriamo che tale condizione è anche sufficiente.

Siano P_1, P_2 punti di $r \setminus \{P\}$ distinti tra loro, Q_1, Q_2 punti di $s \setminus \{P\}$ distinti tra loro, e poniamo $P_i' = g(P_i)$, $Q_i' = h(Q_i)$, $i = 1,2$. È immediato verificare che le quaterne $\mathcal{R} = \{P_1, P_2, Q_1, Q_2\}$, $\mathcal{R}' = \{P_1', P_2', Q_1', Q_2'\}$ sono in posizione generale, e definiscono pertanto due sistemi di riferimento proiettivi di $\mathbb{P}^2(\mathbb{K})$. Esiste dunque un'unica proiettività $f \colon \mathbb{P}^2(\mathbb{K}) \to \mathbb{P}^2(\mathbb{K})$ tale che $f(P_i) = P_i'$, $f(Q_i) = Q_i'$ per $i = 1,2$. Mostriamo che tale proiettività verifica le condizioni richieste nel testo.

Si ha $f(r) = f(L(P_1, P_2)) = L(P_1', P_2') = r'$, ed analogamente $f(s) = s'$. Ne segue che $f(P) = f(r \cap s) = r' \cap s' = P'$. Dunque, le trasformazioni proiettive $f|_r$ e g coincidono su tre punti distinti di r, e coincidono pertanto sull'intera retta r. Analogamente si dimostra che $f|_s = h$.

Infine, l'unicità di f è un'immediata conseguenza del Teorema fondamentale delle trasformazioni proiettive: una qualsiasi proiettività che verifichi le condizioni richieste deve coincidere con f su $\mathcal{R}$, e deve pertanto coincidere con f su tutto $\mathbb{P}^2(\mathbb{K})$.

Esercizio 2.17

Siano S, S' piani di $\mathbb{P}^3(\mathbb{K})$ e r, r' rette di $\mathbb{P}^3(\mathbb{K})$ tali che $L(r, S) = L(r', S') = \mathbb{P}^3(\mathbb{K})$, e siano dati isomorfismi proiettivi $g: S \rightarrow S'$, $h: r \rightarrow r'$. Si trovino condizioni necessarie e sufficienti affinché esista una proiettività f di $\mathbb{P}^3(\mathbb{K})$ tale che $f|_S = g$ e $f|_r = h$. Nel caso in cui una tale f esista, si mostri che è unica.

Soluzione Una semplice applicazione della formula di Grassmann mostra che esistono punti $P, P' \in \mathbb{P}^3(\mathbb{K})$ tali che $r \cap S = \{P\}$, $r' \cap S' = \{P'\}$. Naturalmente, condizione necessaria affinché la proiettività richiesta nel testo esista è che sia $g(P) = h(P)$ (e notiamo che in tal caso si ha necessariamente $g(P) = h(P) = P'$). Mostriamo che tale condizione è anche sufficiente.

Si estenda P ad un sistema di riferimento proiettivo P, P_1, P_2, P_3 per S, e siano Q_1, Q_2 punti di r distinti tra loro e da P. Mostriamo che l'insieme $\mathcal{R} = \{P_1, P_2, P_3, Q_1, Q_2\}$ è in posizione generale, ed è pertanto un sistema di riferimento proiettivo di $\mathbb{P}^3(\mathbb{K})$. A tale scopo è sufficente verificare che $\mathcal{R}$ non contiene quaterne di punti complanari. Poiché $L(P_1, P_2, P_3) = S$ e $Q_l \notin S$, i punti P_1, P_2, P_3, Q_l non possono essere complanari per $l = 1, 2$. Supponiamo allora per assurdo che P_i, P_j, Q_1, Q_2 siano complanari per qualche $i \neq j$. Le rette $L(P_i, P_j) \subset S$, $L(Q_1, Q_2) = r$ si intersecherebbero allora in $P = S \cap r$, per cui P, P_i, P_j sarebbero allineati, e ciò contraddirebbe il fatto che P, P_i, P_j sono in posizione generale su S. Dunque $\mathcal{R}$ è un sistema di riferimento proiettivo.

Per $i = 1, 2, 3, j = 1, 2$, siano ora $P'_i = g(P_i)$, $Q'_j = h(Q_j)$. L'argomento appena descritto mostra che anche $P'_1, P'_2, P'_3, Q'_1, Q'_2$ sono in posizione generale, per cui esiste un'unica proiettività $f: \mathbb{P}^3(\mathbb{K}) \rightarrow \mathbb{P}^3(\mathbb{K})$ tale che $f(P_i) = P'_i, f(Q_j) = Q'_j$ per $i = 1, 2, 3, j = 1, 2$. Mostriamo che tale proiettività coincide con g su S e con h su r. Si ha

$$f(S) = f(L(P_1, P_2, P_3)) = L(P'_1, P'_2, P'_3) = S',$$
$$f(r) = f(L(Q_1, Q_2)) = L(Q'_1, Q'_2) = r',$$

per cui $f(P) = f(r \cap S) = r' \cap S' = P'$. Dunque $f|_S$ e g coincidono sul sistema di riferimento proiettivo P, P_1, P_2, P_3 di S, e pertanto coincidono. Analogamente, $f|_r$ e h coincidono su P, Q_1, Q_2, e pertanto su r.

Infine, l'unicità di f è a questo punto ovvia: una qualsiasi proiettività che verifichi le condizioni richieste deve coincidere con f su P_1, P_2, P_3, Q_1, Q_2, e dunque sull'intero spazio $\mathbb{P}^3(\mathbb{K})$, in quanto P_1, P_2, P_3, Q_1, Q_2 formano un sistema di riferimento proiettivo di $\mathbb{P}^3(\mathbb{K})$.

Nota. Gli Esercizi 2.16 e 2.17 illustrano dei casi particolari di un fatto generale riguardante l'estensione di trasformazioni proiettive definite su sottospazi di uno spazio proiettivo. In un qualsiasi spazio proiettivo $\mathbb{P}(V)$ si considerino i sottospazi proiettivi S_1, S_2, S'_1, S'_2, e siano $g_1: S_1 \rightarrow S'_1$, $g_2: S_2 \rightarrow S'_2$ fissati isomorfismi proiettivi. Supponiamo inoltre che si abbia $L(S_1, S_2) = \mathbb{P}(V)$, $g_1(S_1 \cap S_2) = g_2(S_1 \cap S_2) = S'_1 \cap S'_2$, e $g_1|_{S_1 \cap S_2} = g_2|_{S_1 \cap S_2}$. Allora, esiste una proiettività $f: \mathbb{P}(V) \rightarrow \mathbb{P}(V)$ tale che $f|_{S_i} = g_i$ per $i = 1, 2$. Inoltre, se $S_1 \cap S_2 \neq \emptyset$ tale proiettività è unica.

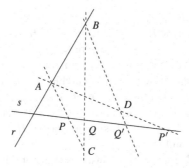

Figura 2.3. La costruzione descritta nella soluzione dell'Esercizio 2.18

Esercizio 2.18

Siano r, s rette distinte di $\mathbb{P}^2(\mathbb{K})$, siano A, B due punti distinti di $r \setminus s$, e siano $C, D \in \mathbb{P}^2(\mathbb{K}) \setminus (r \cup s)$. Si mostri che esiste un'unica proiettività $f : \mathbb{P}^2(\mathbb{K}) \to \mathbb{P}^2(\mathbb{K})$ tale che $f(A) = A, f(B) = B, f(s) = s, f(C) = D$.

Soluzione Poiché $C, D \notin s$, ciascuna delle rette $L(C, A), L(C, B), L(D, A), L(D, B)$ interseca s esattamente in un punto, per cui possiamo porre $P = s \cap L(C, A)$, $P' = s \cap L(D, A)$, $Q = s \cap L(C, B)$, $Q' = s \cap L(D, B)$ (cfr. Fig. 2.3). Poiché $C, D \notin r$, i punti P, P', Q, Q' giacciono su $s \setminus r$. Infine, si ha naturalmente $P \neq Q$, $P' \neq Q'$. Ne segue che le quadruple $\{A, B, P, Q\}$ e $\{A, B, P', Q'\}$ individuano sistemi di riferimento proiettivi di $\mathbb{P}^2(\mathbb{K})$.

Sia ora f l'unica proiettività di $\mathbb{P}^2(\mathbb{K})$ tale che $f(A) = A, f(B) = B, f(P) = P', f(Q) = Q'$. Allora, $f(s) = f(L(P, Q)) = L(P', Q') = s$. Inoltre, $f(C) = f(L(A, P) \cap L(B, Q)) = L(A, P') \cap L(B, Q') = D$, dunque f verifica le proprietà richieste. Viceversa, se g è una proiettività di $\mathbb{P}^2(\mathbb{K})$ che verifica quanto richiesto, allora $g(A) = A, g(B) = B, g(P) = g(L(A, C) \cap s) = L(A, D) \cap s = P'$ e $g(Q) = g(L(C, B) \cap s) = L(D, B) \cap s = Q'$, per cui $g = f$.

 ### Esercizio 2.19

In $\mathbb{P}^3(\mathbb{R})$, sia r la retta di equazioni $x_0 - x_1 = x_2 - x_3 = 0$, siano H, H' i piani di equazione rispettivamente $x_1 + x_2 = 0$, $x_1 - 2x_3 = 0$, e sia $C = [1, 1, 0, 0]$. Si determini il numero di proiettività $f : \mathbb{P}^3(\mathbb{R}) \to \mathbb{P}^3(\mathbb{R})$ che verificano le seguenti condizioni:

(i) $f(r) = r, f(H) = H', f(H') = H, f(C) = C$;
(ii) l'insieme dei punti fissi di f contiene un piano.

Soluzione Determiniamo innanzi tutto le relazioni di incidenza tra i sottospazi assegnati nel testo. È immediato verificare che $C \in r$ e che $C \notin H \cup H'$. Come conseguenza, $r \cap H$ e $r \cap H'$ sono costituiti ciascuno da un punto: più precisamente, un semplice calcolo mostra che, posto $A = r \cap H$ e $B = r \cap H'$, si ha $A = [1, 1, -1, -1]$, $B = [2, 2, 1, 1]$. Inoltre, poiché $H \neq H'$ l'insieme $l = H \cap H'$ è una retta proiettiva, e dal fatto che $A \neq B$ è facile dedurre che le rette r e l sono sghembe.

Sia ora f una proiettività che verifica le condizioni richieste, e sia S un piano di punti fissi per f. Allo scopo di ricostruire f, cerchiamo innanzi tutto di determinare le possibili posizioni di S, e cominciamo mostrando che S deve contenere l. Si ha $H \cap S = f(H \cap S) = H' \cap S$, per cui $H \cap S = H' \cap S$ è un sottospazio proiettivo di $H \cap H' = l$. Essendo $\dim(H \cap S) \geq 1$, si ha allora $l = H \cap S = H' \cap S$, per cui in particolare $l \subset S$, come voluto.

Poiché l e r sono sghembe, $r \cap S$ consta esattamente di un punto. Poiché tale punto è lasciato fisso da f, allo scopo di determinare S è utile studiare il luogo dei punti lasciati fissi dalla restrizione di f a r. Ricordiamo che $C \in r$ per ipotesi, e che $A, B \in r$ per costruzione. Si ha inoltre $f(A) = f(r \cap H) = r \cap H' = B$, e analogamente $f(B) = A$. Poiché $f(C) = C$, se $g: r \to r$ è l'unica proiettività tale che $g(A) = B$, $g(B) = A$, $g(C) = C$, allora $f|_r = g$. Inoltre, un semplice calcolo mostra che, se $r = \mathbb{P}(W)$, allora g è indotta dall'unico isomorfismo lineare $\varphi: W \to W$ tale che $\varphi(1, 1, -1, -1) = (2, 2, 1, 1)$ e $\varphi(2, 2, 1, 1) = (1, 1, -1, -1)$. Ne segue che i punti fissi di g (e pertanto di $f|_r$) sono C e $D = [1, 1, 2, 2]$. Si ha perciò $r \cap S = C$ oppure $r \cap S = D$.

Siano allora $S_1 = L(l, C)$, $S_2 = L(l, D)$. Poiché $C \notin l$, $D \notin l$ e $l \subset S$, se $C \in S$ si ha $S = S_1$, se $D \in S$ si ha $S = S_2$. Inoltre, poiché come osservato all'inizio le rette l, r sono sghembe, si ha $L(S_1, r) = L(S_2, r) = \mathbb{P}^3(\mathbb{R})$.

Sia $i \in \{1, 2\}$. Poiché g lascia fisso sia $C = S_1 \cap r$ sia $D = S_2 \cap r$, come dimostrato nell'Esercizio 2.17 esiste un'unica proiettività $f_i: \mathbb{P}^3(\mathbb{R}) \to \mathbb{P}^3(\mathbb{R})$ tale che $f_i|_{S_i} = \mathrm{Id}_{S_i}$ e $f_i|_r = g$. Inoltre, per quanto visto fin qui se f è una proiettività che verifica le condizioni richieste nel testo si deve necessariamente avere $f = f_1$ o $f = f_2$. Notiamo inoltre che $f_1 \neq f_2$, in quanto se così non fosse l'insieme dei punti fissi di f_1 conterrebbe $S_1 \cup S_2$. Poiché l'insieme dei punti fissi di una qualsiasi proiettività è dato dall'unione di sottospazi a due a due sghembi (cfr. 1.2.5), ne seguirebbe $f_1 = \mathrm{Id}$, il che è assurdo in quanto $f_1(A) \neq A$.

Per concludere è ora sufficiente mostrare che sia f_1 sia f_2 verificano le condizioni richieste nel testo. Per costruzione, per $i = 1, 2$ si ha $f_i(C) = C$, $f_i(r) = r$, ed il luogo dei punti fissi di f_i contiene il piano S_i. Infine, si ha $f_i(H) = f_i(L(l, A)) = L(l, B) = H'$ e $f_i(H') = f_i(L(l, B)) = L(l, A) = H$, come voluto.

Esercizio 2.20

Sia $f: \mathbb{P}^1(\mathbb{K}) \to \mathbb{P}^1(\mathbb{K})$ *una funzione iniettiva tale che*

$$\beta(P_1, P_2, P_3, P_4) = \beta(f(P_1), f(P_2), f(P_3), f(P_4))$$

per ogni quaterna P_1, P_2, P_3, P_4 *di punti distinti. Si mostri che f è una proiettività.*

Soluzione   Siano P_1, P_2, P_3 punti distinti di $\mathbb{P}^1(\mathbb{K})$, e per $i = 1, 2, 3$ sia $Q_i = f(P_i)$. Poiché f è iniettiva, $\{P_1, P_2, P_3\}$ e $\{Q_1, Q_2, Q_3\}$ sono sistemi di riferimento proiettivi di $\mathbb{P}^1(\mathbb{K})$. Esiste perciò una proiettività $g: \mathbb{P}^1(\mathbb{K}) \to \mathbb{P}^1(\mathbb{K})$ tale che $g(P_i) = Q_i$

per $i = 1, 2, 3$. Inoltre, poiché il birapporto è invariante per proiettività, per ogni $P \notin \{P_1, P_2, P_3\}$ si ha

$$\beta(Q_1, Q_2, Q_3, g(P)) = \beta(g(P_1), g(P_2), g(P_3), g(P)) = \beta(P_1, P_2, P_3, P) =$$
$$= \beta(f(P_1), f(P_2), f(P_3), f(P)) = \beta(Q_1, Q_2, Q_3, f(P)).$$

Se ne deduce che $f(P) = g(P)$ per ogni $P \neq P_1, P_2, P_3$. D'altronde per $i = 1, 2, 3$ si ha $f(P_i) = g(P_i)$ per costruzione, per cui $f = g$, e f è una proiettività.

Esercizio 2.21 (Modulo di una quaterna di punti)

Siano

$$\mathcal{A} = \{P_1, P_2, P_3, P_4\}, \quad \mathcal{A}' = \{P_1', P_2', P_3', P_4'\}$$

due quaterne di punti distinti di $\mathbb{P}^1(\mathbb{C})$*, e siano*

$$k = \beta(P_1, P_2, P_3, P_4), \quad k' = \beta(P_1', P_2', P_3', P_4').$$

(a) Si mostri che $\mathcal{A}, \mathcal{A}'$ *sono proiettivamente equivalenti se e solo se*

$$\frac{(k^2 - k + 1)^3}{k^2(k-1)^2} = \frac{((k')^2 - k' + 1)^3}{(k')^2(k'-1)^2}.$$

(b) Sia G l'insieme delle proiettività $f : \mathbb{P}^1(\mathbb{C}) \to \mathbb{P}^1(\mathbb{C})$ *tali che* $f(\mathcal{A}) = \mathcal{A}$*. Al variare di* $k \in \mathbb{C} \setminus \{0, 1\}$*, si calcoli la cardinalità* $|G|$ *di G.*

Soluzione   (a) Per quanto visto in 1.5.2, gli insiemi $\mathcal{A}, \mathcal{A}'$ sono proiettivamente equivalenti se e solo se k' appartiene all'insieme

$$\Omega(k) = \left\{ k, \ \frac{1}{k}, \ 1 - k, \ \frac{1}{1-k}, \ \frac{k-1}{k}, \ \frac{k}{k-1} \right\}.$$

(Si noti che $k, k' \in \mathbb{C} \setminus \{0, 1\}$ in quanto $P_i \neq P_j$, $P_i' \neq P_j'$ per ogni $i \neq j$).

Si consideri la funzione razionale $j(t) = \dfrac{(t^2 - t + 1)^3}{t^2(t-1)^2}$. Allo scopo di dimostrare (a) è dunque sufficiente provare che $k' \in \Omega(k)$ se e solo se $j(k') = j(k)$.

È facile verificare tramite sostituzione diretta che se $k' \in \Omega(k)$ si ha $j(k) = j(k')$. Supponiamo viceversa $j(k) = j(k')$, e poniamo $q(t) = (t^2 - t + 1)^3 - j(k)t^2(t-1)^2$. Si ha ovviamente $q(k') = 0$. Inoltre, q è un polinomio di grado 6 che ammette come radici tutti gli elementi di $\Omega(k)$. Se $\Omega(k)$ consiste di 6 elementi, l'insieme delle radici di q è allora proprio $\Omega(k)$, e da $q(k') = 0$ si può allora dedurre $k' \in \Omega(k)$, come voluto. Posto $\omega = \frac{1+i\sqrt{3}}{2}$, con un calcolo diretto si verifica inoltre che la cardinalità di $\Omega(k)$ è minore di 6 solo nei casi seguenti:

- se $k \in \{\omega, \overline{\omega}\}$, nel qual caso $\Omega(k) = \{\omega, \overline{\omega}\}$;
- se $k \in \left\{-1, 2, \frac{1}{2}\right\}$, nel qual caso $\Omega(k) = \left\{-1, 2, \frac{1}{2}\right\}$.

Inoltre, se $k \in \left\{ -1, 2, \frac{1}{2} \right\}$ si ha $j(k) = \frac{27}{4}$ e $q(t) = (t+1)^2(t-2)^2 \left(t - \frac{1}{2} \right)^2$, mentre se $k \in \{\omega, \overline{\omega}\}$ si ha $j(k) = 0$ e $q(t) = (t-\omega)^3(t-\overline{\omega})^3$. In ogni caso l'insieme delle radici di q coincide con $\Omega(k)$, e da $q(k') = 0$ si può dunque dedurre $k' \in \Omega(k)$, come voluto.

(b) Naturalmente G è un gruppo, e se $\mathcal{S}_4$ è il gruppo delle permutazioni su $\{1, 2, 3, 4\}$, data $f \in G$ esiste $\psi(f) \in \mathcal{S}_4$ tale che $f(P_i) = P_{\psi(f)(i)}$ per ogni $i = 1, 2, 3, 4$. Inoltre, la mappa $\psi \colon G \to \mathcal{S}_4$ così definita è un omomorfismo di gruppi. Se $\psi(f) = \mathrm{Id}$ allora f coincide con l'identità su tre punti distinti di $\mathbb{P}^1(\mathbb{C})$, ed è pertanto l'identità: l'omomorfismo ψ è perciò iniettivo, e da ciò si deduce immediatamente che $|G| = |\mathrm{Im}\,\psi| \leq |\mathcal{S}_4| = 24$. Cerchiamo ora di capire quali permutazioni dei P_i siano in effetti indotte da proiettività, sfruttando a tale scopo qualche risultato elementare sulle azioni di gruppi su insiemi.

Consideriamo la mappa $\eta \colon \mathcal{S}_4 \times \Omega(k) \to \Omega(k)$ definita come segue: dati $h \in \Omega(k)$ e $\sigma \in \mathcal{S}_4$, se $Q_1, Q_2, Q_3, Q_4 \in \mathbb{P}^1(\mathbb{C})$ sono tali che $\beta(Q_1, Q_2, Q_3, Q_4) = h$, allora $\eta(\sigma, h) = \beta(Q_{\sigma(1)}, Q_{\sigma(2)}, Q_{\sigma(3)}, Q_{\sigma(4)})$; per quanto visto in 1.5.2, $\eta(\sigma, h)$ non dipende dalla scelta dei Q_i ed appartiene a $\Omega(k)$, per cui η è effettivamente ben definita. Inoltre, è immediato verificare che $\eta(\sigma \circ \tau, h) = \eta(\sigma, \eta(\tau, h))$, per cui η definisce un'azione di $\mathcal{S}_4$ su $\Omega(k)$.

Dalla proprietà fondamentale del birapporto (cfr. Teorema 1.5.1) si deduce che $\sigma \in \mathrm{Im}\,\psi$ se e solo se $\beta(P_1, P_2, P_3, P_4) = \beta(P_{\sigma(1)}, P_{\sigma(2)}, P_{\sigma(3)}, P_{\sigma(4)})$. In altre parole, $\mathrm{Im}\,\psi$ coincide con lo stabilizzatore di k rispetto all'azione appena descritta; tale azione è inoltre transitiva in quanto $\Omega(k)$ è costituito da tutti e soli i possibili birapporti delle quaterne ordinate ottenute permutando P_1, P_2, P_3, P_4. Dunque $|\mathcal{S}_4| = |\mathrm{Stab}(k)|\,|\Omega(k)| = |\mathrm{Im}\,\psi|\,|\Omega(k)|$, per cui

$$|G| = |\mathrm{Im}\,\psi| = \frac{|\mathcal{S}_4|}{|\Omega(k)|} = \frac{24}{|\Omega(k)|}.$$

Per quanto visto nella soluzione di (a) si ha perciò $|G| = 12$ se $k \in \{\omega, \overline{\omega}\}$, $|G| = 8$ se $k \in \left\{ -1, 2, \frac{1}{2} \right\}$ e $|G| = 4$ altrimenti.

Esercizio 2.22

Sia $f \colon \mathbb{P}^1(\mathbb{R}) \to \mathbb{P}^1(\mathbb{R})$ la proiettività definita da:

$$f([x_0, x_1]) = [-x_1, 2x_0 + 3x_1].$$

(a) Si determinino i punti fissi di f.

(b) Se $P = [2, 5] \in \mathbb{P}^1(\mathbb{R})$, si calcoli il birapporto $\beta(A, B, P, f(P))$, dove A e B sono i punti fissi di f.

Soluzione La proiettività f è indotta dall'applicazione lineare $\varphi \colon \mathbb{R}^2 \to \mathbb{R}^2$ che, rispetto alla base canonica, si rappresenta tramite la matrice $\begin{pmatrix} 0 & -1 \\ 2 & 3 \end{pmatrix}$. Tale matrice è diagonalizzabile, ed ammette $(1, -1)$ e $(1, -2)$ quali autovettori relativi rispettivamente agli autovalori 1 e 2. Ne segue che $A = [1, -1]$ e $B = [1, -2]$ sono gli unici punti fissi di f.

Per quanto visto in 1.5.4, poiché $A = [v]$ dove v è un autovettore di φ relativo all'autovalore 1 e $B = [w]$ dove w è un autovettore di φ relativo all'autovalore 2, il valore $\beta(A, B, Q, f(Q))$ è costante al variare di $Q \in \mathbb{P}^1(\mathbb{R}) \setminus \{A, B\}$, ed uguale a $2/1 = 2$. Dunque $\beta(A, B, P, f(P)) = 2$.

Esercizio 2.23 (Involuzioni di $\mathbb{P}^1(\mathbb{K})$)

Sia f una proiettività di $\mathbb{P}^1(\mathbb{K})$.

(a) Se $M = \begin{pmatrix} a & b \\ c & d \end{pmatrix}$ è una matrice associata a f, si verifichi che f è una involuzione (ossia $f^2 = \mathrm{Id}$) diversa dall'identità se e solo se $a + d = 0$.

(b) Si mostri che f è una involuzione diversa dall'identità se e solo se esistono due punti distinti Q_1, Q_2 che si scambiano, ossia tali che $f(Q_1) = Q_2$ e $f(Q_2) = Q_1$.

(c) Supponiamo che f sia una involuzione diversa dall'identità. Si mostri che f ha esattamente 0 o 2 punti fissi, e che se $\mathbb{K} = \mathbb{C}$ ha esattamente 2 punti fissi.

(d) Supponiamo che f ammetta due punti fissi A, B. Si mostri che f è una involuzione diversa dall'identità se e solo se, scelto comunque $P \in \mathbb{P}^1(\mathbb{K}) \setminus \{A, B\}$, si ha $\beta(A, B, P, f(P)) = -1$ (ovvero f ha caratteristica -1, cfr. 1.5.4).

(e) Si mostri che f è composizione di due involuzioni.

Soluzione (a) Notiamo innanzi tutto che, se $f \neq \mathrm{Id}$, il polinomio minimo di M non può essere di primo grado (ed è pertanto uguale al polinomio caratteristico di M). Inoltre, $f^2 = \mathrm{Id}$ se e solo esiste $\lambda \in \mathbb{K}^*$ tale che $M^2 = \lambda I$. Ne segue che f è un'involuzione diversa dall'identità se e solo se il polinomio minimo ed il polinomio caratteristico di M sono uguali a $t^2 - \lambda$. La conclusione segue ora dal fatto che il coefficiente di t nel polinomio caratteristico di M è uguale a $-a - d$.

(b) Se $f \neq \mathrm{Id}$ è una involuzione, basta prendere come Q_1 un punto non fisso e $Q_2 = f(Q_1)$. Viceversa siano Q_1, Q_2 punti che si scambiano, sia P un punto qualsiasi di $\mathbb{P}^1(\mathbb{K}) \setminus \{Q_1, Q_2\}$ e poniamo $P' = f(P)$. Allora

$$\beta(Q_1, Q_2, P', P) = \beta(f(Q_1), f(Q_2), f(P'), f(P)) =$$
$$= \beta(Q_2, Q_1, f(P'), P') = \beta(Q_1, Q_2, P', f(P')),$$

dove la prima uguaglianza segue dal fatto che il birapporto è invariante per proiettività (cfr. 1.5.1), e la seconda e la terza seguono dalle simmetrie del birapporto (cfr. 1.5.2). Di conseguenza $f^2(P) = f(P') = P$ e f è una involuzione.

(c) Per quanto visto al punto (a), se M è una matrice associata a f il polinomio caratteristico di M è $t^2 + \det M$, per cui M non ammette autovalori (nel caso in cui $- \det M$ non sia un quadrato in $\mathbb{K}$) o ammette due autovalori distinti relativi ad autospazi di dimensione uguale a 1 (nel caso in cui $- \det M$ sia un quadrato in $\mathbb{K}$). Dunque f ha esattamente 0 o 2 punti fissi. Inoltre, se $\mathbb{K}$ è algebricamente chiuso allora M ammette due autovalori distinti, per cui f ha 2 punti fissi.

(d) Come abbiamo già visto (cfr. 1.5.4), il birapporto $\beta(A, B, P, f(P))$ non dipende dalla scelta del punto P. Più precisamente, in un riferimento proiettivo $\mathcal{R}$ in cui A e B siano i punti fondamentali, f sarà rappresentata in coordinate da una matrice $N = \begin{pmatrix} \lambda & 0 \\ 0 & \mu \end{pmatrix}$, $\lambda, \mu \neq 0$. Se $P \in \mathbb{P}^1(\mathbb{K}) \setminus \{A, B\}$ e $[P]_{\mathcal{R}} = [a, b]$, allora $[f(P)]_{\mathcal{R}} = [\lambda a, \mu b]$, per cui $\beta(A, B, P, f(P)) = \frac{\mu}{\lambda}$. Pertanto $\beta(A, B, P, f(P)) = -1$ se e solo se $\mu = -\lambda$ ossia se e solo se $N = \begin{pmatrix} \lambda & 0 \\ 0 & -\lambda \end{pmatrix}$. Ciò equivale al fatto che N^2 sia un multiplo dell'identità, ossia $f^2 = \mathrm{Id}$.

(e) Se $f = \mathrm{Id}$ non c'è nulla da dimostrare, per cui supponiamo che esista $A \in \mathbb{P}^1(\mathbb{K})$ tale che $f(A) = A' \neq A$, e sia $A'' = f(A')$. Se $A'' = A$, f scambia A con A', ed è pertanto un'involuzione in virtù di (b). Supponiamo allora che $A'' \neq A$, e osserviamo che necessariamente $A' \neq A''$, in quanto altrimenti si avrebbe $f(A') = A' = f(A)$, e ciò contraddirebbe il fatto che f è iniettiva. Dunque i punti A, A', A'' sono distinti e formano pertanto un sistema di riferimento proiettivo di $\mathbb{P}^1(\mathbb{K})$. Per il Teorema fondamentale delle trasformazioni proiettive, esiste allora una proiettività $g \colon \mathbb{P}^1(\mathbb{K}) \to \mathbb{P}^1(\mathbb{K})$ tale che $g(A) = A''$, $g(A') = A'$, $g(A'') = A$. Poiché g scambia A con A'', g è un'involuzione. Inoltre, $f \circ g$ scambia A' con A'', ed è pertanto anch'essa un'involuzione. Dunque $f = f \circ (g \circ g) = (f \circ g) \circ g$ è composizione di due involuzioni.

Esercizio 2.24

Siano A, B punti distinti di $\mathbb{P}^1(\mathbb{K})$. Si provi che esiste un'unica involuzione di $\mathbb{P}^1(\mathbb{K})$ diversa dall'identità che ha A e B come punti fissi.

Soluzione 1   Sia $P \in \mathbb{P}^1(\mathbb{K}) \setminus \{A, B\}$. Se $f \colon \mathbb{P}^1(\mathbb{K}) \to \mathbb{P}^1(\mathbb{K})$ è una proiettività tale che $f(A) = A$ e $f(B) = B$, per quanto mostrato nel punto (d) dell'Esercizio 2.23 l'applicazione f è un'involuzione diversa dall'identità se e solo se $\beta(A, B, P, f(P)) = -1$, ovvero se e solo se $f(P)$ è l'unico punto che completi A, B, P ad una quaterna armonica. Poiché una proiettività di $\mathbb{P}^1(\mathbb{K})$ è univocamente determinata dai valori che essa assume su A, B, P, ciò prova la tesi.

Soluzione 2   Fissato un riferimento proiettivo in $\mathbb{P}^1(\mathbb{K})$ di cui A e B siano i punti fondamentali, ogni proiettività $f \colon \mathbb{P}^1(\mathbb{K}) \to \mathbb{P}^1(\mathbb{K})$ tale che $f(A) = A$ e $f(B) = B$ è rappresentata in coordinate da una matrice $N = \begin{pmatrix} 1 & 0 \\ 0 & \lambda \end{pmatrix}$, $\lambda \in \mathbb{K}^*$. Si avrà allora che N^2 è un multiplo dell'identità se e solo se $\lambda = \pm 1$. Pertanto l'unica involuzione diversa dall'identità avente A e B come punti fissi è quella rappresentata dalla matrice $\begin{pmatrix} 1 & 0 \\ 0 & -1 \end{pmatrix}$.

Esercizio 2.25

Sia $f : \mathbb{P}^1(\mathbb{K}) \to \mathbb{P}^1(\mathbb{K})$ una proiettività, e siano $A, B, C \in \mathbb{P}^1(\mathbb{K})$ punti distinti tali che $f(A) = A, f(B) = C$. Si mostri che A è l'unico punto fisso di f (cioè che f è parabolica, cfr. 1.5.3) se e solo se $\beta(A, C, B, f(C)) = -1$.

Soluzione Si pongano su $\mathbb{P}^1(\mathbb{K})$ le coordinate omogenee indotte dal sistema di riferimento proiettivo $\{A, B, C\}$. Rispetto a tali coordinate, la proiettività f è rappresentata da una matrice M della forma $\begin{pmatrix} 1 & \lambda \\ 0 & \lambda \end{pmatrix}$ per qualche $\lambda \in \mathbb{K}^*$. Ora, se $\lambda = 1$ la matrice M ha un solo autovalore di molteplicità geometrica 1, per cui f è parabolica, altrimenti M ha due autovalori distinti, ed è pertanto iperbolica. Dobbiamo dunque dimostrare che $\beta(A, C, B, f(C)) = -1$ se e solo se $\lambda = 1$. Ma le coordinate di $f(C)$ sono $[1 + \lambda, \lambda]$, per cui si ha

$$\beta(A, C, B, f(C)) = \beta([1, 0], [1, 1], [0, 1], [1 + \lambda, \lambda]) = -\lambda,$$

da cui la tesi.

Esercizio 2.26

Siano A_1, A_2, A_3, A_4 punti di $\mathbb{P}^2(\mathbb{K})$ in posizione generale, e siano

$$P_1 = L(A_1, A_2) \cap L(A_3, A_4), \quad P_2 = L(A_2, A_3) \cap L(A_1, A_4), \quad r = L(P_1, P_2),$$
$$P_3 = L(A_2, A_4) \cap r, \qquad P_4 = L(A_1, A_3) \cap r.$$

Si calcoli $\beta(P_1, P_2, P_3, P_4)$.

Soluzione 1 Scelte su $\mathbb{P}^2(\mathbb{K})$ coordinate tali che $A_1 = [1, 0, 0]$, $A_2 = [0, 1, 0]$, $A_3 = [0, 0, 1]$, $A_4 = [1, 1, 1]$, si ottiene facilmente $P_1 = [1, 1, 0]$ e $P_2 = [0, 1, 1]$. Dunque $r = \{x_0 - x_1 + x_2 = 0\}$, da cui $P_3 = [1, 2, 1]$ e $P_4 = [1, 0, -1]$. Ne segue che, se $r = \mathbb{P}(W)$, allora una base normalizzata di W individuata dal riferimento proiettivo dato da P_1, P_2, P_3 è data da $(1, 1, 0), (0, 1, 1)$. Essendo $(1, 0, -1) = (1, 1, 0) - (0, 1, 1)$, ne segue che il birapporto richiesto vale -1.

Soluzione 2 Posto $t = L(A_1, A_3)$, sia $Q = t \cap L(A_2, A_4)$ (cfr. Fig. 2.4). Naturalmente $A_2 \notin r \cup t, A_4 \notin r \cup t$ per cui sono ben definite la prospettività $f : r \to t$ di centro A_2 e la prospettività $g : t \to r$ di centro A_4. Per costruzione si ha $f(P_1) = A_1$, $f(P_2) = A_3, f(P_3) = Q, f(P_4) = P_4$, per cui, essendo A_1, A_3, Q, P_4 a due a due distinti, anche P_1, P_2, P_3, P_4 sono a due a due distinti. Inoltre, sempre per costruzione si ha $g(A_1) = P_2, g(A_3) = P_1, g(Q) = P_3, g(P_4) = P_4$. Essendo composizione di due prospettività, $g \circ f : r \to r$ è una proiettività, per cui

$$\beta(P_1, P_2, P_3, P_4) = \beta(g(f(P_1)), g(f(P_2)), g(f(P_3)), g(f(P_4))) =$$
$$= \beta(P_2, P_1, P_3, P_4) = \frac{1}{\beta(P_1, P_2, P_3, P_4)},$$

dove la prima uguaglianza è dovuta all'invarianza del birapporto per proiettività

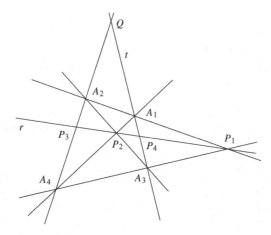

Figura 2.4. Costruzione del quarto armonico

(cfr. 1.5.1), mentre l'ultima uguaglianza è dovuta alle simmetrie del birapporto (cfr. 1.5.2). Dunque $\beta(P_1,P_2,P_3,P_4)^2 = 1$, da cui $\beta(P_1,P_2,P_3,P_4) = -1$ in quanto, come già osservato, i P_i sono a due a due distinti.

Nota (Costruzione del quarto armonico). L'esercizio precedente suggerisce un modo esplicito per costruire il *quarto armonico* di tre punti distinti P_1,P_2,P_3 di una retta proiettiva $r \subseteq \mathbb{P}^2(\mathbb{K})$, ossia il punto $P_4 \in r$ tale che $\beta(P_1,P_2,P_3,P_4) = -1$. A tale scopo basta infatti considerare una retta s uscente da P_1 e diversa da r, e scegliere su s due punti A_1,A_2 distinti fra loro e diversi da P_1. Siano $A_4 = L(A_2,P_3) \cap L(A_1,P_2)$ e $A_3 = L(P_1,A_4) \cap L(A_2,P_2)$, e poniamo infine $P_4 = r \cap L(A_1,A_3)$ (si osservi che A_3,A_4,Q_4 sono effettivamente ben definiti). È immediato verificare che A_1,A_2,A_3,A_4 sono in posizione generale, e quanto dimostrato nell'Esercizio 2.26 mostra esattamente che $\beta(P_1,P_2,P_3,P_4) = -1$.

Esercizio 2.27

Siano P,Q,R,S punti di $\mathbb{P}^2(\mathbb{K})$ in posizione generale, siano $l_P = L(Q,R)$, $l_Q = L(P,R)$, $l_R = L(P,Q)$ e si ponga

$$P' = L(P,S) \cap l_P, \ Q' = L(Q,S) \cap l_Q, \ R' = L(R,S) \cap l_R.$$

Siano infine $P'' \in l_P$, $Q'' \in l_Q$, $R'' \in l_R$ i punti univocamente determinati dalle condizioni

$$\beta(Q,R,P',P'') = \beta(R,P,Q',Q'') = \beta(P,Q,R',R'') = -1.$$

Si mostri che i punti P'',Q'',R'' sono allineati.

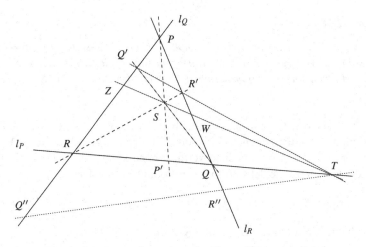

Figura 2.5. La configurazione descritta nell'Esercizio 2.27

Soluzione 1   Siano $T = L(Q', R') \cap l_P$, $W = L(T, S) \cap l_R$, $Z = L(T, S) \cap l_Q$.
È facile verificare che, applicando quanto dimostrato nell'Esercizio 2.26 al caso
$A_1 = R, A_2 = R', A_3 = Q', A_4 = Q$, si ottiene $\beta(S, T, W, Z) = -1$ (cfr. Figg. 2.4
e 2.5). A causa delle simmetrie del birapporto (cfr. 1.5.2) si ha perciò $\beta(W, Z, S, T) =$
$\beta(S, T, W, Z) = -1$. Inoltre, la prospettività $f : L(S, T) \rightarrow l_P$ di centro P porta
W, Z, S, T ordinatamente in Q, R, P', T, per cui $\beta(Q, R, P', T) = -1$. Poiché per
ipotesi $\beta(Q, R, P', P'') = -1$, se ne deduce $T = P''$.

Sia ora $g : l_Q \rightarrow l_R$ la prospettività di centro P''. Per costruzione si ha $g(P) = P$,
$g(R) = Q$, e inoltre $g(Q') = R'$ in quanto $P'' = T$. Sempre dall'invarianza del
birapporto per trasformazioni proiettive si deduce allora

$$\beta(P, Q, R', g(Q'')) = \beta(g(P), g(R), g(Q'), g(Q'')) =$$

$$= \beta(P, R, Q', Q'') = \frac{1}{\beta(R, P, Q', Q'')} = -1,$$

per cui $g(Q'') = R''$. Per definizione di prospettività si ha dunque $R'' = L(P'', Q'') \cap$
l_R: in particolare i punti P'', Q'', R'' sono allineati.

Soluzione 2   Per ipotesi P, Q, R, S formano un sistema di riferimento proiettivo
di $\mathbb{P}^2(\mathbb{K})$, per cui possiamo scegliere coordinate omogenee tali che $P = [1, 0, 0]$,
$Q = [0, 1, 0], R = [0, 0, 1], S = [1, 1, 1]$. Si ha allora $l_P = \{x_0 = 0\}, l_Q = \{x_1 = 0\}$,
$l_R = \{x_2 = 0\}, L(P, S) = \{x_1 = x_2\}, L(Q, S) = \{x_0 = x_2\}, L(R, S) = \{x_0 = x_1\}$.
Se ne deduce $P' = [0, 1, 1], Q' = [1, 0, 1], R' = [1, 1, 0]$.

È ora facile determinare P'', Q'', R'': una base normalizzata indotta dal sistema
di riferimento proiettivo Q, R, P' di l_P è data da $v_1 = (0, 1, 0), v_2 = (0, 0, 1)$, per
cui $P'' = [v_1 - v_2] = [0, 1, -1]$. Analogamente si ottengono $Q'' = [1, 0, -1]$,
$R'' = [1, -1, 0]$. Ne segue che P'', R'', Q'' appartengono alla retta di equazione
$x_0 + x_1 + x_2 = 0$.

Esercizio 2.28 ───

Siano $\mathbb{P}(V)$, $\mathbb{P}(W)$ spazi proiettivi sul campo $\mathbb{K}$, siano H, K sottospazi proiettivi di $\mathbb{P}(V)$, e sia $f : \mathbb{P}(V) \setminus H \to \mathbb{P}(W)$ una trasformazione proiettiva degenere. Si mostri che $f(K \setminus H)$ è un sottospazio proiettivo di $\mathbb{P}(W)$ di dimensione $\dim K - \dim(K \cap H) - 1$.

Soluzione   Siano S, T i sottospazi vettoriali di V tali che $H = \mathbb{P}(S)$, $K = \mathbb{P}(T)$. La trasformazione proiettiva degenere f è indotta da un'applicazione lineare $\varphi : V \to W$ tale che $\ker \varphi = S$, ed è immediato verificare che si ha $f(K \setminus H) = \mathbb{P}(\varphi(T))$. D'altronde, la dimensione del sottospazio vettoriale $\varphi(T)$ è data da

$$\dim T - \dim(T \cap S) = (\dim K + 1) - (\dim(K \cap H) + 1) = \dim K - \dim(K \cap H),$$

per cui si ha infine $\dim f(K \setminus H) = \dim K - \dim(K \cap H) - 1$.

Esercizio 2.29 ───

Siano S, H sottospazi proiettivi dello spazio proiettivo $\mathbb{P}(V)$ tali che $S \cap H = \emptyset$ e $L(S, H) = \mathbb{P}(V)$, e sia $\pi_H : \mathbb{P}(V) \setminus H \to S$ la proiezione su S di centro H (definita in 1.2.7). Si verifichi che π_H è una trasformazione proiettiva degenere.

Soluzione 1   Posti $n = \dim \mathbb{P}(V)$, $k = \dim S$, $h = \dim H$, una facile applicazione della formula di Grassmann mostra che $k + h = n - 1$. Inoltre è facile verificare che se $P_0, \ldots, P_k$ sono punti indipendenti su $S = \mathbb{P}(U)$ e $P_{k+1}, \ldots, P_{h+k+1}$ sono punti indipendenti su H, l'insieme $\{P_0, \ldots, P_{h+k+1}\}$ è in posizione generale in $\mathbb{P}(V)$, e può perciò essere completato ad un sistema di riferimento proiettivo $\mathcal{R} = \{P_0, \ldots, P_{h+k+1}, Q\}$ di $\mathbb{P}(V)$.

Rispetto al sistema di coordinate omogenee $x_0, \ldots, x_n$ indotto da $\mathcal{R}$, le equazioni cartesiane di H e S sono rispettivamente $x_0 = \cdots = x_k = 0$ e $x_{k+1} = \cdots = x_n = 0$ (cfr. 1.3.5 e 1.3.7). Dato $P = [y_0, \ldots y_n] \notin H$ è facile verificare che il sottospazio $L(H, P)$ è l'insieme dei punti $[\lambda_0 y_0, \ldots, \lambda_0 y_k, \lambda_0 y_{k+1} + \lambda_1, \ldots, \lambda_0 y_n + \lambda_{h+1}]$, al variare di $[\lambda_0, \ldots, \lambda_{h+1}] \in \mathbb{P}^{h+1}(\mathbb{K})$. Quindi $L(H, P) \cap S$ è il punto di coordinate omogenee $[y_0, \ldots, y_k, 0, \ldots, 0]$ e π_H è una trasformazione proiettiva degenere, indotta dall'applicazione lineare $\varphi : V \to U$ descritta in coordinate da $(x_0, \ldots, x_n) \mapsto (x_0, \ldots, x_k, 0, \ldots, 0)$.

Soluzione 2   Siano W, U i sottospazi vettoriali di V tali che $H = \mathbb{P}(W)$ e $S = \mathbb{P}(U)$. È facile verificare che le condizioni $S \cap H = \emptyset$, $L(S, H) = \mathbb{P}(V)$ implicano rispettivamente $W \cap U = \{0\}$, $W + U = V$. Dunque $V = W \oplus U$, ed è ben definita la proiezione $p_U : V \to U$ che associa ad ogni $v \in V$ l'unico vettore $p_U(v) \in U$ tale che $v - p_U(v)$ appartenga a W. La mappa p_U è lineare e si ha $\ker p_U = W$. Perciò, per ogni $v \in V \setminus W$, la retta generata dal vettore $p_U(v)$ coincide con l'intersezione di U con il sottospazio generato da W e da v. Dunque per ogni $v \in V \setminus W$ si ha $\pi_H([v]) = [p_U(v)]$, per cui π_H è la trasformazione proiettiva degenere indotta da p_U.

Esercizio 2.30

Si considerino in $\mathbb{P}^3(\mathbb{R})$ *il piano* T_1 *di equazione* $x_3 = 0$, *il piano* T_2 *di equazione* $x_0 +$ $2x_1 - 3x_2 = 0$ *e il punto* $Q = [0, 1, -1, 1]$, *e sia* $f : T_1 \rightarrow T_2$ *la prospettività di centro* Q. *Si determinino equazioni cartesiane dell'immagine della retta* r, *intersezione di* T_1 *con il piano* $x_0 + x_1 = 0$.

Soluzione Per definizione di proiezione si ha $f(r) = L(Q, r) \cap T_2$, per cui le equazioni cartesiane di $f(r)$ sono date dall'unione di un'equazione di $L(Q, r)$ ed un'equazione di T_2. Inoltre, r è definita dalle equazioni $x_0 + x_1 = x_3 = 0$, per cui il fascio di piani $\mathcal{F}_r$ di centro r ha equazioni parametriche

$$\lambda(x_0 + x_1) + \mu x_3 = 0, \qquad [\lambda, \mu] \in \mathbb{P}^1(\mathbb{R}).$$

Imponendo il passaggio per Q si ottiene $[\lambda, \mu] = [1, -1]$, per cui $L(Q, r)$ ha equazione $x_0 + x_1 - x_3 = 0$. Dunque $f(r)$ è definita dalle equazioni $x_0 + 2x_1 - 3x_2 = x_0 + x_1 - x_3 = 0$.

Esercizio 2.31

Siano $r, s \subset \mathbb{P}^2(\mathbb{K})$ *rette distinte, sia* $A = r \cap s$ *e sia* $f : r \rightarrow s$ *un isomorfismo proiettivo. Si provi che:*

(a) f *è una prospettività se e solo se* $f(A) = A$.
(b) *Se* $f(A) \neq A$, *esistono una retta* t *di* $\mathbb{P}^2(\mathbb{K})$ *e due prospettività* $g : r \rightarrow t$, $h : t \rightarrow s$ *tali che* $f = h \circ g$.
(c) *Ogni proiettività* $p : r \rightarrow r$ *di* r *è composizione di al più tre prospettività.*

Soluzione (a) Ogni prospettività tra r e s fissa il punto A (cfr. 1.2.8). Viceversa, se l'isomorfismo $f : r \rightarrow s$ fissa A, scegliamo due punti $P_1, P_2 \in r$ distinti tra loro e distinti da A e poniamo $Q_1 = f(P_1)$, $Q_2 = f(P_2)$ (cfr. Fig. 2.6). Le rette $L(P_1, Q_1)$

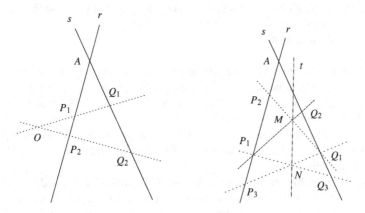

Figura 2.6. I punti (a) (a sinistra) e (b) (a destra) dell'Esercizio 2.31

e $L(P_2, Q_2)$ sono distinte e si intersecano in un punto $O \notin r \cup s$. Se $g : r \to s$ è la prospettività di centro O, vale $g(A) = A$, $g(P_1) = Q_1$, $g(P_2) = Q_2$. Per il Teorema fondamentale delle trasformazioni proiettive si ha $f = g$, e quindi f è una prospettività.

(b) Scegliamo punti distinti $P_1, P_2, P_3 \in r \setminus \{A\}$ tali che i punti $Q_1 = f(P_1)$, $Q_2 = f(P_2)$, $Q_3 = f(P_3)$ siano distinti da A. Indichiamo con M il punto di intersezione delle rette $L(P_1, Q_2)$ e $L(P_2, Q_1)$, con N il punto di intersezione delle rette $L(P_1, Q_3)$ e $L(P_3, Q_1)$ e con t la retta $L(M, N)$ (cfr. Fig. 2.6). È facile verificare che le retta t è distinta da r e da s e non contiene i punti P_1 e Q_1. Indichiamo con $g : r \to t$ la prospettività di centro Q_1 e con $h : t \to s$ la prospettività di centro P_1. Poiché $(h \circ g)(P_i) = Q_i$ per $i = 1, 2, 3$, come nel caso precedente si ha $f = h \circ g$ per il Teorema fondamentale delle trasformazioni proiettive.

Nel caso di una proiettività $p : r \to r$, per provare (c) è sufficiente applicare il punto (b) alla composizione di p con una qualunque prospettività $h : r \to t$ fra r e una qualsiasi retta $t \neq r$.

Esercizio 2.32 (Parametrizzazione di un fascio di iperpiani)

Dato uno spazio proiettivo $\mathbb{P}(V)$ di dimensione n e un sottospazio $H \subset \mathbb{P}(V)$ di codimensione 2, indichiamo con $\mathcal{F}_H$ il fascio di iperpiani di centro H. Data una trasversale t al fascio, cioè una retta $t \subset \mathbb{P}(V)$ che non interseca H, sia $f_t : t \to \mathcal{F}_H$ l'applicazione che associa al punto $P \in t$ l'iperpiano $L(P, H) \in \mathcal{F}_H$. Si verifichi che f_t è un isomorfismo proiettivo (detto la parametrizzazione *di $\mathcal{F}_H$ per mezzo della trasversale t).*

Soluzione   Scegliamo in $\mathbb{P}(V)$ un sistema di coordinate omogenee tale che H abbia equazioni $x_0 = x_1 = 0$ e la retta t sia definita dalle equazioni $x_2 = \cdots = x_n = 0$; in questo modo x_0, x_1 è un sistema di coordinate omogenee su t. Rispetto al sistema di coordinate omogenee duali $a_0, \ldots, a_n$ su $\mathbb{P}(V)^*$, il fascio $\mathcal{F}_H$ ha equazioni $a_2 = \cdots = a_n = 0$ e quindi a_0, a_1 è un sistema di coordinate omogenee su $\mathcal{F}_H$. Rispetto a queste coordinate, l'applicazione $f_t : t \to \mathcal{F}_H$ è data da $[x_0, x_1] \mapsto [x_1, -x_0]$ ed è quindi un isomorfismo proiettivo.

Nota. È possibile usare il fatto che la parametrizzazione f_t è un isomorfismo proiettivo per dare una definizione alternativa del birapporto di quattro iperpiani S_1, S_2, S_3, S_4 di un fascio $\mathcal{F}_H$, che non fa riferimento alla nozione di spazio proiettivo duale (cfr. 1.5.1). Data una trasversale t, basta definire $\beta(S_1, S_2, S_3, S_4) = \beta(P_1, P_2, P_3, P_4)$, dove $P_i = t \cap S_i$, $i = 1, \ldots, 4$: l'invarianza del birapporto per isomorfismi proiettivi ed il fatto che $f_t(P_i) = S_i$ assicurano infatti che il valore $\beta(P_1, P_2, P_3, P_4)$ non dipende dalla scelta di t.

Osserviamo inoltre che è possibile dimostrare l'indipendenza da t del birapporto $\beta(S_1 \cap t, S_2 \cap t, S_3 \cap t, S_4 \cap t)$ anche senza fare riferimento al fascio $\mathcal{F}_H$. A tale scopo è sufficiente notare che se t' è un'altra trasversale, e $P_i' = t' \cap S_i$, $i = 1, 2, 3, 4$, i punti

P'_1, P'_2, P'_3, P'_4 sono le immagini di P_1, P_2, P_3, P_4 tramite la prospettività di centro H tra t e t' (cfr. 1.2.8), per cui $\beta(P'_1, P'_2, P'_3, P'_4) = \beta(P_1, P_2, P_3, P_4)$.

Nel caso $n = 2$ abbiamo ottenuto che, detto $\mathcal{F}_O$ il fascio di rette di $\mathbb{P}^2(\mathbb{K})$ di centro O, la parametrizzazione di $\mathcal{F}_O$ per mezzo di una trasversale t è un isomorfismo proiettivo. Inoltre, date due rette t_1, t_2 che non passano per O, la prospettività di centro O tra t_1 e t_2 è la composizione $f_{t_2}^{-1} \circ f_{t_1}$. Poiché la composizione di isomorfismi proiettivi è un isomorfismo proiettivo, otteniamo una dimostrazione alternativa del fatto che le prospettività tra rette nel piano sono isomorfismi proiettivi.

Esercizio 2.33

Siano r e H rispettivamente una retta ed un piano di $\mathbb{P}^3(\mathbb{K})$ tali che $r \not\subseteq H$, e sia $P = r \cap H$. Sia $\mathcal{F}_r$ il fascio di piani di $\mathbb{P}^3(\mathbb{K})$ di centro r, e sia $\mathcal{F}_P$ il fascio di rette di H di centro P. Si dimostri che l'applicazione $\beta \colon \mathcal{F}_r \to \mathcal{F}_P$ definita da $\beta(K) = K \cap H$ è un ben definito isomorfismo proiettivo.

Soluzione   Sia $s \subseteq H$ una retta tale che $P \notin s$, e siano $f_r \colon s \to \mathcal{F}_r, f_P \colon s \to \mathcal{F}_P$ le applicazioni definite da $f_r(Q) = L(r, Q), f_P(Q) = L(P, Q)$ per ogni $Q \in s$. Per costruzione, s non contiene P ed è sghemba rispetto a r, per cui l'Esercizio 2.32 assicura che f_r e f_P sono ben definiti isomorfismi proiettivi. È ora immediato verificare che l'applicazione β definita nel testo è uguale alla composizione $f_P \circ f_r^{-1}$, per cui β è un ben definito isomorfismo proiettivo.

Esercizio 2.34

Siano $r, s \subset \mathbb{P}^2(\mathbb{K})$ rette distinte, sia $A = r \cap s$, e sia $f \colon r \to s$ un isomorfismo proiettivo tale che $f(A) = A$. Sia inoltre

$$W(f) = \{ L(P_1, f(P_2)) \cap L(P_2, f(P_1)) \mid P_1, P_2 \in r, \ P_1 \neq P_2 \}.$$

Si mostri che $W(f)$ è una retta proiettiva passante per A.

Soluzione 1   Per quanto visto nell'Esercizio 2.31, f è una prospettività di centro $O \in \mathbb{P}^2(\mathbb{K}) \setminus (r \cup s)$. Sia $l = L(A, O)$, e sia $\mathcal{F}_A$ il fascio delle rette di $\mathbb{P}^2(\mathbb{K})$ passanti per A: per costruzione $r, s, l \in \mathcal{F}_A$. Per mostrare che $W(f)$ è contenuto in una retta passante per A è sufficiente provare che al variare di $M \in W(f) \setminus \{A\}$ il birapporto $\beta(s, r, l, L(A, M))$ non dipende da M: in tal caso, infatti, detto k tale birapporto e detta t l'unica retta di $\mathcal{F}_A$ tale che $\beta(s, r, l, t) = k$ si ha necessariamente $W(f) \subseteq t$.

Siano allora P_1, P_2 punti distinti di r, e sia

$$M = L(P_1, f(P_2)) \cap L(P_2, f(P_1)) = L(P_1, s \cap L(O, P_2)) \cap L(P_2, s \cap L(O, P_1)).$$

Naturalmente, se $P_1 = A$ o $P_2 = A$ si ha $M = A$, per cui possiamo supporre che P_1, P_2 siano diversi da A. È facile verificare che si ha allora $M \neq A$. Mostreremo ora che si ha $\beta(s, r, l, L(A, M)) = -1$. Come sopra osservato, ciò implica che $W(f)$ è contenuto nella retta $t \in \mathcal{F}_A$ tale che $\beta(s, r, l, t) = -1$.

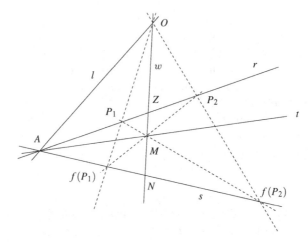

Figura 2.7. La configurazione descritta nella soluzione (1) dell'Esercizio 2.34

Sia $w = L(O,M)$, e si osservi che $A \notin w$, per cui w è trasversale al fascio $\mathcal{F}_A$. Posto $N = s \cap w, Z = r \cap w$, per quanto osservato nella nota all'Esercizio 2.32 si ha

$$\beta(s,r,l,L(A,M)) = \beta(s \cap w, r \cap w, l \cap w, L(A,M) \cap w) = \beta(N,Z,O,M).$$

D'altronde, è facile verificare che, applicando la costruzione descritta nell'enunciato dell'Esercizio 2.26 al caso $A_1 = P_1, A_2 = f(P_1), A_3 = P_2, A_4 = f(P_2)$, si ottiene $\beta(O,M,N,Z) = -1$ (cfr. Figg. 2.4 e 2.7). Grazie alle simmetrie del birapporto (cfr. 1.5.2) si ha allora $\beta(N,Z,O,M) = -1$, per cui $\beta(s,r,l,L(A,M)) = -1$ come voluto. Abbiamo così dimostrato che vale l'inclusione $W(f) \subseteq t$.

Verifichiamo ora che vale anche l'inclusione opposta. Per ogni $P \in r \setminus \{A\}$ si ha $L(P,f(A)) \cap L(f(P),A) = A$, per cui $A \in W(f)$. Sia allora $R \in t \setminus \{A\}$ e sia v una qualsiasi retta passante per R distinta da t e da $L(O,R)$. Siano $P_1 = v \cap r$, $P_2 = f^{-1}(v \cap s)$. Poiché $R \neq A$ e $v \neq t, v \neq L(O,R)$, i punti P_1, P_2 sono distinti tra loro e distinti da A. Inoltre, $L(P_1,f(P_2)) = v$, per cui per quanto dimostrato sopra $L(P_1,f(P_2)) \cap L(P_2,f(P_1)) \in v \cap t = R$, e $R \in W(f)$. Abbiamo così dimostrato che $t \subseteq W(f)$, per cui infine $W(f) = t$ come voluto.

⚡ Soluzione 2 Fissiamo un punto $P \in r \setminus \{A\}$, sia $P_0 \in r$ un punto distinto da A e da P e sia $M = L(P,f(P_0)) \cap L(P_0,f(P))$. Mostreremo che, posto $t = L(A,M)$, si ha $W(f) = t$.

Dimostriamo per prima cosa l'inclusione $W(f) \subseteq t$. Osserviamo innanzi tutto che se $g: r \to t$ è la prospettività di centro $f(P)$ e $h: t \to s$ è la prospettività di centro P, allora f e $h \circ g$ coincidono sui punti A, P, P_0 e dunque $f = h \circ g$ (cfr. Fig. 2.8). Se ne deduce facilmente che per ogni $P_1 \in r$ distinto da P si ha $L(P_1,f(P)) \cap L(P,f(P_1)) = g(P_1) \in t$.

Dimostriamo ora che in effetti $L(P_1,f(P_2)) \cap L(P_2,f(P_1)) \in t$ per ogni $P_1, P_2 \in r$, $P_1 \neq P_2$. Ciò è ovviamente vero se $P_1 = A$ o $P_2 = A$, e per quanto appena dimostrato è vero se $P_1 = P$ o $P_2 = P$. Possiamo dunque supporre $P_1, P_2 \in$

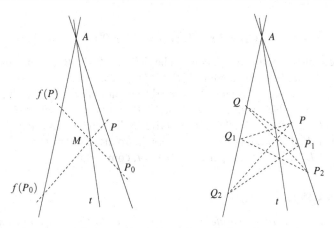

Figura 2.8. Soluzione 2 dell'Esercizio 2.34: a sinistra, f si esprime come composizione di due prospettività; a destra, l'inclusione $W(f) \subseteq t$ come conseguenza del Teorema di Pappo

$r \setminus \{A, P\}$. Consideriamo l'esagono di vertici

$$P_1, \ Q_2 = f(P_2), \ P, \ Q_1 = f(P_1), \ P_2, \ Q = f(P).$$

Per il teorema di Pappo (cfr. Esercizio 2.13 e Figg. 2.2, 2.8) i punti

$$L(P_1, Q_2) \cap L(P_2, Q_1), \quad L(P, Q_2) \cap L(P_2, Q), \quad L(P, Q_1) \cap L(P_1, Q)$$

sono allineati. Poiché, per quanto osservato sopra, il secondo e il terzo di questi punti sono distinti e stanno sulla retta t, anche il punto $L(P_1, Q_2) \cap L(P_2, Q_1) = L(P_1, f(P_2)) \cap L(P_2, f(P_1))$ appartiene a t. Abbiamo così dimostrato che $W(f) \subseteq t$.

Dimostriamo ora l'inclusione opposta. Notiamo innanzi tutto che $A \in W(f)$ in quanto per ogni $P \in r \setminus \{A\}$ si ha $L(P, f(A)) \cap L(A, f(P)) = A$. Sia dunque $Q \in t \setminus \{A\}$. Mostriamo per prima cosa che f non può essere una prospettività di centro Q. È infatti immediato verificare che, se P_1, P_2 sono punti distinti di $r \setminus \{A\}$, i punti $P_1, P_2, f(P_1), f(P_2)$ sono in posizione generale, per cui i punti $A = L(P_1, P_2) \cap L(f(P_1), f(P_2))$, $B = L(P_1, f(P_2)) \cap L(P_2, f(P_1))$, $L(P_1, f(P_1)) \cap L(P_2, f(P_2))$ non sono allineati (cfr. Esercizio 2.6). Per quanto sopra dimostrato si ha però $A \in t$, $B \in t$, per cui se f fosse una prospettività di centro Q si avrebbe $L(P_1, f(P_1)) \cap L(P_2, f(P_2)) = Q \in t$, ed i punti A, B, Q sarebbero pertanto allineati, il che è assurdo. Esiste dunque una retta $v \neq t$ passante per Q tale che $R_1 = v \cap r$ e $R_2 = f^{-1}(v \cap s)$ sono distinti. Si ha allora $L(R_1, f(R_2)) = v$ e, per quanto già dimostrato, $L(R_1, f(R_2)) \cap L(R_2, f(R_1)) \in t$. Dunque $L(R_1, f(R_2)) \cap L(R_2, f(R_1)) = t \cap v = Q$, per cui $Q \in W(f)$. Abbiamo così dimostrato che $t \subseteq W(f)$.

Soluzione 3   Per quanto visto nell'Esercizio 2.31, f è una prospettività di centro $O \in \mathbb{P}^2(\mathbb{K}) \setminus (r \cup s)$. Siano $B \in r$, $C \in s$ punti tali che A, B, C, O siano in posizione generale, e fissiamo su $\mathbb{P}^2(\mathbb{K})$ le coordinate omogenee indotte dal sistema di riferimento A, B, C, O. Si ha allora $r = \{x_2 = 0\}$, $s = \{x_1 = 0\}$. Siano ora P, P' punti distinti di $r \setminus \{A\}$. Si ha $P = [a, 1, 0]$, $P' = [a', 1, 0]$ per qualche $a, a' \in \mathbb{K}$. Dal fatto che

$$f(P) = L(O,P) \cap s = L([1,1,1],[a,1,0]) \cap \{x_1 = 0\},$$

un semplice calcolo permette di dedurre che $f(P) = [1-a,0,1]$. Analogamente si ha $f(P') = [1-a',0,1]$. Si ha allora $L(P,f(P')) = \{x_0 - ax_1 + (a'-1)x_2 = 0\}$ e $L(P',f(P)) = \{x_0 - a'x_1 + (a-1)x_2 = 0\}$, per cui $L(P,f(P')) \cap L(P',f(P)) = [1-a-a',-1,1]$. Ne segue che, al variare di P,P' in $r \setminus \{A\}$ con $P \neq P'$, i punti della forma $L(P,f(P')) \cap L(P',f(P))$ descrivono l'insieme $t \setminus \{A\}$, dove t è la retta (passante per A) di equazione $x_1 + x_2 = 0$. D'altronde per ogni $P \in r \setminus \{A\}$ si ha $L(P,f(A)) \cap L(A,f(P)) = A$, per cui $W(f) = t$, come voluto.

Esercizio 2.35

Siano $r, s \subset \mathbb{P}^2(\mathbb{K})$ rette distinte, sia $A = r \cap s$, e sia $f : r \to s$ un isomorfismo proiettivo tale che $f(A) \neq A$. Sia inoltre $B = f^{-1}(A) \in r$ e si ponga

$$W(f) = \{L(P,f(P')) \cap L(P',f(P)) \mid P,P' \in r, \, P \neq P', \, \{P,P'\} \neq \{A,B\}\}.$$

Si mostri che $W(f)$ è una retta proiettiva.

⚡ **Soluzione 1** Sia $P_1 \in r \setminus \{A,B\}$ un punto fissato. Dati due punti distinti $P_2,P_3 \in r \setminus \{A,B,P_1\}$, siano $M = L(P_1,f(P_2)) \cap L(P_2,f(P_1))$, $N = L(P_1,f(P_3)) \cap L(P_3,f(P_1))$, $t = L(M,N)$ (cfr. Fig. 2.9). È facile verificare che i punti M,N e la retta t sono ben definiti e che, dette $g : r \to t$ la prospettività di centro $f(P_1)$ e $h : t \to s$ la prospettività di centro P_1, si ha $f = h \circ g$. Ne segue facilmente che

$$L(f(P_1),P) \cap L(P_1,f(P)) = g(P) \in t \qquad \forall P \in r \setminus \{P_1\}. \qquad (2.3)$$

Allo scopo di mostrare che $W(f) \subseteq t$, dimostriamo innanzi tutto che t non dipende in effetti dalla scelta di P_1. Posto $C = f(A) \in s$, poiché $f(A) \neq A$ i tre punti A,B,C sono distinti e non allineati. Per quanto appena visto si ha

$$\begin{aligned} B &= L(P_1,A) \cap L(f(P_1),B) &= L(P_1,f(B)) \cap L(f(P_1),B) &\in t \\ C &= L(f(P_1),A) \cap L(P_1,C) &= L(f(P_1),A) \cap L(P_1,f(A)) &\in t. \end{aligned} \qquad (2.4)$$

La retta t contiene dunque B e C, e si ha pertanto $t = L(B,C)$. In particolare, t non dipende dalla scelta di P_1.

Combinando la relazione (2.3) con il fatto che t non dipende da P_1 possiamo dedurre che

$$L(P,f(P')) \cap L(P',f(P)) \in t \qquad \forall P \in r \setminus \{A,B\}, \, P' \in r \setminus \{P\}.$$

Poiché l'espressione $L(P,f(P')) \cap L(P',f(P))$ è chiaramente simmetrica in P,P', ne segue facilmente l'inclusione $W(f) \subseteq t$.

Verifichiamo ora che $t \subseteq W(f)$. Osserviamo innanzi tutto che in virtù delle uguaglianze (2.4) i punti $B = t \cap r$, $C = t \cap s$ appartengono a $W(f)$. Sia allora $Q \in t \setminus \{B,C\}$. Se per ogni $P \in r \setminus \{A,B\}$ si avesse $f(P) = L(P,Q) \cap s$, allora f coinciderebbe con la prospettività di centro Q, e fisserebbe pertanto A, contro

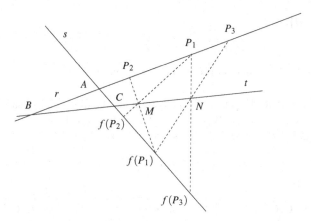

Figura 2.9. La costruzione di $W(f)$ descritta nella soluzione 1 dell'Esercizio 2.35

le ipotesi. Dunque esiste $P_1 \in r \setminus \{A, B\}$ tale che $f(P_1) \neq L(P_1, Q) \cap s$. Sia $P_2 = f^{-1}(L(P_1, Q) \cap s)$. Per costruzione si ha $P_2 \neq P_1$. Sia $Q' = L(P_1, f(P_2)) \cap L(P_2, f(P_1))$. Per quanto già dimostrato si ha $Q' \in W(f) \subseteq t$, ed inoltre $Q' \in L(P_1, f(P_2)) = L(P_1, Q)$ per costruzione. Ne segue $Q' = t \cap L(P_1, Q) = Q$, da cui $Q \in W(f)$. Abbiamo così mostrato che si ha $t \subseteq W(f)$, come voluto.

Soluzione 2   Posto $C = f(A) \in s$, i punti A, B, C non sono allineati, per cui è possibile scegliere coordinate proiettive x_0, x_1, x_2 rispetto alle quali $A = [1, 0, 0]$, $B = [0, 1, 0]$, $C = [0, 0, 1]$. Si ha allora $r = \{x_2 = 0\}$, $s = \{x_1 = 0\}$, e possiamo fissare su r ed s i sistemi di coordinate indotti dalle coordinate di $\mathbb{P}^2(\mathbb{K})$ appena fissate. Poiché $f(B) = A$ e $f(A) = C$, rispetto a tali sistemi di coordinate l'isomorfismo f è rappresentato da una matrice della forma $\begin{pmatrix} 0 & \lambda \\ 1 & 0 \end{pmatrix}$, $\lambda \in \mathbb{K}^*$.

Se $P = [a, b, 0]$, $P' = [a', b', 0]$ sono punti distinti di r tali che $\{P, P'\} \neq \{A, B\}$, si ha allora $f(P) = [\lambda b, 0, a]$, $f(P') = [\lambda b', 0, a']$, per cui $L(P, f(P'))$ e $L(P', f(P))$ hanno equazioni rispettivamente $ba'x_0 - aa'x_1 - \lambda bb'x_2 = 0$ e $ab'x_0 - aa'x_1 - \lambda bb'x_2 = 0$. Poiché $P \neq P'$ si ha $ab' - ba' \neq 0$, per cui le rette $L(P, f(P'))$ e $L(P', f(P))$ si intersecano nel punto $[0, \lambda bb', -aa']$ (si osservi che non si può avere $\lambda bb' = aa' = 0$ in quanto $\{P, P'\} \neq \{A, B\}$). Detta t la retta di equazione $x_0 = 0$, si ha pertanto $W(f) \subseteq t$.

D'altronde, siano $P = [\lambda, 1, 0]$ e $P' = [a', b', 0]$, con $a' \neq \lambda b'$. Allora $P \neq P'$ e $\{P, P'\} \neq \{A, B\}$, ed il calcolo appena descritto mostra che

$$L(P, f(P')) \cap L(P', f(P)) = [0, b', -a'].$$

Ciò mostra che tutti i punti di t, eccetto al più $[0, 1, -\lambda]$, appartengono a $W(f)$. D'altronde, esistono chiaramente due elementi distinti $a, a' \in \mathbb{K}$ tali che $aa' = \lambda^2$. Posti $P = [a, 1, 0]$, $P' = [a', 1, 0]$, è allora immediato verificare che $P \neq P'$ e

$\{P, P'\} \neq \{A, B\}$, e che

$$L(P, f(P')) \cap L(P', f(P)) = [0, 1, -\lambda].$$

Si ha dunque $t \subseteq W(f)$, per cui infine $W(f) = t$, come voluto.

Nota. Nella soluzione (1), una volta dimostrata la relazione (2.3), si sarebbe potuti giungere alla conclusione che $W(f) = t$ anche sfruttando il Teorema di Pappo nello stesso spirito della soluzione (2) dell'Esercizio 2.34.

Esercizio 2.36

(a) Siano A, A', C, C' punti di $\mathbb{P}^1(\mathbb{K})$ tali che $A \notin \{C, C'\}$ e $A' \notin \{C, C'\}$. Si mostri che esiste un'unica involuzione $f : \mathbb{P}^1(\mathbb{K}) \to \mathbb{P}^1(\mathbb{K})$ diversa dall'identità tale che $f(A) = A', f(C) = C'$.

(b) Siano A, B, C, A', B', C' punti di $\mathbb{P}^1(\mathbb{K})$ tali che le quaterne A, B, C, C' e A', B', C', C siano formate da punti distinti tra loro. Si mostri che esiste un'unica involuzione $f : \mathbb{P}^1(\mathbb{K}) \to \mathbb{P}^1(\mathbb{K})$ tale che $f(A) = A', f(B) = B', f(C) = C'$ se e solo se

$$\beta(A, B, C, C') = \beta(A', B', C', C).$$

(c) Sia $r \subseteq \mathbb{P}^2(\mathbb{K})$ una retta proiettiva e siano P_1, P_2, P_3, P_4 punti di $\mathbb{P}^2(\mathbb{K}) \setminus r$ in posizione generale. Per ogni $i \neq j$ sia $s_{ij} = L(P_i, P_j)$, e si ponga

$$A = r \cap s_{12}, \quad B = r \cap s_{13}, \quad C = r \cap s_{14}$$
$$A' = r \cap s_{34}, \quad B' = r \cap s_{24}, \quad C' = r \cap s_{23}$$

(cfr. Fig. 2.10). Si mostri che esiste un'unica involuzione f di r tale che $f(A) = A', f(B) = B', f(C) = C'$.

Soluzione (a) Il caso in cui $A = A'$ e $C = C'$ è stato già provato nell'Esercizio 2.24.

Supponiamo ora $A = A'$, $C \neq C'$ (il caso $A \neq A'$, $C = C'$ è del tutto analogo). Se f verifica le condizioni descritte nel testo si ha necessariamente $f(A) = A' = A$, $f(C) = C', f(C') = f(f(C)) = C$. Per il Teorema fondamentale delle proiettività, inoltre, esiste un'unica proiettività che porta A, C, C' rispettivamente in A, C', C. Per quanto dimostrato nel punto (b) dell'Esercizio 2.23, tale proiettività è un'involuzione (necessariamente diversa dall'identità), e ciò conclude la dimostrazione dell'asserto nel caso $A = A'$, $C \neq C'$.

Supponiamo infine $A \neq A'$, $C \neq C'$. Poiché per ipotesi le terne A, A', C e A, A', C definiscono sistemi di riferimento proiettivi di $\mathbb{P}^1(\mathbb{K})$, esiste un'unica proiettività $f : \mathbb{P}^1(\mathbb{K}) \to \mathbb{P}^1(\mathbb{K})$ tale che $f(A) = A', f(A') = A, f(C) = C'$. Per quanto mostrato nel punto (b) dell'Esercizio 2.23, inoltre, f è un'involuzione diversa dall'identità. D'altronde, una qualsiasi proiettività che verifichi le condizioni richieste deve necessariamente portare A, A', C rispettivamente in A', A, C', e deve pertanto coincidere con f.

(b) Se esiste un'involuzione f con le proprietà descritte nel testo si ha $f(C') = f(f(C)) = C$, per cui

$$\beta(A, B, C, C') = \beta(f(A), f(B), f(C), f(C')) = \beta(A', B', C', C)$$

grazie all'invarianza del birapporto per trasformazioni proiettive.

Assumiamo dunque che $\beta(A, B, C, C') = \beta(A', B', C', C)$, e mostriamo che l'involuzione richiesta esiste (che una tale involuzione sia unica è un'ovvia conseguenza del Teorema fondamentale delle trasformazioni proiettive). Per quanto provato in (a), esiste un'involuzione $f: \mathbb{P}^1(\mathbb{K}) \to \mathbb{P}^1(\mathbb{K})$ diversa dall'identità tale che $f(A) = A', f(C) = C'$. Poiché $f(C') = C$, si ha $\beta(A', B', C', C) = \beta(A, B, C, C') = \beta(f(A), f(B), f(C), f(C')) = \beta(A', f(B), C', C)$, dove la prima uguaglianza è dovuta all'ipotesi, e la seconda all'invarianza del birapporto rispetto alle trasformazioni proiettive. Poiché i punti A', B', C', C sono distinti, da $\beta(A', B', C', C) = \beta(A', f(B), C', C)$ si deduce infine $f(B) = B'$, come voluto.

(c) Osserviamo per prima cosa che i punti A, B, C sono distinti fra loro, perché altrimenti la retta r passerebbe per P_1, contro le ipotesi. Similmente anche i punti A', B', C' sono distinti fra loro, perché altrimenti r passerebbe per P_2, P_3 o P_4, contro le ipotesi.

Siano $W = s_{12} \cap s_{34}$, $T = s_{13} \cap s_{24}$, $Z = s_{23} \cap s_{14}$. Dal fatto che P_1, P_2, P_3, P_4 sono in posizione generale si deduce che W, T, Z non sono allineati (cfr. Esercizio 2.6).

Consideriamo prima il caso in cui r non passa per Z. Poiché $C = r \cap s_{14}$ e $C' = r \cap s_{23}$, si ha che $C \neq C'$. Osserviamo inoltre che $C' \neq A$ perché $P_2 \notin r$, e che $C' \neq B$ perché $P_3 \notin r$. Analogamente $C \neq A'$ perché $P_4 \notin r$ e $C \neq B'$ per lo stesso motivo. Pertanto le quaterne A, B, C, C' e A', B', C', C sono formate da punti distinti tra loro, il che consente di utilizzare (b), in base al quale per concludere è sufficiente provare che $\beta(A, B, C, C') = \beta(A', B', C', C)$.

Siano $g: r \to s_{23}$ la prospettività di centro P_1 e $h: s_{23} \to r$ la prospettività di centro P_4. Per costruzione, g porta i punti A, B, C, C' ordinatamente nei punti

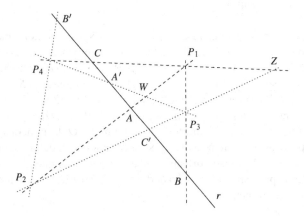

Figura 2.10. Esercizio 2.36, punto (c): il caso in cui $Z \notin r$

P_2, P_3, Z, C', e h porta P_2, P_3, Z, C' ordinatamente nei punti B', A', C, C'. Si ha allora

$$\beta(A, B, C, C') = \beta(h(g(A)), h(g(B)), h(g(C)), h(g(C'))) =$$
$$= \beta(B', A', C, C') = \beta(A', B', C', C),$$

dove la prima uguaglianza è dovuta all'invarianza del birapporto rispetto alle trasformazioni proiettive, e l'ultima uguaglianza è dovuta alle simmetrie del birapporto (cfr. 1.5.2). La dimostrazione è così conclusa.

Nel caso in cui $Z \in r$ ma $T \notin r$, si ha $B \neq B'$; ragionando come sopra, si verifica che le quaterne A, C, B, B' e A', C', B', B sono formate da punti distinti tra loro. Per quanto visto in (b), per concludere è dunque sufficiente provare che $\beta(A, C, B, B') = \beta(A', C', B', B)$ e questo può essere provato come sopra usando prima la prospettività da r su $L(P_2, P_4)$ di centro P_1 e poi la prospettività da $L(P_2, P_4)$ su r di centro P_3.

Se infine r passa sia per Z che per T, allora necessariamente $W \notin r$ perché altrimenti W, T, Z sarebbero allineati. Una opportuna modifica del procedimento usato sopra consente allora di concludere la dimostrazione anche in questo caso.

Nota. Chiamiamo *quadrilatero* di $\mathbb{P}^2(\mathbb{K})$ un insieme (non ordinato) di 4 punti del piano in posizione generale, detti *vertici*. Una *coppia di lati opposti* di un quadrilatero Q è una coppia di rette la cui unione contiene i 4 vertici di Q (si osservi che ogni quadrilatero ha esattamente tre coppie di lati opposti).

Sia r una retta che non contiene alcun vertice di Q, e si osservi che l'unione di ciascuna coppia di lati opposti di Q interseca r in due punti. Il punto (c) dell'Esercizio 2.36 può essere riformulato come segue: esiste un'involuzione di r che scambia tra loro i punti di ciascuna coppia individuata su r da una coppia di lati opposti di Q.

Esercizio 2.37

Sia $\mathbb{P}(V)$ uno spazio proiettivo di dimensione n e siano S_1, S_2 iperpiani distinti di $\mathbb{P}(V)$. Si mostri che un isomorfismo proiettivo $f : S_1 \to S_2$ è una prospettività se e solo se $f(A) = A$ per ogni $A \in S_1 \cap S_2$.

Soluzione 1 È sufficiente mostrare che, se $f : S_1 \to S_2$ è un isomorfismo proiettivo la cui restrizione a $S_1 \cap S_2$ è l'identità, allora f è una prospettività. Scegliamo due punti $P_1, P_2 \in S_1 \setminus (S_1 \cap S_2)$, poniamo $Q_1 = f(P_1)$, $Q_2 = f(P_2)$ e indichiamo con A il punto di intersezione della retta $L(P_1, P_2)$ con il sottospazio $S_1 \cap S_2$. Poiché f conserva le relazioni di allineamento tra punti e, per ipotesi, vale $f(A) = A$, il punto A è allineato con Q_1 e Q_2. Quindi lo spazio $L(P_1, P_2, Q_1, Q_2)$ è un piano, e le rette $L(P_1, Q_1)$ e $L(P_2, Q_2)$ si intersecano in un punto O. È immediato verificare che O non appartiene all'insieme $S_1 \cup S_2$; si può quindi considerare la prospettività $g : S_1 \to S_2$ di centro O. Gli isomorfismi proiettivi f e g assumono gli stessi valori in P_1, in P_2 e in tutti i punti di $S_1 \cap S_2$. Si ha pertanto $f = g$ per il Teorema fondamentale delle trasformazioni proiettive.

Soluzione 2 È possibile dimostrare l'enunciato per via analitica, scegliendo un sistema di coordinate proiettive $x_0, \ldots, x_n$ tale che S_1 sia l'iperpiano $x_n = 0$ e S_2 sia l'iperpiano $x_{n-1} = 0$. Usando la condizione che la restrizione di f al sottospazio $x_{n-1} = x_n = 0$ è l'identità, è facile vedere che f ha la forma $[x_0, \ldots, x_{n-1}, 0] \mapsto [x_0 + a_0 x_{n-1}, \ldots, x_{n-2} + a_{n-2} x_{n-1}, 0, a_n x_{n-1}]$, dove $a_0, \ldots a_{n-2} \in \mathbb{K}$ e $a_n \in \mathbb{K}^*$. Si può quindi verificare direttamente che f è la prospettività di centro $O = [a_0, \ldots, a_{n-2}, -1, a_n]$.

Nota. L'Esercizio 2.37 estende al caso di dimensione generica l'enunciato del punto (a) dell'Esercizio 2.31, che caratterizzava le prospettività tra rette del piano.

Esercizio 2.38

Siano S_1, S_2 piani distinti di $\mathbb{P}^3(\mathbb{K})$. Si dimostri che ogni isomorfismo proiettivo $f : S_1 \to S_2$ è composizione di al più tre prospettività.

Soluzione Sia $r_1 = S_1 \cap S_2$ e sia A un punto di $S_1 \setminus r_1$ tale che il punto $A' = f(A)$ non stia in r_1 (cfr. Fig. 2.11). Sia S_3 un piano passante per A' diverso da S_2 e non contenente A e sia O_1 un punto della retta $L(A, A')$ diverso da A e da A'. Se $\pi_1 : S_3 \to S_1$ è la prospettività di centro O_1, allora $g_1 = f \circ \pi_1 : S_3 \to S_2$ è un isomorfismo proiettivo, $A' \in r_2 = S_3 \cap S_2$ e $g_1(A') = A'$.

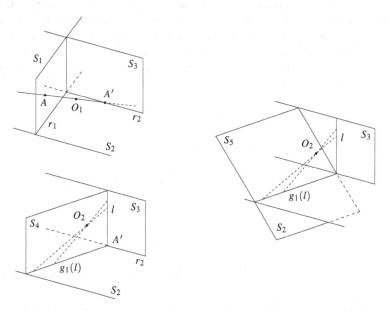

Figura 2.11. A sinistra: in alto, la costruzione di g_1; in basso, la scelta di l e la costruzione di S_4. A destra: la scelta di S_5 e la conclusione della dimostrazione

Sia l una retta contenuta in S_3, passante per A' e diversa da r_2. Poiché il punto A' è fisso per g_1, la retta l viene trasformata da g_1 in una retta passante per A'. Sia dunque S_4 il piano contenente le rette l e $g_1(l)$, così che $l = S_3 \cap S_4$. Per quanto visto nell'Esercizio 2.31, $g_1|_l$ è una prospettività di centro un punto $O_2 \in S_4$ tale che $O_2 \notin S_3$.

Sia ora S_5 un piano contenente la retta $g_1(l)$ e diverso sia da S_2 che da S_4, e si consideri la prospettività $\pi_2\colon S_5 \to S_3$ di centro O_2. Allora $g_1 \circ \pi_2\colon S_5 \to S_2$ è un isomorfismo proiettivo per il quale tutti i punti della retta $g_1(l) = S_5 \cap S_2$ sono fissi. Per quanto provato nell'Esercizio 2.37 esiste una prospettività π_3 tale che $g_1 \circ \pi_2 = \pi_3$, e dunque $f \circ \pi_1 \circ \pi_2 = \pi_3$, da cui segue la tesi, dato che l'inversa di una prospettività è ancora una prospettività.

Esercizio 2.39

Siano $r, s \subset \mathbb{P}^3(\mathbb{K})$ rette sghembe, e sia $f\colon r \to s$ un isomorfismo proiettivo. Si mostri che esistono infinite rette l tali che f coincida con la prospettività di centro l.

Soluzione   Sia $P \in r$, e sia $t = L(P, f(P))$. Mostreremo che per ogni $Q \in t \setminus \{P, f(P)\}$ esiste una retta l_Q passante per Q, sghemba sia rispetto a r sia rispetto a s, tale che f coincida con la prospettività di centro l_Q. Al variare di $Q \in t \setminus \{P, f(P)\}$, le rette l_Q sono a due distinte tra loro, da cui la tesi.

Fissiamo $Q \in t \setminus \{P, f(P)\}$, e siano $P', P'' \in r \setminus \{P\}$, con $P' \neq P''$. Siano $t' = L(P', f(P')), t'' = L(P'', f(P''))$ (cfr. Fig. 2.12). Se t', t'' non fossero sghembe, $P', P'', f(P'), f(P'')$ sarebbero complanari, per cui r, s sarebbero complanari, il che è assurdo. Analogamente, t è sghemba sia rispetto a t', sia rispetto a t'', per cui $Q \notin t' \cup t''$. Per quanto visto nell'Esercizio 2.8, esiste un'unica retta l_Q che passa per Q e che interseca sia t' sia t''. Se esistesse un piano S tale che $l_Q \cup r \subset S$ (oppure tale che $l_Q \cup s \subset S$), le rette t', t'' conterrebbero ciascuna almeno due punti di S, e

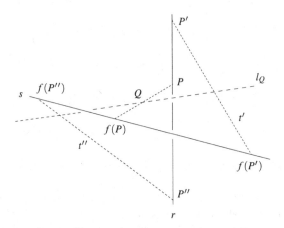

Figura 2.12. La costruzione descritta nella soluzione dell'Esercizio 2.39

sarebbero pertanto complanari, il che è assurdo. Dunque l_Q è sghemba sia rispetto a r, sia rispetto a s. Ora, per costruzione la prospettività da r su s di centro l_Q porta P in $f(P)$, P' in $f(P')$ e P'' in $f(P'')$. Per il Teorema fondamentale delle trasformazioni proiettive, se ne deduce che tale prospettività coincide con f, da cui la tesi.

Nota. È possibile dare una soluzione alternativa dell'Esercizio 2.39 seguendo la strategia descritta nella nota che segue l'Esercizio 4.59.

Esercizio 2.40

Siano P_1 e P_2 due punti distinti di $\mathbb{P}^2(\mathbb{K})$ e siano $\mathcal{F}_1, \mathcal{F}_2$ i fasci di rette di centro rispettivamente P_1 e P_2. Sia infine $f : \mathcal{F}_1 \to \mathcal{F}_2$ una funzione. Si mostri che sono fatti equivalenti:

(i) f è un isomorfismo proiettivo tale che $f(L(P_1, P_2)) = L(P_1, P_2)$;
(ii) esiste una retta r non passante per P_1 né per P_2 tale che $f(s) = L(s \cap r, P_2)$ per ogni $s \in \mathcal{F}_1$.

Soluzione   (i) ⇒ (ii). Tramite la corrispondenza di dualità (cfr. 1.4.2), i fasci $\mathcal{F}_1, \mathcal{F}_2$ corrispondono a rette l_1, l_2 dello spazio proiettivo duale $\mathbb{P}^2(\mathbb{K})^*$. Inoltre, l'isomorfismo proiettivo $f : \mathcal{F}_1 \to \mathcal{F}_2$ induce l'isomorfismo proiettivo duale $f_* : l_1 \to l_2$. La condizione $f(L(P_1, P_2)) = L(P_1, P_2)$ si traduce allora nel fatto che f_* fissa il punto di intersezione di l_1 e l_2, e ciò implica che f_* è una prospettività (cfr. Esercizio 2.31). Se $R \in \mathbb{P}^2(\mathbb{K})^*$ è il centro di tale prospettività, sia $r \subset \mathbb{P}^2(\mathbb{K})$ la retta corrispondente a R via dualità. Poiché $R \notin l_1 \cup l_2$ si ha che $P_1 \notin r$ e $P_2 \notin r$, e dal fatto che $f_*(Q) = L(R, Q) \cap l_2$ per ogni $Q \in l_1$ si deduce che $f(s) = L(P_2, r \cap s)$ per ogni $s \in \mathcal{F}_1$, come voluto.

(ii) ⇒ (i). Per $i = 1, 2$, sia $g_i : \mathcal{F}_i \to r$ la mappa definita da $g_i(s) = s \cap r$. Per quanto visto nell'Esercizio 2.32 e Nota successiva, la mappa g_i è un ben definito isomorfismo proiettivo. Ne segue che $f = g_2^{-1} \circ g_1$ è un isomorfismo proiettivo. Il fatto che si abbia $f(L(P_1, P_2)) = L(P_1, P_2)$ è un'immediata conseguenza della definizione di f.

Esercizio 2.41

Si considerino in $\mathbb{P}^2(\mathbb{R})$ il punto $P = [1, 2, 1]$ e le rette:

$$l_1 = \{x_0 + x_1 = 0\}, \quad m_1 = \{x_0 + 3x_2 = 0\},$$
$$l_2 = \{x_0 - x_1 = 0\}, \quad m_2 = \{x_2 = 0\},$$
$$l_3 = \{x_0 + 2x_1 = 0\}, \quad m_3 = \{3x_0 + x_2 = 0\}.$$

Si determinino i punti $Q \in \mathbb{P}^2(\mathbb{R})$ per cui esista una proiettività $f : \mathbb{P}^2(\mathbb{R}) \to \mathbb{P}^2(\mathbb{R})$ tale che $f(P) = Q$ e $f(l_i) = m_i$ per $i = 1, 2, 3$.

Soluzione   Osserviamo innanzi tutto che le rette l_1, l_2, l_3 (risp. m_1, m_2, m_3) appartengono al fascio $\mathcal{F}_O$ di centro $O = [0, 0, 1]$ (risp. al fascio $\mathcal{F}_{O'}$ di centro $O' = [0, 1, 0]$). Sia $r = L(O, P) = \{2x_0 - x_1 = 0\}$.

Supponiamo ora che f sia una proiettività con $f(l_i) = m_i$ per ogni $i = 1, 2, 3$. Allora $f(O) = O'$, e la proiettività duale indotta da f induce un isomorfismo proiettivo tra $\mathcal{F}_O$ e $\mathcal{F}_{O'}$ che porta l_i in m_i per $i = 1, 2, 3$. Dunque, se $r' = f(r)$, avremo $\beta(l_1, l_2, l_3, r) = \beta(f(l_1), f(l_2), f(l_3), f(r)) = \beta(m_1, m_2, m_3, r')$ (cfr. 1.5.1 per definizione e proprietà del birapporto di rette concorrenti). Ora, fissiamo su $\mathcal{F}_O$ (risp. su $\mathcal{F}_{O'}$) un sistema di riferimento proiettivo per cui alla retta di equazione $ax_0 + bx_1 = 0$ (risp. alla retta di equazione $ax_0 + bx_2 = 0$) corrispondano coordinate omogenee $[a, b]$. Fatte tali scelte, le rette $l_1, l_2, l_3, r \in \mathcal{F}_O$ hanno coordinate rispettivamente $[1, 1], [1, -1], [1, 2], [2, -1]$, per cui $\beta(l_1, l_2, l_3, r) = -9$. D'altronde, se $[a_0, b_0]$ sono le coordinate di r' in $\mathcal{F}_{O'}$, poiché $m_1, m_2, m_3 \in \mathcal{F}_{O'}$ hanno rispettivamente coordinate $[1, 3], [0, 1], [3, 1]$, si deve avere

$$-9 = \beta([1, 3], [0, 1], [3, 1], [a_0, b_0]) = \frac{1 \cdot b_0 - 3 \cdot a_0}{1 \cdot 1 - 3 \cdot 3} \cdot \frac{3 \cdot 1 - 0 \cdot 3}{a_0 \cdot 1 - b_0 \cdot 0},$$

da cui $[a_0, b_0] = [1, 27]$ e $r' = \{x_0 + 27x_2 = 0\}$. Ne segue che $f(P) \in f(r) = r'$. Inoltre, essendo f iniettiva, $f(P) \neq f(O)$, per cui $f(P) \in r' \setminus \{O'\}$.

Sia ora $Q \in r' \setminus \{O'\}$, e mostriamo che esiste una proiettività $f : \mathbb{P}^2(\mathbb{R}) \to \mathbb{P}^2(\mathbb{R})$ tale che $f(l_i) = m_i$ per $i = 1, 2, 3$ e $f(P) = Q$. Sia allora A_1 un punto di l_1 distinto da O, e sia A_2 un punto di l_2 distinto da O e da $l_2 \cap L(A_1, P)$. Per costruzione, i punti O, A_1, A_2, P formano un sistema di riferimento proiettivo di $\mathbb{P}^2(\mathbb{R})$. Analogamente, scelti $B_1 \in m_1 \setminus \{O'\}$ e $B_2 \in m_2 \setminus (\{O'\} \cup L(B_1, Q))$ i punti O', B_1, B_2, Q formano un sistema di riferimento proiettivo di $\mathbb{P}^2(\mathbb{R})$. Sia $f : \mathbb{P}^2(\mathbb{R}) \to \mathbb{P}^2(\mathbb{R})$ l'unica proiettività tale che $f(O) = O', f(A_1) = B_1, f(A_2) = B_2, f(P) = Q$. Poiché f trasforma rette in rette si ha ovviamente $f(l_1) = m_1, f(l_2) = m_2$, per cui per concludere basta ora provare che $f(l_3) = m_3$.

La proiettività duale f_* indotta da f porta $\mathcal{F}_O$ in $\mathcal{F}_{O'}$ e verifica $f_*(l_1) = m_1$, $f_*(l_2) = m_2, f_*(r) = r'$, per cui grazie all'invarianza del birapporto per isomorfismi proiettivi si ha

$$\beta(m_1, m_2, m_3, r') = \beta(l_1, l_2, l_3, r) =$$
$$= \beta(f_*(l_1), f_*(l_2), f_*(l_3), f_*(r)) = \beta(m_1, m_2, f_*(l_3), r')$$

e $f(l_3) = m_3$ come voluto.

Esercizio 2.42

Si considerino su $\mathbb{P}^2(\mathbb{R})$ le rette l_1, l_2, l_3 di equazione rispettivamente $x_2 = 0$, $x_2 - x_1 = 0$, $x_2 - 2x_1 = 0$ e la retta l_4 di equazione $\alpha(x_0 - x_1) + x_2 - 4x_1 = 0$ con $\alpha \in \mathbb{R}$. Si considerino inoltre le rette m_1, m_2, m_3, m_4 di equazione rispettivamente $x_1 = 0$, $x_1 - x_0 = 0$, $x_0 = 0$, $x_1 - \gamma x_0 = 0$ con $\gamma \in \mathbb{R}$.

Si dica per quali valori di α e γ esiste una proiettività f di $\mathbb{P}^2(\mathbb{R})$ tale che $f(l_i) = m_i$ per $i = 1, \dots, 4$ e che trasformi la retta $x_0 = 0$ nella retta $x_2 = 0$.

Dopo aver fissato α e γ in uno dei modi così trovati, si scriva esplicitamente una proiettività f con le proprietà richieste.

Soluzione 1 Come si osserva immediatamente, le rette l_1, l_2, l_3 sono concorrenti nel punto $R = [1, 0, 0]$, mentre le rette m_1, m_2, m_3, m_4 sono concorrenti nel punto $S = [0, 0, 1]$. Una prima condizione necessaria perché f esista è quindi che anche l_4 passi per R, ossia che $\alpha = 0$.

Inoltre, se f esiste, la sua restrizione alla retta $r = \{x_0 = 0\}$ è una proiettività tra r e la retta $s = \{x_2 = 0\}$. Osserviamo che r interseca le rette l_i, $i = 1, \ldots, 4$, rispettivamente nei punti $P_1 = [0, 1, 0]$, $P_2 = [0, 1, 1]$, $P_3 = [0, 1, 2]$, $P_4 = [0, 1, 4]$ e che s interseca le rette m_i, $i = 1, \ldots, 4$, rispettivamente nei punti $Q_1 = [1, 0, 0]$, $Q_2 = [1, 1, 0]$, $Q_3 = [0, 1, 0]$, $Q_4 = [1, \gamma, 0]$. Dunque, se f esiste, la restrizione $f|_r : r \to s$ è un isomorfismo proiettivo tale che $f(P_i) = Q_i$ per $i = 1, \ldots, 4$, e il birapporto $\beta(P_1, P_2, P_3, P_4)$ deve coincidere con il birapporto $\beta(Q_1, Q_2, Q_3, Q_4)$. Con facili calcoli si ricava che $\beta(P_1, P_2, P_3, P_4) = \frac{2}{3}$ e che $\beta(Q_1, Q_2, Q_3, Q_4) = \frac{\gamma}{\gamma - 1}$. Pertanto, imponendo $\frac{\gamma}{\gamma - 1} = \frac{2}{3}$, si ottiene la ulteriore condizione necessaria $\gamma = -2$.

Osserviamo che le condizioni $\alpha = 0$ e $\gamma = -2$ sono anche sufficienti perché esista f con le proprietà richieste. Infatti se $\gamma = -2$ esiste (unica) una proiettività $g : r \to s$ tale che $g(P_i) = Q_i$ per $i = 1, \ldots, 4$. Poniamo su r, s i sistemi di coordinate omogenee $[x_1, x_2]$, $[x_0, x_1]$, e sia B una matrice invertibile 2×2 che rappresenta g rispetto a tali sistemi di coordinate. Allora, la matrice $A = \left(\begin{array}{c|cc} & 0 & \\ & 0 & B \\ \hline 1 & 0 & 0 \end{array} \right)$ rappresenta (rispetto al sistema di coordinate omogenee standard su $\mathbb{P}^2(\mathbb{R})$) una proiettività f con le proprietà richieste.

Costruiamo ora g tale che $g([1, 0]) = [1, 0]$, $g([1, 1]) = [1, 1]$, $g([1, 2]) = [0, 1]$. In tal modo $g(P_i) = Q_i$ per $i = 1, \ldots, 3$ e quindi, a causa della condizione imposta sui birapporti, anche $g(P_4) = Q_4$. Con facili calcoli si ricava che una matrice associata alla proiettività g è $B = \left(\begin{array}{cc} 2 & -1 \\ 0 & 1 \end{array} \right)$. Pertanto la proiettività di $\mathbb{P}^2(\mathbb{R})$ associata alla matrice $A = \left(\begin{array}{ccc} 0 & 2 & -1 \\ 0 & 0 & 1 \\ 1 & 0 & 0 \end{array} \right)$ verifica la tesi.

Osserviamo che, dopo aver trovato le condizioni necessarie $\alpha = 0$ e $\gamma = -2$, si può anche direttamente costruire f nel modo seguente. Sia U un punto della retta l_3 distinto da R e da P_3, ad esempio $U = [1, 1, 2]$ e sia V un punto della retta m_3 distinto da S e da Q_3, ad esempio $V = [0, 1, 1]$. Poiché R, P_1, P_2, U e S, Q_1, Q_2, V sono due quaterne di punti in posizione generale, esiste un'unica proiettività f di $\mathbb{P}^2(\mathbb{R})$ che trasforma i primi quattro punti ordinatamente nei secondi quattro punti. Poiché $r = L(P_1, P_2)$ e $l_3 = L(R, U)$, segue immediatamente che $f(r) = L(Q_1, Q_2) = s$ e che $f(l_3) = L(S, V) = m_3$. Siccome $P_3 = r \cap l_3$ e $Q_3 = s \cap m_3$, si ha quindi che $f(P_3) = Q_3$. Infine risulta automaticamente $f(P_4) = Q_4$ per la condizione imposta sull'uguaglianza dei birapporti.

Soluzione 2   Interpretando una retta di $\mathbb{P}^2(\mathbb{R})$ come un punto dello spazio duale $\mathbb{P}^2(\mathbb{R})^*$, le rette assegnate dall'esercizio corrispondono ai punti

$$L_1 = [0,0,1], \ L_2 = [0,-1,1], \ L_3 = [0,-2,1], \ L_4 = [\alpha, -\alpha - 4, 1], \ R = [1,0,0]$$

$$M_1 = [0,1,0], \ M_2 = [-1,1,0], \ M_3 = [1,0,0], \ M_4 = [-\gamma, 1, 0], \ S = [0,0,1].$$

Si cerca quindi una proiettività g di $\mathbb{P}^2(\mathbb{R})^*$ tale che $g(L_i) = M_i$ per $i = 1, \ldots, 4$ e $g(R) = S$. Poiché M_1, M_2, M_3, M_4 sono allineati (corrispondono a rette di un fascio), anche L_1, L_2, L_3, L_4 devono essere allineati e ciò accade solo se $\alpha = 0$. Inoltre affinché esista g tale che $g(L_i) = M_i$ per $i = 1, \ldots, 4$ è necessario (e sufficiente) che il birapporto $\beta(L_1, L_2, L_3, L_4)$ coincida con il birapporto $\beta(M_1, M_2, M_3, M_4)$; si verifica che ciò accade solo se $\gamma = -2$.

Con facili calcoli (simili a quelli della soluzione (1)) si vede che la proiettività g associata ad esempio alla matrice $H = \begin{pmatrix} 0 & 1 & 0 \\ 0 & 1 & 2 \\ 1 & 0 & 0 \end{pmatrix}$ è tale che $g(L_i) = M_i$ per $i = 1, \ldots, 4$ e $g(R) = S$.

Tornando in $\mathbb{P}^2(\mathbb{R})$ via dualità, e quindi reinterpretando i punti di $\mathbb{P}^2(\mathbb{R})^*$ come rette di $\mathbb{P}^2(\mathbb{R})$, la matrice ${}^tH^{-1} = \begin{pmatrix} 0 & 1 & -\frac{1}{2} \\ 0 & 0 & \frac{1}{2} \\ 1 & 0 & 0 \end{pmatrix}$ induce allora una proiettività che soddisfa tutte le richieste dell'esercizio.

Esercizio 2.43

(a) *Siano r, s rette distinte di $\mathbb{P}^2(\mathbb{K})$ uscenti da un punto A. Siano B, C, D punti di r distinti tra loro e diversi da A, e B', C', D' punti di s distinti tra loro e diversi da A. Si provi che le rette $L(B, B')$, $L(C, C')$, $L(D, D')$ si incontrano in un punto se e solo se $\beta(A, B, C, D) = \beta(A, B', C', D')$.*

(b) *Siano A, B punti distinti di una retta r di $\mathbb{P}^2(\mathbb{K})$. Siano r_1, r_2, r_3 rette distinte uscenti da A e diverse da r, e s_1, s_2, s_3 rette distinte uscenti da B e diverse da r. Si provi che i punti $r_1 \cap s_1, r_2 \cap s_2, r_3 \cap s_3$ sono allineati se e solo se $\beta(r, r_1, r_2, r_3) = \beta(r, s_1, s_2, s_3)$.*

(c) *Siano A, B punti distinti di $\mathbb{P}^2(\mathbb{K})$ e sia $\mathcal{F}_A$ (risp. $\mathcal{F}_B$) il fascio di rette di centro A (risp. B). Sia $f : \mathcal{F}_A \to \mathcal{F}_B$ un isomorfismo proiettivo tale che $f(L(A, B)) = L(A, B)$. Si provi che l'insieme*

$$\mathcal{Q} = \bigcup_{s \in \mathcal{F}_A} s \cap f(s)$$

è unione di due rette distinte.

Soluzione   (a) Denotiamo con O il punto in cui le rette distinte $L(B, B')$ e $L(C, C')$ si intersecano; è immediato verificare che $O \notin r \cup s$. Sia $\varphi_O : r \to s$ la prospettività di centro O, che trasforma i punti A, B, C rispettivamente nei punti A, B', C'.

Poiché il birapporto si conserva per isomorfismi proiettivi, si ha $\beta(A,B,C,D) = \beta(A,B',C',\varphi_0(D))$. Allora $\beta(A,B,C,D) = \beta(A,B',C',D')$ se e solo se $\varphi_0(D) = D'$, ossia se e solo se $L(D,D')$ passa per O.

(b) Via dualità, le rette del fascio di centro A (risp. B) costituiscono una retta nello spazio proiettivo duale. Usando tale osservazione, si vede subito che l'enunciato è la versione dualizzata del punto (a) e dunque la tesi vale per il Principio di dualità (cfr. Teorema 1.4.1).

(c) Poiché per ipotesi $f(L(A,B)) = L(A,B)$, si ha subito che $L(A,B) \subseteq Q$. Siano r_1, r_2 due rette distinte uscenti da A e distinte da $L(A,B)$. Si osservi che $r_i \neq f(r_i)$ per $i = 1, 2$, e che $r_1 \cap f(r_1)$, $r_2 \cap f(r_2)$ sono punti distinti. Se denotiamo con t la retta congiungente i punti $r_1 \cap f(r_1)$ e $r_2 \cap f(r_2)$, per il punto (b) sappiamo che, per ogni $r \in \mathcal{F}_A \setminus \{L(A,B)\}$, il punto $r \cap f(r)$ appartiene a t e dunque $Q \subseteq L(A,B) \cup t$. D'altra parte, per ogni $P \in t$, posto $l = L(A,P)$, si ha che $f(l)$ è una retta uscente da B tale che $f(l) \cap l \in t$ e dunque $f(l) \cap l = P$. Questo prova che ogni punto di t sta in Q e dunque $Q = L(A,B) \cup t$.

Nota. È possibile dare, di (c), una dimostrazione lievemente diversa, basata sulla dualità. Infatti, per quanto dimostrato nell'Esercizio 2.40, se $f \colon \mathcal{F}_A \to \mathcal{F}_B$ è un isomorfismo proiettivo tale che $f(L(A,B)) = L(A,B)$, allora esiste una retta $l \subseteq \mathbb{P}^2(\mathbb{C})$ non contentente né A né B tale che $f(s) = L(B, l \cap s)$ per ogni $s \in \mathcal{F}_A$. Ciò mostra che, se $s \in \mathcal{F}_A$ è distinta da $r = L(A,B)$, allora $s \cap f(s) = l \cap s$, per cui in particolare $s \cap f(s) \subset l$. È ora facile mostrare, come sopra descritto, che si ha in effetti $Q = l \cup r$.

Esercizio 2.44 (Luoghi invarianti delle proiettività del piano proiettivo)

Sia f una proiettività di $\mathbb{P}^2(\mathbb{K})$, con $\mathbb{K} = \mathbb{C}$ o $\mathbb{K} = \mathbb{R}$. Si determinino le possibili configurazioni di punti fissi, rette invarianti, assi (un asse è una retta invariante formata da punti fissi) e centri (un centro è un punto fisso tale che ogni retta passante per tale punto è invariante) di f.

Soluzione Se $\mathbb{K} = \mathbb{C}$, in un opportuno sistema di coordinate omogenee la proiettività f sarà rappresentata da una delle seguenti matrici di Jordan (in proposito, si veda anche 1.5.3):

(a) $A = \begin{pmatrix} 1 & 0 & 0 \\ 0 & \lambda & 0 \\ 0 & 0 & \mu \end{pmatrix}$ con $\lambda, \mu \in \mathbb{K} \setminus \{0, 1\}$, $\lambda \neq \mu$;

(b) $A = \begin{pmatrix} 1 & 0 & 0 \\ 0 & 1 & 0 \\ 0 & 0 & \lambda \end{pmatrix}$ con $\lambda \in \mathbb{K} \setminus \{0, 1\}$;

(c) $A = \begin{pmatrix} 1 & 0 & 0 \\ 0 & 1 & 0 \\ 0 & 0 & 1 \end{pmatrix}$;

(d) $A = \begin{pmatrix} 1 & 1 & 0 \\ 0 & 1 & 0 \\ 0 & 0 & \lambda \end{pmatrix}$ con $\lambda \in \mathbb{K} \setminus \{0, 1\}$;

(e) $A = \begin{pmatrix} 1 & 1 & 0 \\ 0 & 1 & 0 \\ 0 & 0 & 1 \end{pmatrix}$;

(f) $A = \begin{pmatrix} 1 & 1 & 0 \\ 0 & 1 & 1 \\ 0 & 0 & 1 \end{pmatrix}$.

Sia ora $\mathbb{K} = \mathbb{R}$. Se una (e quindi ogni) matrice che rappresenta f ha tutti gli autovalori reali, allora in un opportuno sistema di coordinate omogenee di $\mathbb{P}^2(\mathbb{R})$ la proiettività f è rappresentata da una delle matrici appena elencate. Altrimenti, ogni matrice che rappresenta f ha un autovalore reale e due autovalori complessi non reali e coniugati. In questo caso, esiste un sistema di coordinate omogenee di $\mathbb{P}^2(\mathbb{R})$ rispetto al quale f è rappresentata dalla matrice:

(g) $A = \begin{pmatrix} a & -b & 0 \\ b & a & 0 \\ 0 & 0 & 1 \end{pmatrix}$ con $a \in \mathbb{R}, b \in \mathbb{R}^*$.

Esaminiamo i vari casi dal punto di vista dei punti fissi, delle rette invarianti, degli assi e dei centri.

Ricordiamo che $P = [X]$ è un punto fisso per f se e solo se X è autovettore per A, e che una retta r di equazione ${}^t CX = 0$ è invariante per f se e solo se C è autovettore per la matrice ${}^t A$ (cfr. 1.4.5).

Esaminiamo dunque i vari casi, convenendo di porre $P_0 = [1, 0, 0], P_1 = [0, 1, 0]$, $P_2 = [0, 0, 1]$ e di denotare con r_i la retta di equazione $x_i = 0$ per $i = 0, 1, 2$.

Caso (a). La matrice A ha come autospazi le rette generate dai vettori $(1, 0, 0)$, $(0, 1, 0), (0, 0, 1)$, pertanto f ha tre punti fissi, e cioè i punti P_0, P_1, P_2. Inoltre ci sono tre rette invarianti e cioè r_0, r_1, r_2. Osserviamo che $f|_{r_i}$ è una proiettività iperbolica di r_i per $i = 0, 1, 2$.

Caso (b). Gli autovettori della matrice A sono di tipo $(0, 0, c)$ o $(a, b, 0)$, pertanto P_2 è punto fisso e la retta r_2 è composta di punti fissi, cioè è un asse. Ogni retta che passa per P_2 ha equazione $ax_0 + bx_1 = 0$; poiché $(a, b, 0)$ è autovettore per ${}^t A = A$, tutte le rette per P_2 sono invarianti e dunque P_2 è un centro. Riassumendo, abbiamo un centro P_2 e un asse r_2 tali che $P_2 \notin r_2$.

Caso (c). In questo caso f è l'identità e dunque tutti i punti sono centri e tutte le rette sono assi.

Caso (d). Ragionando come sopra, vediamo che f ha due punti fissi P_0 e P_2 e due rette invarianti, precisamente le rette r_1 e r_2. Non vi sono perciò né centri né assi. Notiamo che $f|_{r_1}$ è una proiettività iperbolica e che $f|_{r_2}$ è una proiettività parabolica.

Caso (e). Gli autovettori di A sono del tipo $(a, 0, b)$ e quindi la retta r_1 è un asse. Inoltre gli autovettori di ${}^t A$ sono di tipo $(0, a, b)$ per cui tutte le rette di equazione $ax_1 + bx_2 = 0$ sono invarianti; poiché tali rette costituiscono il fascio di rette di centro

P_0, risulta che P_0 è un centro. Notiamo che in questo caso il centro P_0 appartiene all'asse r_1.

Caso (f). Esiste un unico punto fisso P_0 e, esaminando ${}^t A$, un'unica retta invariante r_2. Osserviamo che il punto fisso P_0 appartiene alla retta invariante r_2 e che $f|_{r_2}$ è una proiettività parabolica.

Caso (g). Ricordiamo che questa situazione si presenta solo se $\mathbb{K} = \mathbb{R}$ e se A ha un autovalore reale e due autovalori complessi coniugati. Di conseguenza f ha P_2 come unico punto fisso e r_2 come retta invariante (che non contiene il punto fisso P_2); inoltre la restrizione $f|_{r_2}$ è una proiettività ellittica.

Nota. La soluzione dell'Esercizio 2.44 mostra che le proiettività di $\mathbb{P}^2(\mathbb{K})$ possono essere ripartite in 6 (nel caso $\mathbb{K} = \mathbb{C}$) o 7 (nel caso $\mathbb{K} = \mathbb{R}$) famiglie disgiunte, a seconda del numero di punti fissi, di rette invarianti, di centri, di assi e delle relative relazioni di appartenenza. Tali famiglie sono classificate dalla forma di Jordan (nel caso $\mathbb{K} = \mathbb{C}$) o "forma di Jordan reale" (nel caso $\mathbb{K} = \mathbb{R}$) delle matrici associate.

Esercizio 2.45

Siano $P = [1, 1, 1]$ *e* $l = \{x_0 + x_1 - 2x_2 = 0\}$ *un punto ed una retta di* $\mathbb{P}^2(\mathbb{R})$. *Si costruisca esplicitamente una proiettività* $f : \mathbb{P}^2(\mathbb{R}) \to \mathbb{P}^2(\mathbb{R})$ *tale che* $f(l) = l$ *e che abbia* P *come unico punto fisso.*

Soluzione Se g è la proiettività di $\mathbb{P}^2(\mathbb{R})$ indotta dalla matrice $B = \begin{pmatrix} 1 & 1 & 0 \\ 0 & 1 & 1 \\ 0 & 0 & 1 \end{pmatrix}$,

allora $[1, 0, 0]$ è l'unico punto fisso di g, ed è contenuto nella retta $\{x_2 = 0\}$, che è invariante rispetto a g (cfr. Esercizio 2.44). Pertanto, se $h : \mathbb{P}^2(\mathbb{R}) \to \mathbb{P}^2(\mathbb{R})$ è una proiettività tale che $h([1, 0, 0]) = P$, $h(\{x_2 = 0\}) = l$, allora l'applicazione $h \circ g \circ h^{-1}$ fornisce la proiettività richiesta.

Poiché $l = \mathbb{P}(W)$, dove $W \subseteq \mathbb{R}^3$ è il sottospazio vettoriale generato da $(1, 1, 1)$ e $(2, 0, 1)$, una tale proiettività h è indotta ad esempio dalla matrice invertibile $A = \begin{pmatrix} 1 & 2 & 1 \\ 1 & 0 & 0 \\ 1 & 1 & 0 \end{pmatrix}$. Poiché $A^{-1} = \begin{pmatrix} 0 & 1 & 0 \\ 0 & -1 & 1 \\ 1 & 1 & -2 \end{pmatrix}$, si ha $ABA^{-1} = \begin{pmatrix} 3 & 1 & -3 \\ 0 & 0 & 1 \\ 1 & 0 & 0 \end{pmatrix}$, per cui si può porre $f([x_0, x_1, x_2]) = [3x_0 + x_1 - 3x_2, x_2, x_0]$.

Esercizio 2.46

Si considerino in $\mathbb{P}^2(\mathbb{R})$ *i punti*

$$P_1 = [1, 0, 0], \quad P_2 = [0, 1, 0], \quad P_3 = [0, 0, 1], \quad P_4 = [1, 1, 1],$$

$$Q_1 = [1, -1, -1], \quad Q_2 = [1, 3, 1], \quad Q_3 = [1, 1, -1], \quad Q_4 = [1, 1, 1].$$

(a) *Si costruisca una proiettività* f *di* $\mathbb{P}^2(\mathbb{R})$ *tale che* $f(P_i) = Q_i$ *per* $i = 1, 2, 3, 4$ *e si dica se è unica.*

(b) *Si determinino tutte le rette di* $\mathbb{P}^2(\mathbb{R})$ *invarianti per* f.

Soluzione   (a) I punti P_1, P_2, P_3, P_4 sono in posizione generale, e definiscono pertanto un sistema di riferimento proiettivo, una cui base normalizzata associata è $\{(1,0,0),(0,1,0),(0,0,1)\}$. Analogamente, un semplice conto mostra che anche Q_1, Q_2, Q_3, Q_4 definiscono un sistema di riferimento proiettivo, una cui base normalizzata associata è $\{(1,-1,-1),(1,3,1),(-1,-1,1)\}$. Per il Teorema fondamentale delle trasformazioni proiettive, esiste allora un'unica proiettività f che verifichi le proprietà richieste, e tale f è indotta dall'applicazione lineare definita dalla matrice

$$B = \begin{pmatrix} 1 & 1 & -1 \\ -1 & 3 & -1 \\ -1 & 1 & 1 \end{pmatrix}.$$

(b) Un semplice calcolo mostra che il polinomio caratteristico di B è dato da $(2-t)^2(1-t)$. L'autospazio di B relativo all'autovalore 2 ha dimensione due, e, poste su $\mathbb{R}^3$ coordinate (x_0, x_1, x_2), ha equazione $x_0 - x_1 + x_2 = 0$. L'autospazio di B relativo all'autovalore 1 ha dimensione uno ed è generato da $v = (1,1,1)$. Come visto nell'Esercizio 2.44, ne segue che, detta r la retta di $\mathbb{P}^2(\mathbb{R})$ di equazione $x_0 - x_1 + x_2 = 0$ e posto $P = [1,1,1] = [v] \in \mathbb{P}^2(\mathbb{R})$, la retta r è costituita da punti fissi per f, e una retta di $\mathbb{P}^2(\mathbb{R})$ diversa da r è f-invariante se e solo se passa per P.

Esercizio 2.47

Si considerino in $\mathbb{P}^2(\mathbb{R})$ i punti

$$P_1 = [1,0,0], \quad P_2 = [0,-1,1], \quad P_3 = [0,0,-1], \quad P_4 = [1,-1,2],$$

$$Q_1 = [3,1,-1], \quad Q_2 = [-1,-3,3], \quad Q_3 = [-1,1,3], \quad Q_4 = [1,-1,5].$$

(a) *Si costruisca, se esiste, una proiettività f di $\mathbb{P}^2(\mathbb{R})$ tale che $f(P_i) = Q_i$ per $i = 1,2,3,4$ e si dica se è unica.*

(b) *Si verifichi che f ha un punto fisso P e una retta r di punti fissi tali che $P \notin r$.*

(c) *Sia s una retta passante per P e sia $Q = s \cap r$. Si provi che il birapporto $\beta(P, Q, R, f(R))$ è costante al variare di $R \in s \setminus \{P, Q\}$ e di s nel fascio di rette di centro P.*

Soluzione   È facile verificare che i punti P_1, P_2, P_3, P_4 definiscono un sistema di riferimento proiettivo di $\mathbb{P}^2(\mathbb{R})$ una cui base normalizzata associata è data da $v_1 = (1,0,0)$, $v_2 = (0,-1,1)$, $v_3 = (0,0,1)$. Inoltre, i punti Q_1, Q_2, Q_3, Q_4 definiscono un sistema di riferimento proiettivo di $\mathbb{P}^2(\mathbb{R})$ una cui base normalizzata associata è data da $w_1 = (3,1,-1)$, $w_2 = (-1,-3,3)$, $w_3 = (-1,1,3)$. Perciò, per il Teorema fondamentale delle trasformazioni proiettive eisste un'unica proiettività f di $\mathbb{P}^2(\mathbb{R})$ tale che $f(P_i) = Q_i$ per $i = 1,2,3,4$, e tale proiettività è indotta ad esempio dall'applicazione lineare $\varphi : \mathbb{R}^3 \to \mathbb{R}^3$ tale che $\varphi(v_i) = w_i$ per $i = 1,2,3$. Poiché $(0,1,0) = -v_2 + v_3$ e $-w_2 + w_3 = (0,4,0)$, l'applicazione φ è rappresentata, rispetto alla base canonica di $\mathbb{R}^3$, dalla matrice $A = \begin{pmatrix} 3 & 0 & -1 \\ 1 & 4 & 1 \\ -1 & 0 & 3 \end{pmatrix}$, che ha polinomio caratteristico $(4 - t)^2(2 - t)$. È inoltre immediato verificare che $\dim \ker(A - 4I) = 2$, per cui φ ammette un autospazio V_4 di dimensione 2 relativo all'autovalore 4, ed un autospazio V_2 di dimensione 1 relativo all'autovalore 2. Ne segue che $P = \mathbb{P}(V_2)$ e $r = \mathbb{P}(V_4)$ sono il punto e la retta richiesti in (b). È inoltre facile verificare che $P = [1, -1, 1]$ e che r ha equazione $x_0 + x_2 = 0$.

Sia ora $Q \in r$. Per quanto visto in 1.5.4, poiché $P = [v]$, dove v è un autovettore di φ relativo all'autovalore 2, e $Q = [w]$, dove w è un autovettore di φ relativo all'autovalore 4, per ogni $R \in L(P, Q) \setminus \{P, Q\}$ si ha $\beta(P, Q, R, f(R)) = 4/2 = 2$.

Esercizio 2.48

Siano r, s rette distinte di $\mathbb{P}^2(\mathbb{R})$ e sia $R = r \cap s$. Siano A, B, C punti distinti di $r \setminus \{R\}$, e sia $g: r \to r$ l'unica proiettività tale che $g(A) = A$, $g(R) = R$ e $g(B) = C$. Per ogni $P \in \mathbb{P}^2(\mathbb{R}) \setminus r$, sia $t(P) = L(B, P) \cap s$, e sia $h(P) = L(C, t(P)) \cap L(A, P)$.

(a) Si provi che esiste un'unica proiettività $f: \mathbb{P}^2(\mathbb{R}) \to \mathbb{P}^2(\mathbb{R})$ tale che $f|_{\mathbb{P}^2(\mathbb{R}) \setminus r} = h$ e $f|_r = g$.

(b) Si determinino i punti fissi di f.

(c) Si provi che f è una involuzione se e solo $\beta(A, R, B, C) = -1$.

Soluzione   Se M, N sono due punti distinti di $s \setminus \{R\}$, i punti A, B, M, N formano un sistema di riferimento proiettivo di $\mathbb{P}^2(\mathbb{R})$. Sia fissato d'ora in poi il sistema di coordinate omogenee indotto da tale riferimento. Avremo $A = [1, 0, 0]$, $B = [0, 1, 0]$, $r = \{x_2 = 0\}$, $s = \{x_0 = x_1\}$, $R = [1, 1, 0]$, $C = [1, \beta, 0]$, con $\beta \neq 0, 1$.

(a) Sia $P \in \mathbb{P}^2(\mathbb{R}) \setminus r$. Allora $P = [a, b, c]$ con $c \neq 0$. La retta $L(B, P)$ ha equazione $cx_0 - ax_2 = 0$, per cui $t(P) = L(B, P) \cap s = [a, a, c]$. Perciò, la retta $L(C, t(P))$ ha equazione $-c\beta x_0 + cx_1 + a(\beta - 1)x_2 = 0$. Poiché $L(A, P)$ ha equazione $cx_1 - bx_2 = 0$, si ottiene dunque $h(P) = [a(\beta - 1) + b, \beta b, \beta c]$.

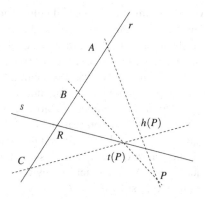

Figura 2.13. La costruzione descritta nell'Esercizio 2.48

Ne segue che h coincide su $\mathbb{P}^2(\mathbb{R}) \setminus r$ con la proiettività $f : \mathbb{P}^2(\mathbb{R}) \to \mathbb{P}^2(\mathbb{R})$ che,

nelle coordinate scelte, si rappresenta tramite la matrice invertibile $\begin{pmatrix} \beta - 1 & 1 & 0 \\ 0 & \beta & 0 \\ 0 & 0 & \beta \end{pmatrix}$.

Perciò, per provare (a) basta ora mostrare che $f|_r = g$. D'altronde, poiché $f([x_0, x_1, x_2]) = [(\beta - 1)x_0 + x_1, \beta x_1, \beta x_2]$ per ogni $[x_0, x_1, x_2] \in \mathbb{P}^2(\mathbb{R})$, si ha $f(A) = f([1, 0, 0]) = [1, 0, 0] = A, f(R) = f([1, 1, 0]) = [1, 1, 0] = R$ e $f(B) = f([0, 1, 0]) = [1, \beta, 0] = C$, per cui $f|_r$ e g coincidono su tre punti distinti di r, e dunque $f|_r = g$.

(b) Se $P \in s \setminus \{R\}$, allora $t(P) = P$, e $f(P) = h(P) = P$. Inoltre, per quanto visto in (a), si ha anche $f(R) = R$ e $f(A) = A$. Dunque tutti i punti di $s \cup \{A\}$ sono lasciati fissi da f. D'altronde, se esistesse $M \notin s \cup \{A\}$ con $f(M) = M$, allora f dovrebbe essere l'identità (cfr. 1.2.5), il che è assurdo in quanto $f(B) \neq B$. Ne segue che l'insieme di tutti e soli i punti fissi di f è dato da $s \cup \{A\}$.

(c) Poiché $f(A) = A, f(R) = R$ e $f(B) = C$, per quanto visto nell'Esercizio 2.23 si ha $f^2|_r = (f|_r)^2 = \mathrm{Id}_r$ se e solo se $\beta(A, R, B, C) = -1$. In particolare, dunque, se f è un'involuzione allora $\beta(A, R, B, C) = -1$. Viceversa, supponiamo che sia $\beta(A, R, B, C) = -1$. Allora $f^2|_r = \mathrm{Id}_r$. D'altronde $f|_s = \mathrm{Id}_s$ per cui $f^2|_{r \cup s} = \mathrm{Id}_{r \cup s}$. Poiché come sopra ricordato il luogo dei punti fissi di una proiettività è dato dall'unione di sottospazi a due a due sghembi (cfr. 1.2.5), ne segue che f^2 agisce come l'identità su $L(r, s) = \mathbb{P}^2(\mathbb{R})$, da cui la tesi.

Esercizio 2.49

Sia $f : \mathbb{P}^2(\mathbb{K}) \to \mathbb{P}^2(\mathbb{K})$ una proiettività tale che $f^2 = \mathrm{Id}, f \neq \mathrm{Id}$.

(a) Si mostri che il luogo dei punti fissi di f è costituito da $l \cup \{P\}$, dove l, P sono rispettivamente una retta ed un punto di $\mathbb{P}^2(\mathbb{K})$ con $P \notin l$.

(b) Si mostri che esiste una carta affine $h : \mathbb{P}^2(\mathbb{K}) \setminus l \to \mathbb{K}^2$ tale che $h(f(h^{-1}(v))) = -v$ per ogni $v \in \mathbb{K}^2$.

Soluzione (a) Osserviamo preliminarmente che il polinomio minimo di un endomorfismo g di $\mathbb{K}^3$ non può essere irriducibile di grado due. Se così fosse, infatti, g non avrebbe autovalori. Tuttavia, il polinomio caratteristico di g, essendo diviso dal polinomio minimo di g ed avendo grado 3, sarebbe diviso da un fattore lineare, ed avrebbe pertanto una radice in $\mathbb{K}$, il che darebbe una contraddizione.

Sia ora $\varphi : \mathbb{K}^3 \to \mathbb{K}^3$ un'applicazione lineare che induce f, e sia m il polinomio minimo di φ. Poiché $f \neq \mathrm{Id}$, il grado di m è almeno 2. Mostriamo che m è il prodotto di due termini lineari non proporzionali. Per ipotesi esiste $\lambda \in \mathbb{K}^*$ tale che $\varphi^2 = \lambda \mathrm{Id}_{\mathbb{K}^3}$. Se λ non avesse radici quadrate in $\mathbb{K}$, allora m, dovendo dividere $t^2 - \lambda$, sarebbe irriducibile di grado 2, il che è assurdo per quanto visto nel paragrafo precedente. Sia allora α una radice quadrata di λ in $\mathbb{K}$. Poiché m divide $t^2 - \lambda = (t - \alpha)(t + \alpha)$ e ha grado maggiore o uguale a 2, si ha $m = (t - \alpha)(t + \alpha)$. Si noti inoltre che, essendo $\alpha \neq 0$ e $\mathbb{K} \subseteq \mathbb{C}$, si ha $\alpha \neq -\alpha$, per cui m è effettivamente il prodotto di due fattori lineari non proporzionali.

Ne segue che $\mathbb{K}^3$ si decompone come somma diretta di due autospazi W_1, W_2 per φ di dimensione 1 e 2 rispettivamente. Posto $P = \mathbb{P}(W_1)$, $l = \mathbb{P}(W_2)$, si ha allora $P \notin l$, ed il luogo dei punti fissi di f coincide con $\{P\} \cup l$.

(b) A meno di sostituire φ con $\alpha^{-1}\varphi$ o $-\alpha^{-1}\varphi$, possiamo supporre $\varphi|_{W_1} = \mathrm{Id}_{W_1}$ e $\varphi|_{W_2} = -\mathrm{Id}_{W_2}$. Ora, se $v_1 \in W_1$ è un vettore non nullo e $\{v_2, v_3\}$ è una base di W_2, allora $\{v_1, v_2, v_3\}$ è una base di $\mathbb{K}^3$. Nelle coordinate omogenee indotte su $\mathbb{P}^2(\mathbb{K})$ da $\{v_1, v_2, v_3\}$, non è difficile mostrare che la mappa f assume la forma $f([x_0, x_1, x_2]) = [x_0, -x_1, -x_2]$. Rispetto a tali coordinate si ha inoltre $l = \mathbb{P}(\{x_0 = 0\})$. Posto perciò $h \colon \mathbb{P}^2(\mathbb{K}) \setminus l \to \mathbb{K}^2$, $h[1, x, y] = (x, y)$, si ha infine $h(f(h^{-1}(v))) = -v$ per ogni $v \in \mathbb{K}^2$.

Nota. Se $\mathbb{K} = \mathbb{C}$ o $\mathbb{K} = \mathbb{R}$, sfruttando l'esistenza della forma di Jordan (o della "forma di Jordan reale") è possibile risolvere l'Esercizio 2.49 tramite un argomento più semplice di quello sopra descritto (cfr. Esercizio 2.44).

Esercizio 2.50

Sia $f \colon \mathbb{P}^2(\mathbb{Q}) \to \mathbb{P}^2(\mathbb{Q})$ *una proiettività tale che* $f^4 = \mathrm{Id}$, $f^2 \neq \mathrm{Id}$. *Si determini il numero di punti fissi di* f.

Soluzione 1   Sia $\varphi \colon \mathbb{Q}^3 \to \mathbb{Q}^3$ un'applicazione lineare che rappresenti f, e siano $m, p \in \mathbb{Q}[t]$ rispettivamente il polinomio minimo ed il polinomio caratteristico di φ. Poiché il luogo dei punti fissi di f coincide con la proiezione su $\mathbb{P}^2(\mathbb{Q})$ dell'insieme degli autovettori di φ, cerchiamo di determinare il numero e la dimensione degli autospazi di φ, analizzando a questo scopo la fattorizzazione di m e di p.

Poiché $f^4 = \mathrm{Id}_{\mathbb{P}^2(\mathbb{Q})}$, esiste $\lambda \in \mathbb{Q}^*$ tale che $\varphi^4 = \lambda \, \mathrm{Id}_{\mathbb{Q}^3}$, per cui m divide $t^4 - \lambda$ in $\mathbb{Q}[t]$.

Dimostriamo che λ è positivo. Se per assurdo λ fosse negativo, $t^4 - \lambda$ non avrebbe radici razionali, per cui φ non ammetterebbe autovalori. Dunque p non avrebbe radici razionali per cui, avendo grado uguale a 3, sarebbe irriducibile. Per il Teorema di Hamilton-Cayley, si avrebbe allora $m = p$, per cui m avrebbe grado 3. Perciò $t^4 - \lambda$, essendo diviso da m, sarebbe diviso da un fattore lineare, ed ammetterebbe pertanto una radice razionale. Dunque λ sarebbe positivo, contro l'ipotesi di assurdo. Abbiamo così provato che λ è positivo.

Mostriamo ora che p è il prodotto di un fattore lineare e di un fattore irriducibile di secondo grado. Ciò implica che φ ha un solo autospazio, e che tale autospazio ha dimensione 1, per cui f ha necessariamente uno ed un solo punto fisso.

Sia dunque $\alpha \in \mathbb{R}^*$ la radice quarta positiva di λ. Se p fosse irriducibile su $\mathbb{Q}$, per il Teorema di Hamilton-Cayley si avrebbe $m = p$, ed il polinomio $t^4 - \lambda = (t - \alpha)(t + \alpha)(t - i\alpha)(t + i\alpha)$ sarebbe diviso da un fattore irriducibile su $\mathbb{Q}$ di grado 3, il che è assurdo, come si evince analizzando separatamente i casi $\alpha \in \mathbb{Q}$,

$\alpha \in \mathbb{R} \setminus \mathbb{Q}$. Dunque p è riducibile, ed è pertanto diviso da un fattore lineare. Ne segue che φ ammette un autovalore, per cui α è razionale. Notiamo ora che se $t^2 + \alpha^2$ non dividesse m, allora m dividerebbe $t^2 - \alpha^2$, e si avrebbe $f^2 = \mathrm{Id}$. Da ciò si deduce che $p = m = (t - \alpha)(t^2 + \alpha^2)$ o $p = m = (t + \alpha)(t^2 + \alpha^2)$, come voluto.

Soluzione 2   Sia $g = f^2$. Per quanto visto nell'Esercizio 2.49, il luogo dei punti fissi di g è dato da $\{P\} \cup l$, dove P è un punto e l è una retta non contenente P. Ora, se un punto Q è lasciato fisso da g, allora $g(f(Q)) = f^3(Q) = f(g(Q)) = f(Q)$, per cui $f(Q)$ è anch'esso lasciato fisso da g. Ne segue che $f(\{P\} \cup l) \subseteq \{P\} \cup l$, per cui, essendo f una proiettività, $f(P) = P$ e $f(l) = l$. Dunque P è un punto fisso per f.

Supponiamo ora che $Q \neq P$ sia punto fisso per f, e sia $s = L(P, Q)$. Naturalmente si ha $f(s) = s$ e, poste su s coordinate omogenee tali che $P = [1, 0]$, $Q = [0, 1]$, l'applicazione $f|_s$ è rappresentata da una matrice della forma $\begin{pmatrix} \alpha & 0 \\ 0 & \beta \end{pmatrix}$, $\alpha, \beta \in \mathbb{Q}^*$.

Da $f^4 = \mathrm{Id}$ si deduce $\alpha^4 = \beta^4$, per cui $\alpha^2 = \beta^2$, e $g|_s = f^2|_s = \mathrm{Id}_s$, il che è assurdo in quanto i punti fissi di g sono contenuti in $\{P\} \cup l$, mentre la retta s passa per P, e contiene pertanto punti distinti da P che non giacciono su l. Ciò mostra che P è l'unico punto fisso di f.

Nota. Sia $\mathcal{H}$ l'insieme delle proiettività che verificano le condizioni descritte nel testo. Le soluzioni proposte mostrano in effetti che una qualsiasi $f \in \mathcal{H}$ ha esattamente un punto fisso, ma non escludono la possibilità che si abbia $\mathcal{H} = \emptyset$ (ed in tal caso, qualsiasi risposta alla domanda "Si determini il numero di punti fissi di f" sarebbe corretta!). Tuttavia, è facile verificare che se $f : \mathbb{P}^2(\mathbb{Q}) \to \mathbb{P}^2(\mathbb{Q})$ è definita da $f([x_0, x_1, x_2]) = [x_1, -x_0, x_2]$, allora $f \in \mathcal{H}$.

Nota. Non è difficile verificare che le dimostrazioni proposte possono essere adattate al caso in cui il campo $\mathbb{Q}$ venga sostituito da $\mathbb{R}$. Pertanto, l'enunciato dell'esercizio 2.50 è vero anche qualora si sostituisca $\mathbb{P}^2(\mathbb{Q})$ con $\mathbb{P}^2(\mathbb{R})$.

Al contrario, ogni proiettività f di $\mathbb{P}^2(\mathbb{C})$ tale che $f^4 = \mathrm{Id}$ è indotta da un'applicazione lineare diagonalizzabile, ed ammette pertanto almeno 3 punti fissi. In questo caso, inoltre, le ipotesi $f^4 = \mathrm{Id}$, $f^2 \neq \mathrm{Id}$ non sono sufficienti a determinare univocamente il numero di punti fissi di f: se $g, h : \mathbb{P}^2(\mathbb{C}) \to \mathbb{P}^2(\mathbb{C})$ sono le proiettività indotte rispettivamente dalle matrici $\begin{pmatrix} 1 & 0 & 0 \\ 0 & 1 & 0 \\ 0 & 0 & i \end{pmatrix}$, $\begin{pmatrix} 1 & 0 & 0 \\ 0 & -1 & 0 \\ 0 & 0 & i \end{pmatrix}$, allora $g^4 = h^4 = \mathrm{Id}$, $g^2 \neq \mathrm{Id}$, $h^2 \neq \mathrm{Id}$, ma g e h non hanno lo stesso numero di punti fissi.

Esercizio 2.51

Siano P_1, P_2, P_3 *tre punti di* $\mathbb{P}^2(\mathbb{K})$ *in posizione generale; sia* r *una retta tale che* $P_i \notin r$ *per* $i = 1, 2, 3$.

(a) Si dimostri che esiste un'unica proiettività f *di* $\mathbb{P}^2(\mathbb{K})$ *tale che*

$$f(P_1) = P_1, \quad f(P_2) = P_3, \quad f(P_3) = P_2, \quad f(r) = r.$$

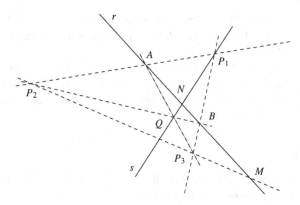

Figura 2.14. La costruzione descritta nella soluzione dell'Esercizio 2.51

- *(b) Si dimostri che il luogo dei punti fissi di f è costituito da un punto $M \in r$ e da una retta $s \subseteq \mathbb{P}^2(\mathbb{K})$ tali che $M \notin s$.*

Soluzione (a) Siano $A = L(P_1, P_2) \cap r$, $B = L(P_1, P_3) \cap r$ (cfr. Fig. 2.14). È immediato verificare che i punti A, B, P_2, P_3 formano un sistema di riferimento proiettivo di $\mathbb{P}^2(\mathbb{K})$.

Se f è una proiettività che verifica le condizioni richieste si ha $f(L(P_1, P_2)) = L(f(P_1), f(P_2)) = L(P_1, P_3)$, per cui $f(A) = f(r \cap L(P_1, P_2)) = r \cap L(P_1, P_3) = B$. Analogamente si mostra che $f(B) = A$ per cui, essendo per ipotesi $f(P_2) = P_3$ e $f(P_3) = P_2$, per il Teorema fondamentale delle trasformazioni proiettive se una tale f esiste è necessariamente unica.

Sia dunque $f: \mathbb{P}^2(\mathbb{K}) \to \mathbb{P}^2(\mathbb{K})$ l'unica proiettività tale che $f(P_2) = P_3, f(P_3) = P_2, f(A) = B, f(B) = A$. Si ha

$$f(P_1) = f(L(A, P_2) \cap L(B, P_3)) = L(B, P_3) \cap L(A, P_2) = P_1$$

e

$$f(r) = f(L(A, B)) = L(f(A), f(B)) = L(B, A) = r,$$

per cui f verifica le condizioni descritte nell'enunciato.

(b) Se $M = L(P_2, P_3) \cap r$ si ha

$$f(M) = f(L(P_2, P_3)) \cap f(r) = L(P_2, P_3) \cap r = M.$$

Inoltre $f(L(A, P_3)) = L(B, P_2)$ e $f(L(B, P_2)) = L(A, P_3)$, per cui anche il punto $Q = L(A, P_3) \cap L(B, P_2)$ è lasciato fisso da f. Poiché $L(A, P_3) \cap r = A$, $L(B, P_2) \cap r = B$ si ha poi $Q \notin r$, ed inoltre $Q \neq P_1$ in quanto altrimenti B giacerebbe su $L(P_1, P_2)$ e P_1, P_2, P_3 sarebbero allineati. Pertanto posto $s = L(Q, P_1)$ è ben definito il punto $N = s \cap r$. Poiché Q e P_1 sono lasciati fissi da f si ha $f(s) = s$, per cui $f(N) = f(s \cap r) = s \cap r = N$. Lasciando fissi i tre punti distinti P_1, Q, N, la restrizione di f a s coincide perciò con l'identità di s.

Poiché P_2, P_3, A, B sono in posizione generale, i punti $M = L(P_2, P_3) \cap L(A, B)$, $P_1 = L(P_3, B) \cap L(P_2, A)$, $Q = L(A, P_3) \cap L(B, P_2)$ non sono allineati (cfr. Esercizio 2.6), per cui $M \notin s = L(P_1, Q)$.

Il luogo dei punti fissi di f contiene pertanto la retta s ed il punto $M \in r$ che non giace su s. D'altronde, se f ammettesse altri punti fissi agirebbe come l'identità su un sistema di riferimento di $\mathbb{P}^2(\mathbb{K})$, e sarebbe perciò l'identità, contro l'ipotesi che si abbia $f(P_2) = P_3 \neq P_2$.

Esercizio 2.52

Siano P_1, P_2, P_3, P_4 punti di $\mathbb{P}^1(\mathbb{K})$ tali che $\beta(P_1, P_2, P_3, P_4) = -1$ e sia $(\mathbb{P}^1(\mathbb{K}) \setminus \{P_4\}, g)$ una qualsiasi carta affine. Si mostri che $g(P_3)$ è il punto medio del segmento con estremi $g(P_1)$, $g(P_2)$, ovvero che, posto $\alpha_i = g(P_i)$ per $i = 1, 2, 3$, si ha $\alpha_3 = \dfrac{\alpha_1 + \alpha_2}{2}$.

Soluzione 1 Per definizione di carta affine (cfr. 1.3.8) esiste in $\mathbb{P}^1(\mathbb{K})$ un sistema di coordinate omogenee per cui si abbia $P_1 = [1, \alpha_1]$, $P_2 = [1, \alpha_2]$, $P_3 = [1, \alpha_3]$, $P_4 = [0, 1]$. Per quanto visto in 1.5.1 si ha allora

$$-1 = \frac{(1 - 0)(\alpha_2 - \alpha_3)}{(\alpha_3 - \alpha_1)(0 - 1)} = \frac{\alpha_2 - \alpha_3}{\alpha_1 - \alpha_3},$$

da cui $\alpha_3 - \alpha_1 = \alpha_2 - \alpha_3$ e $\alpha_3 = \dfrac{\alpha_1 + \alpha_2}{2}$, come voluto.

Soluzione 2 Grazie alle simmetrie del birapporto (cfr. 1.5.2) si ha

$$\beta(P_2, P_1, P_3, P_4) = \beta(P_1, P_2, P_3, P_4)^{-1} = (-1)^{-1} = -1 = \beta(P_1, P_2, P_3, P_4),$$

per cui esiste una proiettività $f \colon \mathbb{P}^1(\mathbb{K}) \to \mathbb{P}^1(\mathbb{K})$ tale che $f(P_1) = P_2, f(P_2) = P_1$, $f(P_3) = P_3, f(P_4) = P_4$. Poiché $f(P_4) = P_4$, la mappa $h \colon \mathbb{K} \to \mathbb{K}$ definita da $h = g \circ f \circ g^{-1}$ è una ben definita affinità. Esistono pertanto $\lambda \in \mathbb{K}^*$, $\mu \in \mathbb{K}$ tali che $h(x) = \lambda x + \mu$ per ogni $x \in \mathbb{K}$. Inoltre da $f(P_1) = P_2, f(P_2) = P_1$ si deduce $h(\alpha_1) = \alpha_2$, $h(\alpha_2) = \alpha_1$, per cui $\lambda \alpha_1 + \mu = \alpha_2$ e $\lambda \alpha_2 + \mu = \alpha_1$. Ne segue che $\lambda = -1$ e $\mu = \alpha_1 + \alpha_2$, per cui $h(\alpha_3) = -\alpha_3 + \alpha_1 + \alpha_2$. D'altronde da $f(P_3) = P_3$ si deduce $h(\alpha_3) = \alpha_3$, per cui $-\alpha_3 + \alpha_1 + \alpha_2 = \alpha_3$, come voluto.

Esercizi su curve e ipersuperfici

3

Assunzione: In tutto il capitolo con il simbolo $\mathbb{K}$ si intenderà indicato $\mathbb{R}$ oppure $\mathbb{C}$.

Esercizio 3.1

Siano $\mathcal{I}$, $\mathcal{J}$ ipersuperfici di $\mathbb{P}^n(\mathbb{K})$, $n \geq 2$, e sia P un punto di $\mathbb{P}^n(\mathbb{K})$. Denotiamo inoltre con $\overline{C_P(\mathcal{I})}$, $\overline{C_P(\mathcal{J})}$ e $\overline{C_P(\mathcal{I} + \mathcal{J})}$ i coni tangenti proiettivi in P a $\mathcal{I}$, $\mathcal{J}$ e $\mathcal{I} + \mathcal{J}$ rispettivamente. Si mostri che

$$m_P(\mathcal{I} + \mathcal{J}) = m_P(\mathcal{I}) + m_P(\mathcal{J}), \quad \overline{C_P(\mathcal{I} + \mathcal{J})} = \overline{C_P(\mathcal{I})} + \overline{C_P(\mathcal{J})}.$$

Soluzione È possibile porre su $\mathbb{P}^n(\mathbb{K})$ coordinate omogenee $x_0, \ldots, x_n$ per cui si abbia $P = [1, 0, \ldots, 0]$. Siano $y_i = \frac{x_i}{x_0}$, $i = 1, \ldots, n$ le usuali coordinate affini di U_0, e siano $f(y_1, \ldots, y_n) = 0$, $f'(y_1, \ldots, y_n) = 0$ le equazioni delle parti affini $\mathcal{I} \cap U_0$, $\mathcal{J} \cap U_0$ rispettivamente di $\mathcal{I}$, $\mathcal{J}$. Se $d = m_P(\mathcal{I})$ e $d' = m_P(\mathcal{J})$, allora si ha

$$\begin{aligned}
f(y_1, \ldots, y_n) &= f_d(y_1, \ldots, y_n) + g(y_1, \ldots, y_n), \\
f'(y_1, \ldots, y_n) &= f'_{d'}(y_1, \ldots, y_n) + g'(y_1, \ldots, y_n),
\end{aligned}$$

dove f_d e $f'_{d'}$ sono omogenei di gradi rispettivamente d e d', g è somma di monomi

Fortuna E., Frigerio R., Pardini R.: Geometria proiettiva. Problemi risolti e richiami di teoria.
© Springer-Verlag Italia 2011

di grado maggiore di d e g' è somma di monomi di grado maggiore di d'. Si noti che $f_d = 0$ e $f'_{d'} = 0$ sono le equazioni rispettivamente dei coni tangenti affini $C_P(\mathcal{I})$ e $C_P(\mathcal{J})$.

Ora, la parte affine $(\mathcal{I} + \mathcal{J}) \cap U_0$ di $\mathcal{I} + \mathcal{J}$ ha equazione

$$f_d(y_1, \ldots, y_n) f'_{d'}(y_1, \ldots, y_n) + h(y_1, \ldots, y_n) = 0,$$

dove $f_d f'_{d'}$ è omogeneo di grado $d + d'$, e h è somma di monomi di grado maggiore di $d + d'$. Da ciò segue immediatamente che $m_P(\mathcal{I} + \mathcal{J}) = d + d' = m_P(\mathcal{I}) + m_P(\mathcal{J})$.

Inoltre, dall'equazione di $(\mathcal{I} + \mathcal{J}) \cap U_0$ sopra scritta si deduce che il cono tangente affine $C_P(\mathcal{I} + \mathcal{J})$ ha equazione $f_d f'_{d'} = 0$, per cui si ha $C_P(\mathcal{I} + \mathcal{J}) = C_P(\mathcal{I}) + C_P(\mathcal{J})$. Passando alle chiusure proiettive si ottiene infine la tesi.

Nota. È possibile dimostrare l'uguaglianza riguardante le molteplicità di P rispetto a $\mathcal{I}, \mathcal{J}$ e $\mathcal{I} + \mathcal{J}$ anche senza fare ricorso ad una particolare scelta di coordinate. Notiamo innanzi tutto che per ogni retta $r \subseteq \mathbb{P}^n(\mathbb{K})$ si ha

$$I(\mathcal{I} + \mathcal{J}, r, P) = I(\mathcal{I}, r, P) + I(\mathcal{J}, r, P) \geq m_P(\mathcal{I}) + m_P(\mathcal{J}),$$

per cui $m_P(\mathcal{I} + \mathcal{J}) \geq m_P(\mathcal{I}) + m_P(\mathcal{J})$.

Inoltre, poiché la somma dei coni tangenti proiettivi a $\mathcal{I}$ e a $\mathcal{J}$ in P è un'ipersuperficie, ed il complementare del supporto di un'ipersuperficie è non vuoto (cfr. 1.7.2), esiste un punto $Q \in \mathbb{P}^n(\mathbb{K})$ che non appartiene al cono tangente proiettivo a $\mathcal{I}$ in P né al cono tangente proiettivo a $\mathcal{J}$ in P. Se $r = L(P, Q)$, si ha allora $I(\mathcal{I}, r, P) = m_P(\mathcal{I})$, $I(\mathcal{J}, r, P) = m_P(\mathcal{J})$. Dunque

$$m_P(\mathcal{I} + \mathcal{J}) \leq I(\mathcal{I} + \mathcal{J}, r, P) = I(\mathcal{I}, r, P) + I(\mathcal{J}, r, P) = m_P(\mathcal{I}) + m_P(\mathcal{J}).$$

L'argomento appena descritto mostra inoltre che il supporto del cono tangente proiettivo a $\mathcal{I} + \mathcal{J}$ in P coincide con l'unione dei supporti dei coni tangenti proiettivi a $\mathcal{I}$ e a $\mathcal{J}$ in P.

Esercizio 3.2

Sia $n \geq 2$ e sia $\mathcal{I}$ un'ipersuperficie di $\mathbb{P}^n(\mathbb{K})$. Sia $\mathcal{I} = m_1 \mathcal{I}_1 + \cdots + m_k \mathcal{I}_k$ la decomposizione di $\mathcal{I}$ in componenti irriducibili. Si dimostri che un punto P è singolare per $\mathcal{I}$ se e solo se vale almeno una delle seguenti condizioni:

(i) esiste j tale che $P \in \mathcal{I}_j$ e $m_j \geq 2$;
(ii) esiste j tale che $P \in \mathrm{Sing}(\mathcal{I}_j)$;
(iii) esistono $j \neq s$ tali che $P \in \mathcal{I}_j \cap \mathcal{I}_s$.

Soluzione La tesi è una conseguenza immediata dell'Esercizio 3.1. Vediamone tuttavia una dimostrazione alternativa.

Sia $F = 0$ un'equazione di $\mathcal{I}$ e sia $F = c F_1^{m_1} \cdot \cdots \cdot F_k^{m_k}$ la fattorizzazione di F, dove $c \in \mathbb{K}^*$, gli F_i sono polinomi omogenei irriducibili a due a due coprimi e

$m_i > 0$ per ogni $i = 1, \ldots, k$. Per la regola di Leibniz si ha

$$\nabla F(P) = c \sum_{i=1}^{n} m_i F_1^{m_1}(P) \cdot \ldots \cdot F_i^{m_i - 1}(P) \cdot \ldots \cdot F_k^{m_k}(P) \nabla F_i(P). \qquad (3.1)$$

Se P appartiene a due o più componenti distinte di $\mathcal{I}$, oppure appartiene a una componente $\mathcal{I}_j$ di molteplicità $m_j > 1$, tutti i termini della somma a destra in (3.1) si annullano e quindi P è singolare per $\mathcal{I}$. Questo caso corrisponde alle condizioni (i) e (iii).

Se P appartiene a una sola componente $\mathcal{I}_j$ di $\mathcal{I}$ e $\mathcal{I}_j$ è una componente di $\mathcal{I}$ di molteplicità 1, per l'equazione (3.1) si ha $\nabla F(P) = c' \nabla F_j(P)$, dove $c' = c \prod_{i \neq j} F_i^{m_i}(P)$ è uno scalare diverso da zero. Quindi in tal caso $\nabla F(P) = 0$ se e solo se $\nabla F_j(P) = 0$, ovvero $P \in \mathrm{Sing}(\mathcal{I}_j)$.

Esercizio 3.3

Sia $n \geq 2$. Si mostri che:

(a) Due ipersuperfici $\mathcal{I}$ e $\mathcal{J}$ di $\mathbb{P}^n(\mathbb{C})$ hanno intersezione non vuota.
(b) Se $\mathcal{I}$ è un'ipersuperficie liscia di $\mathbb{P}^n(\mathbb{C})$, allora $\mathcal{I}$ è irriducibile.

Soluzione   (a) Se $\mathcal{I}$ è definita dall'equazione $F(x_0, \ldots, x_n) = 0$ e $\mathcal{J}$ è definita dall'equazione $G(x_0, \ldots, x_n) = 0$, poniamo:

$$F_1(x_0, x_1, x_2) = F(x_0, x_1, x_2, 0, \ldots, 0), \quad G_1(x_0, x_1, x_2) = G(x_0, x_1, x_2, 0, \ldots, 0).$$

Per il Teorema di Bézout esiste un punto $[a, b, c] \in \mathbb{P}^2(\mathbb{C})$ tale che $F_1(a, b, c) = G_1(a, b, c) = 0$. Il punto $P = [a, b, c, 0, \ldots, 0] \in \mathbb{P}^n(\mathbb{C})$ appartiene allora sia a $\mathcal{I}$ che a $\mathcal{J}$, come richiesto.

(b) Supponiamo per assurdo che $\mathcal{I}$ sia riducibile e che quindi esistano ipersuperfici $\mathcal{I}_1$ e $\mathcal{I}_2$ di $\mathbb{P}^n(\mathbb{C})$ tali che $\mathcal{I} = \mathcal{I}_1 + \mathcal{I}_2$. Per il punto (a) esiste $P \in \mathbb{P}^n(\mathbb{C})$ tale che $P \in \mathcal{I}_1$ e $P \in \mathcal{I}_2$. Per l'Esercizio 3.2 il punto P è singolare per $\mathcal{I}$, contraddicendo l'ipotesi che $\mathcal{I}$ sia liscia.

Esercizio 3.4

Sia $\mathcal{C}$ una curva ridotta di $\mathbb{P}^2(\mathbb{K})$. Si mostri che $\mathrm{Sing}(\mathcal{C})$ è un insieme finito.

Soluzione   Sia $F(x_0, x_1, x_2) = 0$ un'equazione di $\mathcal{C}$ e sia $d = \deg F$. Se $d = 1$, la curva $\mathcal{C}$ è una retta e quindi non ha punti singolari. Possiamo perciò supporre $d \geq 2$.

Poiché $\mathcal{C}$ è ridotta, possiamo scrivere $\mathcal{C} = \mathcal{C}_1 + \cdots + \mathcal{C}_m$, dove le $\mathcal{C}_i$ sono curve irriducibili e distinte. Per l'Esercizio 3.2 si ha $\mathrm{Sing}(\mathcal{C}) = \bigcup_i \mathrm{Sing}(\mathcal{C}_i) \cup \bigcup_{i \neq j} (\mathcal{C}_i \cap \mathcal{C}_j)$. Per il Teorema di Bézout l'insieme $\mathcal{C}_i \cap \mathcal{C}_j$ è finito per ogni $i \neq j$, dato che $\mathcal{C}_i$ e $\mathcal{C}_j$ sono irriducibili.

Per concludere la dimostrazione basta quindi far vedere che, se $\mathcal{C}$ è irriducibile, allora $\mathrm{Sing}(\mathcal{C})$ è finito. Dato che $F \neq 0$, si ha $F_{x_j} \neq 0$ per almeno un $j \in \{0, 1, 2\}$.

La curva $\mathcal{D}$ definita dall'equazione $F_{x_j} = 0$ ha grado $d - 1$ e si ha $\mathrm{Sing}(\mathcal{C}) \subseteq$ $\mathcal{C} \cap \mathcal{D}$. Poiché $\mathcal{C}$ è irriducibile e ha grado maggiore di $\mathcal{D}$, le curve $\mathcal{C}$ e $\mathcal{D}$ non hanno componenti comuni. Per il Teorema di Bézout $\mathcal{C} \cap \mathcal{D}$ è un insieme finito, e dunque anche $\mathrm{Sing}(\mathcal{C})$ è finito.

Esercizio 3.5

Sia $\mathcal{I}$ un'ipersuperficie di $\mathbb{P}^n(\mathbb{K})$ il cui supporto contiene un iperpiano $H \subseteq \mathbb{P}^n(\mathbb{K})$. Si mostri che H è una componente irriducibile di $\mathcal{I}$. In particolare, se $\mathcal{I}$ ha grado maggiore di 1, allora $\mathcal{I}$ è riducibile.

Soluzione   È possibile scegliere coordinate omogenee in modo che H sia definito dall'equazione $x_0 = 0$. Sia $F(x_0, \ldots, x_n) = 0$ un'equazione di $\mathcal{I}$. Esistono un polinomio omogeneo o nullo $F_1(x_0, x_1, \ldots, x_n)$ ed un polinomio omogeneo o nullo $F_2(x_1, \ldots, x_n)$ per cui si ha $F(x_0, \ldots, x_n) = x_0 F_1(x_0, \ldots, x_n) + F_2(x_1, \ldots, x_n)$. Dal fatto che $H \subseteq \mathcal{I}$ si deduce che per ogni $(a_1, \ldots, a_n) \in \mathbb{K}^n$ si ha $F(0, a_1, \ldots, a_n) = 0$, per cui $F_2(a_1, \ldots, a_n) = 0$. Per il Principio di identità dei polinomi si ha allora $F_2 = 0$. Dunque x_0 divide F, ovvero H è una componente irriducibile di $\mathcal{I}$.

Esercizio 3.6

Sia $\mathcal{I}$ un'ipersuperficie di $\mathbb{P}^n(\mathbb{K})$, sia $P \in \mathcal{I}$ un punto e sia $H \subseteq \mathbb{P}^n(\mathbb{K})$ un iperpiano passante per P e non contenuto in $\mathcal{I}$. Si mostri che:

(a) $m_P(\mathcal{I} \cap H) \geq m_P(\mathcal{I})$; in particolare, se $\mathcal{I}$ è singolare in P, allora $\mathcal{I} \cap H$ è singolare in P qualunque sia H.

(b) L'ipersuperficie $\mathcal{I} \cap H$ di H è singolare in P se e solo se H è contenuto nello spazio tangente $T_P(\mathcal{I})$.

(c) Esiste un iperpiano H di $\mathbb{P}^n(\mathbb{K})$ tale che $\mathcal{I}$ e $\mathcal{I} \cap H$ abbiano la stessa molteplicità in P.

Soluzione 1   (a) Osserviamo che se r è una retta di H passante per P si ha $I(\mathcal{I}, r, P) = I(\mathcal{I} \cap H, r, P)$ e quindi l'asserzione segue immediatamente dalla definizione di molteplicità di un'ipersuperficie in un punto.

(b) Per definizione, l'ipersuperficie $\mathcal{I} \cap H$ è singolare in P se e solo se per ogni retta r contenuta in H e passante per P si ha $I(\mathcal{I}, r, P) = I(\mathcal{I} \cap H, r, P) \geq 2$. Poiché lo spazio tangente $T_P(\mathcal{I})$ è l'unione di tutte le rette tangenti a $\mathcal{I}$ in P, tale condizione è verificata se e solo se H è contenuto in $T_P(\mathcal{I})$.

(c) Sia r una retta per P tale che la molteplicità di intersezione $I(\mathcal{I}, r, P)$ sia minima, e quindi uguale alla molteplicità di $\mathcal{I}$ in P. Allora ogni iperpiano H contenente r ha la proprietà richiesta.

Soluzione 2 (a) Sia $m = m_P(\mathcal{I}) \geq 1$. Scegliamo coordinate omogenee tali che $P = [1, 0, \ldots, 0]$ e $H = \{x_n = 0\}$. Nelle coordinate affini $y_i = \frac{x_i}{x_0}$, $i = 1, \ldots, n$, un'equazione di $\mathcal{I} \cap U_0$ è data da $f(y_1, \ldots, y_n) = 0$, dove

$$f(y_1, \ldots, y_n) = f_m(y_1, \ldots, y_n) + h(y_1, \ldots, y_n),$$

f_m è un polinomio omogeneo non nullo di grado m e h contiene solo monomi di grado $\geq m + 1$. Le coordinate affini appena introdotte inducono coordinate affini $(y_1, \ldots, y_{n-1})$ sulla parte affine $H \cap U_0$ di H. Rispetto a tali coordinate l'equazione della parte affine di $\mathcal{I} \cap H$ è data da $g(y_1, \ldots, y_{n-1}) = 0$, dove

$$g(y_1, \ldots, y_{n-1}) = f_m(y_1, \ldots, y_{n-1}, 0) + h(y_1, \ldots, y_{n-1}, 0).$$

Se ne deduce facilmente che $m_P(\mathcal{I} \cap H) \geq m = m_P(\mathcal{I})$, come voluto.

(b) L'ipersuperficie $\mathcal{I} \cap H$ è singolare in P se e solo $g(y_1, \ldots, y_{n-1})$ non contiene termini lineari. Questo accade se $m > 1$ oppure se $m = 1$ e l'iperpiano $f_1(y_1, \ldots, y_n) = 0$ contiene (e dunque coincide con) con $H \cap U_0$. Nel primo caso $T_P(\mathcal{I}) = \mathbb{P}^n(\mathbb{K})$ e ovviamente si ha $H \subseteq T_P(\mathcal{I})$. Nel secondo caso $T_P(\mathcal{I})$ è la chiusura proiettiva dell'iperpiano affine $f_1(y_1, \ldots, y_n) = 0$, che coincide con $H \cap U_0$. Quindi anche in questo caso si ha $H \subseteq T_P(\mathcal{I})$.

(c) Poiché f_m non è nullo, per il Principio di identità dei polinomi esiste un punto $Q = [1, v_1, \ldots, v_n] \in U_0$ tale che $f_m(v_1, \ldots, v_n) \neq 0$. Applicando le considerazioni fatte al punto (a) ad un iperpiano $H \subseteq \mathbb{P}^n(\mathbb{K})$ che contiene la retta $L(P, Q)$, si vede che $\mathcal{I} \cap H$ ha molteplicità m in P.

Esercizio 3.7

Sia $\mathcal{I}$ un'ipersuperficie di $\mathbb{P}^n(\mathbb{C})$. Si provi che esiste un'ipersuperficie $\mathcal{J}$ di $\mathbb{P}^n(\mathbb{R})$ tale che $\mathcal{I}$ è la complessificata $\mathcal{J}_\mathbb{C}$ di $\mathcal{J}$ se e solo se $\sigma(\mathcal{I}) = \mathcal{I}$.

Soluzione Se $\mathcal{I}$ è la complessificata di un'ipersuperficie reale, allora $\mathcal{I}$ può essere definita da un'equazione $F = 0$ con $F \in \mathbb{R}[x_0, \ldots, x_n]$. Poiché $\sigma(F) = F$, l'ipersuperficie coniugata $\sigma(\mathcal{I})$ è definita anch'essa da $F = 0$, e coincide quindi con $\mathcal{I}$.

Viceversa, sia $\mathcal{I}$ un'ipersuperficie tale che $\sigma(\mathcal{I}) = \mathcal{I}$ e sia $F \in \mathbb{C}[x_0, \ldots, x_n]$ tale che $\mathcal{I} = [F]$. L'ipersuperficie coniugata $\sigma(\mathcal{I})$ è definita da $\sigma(F) = 0$ e quindi esiste $\lambda \in \mathbb{C}^*$ tale che $\sigma(F) = \lambda F$. Scriviamo $F(x) = A(x) + iB(x)$, con $A, B \in \mathbb{R}[x_0, \ldots, x_n]$. Dato che $F \neq 0$, a meno di sostituire F con iF possiamo supporre $A \neq 0$, così che A definisce un'ipersuperficie reale $\mathcal{J}$. Si ha

$$A(x) = \frac{1}{2}(F(x) + \sigma(F)(x)) = \frac{1 + \lambda}{2} F(x),$$

per cui si ha $\lambda \neq -1$ e i polinomi F e A definiscono la stessa ipersuperficie di $\mathbb{P}^n(\mathbb{C})$, cioè $\mathcal{I} = \mathcal{J}_\mathbb{C}$.

Esercizio 3.8

Sia r una retta di $\mathbb{P}^2(\mathbb{C})$. Si provi che:

(a) Se $r = \sigma(r)$, r contiene infiniti punti reali.

(b) Se $r \neq \sigma(r)$, il punto $P = r \cap \sigma(r)$ è l'unico punto reale di r.

Soluzione (a) Se $r = \sigma(r)$, per l'Esercizio 3.7 la retta r è la complessificata di una retta reale s e pertanto contiene infiniti punti reali.

(b) Se r e $\sigma(r)$ sono rette distinte, il punto $P = r \cap \sigma(r)$ è un punto reale, in quanto $\sigma(P)$ appartiene sia a $\sigma(r)$ che a $\sigma(\sigma(r)) = r$ e coincide quindi con P. Inoltre se $Q \in r$ è un punto reale, si ha $Q = \sigma(Q) \in r \cap \sigma(r) = \{P\}$, per cui P è l'unico punto reale di r.

Esercizio 3.9

Sia $\mathcal{I}$ un'ipersuperficie irriducibile di $\mathbb{P}^n(\mathbb{R})$ di grado dispari. Si mostri che l'ipersuperficie complessificata $\mathcal{I}_{\mathbb{C}}$ è irriducibile.

Soluzione Sia $\mathcal{J}$ una componente irriducibile di $\mathcal{I}_{\mathbb{C}}$. Se $\sigma(\mathcal{J}) \neq \mathcal{J}$, le ipersuperfici $\mathcal{J}$ e $\sigma(\mathcal{J})$ sono componenti irriducibili di $\mathcal{I}_{\mathbb{C}}$ distinte e dello stesso grado. Dato che per ipotesi $\deg \mathcal{I}_{\mathbb{C}} = \deg \mathcal{I}$ è dispari, esiste almeno una componente $\mathcal{J}$ di $\mathcal{I}_{\mathbb{C}}$ tale che $\sigma(\mathcal{J}) = \mathcal{J}$. Per l'Esercizio 3.7 esiste un'ipersuperficie $\mathcal{K}$ di $\mathbb{P}^n(\mathbb{R})$ tale che $\mathcal{J} = \mathcal{K}_{\mathbb{C}}$. Allora $\mathcal{K}$ è una componente di $\mathcal{I}$ e quindi, poiché $\mathcal{I}$ è irriducibile, $\mathcal{K} = \mathcal{I}$. Ne segue che $\mathcal{I}_{\mathbb{C}} = \mathcal{K}_{\mathbb{C}} = \mathcal{J}$ è irriducibile, come richiesto.

Esercizio 3.10

Sia C una cubica di $\mathbb{P}^2(\mathbb{C})$. Si mostri che:

(a) Se C è riducibile e $P \in C$ è un punto singolare, allora C contiene una retta passante per P.

(b) Se C ha un solo punto singolare P, e P è un nodo oppure una cuspide ordinaria, allora C è irriducibile.

(c) Se C ha un flesso P, allora C è riducibile se e solo se C contiene la tangente di flesso in P.

(d) Se C ha un numero finito di punti singolari e un numero finito di flessi, allora C è irriducibile.

Soluzione (a) Se C è riducibile, si avrà $C = \mathcal{Q} + l$, dove l è una retta e $\mathcal{Q}$ è una conica (eventualmente a sua volta riducibile). Naturalmente, se $P \in l$ abbiamo concluso, per cui possiamo supporre $P \in \mathcal{Q} \setminus l$. Poiché P è singolare per C, P deve essere singolare anche per $\mathcal{Q}$ (cfr. Esercizio 3.2). In particolare $\mathcal{Q}$ deve essere singolare, ed è perciò unione di due rette (eventualmente coincidenti), in quanto ogni conica singolare è riducibile. Ne segue che P giace comunque su una retta contenuta in C.

(b) Supponiamo per assurdo che $\mathcal{C}$ sia riducibile. Per quanto visto in (a), si ha allora $\mathcal{C} = \mathcal{Q} + l$, dove l è una retta passante per P e $\mathcal{Q}$ è una conica (eventualmente riducibile). Inoltre, poiché P è doppio, P è un punto semplice di $\mathcal{Q}$, e dal fatto che P è l'unico punto singolare di $\mathcal{C}$ si deduce che $l \cap \mathcal{Q} = \{P\}$. Ne segue che l è la tangente a $\mathcal{Q}$ in P, e da ciò si deduce facilmente che l è l'unica tangente principale a $\mathcal{C}$ in P (cfr. Esercizio 3.1). Ciò porta ad una contraddizione nel caso in cui P sia un nodo di $\mathcal{C}$. Inoltre si ha $I(\mathcal{C}, l, P) = \infty$, il che dà una contraddizione nel caso in cui P sia una cuspide ordinaria. Dunque $\mathcal{C}$ è irriducibile.

(c) Chiaramente $\mathcal{C}$ è riducibile se contiene la tangente di flesso in P. Viceversa supponiamo che $\mathcal{C}$ sia riducibile, diciamo $\mathcal{C} = \mathcal{Q} + l$, dove l è una retta e $\mathcal{Q}$ è una conica (eventualmente riducibile). Poiché il punto di flesso P è non singolare, allora $P \in l \setminus \mathcal{Q}$ oppure $P \in \mathcal{Q} \setminus l$. Nel primo caso la tangente di flesso τ_P a $\mathcal{C}$ in P coincide con l e quindi τ_P è contenuta in $\mathcal{C}$. Se invece $P \in \mathcal{Q} \setminus l$, allora $I(\mathcal{Q}, \tau_P, P) = I(\mathcal{C}, \tau_P, P) \geq 3$; poiché $\mathcal{Q}$ ha grado 2, per il Teorema di Bézout si deve avere $\tau_P \subseteq \mathcal{Q} \subseteq \mathcal{C}$.

(d) Supponiamo per assurdo che $\mathcal{C}$ sia riducibile, e quindi $\mathcal{C} = l + \mathcal{Q}$, dove l è una retta e $\mathcal{Q}$ è una conica (eventualmente riducibile a sua volta). Se $l \cap \mathcal{Q}$ è un insieme finito, gli infiniti punti di $l \setminus \mathcal{Q}$ sono tutti flessi di $\mathcal{C}$, contro l'ipotesi. Dunque l e $\mathcal{Q}$ hanno infiniti punti in comune e quindi, per il Teorema di Bézout, si ha $l \subseteq \mathcal{Q}$. Ma allora tutti i punti di l sono singolari per $\mathcal{C}$, e ciò contraddice ancora le ipotesi. Dobbiamo quindi concludere che $\mathcal{C}$ è irriducibile.

Esercizio 3.11

Siano $F(x_0, x_1, x_2) = 0$, $G(x_0, x_1, x_2) = 0$ le equazioni di due curve ridotte di $\mathbb{P}^2(\mathbb{C})$. Si dimostri che F e G definiscono la stessa curva se e solo $V(F) = V(G)$.

Soluzione Ricordiamo innanzi tutto che i polinomi F e G definiscono la stessa curva se e solo se sono l'uno un multiplo scalare dell'altro (e hanno pertanto, in particolare, lo stesso grado d), ovvero se $[F] = [G]$ in $\mathbb{P}(V)$, dove $V = \mathbb{C}[x_0, x_1, x_2]_d$ è lo spazio vettoriale costituito dai polinomi omogenei di grado d e dal polinomio nullo. Dunque, se $[F] = [G]$ allora si ha ovviamente $V(F) = V(G)$ (ed è questo il motivo per cui è ben definito il supporto di una curva!).

Supponiamo ora $V(F) = V(G)$. Sia inoltre $F = F_1 F_2 \ldots F_k$ la decomposizione di F in fattori irriducibili; osserviamo che gli F_i sono a due a due primi tra loro in quanto $[F]$ è ridotta. Sia $i \in \{1, \ldots, k\}$ fissato. Per quanto ricordato in 1.7.1, F_i è un polinomio omogeneo. Inoltre, dal fatto che $V(F) \subseteq V(G)$ si deduce che $V(F_i)$ è contenuto in $V(G)$. Poiché $V(F_i)$ consta di un numero infinito di punti, dal Teorema di Bézout si deduce allora che le curve definite da F_i e G hanno una componente irriducibile in comune, ovvero, essendo F_i irriducibile, che F_i divide G. Poiché ciò è vero per ogni i, ed gli F_i sono a due a due primi tra loro, si può allora concludere che F divide G. Per simmetria, d'altronde, anche G divide F, e ciò implica ovviamente che F e G sono l'uno un multiplo scalare dell'altro, come voluto.

Nota. Siano $F(x_0, x_1, x_2) = 0$, $G(x_0, x_1, x_2) = 0$ le equazioni di due curve di $\mathbb{P}^2(\mathbb{C})$ (non necessariamente ridotte, e non necessariamente dello stesso grado) tali che $V(F) \subseteq V(G)$. La soluzione dell'Esercizio 3.11 mostra che ogni fattore irriducibile di F divide G, per cui ogni componente irriducibile di F è in effetti una componente irriducibile di G.

Esercizio 3.12

Sia C una curva irriducibile di $\mathbb{P}^2(\mathbb{R})$ di grado dispari. Si provi che:

(a) Il supporto di C contiene infiniti punti.
(b) Se D è una curva di grado dispari, allora $C \cap D \neq \emptyset$.

Soluzione (a) Indichiamo con d il grado di C. Sia r una retta di $\mathbb{P}^2(\mathbb{R})$ che non è una componente di C. I punti di $C \cap r$ corrispondono alle radici di un polinomio g omogeneo in due variabili non nullo e di grado d (cfr. 1.7.6). Poiché per ipotesi d è dispari, per il Teorema 1.7.2 il polinomio g ha almeno una radice reale e dunque $C \cap r$ non è vuoto. Fissato $P \in \mathbb{P}^2(\mathbb{R}) \setminus C$, al variare di r nel fascio di rette di centro P si ottengono così infiniti punti di C.

(b) Chiaramente è sufficiente limitarsi a considerare il caso in cui D sia irriducibile e diversa da C. Indichiamo con m il grado di D. Consideriamo un sistema di coordinate omogenee x_0, x_1, x_2 di $\mathbb{P}^2(\mathbb{R})$ tale che il punto di coordinate $[0, 0, 1]$ non appartenga né a $C \cup D$ né all'unione delle rette congiungenti due punti di $C \cap D$. Siano $F(x_0, x_1, x_2) = 0$ un'equazione di C e $G(x_0, x_1, x_2) = 0$ un'equazione di D e sia $R(x_0, x_1) = \mathrm{Ris}(F, G, x_2)$. Grazie alla particolare scelta delle coordinate, il polinomio $R(x_0, x_1)$ è non nullo e omogeneo di grado dm e i fattori irriducibili di grado 1 di $R(x_0, x_1)$ sono in corrispondenza biunivoca con i punti di $C \cap D$ (cfr. 1.9.3). Poiché dm è dispari, per il Teorema 1.7.2 il polinomio $R(x_0, x_1)$ ha almeno un fattore irriducibile di grado 1, che corrisponde a un punto $Q \in C \cap D$.

Esercizio 3.13

Sia C una curva irriducibile di grado d di $\mathbb{P}^2(\mathbb{R})$ che contiene un punto liscio P. Si provi che:

(a) Se D è una curva di grado m tale che md è pari e $I(C, D, P) = 1$, allora esiste $Q \in C \cap D$ tale che $Q \neq P$.
(b) Il supporto di C contiene infiniti punti.

Soluzione (a) Poiché C è irriducibile per ipotesi e $I(C, D, P) = 1$, C non è una componente di D e quindi per il Teorema di Bézout reale l'insieme $C \cap D$ è finito.

Sia x_0, x_1, x_2 un sistema di coordinate omogenee come al punto (b) della soluzione dell'Esercizio 3.12 e tale che $P = [1, 0, 0]$, così che i punti di $C \cap D$ sono in corrispondenza biunivoca con i fattori lineari del polinomio $R(x_0, x_1) = \mathrm{Ris}(F, G, x_2)$, che è non nullo e omogeneo di grado dm. Ricordiamo che, per definizione, la molteplicità con cui un fattore di grado 1 compare nella fattorizzazione di $R(x_0, x_1)$ è uguale alla molteplicità di intersezione di C e D nel punto corrispondente (cfr. 1.9.3). Poiché $I(C, D, P) = 1$, si ha $R(x_0, x_1) = x_1 S(x_0, x_1)$, dove $S(x_0, x_1)$ è un polinomio omogeneo di grado $dm - 1$ che non è divisibile per x_1. Poiché $dm - 1$ è dispari, per il Teorema 1.7.2 il polinomio $S(x_0, x_1)$ ha almeno un fattore irriducibile di grado 1, che corrisponde a un punto $Q \in C \cap D$ tale che $Q \neq P$.

(b) Poiché una retta di $\mathbb{P}^2(\mathbb{R})$ contiene infiniti punti, possiamo limitarci a considerare il caso $d > 1$. Sia D una conica di $\mathbb{P}^2(\mathbb{R})$ passante per P, tale che D sia liscia in P e le rette $T_P(D)$ e $T_P(C)$ siano distinte. Per l'Esercizio 3.57 si ha $I(C, D, P) = 1$ e quindi per il punto (a) esiste un punto $Q \in C \cap D$ tale che $Q \neq P$.

Siano $P_1, P_2, P_3 \in \mathbb{P}^2(\mathbb{R}) \setminus C$ punti tali che P, P_1, P_2, P_3 sono in posizione generale. Le coniche passanti per P, P_1, P_2, P_3 formano un fascio $\mathcal{F} = \{D_{[\lambda, \mu]} \mid [\lambda, \mu] \in \mathbb{P}^1(\mathbb{R})\}$ avente $\{P, P_1, P_2, P_3\}$ quale luogo dei punti base. Poiché il passaggio per un punto e la tangenza in quel punto a una retta fissata sono condizioni lineari (cfr. 1.9.6), l'insieme delle coniche di $\mathcal{F}$ tangenti a C in P (ovvero a $T_P(C)$ in P, cfr. Esercizio 3.57) o coincide con $\mathcal{F}$ oppure contiene al più una conica. Le coniche riducibili $L(P, P_1) + L(P_2, P_3)$ e $L(P, P_2) + L(P_1, P_3)$ appartengono a $\mathcal{F}$ e, dato che P, P_1, P_2, P_3 sono in posizione generale, non sono entrambe tangenti a $T_P(C)$ in P. Esiste pertanto al più un valore $[\lambda_0, \mu_0] \in \mathbb{P}^1(\mathbb{R})$ tale che $D_{[\lambda_0, \mu_0]}$ è tangente a C in P. Per il punto (a), per ogni $[\lambda, \mu] \neq [\lambda_0, \mu_0]$ esiste un punto $Q_{[\lambda, \mu]} \in C \cap D_{[\lambda, \mu]}$ tale che $Q_{[\lambda, \mu]} \neq P$. Poiché due coniche distinte del fascio si intersecano esattamente in P, P_1, P_2, P_3 e P_1, P_2, P_3 non appartengono a C, al variare di $[\lambda, \mu] \in \mathbb{P}^1(\mathbb{R}) \setminus \{[\lambda_0, \mu_0]\}$ i punti $Q_{[\lambda, \mu]}$ risultano tutti distinti tra loro, e formano quindi un insieme infinito.

Esercizio 3.14

Si studi la natura dei punti singolari della cubica proiettiva C di $\mathbb{P}^2(\mathbb{C})$ definita dall'equazione

$$F(x_0, x_1, x_2) = x_0^3 + 2x_0^2 x_2 + x_0 x_2^2 + x_1^2 x_2 = 0.$$

Soluzione I punti singolari di C sono dati dalle soluzioni del sistema

$$\begin{cases} F_{x_0} = 3x_0^2 + 4x_0 x_2 + x_2^2 = 0 \\ F_{x_1} = 2x_1 x_2 = 0 \\ F_{x_2} = 2x_0^2 + 2x_0 x_2 + x_1^2 = 0 \end{cases}.$$

Da $F_{x_1} = 0$ si deduce $x_2 = 0$ o $x_1 = 0$. È immediato verificare che se $x_2 = 0$ si ha $x_0 = x_1 = 0$. Se invece $x_1 = 0$, da $F_{x_2} = 0$ si deduce $x_0 = 0$ o $x_0 = -x_2$. Inoltre, se $x_0 = x_1 = 0$ da $F_{x_0} = 0$ si deduce $x_2 = 0$, mentre $x_0 = -x_2$ comporta automaticamente $F_{x_0} = 0$. Ne segue che l'unico punto singolare di C è dato da $[1, 0, -1]$.

Poste su U_0 le coordinate $u = \frac{x_1}{x_0}, v = \frac{x_2}{x_0}$, la parte affine $C \cap U_0$ di C ha equazione $f(u, v) = 1 + 2v + v^2 + u^2 v = 0$. Inoltre, se $\tau \colon \mathbb{C}^2 \to \mathbb{C}^2$ è la traslazione definita da $\tau(u, v) = (u, v+1)$, la curva $\tau(C \cap U_0)$ ha equazione $f(\tau^{-1}(u, v)) = v^2 + u^2 v - u^2 =$

$(v - u)(v + u) + u^2 v = 0$. Dunque $(0,0)$ è un punto doppio ordinario di $\tau(\mathcal{C} \cap U_0)$. Ne segue che $[1, 0, -1]$ è un punto doppio ordinario di $\mathcal{C}$.

Esercizio 3.15

Sia $\mathcal{C}$ la curva proiettiva di $\mathbb{P}^2(\mathbb{C})$ di equazione

$$F(x_0, x_1, x_2) = x_0 x_2^2 - x_1^3 + x_0 x_1^2 + 5x_0^2 x_1 - 5x_0^3 = 0$$

e sia $Q = [0, 1, 0]$. Si verifichi che $\mathcal{C}$ è non singolare e si determinino i punti $P \in \mathcal{C}$ tali che la tangente a $\mathcal{C}$ in P passi per il punto Q.

Soluzione   Supponiamo che (x_0, x_1, x_2) risolva il sistema

$$\begin{cases} F_{x_0} &= x_2^2 + x_1^2 + 10x_0x_1 - 15x_0^2 = 0 \\ F_{x_1} &= (x_0 + x_1)(5x_0 - 3x_1) = 0 \\ F_{x_2} &= 2x_0x_2 = 0 \end{cases}.$$

Da $F_{x_2} = 0$ si deduce che $x_0 = 0$ o $x_2 = 0$. Nel primo caso, da $F_{x_1} = 0$ si deduce $x_1 = 0$, per cui $F_{x_0} = 0$ permette di concludere che anche $x_2 = 0$. Nel secondo caso, da $F_{x_1} = 0$ si deduce $x_0 = -x_1$ oppure $x_1 = \frac{5}{3}x_0$. Insieme alla condizione $x_2 = 0$, ciascuna di queste uguaglianze, se sostituita in $F_{x_0} = 0$, implica $x_0 = x_1 = 0$. In ogni caso abbiamo mostrato $x_0 = x_1 = x_2 = 0$, per cui $\mathcal{C}$ è non singolare.

La tangente a $\mathcal{C}$ nel punto $[y_0, y_1, y_2]$ ha equazione $F_{x_0}(y_0, y_1, y_2)x_0 + F_{x_1}(y_0, y_1, y_2)x_1 + F_{x_2}(y_0, y_1, y_2)x_2 = 0$, e pertanto contiene Q se e solo se $F_{x_1}(y_0, y_1, y_2) = 0$. Ne segue che tutti e soli i punti di $\mathcal{C}$ la cui tangente contiene Q sono determinati dalle soluzioni del sistema

$$\begin{cases} F(y_0, y_1, y_2) &= y_0 y_2^2 - y_1^3 + y_0 y_1^2 + 5y_0^2 y_1 - 5y_0^3 = 0 \\ F_{x_1}(y_0, y_1, y_2) &= (y_0 + y_1)(5y_0 - 3y_1) = 0 \end{cases},$$

che è soddisfatto dai punti di coordinate $[0, 0, 1]$, $[1, -1, 2\sqrt{2}]$, $[1, -1, -2\sqrt{2}]$, $[3\sqrt{3}, 5\sqrt{3}, 2i\sqrt{10}]$, $[3\sqrt{3}, 5\sqrt{3}, -2i\sqrt{10}]$.

Nota. Dimostreremo nell'Esercizio 3.29 che, se $\mathcal{C}$ è una curva liscia di $\mathbb{P}^2(\mathbb{C})$ di grado maggiore di 1 e $Q \in \mathbb{P}^2(\mathbb{C})$, allora l'insieme delle rette tangenti a $\mathcal{C}$ che si possono condurre da Q è sempre finito e non vuoto.

Inoltre, nella soluzione dell'Esercizio 3.15 si è osservato che i punti della cubica $\mathcal{C}$ la cui tangente τ_P contiene Q sono i punti di intersezione di $\mathcal{C}$ con la conica $\mathcal{Q}$ definita dall'equazione $F_{x_1} = 0$. Per il Teorema di Bézout il numero di tali punti, contati con molteplicità, è uguale a 6. In effetti, non è difficile verificare che il punto $P = [0, 0, 1]$ è un flesso e che $I(\mathcal{C}, \mathcal{Q}, P) = 2$, mentre i 4 punti restanti non sono flessi e in tali punti $\mathcal{C}$ e $\mathcal{Q}$ si intersecano con molteplicità 1.

Esercizio 3.16

Sia C la curva di $\mathbb{C}^2$ di equazione $f(x,y) = xy^2 - y^4 + x^3 - 2x^2y = 0$. Si determinino:

(a) I punti impropri e gli asintoti di C.

(b) I punti singolari di C con le relative molteplicità e tangenti principali, specificando quali di essi sono punti singolari ordinari.

(c) L'equazione della retta tangente a C nel punto $P = (4, -4)$.

Soluzione (a) Identificando $\mathbb{C}^2$ con la carta affine U_0 di $\mathbb{P}^2(\mathbb{C})$ attraverso la mappa $j_0 \colon \mathbb{C}^2 \to U_0$ definita da $j_0(x_1, x_2) = [1, x_1, x_2]$, la chiusura proiettiva $\overline{C}$ di C ha equazione

$$F(x_0, x_1, x_2) = x_0 x_1 x_2^2 - x_2^4 + x_0 x_1^3 - 2x_0 x_1^2 x_2 = 0.$$

Calcolando l'intersezione fra $\overline{C}$ e la retta $x_0 = 0$, troviamo come unico punto improprio $P = [0, 1, 0]$.

Usando le coordinate affini $u = \frac{x_0}{x_1}, v = \frac{x_2}{x_1}$ nella carta affine U_1, il punto P ha coordinate $(0, 0)$ e la parte affine $\overline{C} \cap U_1$ ha equazione $uv^2 - v^4 + u - 2uv = 0$. Pertanto P è un punto semplice di $\overline{C}$ e la tangente a $\overline{C} \cap U_1$ in P ha equazione $u = 0$. Dunque la tangente a $\overline{C}$ in P è la retta $x_0 = 0$, e di conseguenza non ci sono asintoti per C.

(b) Ricordiamo che i punti singolari di C sono i punti propri che sono singolari per $\overline{C}$. Per determinare i punti singolari di $\overline{C}$, basta risolvere il sistema

$$\begin{cases} F_{x_0} = & x_1 x_2^2 + x_1^3 - 2x_1^2 x_2 = x_1(x_2 - x_1)^2 = 0 \\ F_{x_1} = & x_0 x_2^2 + 3x_0 x_1^2 - 4x_0 x_1 x_2 = 0 \\ F_{x_2} = & 2x_0 x_1 x_2 - 4x_2^3 - 2x_0 x_1^2 = 0 \end{cases},$$

che ha come unica soluzione il punto $Q = [1, 0, 0]$, che corrisponde a $(0, 0) \in \mathbb{C}^2$. Dall'equazione di C riconosciamo che $(0, 0)$ è un punto triplo; poiché la parte omogenea di grado 3 di $f(x, y)$ è $xy^2 + x^3 - 2x^2y = x(x - y)^2$, vediamo che le tangenti principali a C nell'origine sono le rette $x = 0$ e $x - y = 0$ (quest'ultima con molteplicità 2). Dunque l'origine è una singolarità non ordinaria.

(c) Poiché $F_{x_0}(1, 4, -4) = 256$, $F_{x_1}(1, 4, -4) = 128$, $F_{x_2}(1, 4, -4) = 192$, l'equazione della retta proiettiva tangente a $\overline{C}$ in $[1, 4, -4]$ è $4x_0 + 2x_1 + 3x_2 = 0$. Ne segue che la retta tangente a C in P ha equazione $2x + 3y + 4 = 0$.

Esercizio 3.17

Si consideri la curva C di $\mathbb{C}^2$ di equazione $f(x, y) = x - xy^2 + 1 = 0$.

(a) Si determinino i punti singolari e gli asintoti di C.

(b) Si determinino i punti di flesso della chiusura proiettiva di C, verificando che sono allineati, e si calcoli l'equazione di una retta che li contiene.

Soluzione   (a) Identificando $\mathbb{C}^2$ con la carta affine U_0 di $\mathbb{P}^2(\mathbb{C})$ attraverso la mappa $j_0 \colon \mathbb{C}^2 \to U_0$ definita da $j_0(x_1, x_2) = [1, x_1, x_2]$, la chiusura proiettiva $\overline{C}$ di C ha equazione $F(x_0, x_1, x_2) = x_0^2 x_1 - x_1 x_2^2 + x_0^3 = 0$.

Per determinare i punti singolari di C basta osservare che il sistema

$$\begin{cases} F_{x_0} = & x_0(2x_1 + 3x_0) = 0 \\ F_{x_1} = & (x_0 - x_2)(x_0 + x_2) = 0 \\ F_{x_2} = & -2x_1 x_2 = 0 \end{cases}$$

ha come unica soluzione la terna omogenea $[x_0, x_1, x_2] = [0, 1, 0]$. Ne segue che $P = [0, 1, 0]$ è l'unico punto singolare di $\overline{C}$, e che C non ha punti singolari.

Ponendo a sistema l'equazione di $\overline{C}$ con l'equazione $x_0 = 0$ della retta all'infinito, si verifica facilmente che i punti impropri di C sono P e $Q = [0, 0, 1]$ e che Q è un punto liscio. Poiché $F_{x_0}(0, 0, 1) = F_{x_2}(0, 0, 1) = 0$, la tangente (principale) a $\overline{C}$ in Q ha equazione $x_1 = 0$. Dunque $x = 0$ è l'equazione di un asintoto di C.

Allo scopo di determinare le tangenti principali a $\overline{C}$ in P, utilizziamo le coordinate affini $u = \frac{x_0}{x_1}, v = \frac{x_2}{x_1}$ definite sulla carta affine U_1. Con tale scelta, il punto P ha coordinate $(0, 0)$ e la parte affine $\overline{C} \cap U_1$ ha equazione $u^2 - v^2 + u^3 = (u - v)(u + v) + u^3 = 0$. Pertanto P è un punto doppio, e le tangenti principali a $\overline{C} \cap U_1$ in P hanno equazioni $u + v = 0, u - v = 0$. Dunque le tangenti principali a $\overline{C}$ in P hanno equazioni $x_0 + x_2 = 0, x_0 - x_2 = 0$, e C ha quali asintoti, oltre alla retta $x = 0$ trovata sopra, le rette $y = 1$ e $y = -1$.

(b) Poiché

$$H_F(x_0, x_1, x_2) = \det \begin{pmatrix} 2x_1 + 6x_0 & 2x_0 & 0 \\ 2x_0 & 0 & -2x_2 \\ 0 & -2x_2 & -2x_1 \end{pmatrix} = 8(x_0^2 x_1 - 3x_0 x_2^2 - x_1 x_2^2),$$

i punti di flesso di $\overline{C}$ sono dati dai punti semplici di $\overline{C}$ le cui coordinate risolvono il sistema

$$\begin{cases} x_0^2 x_1 - x_1 x_2^2 + x_0^3 = 0 \\ x_0^2 x_1 - 3x_0 x_2^2 - x_1 x_2^2 = 0 \end{cases}.$$

Sottraendo la seconda equazione dalla prima e svolgendo qualche semplice calcolo, si ricava che i punti di flesso di $\overline{C}$ sono $[0, 0, 1], [-12, 9, 4i\sqrt{3}], [-12, 9, -4i\sqrt{3}]$. Tali punti giacciono sulla retta di equazione $3x_0 + 4x_1 = 0$.

Nota. Come mostrato nell'Esercizio 3.10, una cubica avente un solo nodo e nessun altro punto singolare è irriducibile. Pertanto, il fatto che i flessi della chiusura proiettiva di C siano allineati dipende dal risultato generale che mostreremo nell'Esercizio 3.36.

Esercizio 3.18

Sia C la curva di $\mathbb{R}^2$ di equazione $f(x,y) = x^3 - xy^2 + x^2y - y^3 + xy^4 = 0$. Si determinino:

(a) I punti singolari della chiusura proiettiva $\overline{C}$ di C, calcolando per ciascuno la molteplicità, le tangenti principali e la molteplicità di intersezione di $\overline{C}$ con ogni tangente principale.

(b) I punti impropri e gli asintoti di C.

(c) Tutte le rette del fascio di centro $[1,0,0]$ che sono tangenti a $\overline{C}$ in due punti distinti.

Soluzione   (a) La chiusura proiettiva $\overline{C}$ di C ha equazione

$$F(x_0, x_1, x_2) = x_0^2(x_1^3 - x_1x_2^2 + x_1^2x_2 - x_2^3) + x_1x_2^4 = 0$$

e osserviamo che $F = x_0^2(x_1 - x_2)(x_1 + x_2)^2 + x_1x_2^4$.

I punti singolari di $\overline{C}$ sono tutti e soli i punti le cui coordinate omogenee annullano il gradiente di F, ovvero risolvono il sistema

$$\begin{cases} F_{x_0} = & 2x_0(x_1 - x_2)(x_1 + x_2)^2 = 0 \\ F_{x_1} = & x_0^2(x_1 + x_2)^2 + 2x_0^2(x_1 - x_2)(x_1 + x_2) + x_2^4 = 0 \\ F_{x_2} = & -x_0^2(x_1 + x_2)^2 + 2x_0^2(x_1 - x_2)(x_1 + x_2) + 4x_1x_2^3 = 0 \end{cases}.$$

I punti singolari sono dunque i punti $A = [0,1,0]$ e $B = [1,0,0]$.

Dall'equazione di C riconosciamo che B è un punto triplo con tangenti principali la retta τ_1 di equazione $x_1 - x_2 = 0$ e la retta τ_2 di equazione $x_1 + x_2 = 0$, quest'ultima doppia, per cui si tratta di un punto triplo non ordinario.

Nella carta affine U_0 una parametrizzazione di $\tau_1 \cap U_0$ è data dall'applicazione $\gamma \colon \mathbb{R} \to \mathbb{R}^2$, $\gamma(t) = (t,t)$. Poiché $\gamma(0) = B$ ed il polinomio $f(\gamma(t)) = t^5$ ammette 0 come radice di molteplicità algebrica 5, si ha che $I(C, \tau_1, B) = 5$. Similmente otteniamo che $I(C, \tau_2, B) = 5$.

Per studiare la natura del punto $A = [0,1,0]$, lavoriamo nella carta U_1 con coordinate affini $u = \frac{x_0}{x_1}, v = \frac{x_2}{x_1}$. In tali coordinate $A = (0,0)$ e $\overline{C} \cap U_1$ ha equazione $u^2(1 - v)(1 + v)^2 + v^4 = 0$. Dunque A è un punto doppio non ordinario (cuspide) di $\overline{C} \cap U_1$, e la tangente principale a $\overline{C}$ in A è data dalla chiusura proiettiva τ_3 della retta affine $u = 0$, ossia dalla retta $\tau_3 = \{x_0 = 0\}$. Inoltre $I(\overline{C}, \tau_3, A) = 4$, per cui A è una cuspide non ordinaria.

(b) Intersecando $\overline{C}$ con la retta $x_0 = 0$ troviamo come punti impropri di C i punti $A = [0,1,0]$ e $P = [0,0,1]$. Per quanto già visto in (a), il punto A non dà luogo ad un asintoto. Abbiamo visto inoltre che P è un punto semplice per C; poiché $\nabla F(0,0,1) = (0,1,0)$, la tangente a C in P è la retta di equazione $x_1 = 0$. Troviamo così che la retta affine di equazione $x = 0$ è un asintoto per C.

(c) Le rette del fascio di centro $B = [1,0,0]$ hanno equazione $ax_1 + bx_2 = 0$ al variare di $[a,b] \in \mathbb{P}^1(\mathbb{R})$.

La retta del fascio corrispondente a $b = 0$, cioè la retta $x_1 = 0$, soddisfa la richiesta in quanto è tangente a $\overline{C}$ sia in B che in P.

Supponiamo dunque $b \neq 0$, ad esempio $b = -1$, e vediamo per quali valori di $a \in \mathbb{R}$ la retta $x_2 = ax_1$ è tangente a $\overline{C}$ in due punti distinti. Sostituendo $x_2 = ax_1$ nell'equazione della curva otteniamo l'equazione

$$x_1^3\left((1-a)(1+a)^2 x_0^2 + a^4 x_1^2\right) = 0$$

da cui riconosciamo che per ogni valore di a la retta interseca C in $B = [1, 0, 0]$ almeno 3 volte, fatto ovvio visto che si tratta di un punto triplo. Resta dunque da vedere per quali valori di a le ulteriori intersezioni coincidono e sono diverse da B.

L'equazione $(1-a)(1+a)^2 x_0^2 + a^4 x_1^2 = 0$ avrà due soluzioni coincidenti solo se $a = 0$ oppure se $(1-a)(1+a) = 0$.

Il valore $a = 0$ è accettabile in quanto la corrispondente retta $x_2 = 0$ è tangente a $\overline{C}$ nei punti B (triplo) e A (cuspide).

Invece i valori $a = 1$ e $a = -1$ sono entrambi non accettabili in quanto le corrispondenti rette $x_2 = x_1$ e $x_2 = -x_1$ (che avevamo denotato τ_1 e τ_2) intersecano $\overline{C}$ solo in B con molteplicità 5.

Esercizio 3.19

Data la curva C di $\mathbb{P}^2(\mathbb{C})$ di equazione

$$F(x_0, x_1, x_2) = x_0^2 x_1^2 - x_0 x_1 x_2^2 - 3x_1^4 - x_0^2 x_2^2 - 2x_0 x_1^3 = 0,$$

se ne calcolino i punti singolari e le loro molteplicità e tangenti principali.
Si dica inoltre se C è riducibile.

Soluzione I punti singolari di C sono dati dalle soluzioni del sistema

$$\begin{cases} F_{x_0} = 2x_0 x_1^2 - x_1 x_2^2 - 2x_0 x_2^2 - 2x_1^3 = 0 \\ F_{x_1} = 2x_0^2 x_1 - x_0 x_2^2 - 12x_1^3 - 6x_0 x_1^2 = 0 \\ F_{x_2} = -2x_0 x_2(x_0 + x_1) = 0 \end{cases}.$$

Con facili calcoli si ottiene che i punti singolari di C sono $P = [0, 0, 1]$, $Q = [1, 0, 0]$, $R = [1, -1, 2]$ e $S = [1, -1, -2]$.

Notiamo ora che P, R e S giacciono sulla retta r di equazione $x_0 + x_1 = 0$. Si ha perciò $I(C, r, P) + I(C, r, R) + I(C, r, S) \geq 2 + 2 + 2 = 6 > 4$, per cui per il Teorema di Bézout la retta r è una componente irriducibile di C. In effetti, se $G(x_0, x_1, x_2) = x_0 x_1^2 - 3x_1^3 - x_0 x_2^2$, si ha $F(x_0, x_1, x_2) = (x_0 + x_1)G(x_0, x_1, x_2)$, e quindi C è riducibile.

Poste su U_0 le coordinate $u = \frac{x_1}{x_0}$, $v = \frac{x_2}{x_0}$, l'equazione della parte affine $C \cap U_0$ di C diventa $f(u, v) = u^2 - uv^2 - 3u^4 - v^2 - 2v^3 = 0$. Poiché in tali coordinate Q corrisponde all'origine, e la componente omogenea di f di grado minimo è $(u + v)(u - v)$, Q è un punto doppio ordinario di C con tangenti principali rispettivamente di equazione $x_1 + x_2 = 0$ e $x_1 - x_2 = 0$.

Allo scopo di calcolare le molteplicità e le tangenti principali dei punti singolari di C che giacciono su r, sfruttiamo ora le informazioni ottenute sulla fattorizzazione di F. Poiché

$$G_{x_0} = x_1^2 - x_2^2, \quad G_{x_1} = 2x_0x_1 - 9x_1^2, \quad G_{x_2} = -2x_0x_2,$$

se $\mathcal{D}$ è la curva di equazione $G = 0$, i punti P, R, S sono punti semplici di $\mathcal{D}$. Poiché $\mathcal{C} = r + \mathcal{D}$, ne segue che P, R, S sono punti doppi di $\mathcal{C}$ (cfr. Esercizio 3.1). Inoltre, dal calcolo delle derivate parziali di G è immediato ricavare le equazioni delle rette tangenti r_P, r_R, r_S a $\mathcal{D}$ in P, R, S. Tali rette sono date da $r_P = \{x_0 = 0\}$, $r_R = \{3x_0 + 11x_1 + 4x_2 = 0\}, r_S = \{3x_0 + 11x_1 - 4x_2 = 0\}$. Le tangenti principali a $\mathcal{Q}$ in P (rispettivamente in R, S) sono allora date da r, r_P (rispettivamente, da r, r_R, e da r, r_S) (cfr. Esercizio 3.1).

Esercizio 3.20

Si consideri, al variare dei parametri $a, b \in \mathbb{C}$, la curva $\mathcal{C}$ di $\mathbb{C}^2$ di equazione $f(x, y) = x^2(y - 5)^2 + y(bx + a^2y) = 0$.

(a) Si determinini il numero degli asintoti di $\mathcal{C}$.

(b) Si dica se il punto $(0, 0) \in \mathbb{C}^2$ è singolare per $\mathcal{C}$, se ne calcoli la molteplicità e si dica se è un punto ordinario.

(c) Si dica se esistono valori dei parametri $a, b \in \mathbb{C}$ tali che la curva $\mathcal{C}$ passi per il punto $(-1, 1)$ e sia ivi tangente alla retta $3x + 5y - 2 = 0$.

Soluzione (a) La chiusura proiettiva $\overline{\mathcal{C}}$ di $\mathcal{C}$ in $\mathbb{P}^2(\mathbb{C})$ ha equazione

$$F(x_0, x_1, x_2) = x_1^2(x_2 - 5x_0)^2 + x_0x_2(bx_1 + a^2x_2) = 0.$$

Pertanto i punti impropri di $\mathcal{C}$, ovvero i punti di intersezione tra $\overline{\mathcal{C}}$ e la retta $x_0 = 0$, sono $P = [0, 1, 0]$ e $Q = [0, 0, 1]$.

Allo scopo di determinare le tangenti principali a $\overline{\mathcal{C}}$ in P, utilizziamo le coordinate affini $u = \frac{x_0}{x_1}, v = \frac{x_2}{x_1}$ definite sulla carta affine U_1. Con questa scelta di coordinate, il punto P corrisponde al punto $(0, 0)$ e la parte affine $\overline{\mathcal{C}} \cap U_1$ ha equazione $f_1(u, v) = (v - 5u)^2 + uv(b + a^2v) = 0$. Poiché f_1 non contiene monomi di primo grado, P è singolare. Inoltre, la parte omogenea di f_1 di grado 2 è data da $v^2 + uv(b - 10) + 25u^2$: essa non è mai identicamente nulla, ed è il quadrato di un polinomio lineare se e solo se $b = 0$ oppure $b = 20$. Ne segue che P è un punto doppio non ordinario se $b = 0$ o $b = 20$, ed un punto doppio ordinario altrimenti. Inoltre, poiché il monomio u non divide il termine omogeneo di secondo grado di f_1, la retta $x_0 = 0$ non è mai tangente principale a $\overline{\mathcal{C}}$ in P. Dunque, gli asintoti di $\mathcal{C}$ la cui chiusura proiettiva contiene P sono due se $b \neq 0$ e $b \neq 20$, uno altrimenti.

Per studiare la natura del punto $Q \in \mathcal{C}$, scegliamo ora le coordinate affini $s = \frac{x_0}{x_2}, t = \frac{x_1}{x_2}$ definite su U_2. Con questa scelta di coordinate, Q corrisponde al punto $(0, 0)$ e la parte affine $\overline{\mathcal{C}} \cap U_2$ ha equazione $f_2(s, t) = t^2(1 - 5s)^2 + s(bt + a^2) = 0$.

Se $a \neq 0$, il punto Q è pertanto liscio, e la tangente (principale) a $\overline{\mathcal{C}}$ in Q ha equazione $x_0 = 0$. In tal caso $\mathcal{C}$ non ha asintoti la cui chiusura proiettiva passi per Q.

Se invece $a = 0$, la parte quadratica omogenea di f_2 è data da $t(t + bs)$: essa è sempre non nulla, ed è il quadrato di un polinomio lineare se e solo se $b = 0$. Ne segue che P è un punto doppio non ordinario se $b = 0$, ed un punto doppio ordinario altrimenti. Inoltre, poiché il monomio s non divide il termine omogeneo di secondo grado di f_2, la retta $x_0 = 0$ non è mai tangente principale a $\overline{C}$ in P. Dunque, gli asintoti di C la cui chiusura proiettiva contiene Q sono due se $b \neq 0$, uno altrimenti.

In definitiva, il numero degli asintoti di C è:

- 4 se $a = 0$ e $b \notin \{0, 20\}$;
- 3 se $a = 0$ e $b = 20$;
- 2 se $a = b = 0$ oppure $a \neq 0$ e $b \notin \{0, 20\}$;
- 1 se $a \neq 0$, $b \in \{0, 20\}$.

(b) Poiché l'equazione di C non contiene termini lineari, $(0, 0)$ è singolare. Inoltre, il termine quadratico omogeneo dell'equazione di C è dato da $25x^2 + bxy + a^2y^2$, che è sempre non nullo, ed uguale al quadrato di un polinomio lineare se e solo se $b = \pm 10a$. Dunque $(0, 0)$ è un punto doppio, ed è ordinario se e solo se $b \neq \pm 10a$.

(c) Imponendo $f(-1, 1) = 0$ si ricava $b = a^2 + 16$. Si ha inoltre $f_x(-1, 1) = b - 32$, $f_y(-1, 1) = 2a^2 - b - 8$. Dunque, la retta di equazione $3x + 5y - 2 = 0$ è tangente a C in $(-1, 1)$ se e solo se $b = a^2 + 16$ e

$$0 = \det \begin{pmatrix} b - 32 & 2a^2 - b - 8 \\ 3 & 5 \end{pmatrix} = 8b - 6a^2 - 136.$$

Poiché il sistema $b - a^2 - 16 = 8b - 6a^2 - 136 = 0$ ha soluzione $a = \pm 2$, $b = 20$, ne segue che la retta $3x + 5y - 2 = 0$ è tangente a C in $(-1, 1)$ se e solo se $a = \pm 2$ e $b = 20$.

Esercizio 3.21

Si consideri al variare dei parametri $a, b, c \in \mathbb{C}$ la curva C di $\mathbb{C}^2$ di equazione:

$$f(x, y) = x^3(x^2 + a) + y(x^3 - x^2y + by + c) = 0.$$

(a) Si calcolino la molteplicità del punto $O = (0, 0)$ e le tangenti principali a C in O. Nel caso in cui O sia un punto semplice, si determini la molteplicità di intersezione in O tra C e la retta tangente a C in O.

(b) Si determinino i punti impropri e gli asintoti di C.

(c) Si determinino i valori di a, b, c per cui il punto $Q = (0, 2)$ sia un punto singolare di C e, per tali valori, si calcoli la molteplicità di Q per C, specificando se Q è un punto ordinario.

Soluzione (a) Riordinando i monomi di f, si ottiene $f(x, y) = cy + by^2 + ax^3 + yx^2(x - y) + x^5$. Pertanto, O è semplice se e solo se $c \neq 0$. In tal caso la tangente r a C in O ha equazione $y = 0$, ed ammette pertanto la parametrizzazione $\gamma \colon \mathbb{C} \to \mathbb{C}^2$ data da $\gamma(t) = (t, 0)$. Poiché $f(\gamma(0)) = O$, il valore $I(C, r, O)$ è uguale alla molteplicità di 0 come radice di $f(\gamma(t))$. Poiché $f(\gamma(t)) = t^3(t^2 + a)$, si ha $I(C, r, O) = 3$ se $a \neq 0$, e $I(C, r, O) = 5$ altrimenti.

Se invece $c = 0$ e $b \neq 0$, il punto O risulta doppio non ordinario, con la sola tangente principale $y = 0$. Se $c = b = 0$ e $a \neq 0$, allora O è un punto triplo non ordinario, con la sola retta di equazione $x = 0$ come tangente principale. Infine, se $b = c = a = 0$, allora O è un punto quadruplo non ordinario, e le tangenti principali a $\mathcal{C}$ in O hanno equazione $x = 0$ (di molteplicità 2), $y = 0$ e $x = y$ (ciascuna di molteplicità 1).

(b) La chiusura proiettiva di $\mathcal{C}$ ha equazione

$$F(x_0, x_1, x_2) = x_1^3(x_1^2 + ax_0^2) + x_0 x_2(x_1^3 - x_1^2 x_2 + bx_2 x_0^2 + cx_0^3) = 0.$$

Risolvendo il sistema $F(x_0, x_1, x_2) = x_0 = 0$ si ricava che $P = [0, 0, 1]$ è l'unico punto improprio di $\mathcal{C}$. Siano ora $u = \frac{x_0}{x_2}$, $v = \frac{x_1}{x_2}$ coordinate affini su U_2. Con questa scelta di coordinate P coincide con $(0, 0)$ e la parte affine $\overline{\mathcal{C}} \cap U_2$ della chiusura proiettiva di $\mathcal{C}$ ha equazione

$$g(u, v) = v^3(v^2 + au^2) + u(v^3 - v^2 + bu^2 + cu^3) = 0.$$

La componente omogenea di grado minimo di g è $u(bu^2 - v^2)$, per cui se α è una radice quadrata di b, allora le tangenti principali a $\overline{\mathcal{C}}$ in P intersecano U_2 nelle rette affini di equazione $u = 0$, $v = \alpha u$, $v = -\alpha u$ (in particolare, se $b = 0$ allora P non è ordinario, in quanto le tangenti $v = \alpha u$, $v = -\alpha u$ coincidono). Dunque, le tangenti principali a $\overline{\mathcal{C}}$ in P hanno equazione $x_0 = 0$, $x_1 = \alpha x_0$, $x_1 = -\alpha x_0$. Ne segue che se $b = 0$ la curva $\mathcal{C}$ ha un solo asintoto, di equazione $x = 0$, altrimenti $\mathcal{C}$ ha due asintoti, di equazione $x = \alpha$ e $x = -\alpha$.

(c) Affinché Q sia singolare per $\mathcal{C}$, si deve avere $f(Q) = f_x(Q) = f_y(Q) = 0$. Poiché $f(0, 2) = 4b + 2c$, $f_x(0, 2) = 0$ e $f_y(0, 2) = 4b + c$, ciò si verifica se e solo se $b = c = 0$. Supponiamo perciò $b = c = 0$ e studiamo la natura del punto Q. A tale scopo, osserviamo che la traslazione $\tau : \mathbb{C}^2 \to \mathbb{C}^2$ definita da $\tau(x, y) = (x, y - 2)$ verifica $\tau(Q) = (0, 0)$. Inoltre

$$f(\tau^{-1}(x, y)) = x^2(x(x^2 + a) + (y + 2)(x - y - 2)),$$

per cui la componente omogenea di grado minimo di $f \circ \tau^{-1}$ è $-4x^2$, e l'origine è un punto doppio non ordinario di $\tau(\mathcal{C})$. Ne segue che Q è un punto doppio non ordinario per $\mathcal{C}$.

Esercizio 3.22

Al variare dei parametri $a, b \in \mathbb{C}$, si consideri la curva affine $\mathcal{C}_{a,b}$ di equazione $f(x, y) = x^3 - 2ay^2 + bxy^2 = 0$.

(a) Si determinino i valori di a, b per cui la retta all'infinito è tangente alla chiusura proiettiva $\overline{\mathcal{C}_{a,b}}$ di $\mathcal{C}_{a,b}$ e per ciascuno di tali valori si dica se $\overline{\mathcal{C}_{a,b}}$ è singolare nel punto di tangenza.

(b) Si determinino, se esistono, $a, b \in \mathbb{C}$ tali che $\mathcal{C}_{a,b}$ passi per il punto $(1, 2)$ con tangente $x - y + 1 = 0$.

Soluzione　(a) L'equazione di $\overline{C_{a,b}}$ è data da

$$F(x_0, x_1, x_2) = x_1^3 - 2ax_0x_2^2 + bx_1x_2^2 = 0.$$

Affinché la retta all'infinito sia tangente a $\overline{C_{a,b}}$ in un punto P, è necessario e sufficiente che si abbia $x_0(P) = F(P) = F_{x_1}(P) = F_{x_2}(P) = 0$. Pertanto, poiché $F_{x_1} = 3x_1^2 + bx_2^2$, $F_{x_2} = -4ax_0x_2 + 2bx_1x_2$, la retta all'infinito è tangente a $\overline{C_{a,b}}$ se e solo se il sistema

$$\begin{cases} x_0 = 0 \\ x_1^3 - 2ax_0x_2^2 + bx_1x_2^2 = 0 \\ 3x_1^2 + bx_2^2 = 0 \\ -4ax_0x_2 + 2bx_1x_2 = 0 \end{cases}$$

ammette una soluzione non banale. Si vede facilmente che ciò si verifica se e solo se $b = 0$. Inoltre, se $b = 0$ l'unica soluzione omogenea non banale è data da $[0, 0, 1]$. Poiché $F_{x_0}(0, 0, 1) = -2a$, infine, $\overline{C_{a,b}}$ è singolare nel punto di tangenza se e solo se $a = 0$.

(b) La curva $C_{a,b}$ passa per $(1, 2)$ con tangente $x - y + 1 = 0$ se e solo se $f(1, 2) = 0$ ed il vettore $(f_x(1, 2), f_y(1, 2))$ è multiplo di $(1, -1)$. La prima condizione è equivalente a $1 - 8a + 4b = 0$, mentre la seconda è equivalente a $f_x(1, 2) = -f_y(1, 2)$, ovvero, dopo facili conti, a $3 - 8a + 8b = 0$. Il sistema dato dalle due equazioni appena ricavate ha come unica soluzione $a = -\dfrac{1}{8}, b = -\dfrac{1}{2}$, pertanto $C_{a,b}$ passa per $(1, 2)$ con tangente $x - y + 1 = 0$ se e solo se $a = -\dfrac{1}{8}, b = -\dfrac{1}{2}$.

Esercizio 3.23

Sia $k \geq 1$ un numero intero. Si consideri, al variare del parametro $a \in \mathbb{C}$, la curva C di $\mathbb{C}^2$ di equazione $f(x, y) = x^k y^2 - x^5 + a = 0$.

(a) Al variare di k e di a, si determinino i punti singolari di C e se ne calcolino le molteplicità. Si specifichi inoltre se essi sono ordinari.

(b) Al variare di k e di a, si determinino i punti impropri e gli asintoti di C.

(c) Fissato $k = 3$, si dica quali fra i punti impropri di C sono punti di flesso.

Soluzione　(a) L'insieme dei punti singolari di C è dato dalle soluzioni del sistema

$$\begin{cases} f(x, y) & = & x^k y^2 - x^5 + a = 0 \\ f_x(x, y) & = & kx^{k-1}y^2 - 5x^4 = 0 \\ f_y(x, y) & = & 2x^k y = 0 \end{cases}.$$

Dalla terza equazione si deduce che deve essere $x = 0$ o $y = 0$. Tuttavia, se $y = 0$ dalla seconda equazione si ha $x = 0$, per cui ogni punto singolare verifica necessariamente la condizione $x = 0$. Dalla prima equazione si deduce allora che se $a \neq 0$ non vi sono punti singolari.

Supponiamo allora $a = 0$.

Se $k > 1$, allora tutti i punti della forma $(0, y_0)$, $y_0 \in \mathbb{C}$, sono singolari, mentre se $k = 1$ il solo punto singolare di $\mathcal{C}$ è dato da $O = (0, 0)$.

Studiamo innanzi tutto la natura del punto O.

Se $k < 3$, la componente omogenea di f avente grado minimo è data da $x^k y^2$, per cui si ha $m_O(\mathcal{C}) = 2 + k$. Il punto O è non ordinario poiché la tangente principale di equazione $y = 0$ ha molteplicità 2.

Se $k = 3$, si ha $f(x, y) = x^3(y^2 - x^2)$, $m_O(\mathcal{C}) = 5$ e O è non ordinario poiché la tangente principale di equazione $x = 0$ ha molteplicità 3.

Se invece $k > 3$, la componente omogenea di f avente grado minimo è data da $-x^5$, per cui O è chiaramente un punto quintuplo non ordinario.

In definitiva, per qualsiasi valore di k il punto O è non ordinario di molteplicità $\min\{5, k + 2\}$.

Come detto, se $k = 1$ non vi sono altri punti singolari. Sia allora $k > 1$, e studiamo la natura del punto $(0, y_0)$, con $y_0 \neq 0$. La traslazione $\tau \colon \mathbb{C}^2 \to \mathbb{C}^2$ definita da $\tau(x, y) = (x, y + y_0)$ verifica $\tau(0, 0) = (0, y_0)$ e

$$f(\tau(x, y)) = x^k(y + y_0)^2 - x^5 = y_0^2 x^k - x^5 + 2y_0 x^k y + x^k y^2.$$

Ne segue che, se $k < 5$, la componente omogenea di grado minimo di $f \circ \tau$ è $y_0^2 x^k$, per cui il punto $(0, y_0)$ ha molteplicità k per $\mathcal{C}$ ed è non ordinario (ammette infatti come sola tangente principale la retta $x = 0$). Se $k > 5$, la componente omogenea di grado minimo di $f \circ \tau$ è $-x^5$, per cui $(0, y_0)$ è un punto quintuplo non ordinario per $\mathcal{C}$. Infine, se $k = 5$ si hanno due casi: se $y_0 \neq \pm 1$, la componente omogenea di grado minimo di $f \circ \tau$ è data da $(y_0^2 - 1)x^5$, per cui $(0, y_0)$ è quintuplo non ordinario per $\mathcal{C}$, mentre se $y_0 = \pm 1$ si ha $f(\tau(x, y)) = 2y_0 x^5 y + x^5 y^2$, per cui $(0, \pm 1)$ è un punto singolare non ordinario di molteplicità 6 per $\mathcal{C}$.

Ricapitolando, se $k > 1$ i punti della forma $(0, y_0)$ sono sempre singolari non ordinari, e hanno molteplicità uguale a $\min\{5, k\}$, eccetto che per $k = 5$ e $y_0 = \pm 1$, caso in cui la molteplicità è uguale a 6.

(b) Studiamo separatamente i casi $k < 3$, $k = 3$, $k > 3$.

Se $k < 3$, l'equazione della chiusura proiettiva $\overline{\mathcal{C}}$ di $\mathcal{C}$ è data da

$$F(x_0, x_1, x_2) = x_0^{3-k} x_1^k x_2^2 - x_1^5 + a x_0^5 = 0.$$

Ne segue facilmente che l'unico punto improprio di $\mathcal{C}$ è dato da $P = [0, 0, 1]$. Poste su U_2 coordinate affini $u = \frac{x_0}{x_2}$, $v = \frac{x_1}{x_2}$, si ha che la parte affine $\overline{\mathcal{C}} \cap U_2$ di $\overline{\mathcal{C}}$ ha equazione $u^{3-k} v^k - v^5 + a u^5 = 0$. Inoltre, P ha coordinate affini $(0, 0)$. Poiché le tangenti principali a $\overline{\mathcal{C}} \cap U_2$ in $(0, 0)$ sono chiaramente le rette di equazione $u = 0$ e $v = 0$, ne segue che le tangenti principali a P in $\overline{\mathcal{C}}$ sono date da $x_0 = 0$ e $x_1 = 0$. La prima di tali rette non dà origine ad alcun asintoto, per cui $\mathcal{C}$ ammette il solo asintoto $x = 0$.

Se $k > 3$, l'equazione della chiusura proiettiva $\overline{\mathcal{C}}$ di $\mathcal{C}$ è data da

$$F(x_0, x_1, x_2) = x_1^k x_2^2 - x_0^{k-3} x_1^5 + a x_0^{k+2} = 0.$$

I punti impropri di $\mathcal{C}$ sono pertanto $P = [0, 0, 1]$ e $Q = [0, 1, 0]$. Poste su U_2 le coordinate affini u, v definite nel paragrafo precedente in modo che P venga identificato con $(0, 0)$, la parte affine $\overline{C} \cap U_2$ di $\overline{C}$ ha equazione $v^k - u^{k-3}v^5 + au^{k+2} = 0$, la cui componente omogenea di grado minimo è data da v^k. Dunque la retta $v = 0$ è l'unica tangente principale a $\overline{C} \cap U_2$ in $(0, 0)$, e da ciò segue facilmente che l'unico asintoto di C la cui chiusura proiettiva passa per P è dato dalla retta $x = 0$.

Per studiare gli asintoti passanti per Q, poniamo su U_1 coordinate affini $s = \frac{x_0}{x_1}$, $t = \frac{x_2}{x_1}$. Notiamo che Q viene così identificato con l'origine di $\mathbb{C}^2$, e che la parte affine $\overline{C} \cap U_1$ di $\overline{C}$ ha equazione $g(s, t) = t^2 - s^{k-3} + as^{k+2} = 0$. È utile in questa analisi distinguere diversi casi a seconda del valore di k.

Se $k > 5$, la componente omogenea di grado minimo di $g(s, t)$ è data da t^2; dunque la retta $t = 0$ è l'unica tangente principale a $\overline{C} \cap U_1$ in $(0, 0)$, e da ciò segue facilmente che l'unico asintoto di C la cui chiusura proiettiva passa per Q è dato dalla retta $y = 0$.

Se $k = 5$, la componente omogenea di grado minimo di $g(s, t)$ è data da $t^2 - s^2$ per cui $\overline{C} \cap U_1$ ha come tangenti principali in $(0, 0)$ le rette $t - s = 0$ e $t + s = 0$; pertanto ci sono due asintoti di C la cui chiusura proiettiva passa per Q, ossia le rette $y - 1 = 0$ e $y + 1 = 0$.

Se $k = 4$, la componente omogenea di grado minimo di $g(s, t)$ è data da s; ne segue che la retta $s = 0$ è l'unica tangente principale a $\overline{C} \cap U_1$ in $(0, 0)$ e di conseguenza in questo caso non ci sono asintoti di C la cui chiusura proiettiva passa per Q.

Sia ora $k = 3$. L'equazione della chiusura proiettiva di C è data allora da $F(x_0, x_1, x_2) = x_1^3 x_2^2 - x_1^5 + ax_0^5 = 0$. Il sistema $F(x_0, x_1, x_2) = x_0 = 0$ è ovviamente equivalente al sistema $x_1^3(x_1^2 - x_2^2) = x_0 = 0$, per cui i punti impropri di C sono dati da $P = [0, 0, 1]$, $M = [0, -1, 1]$, $N = [0, 1, 1]$. Poste su U_2 le coordinate affini u, v sopra introdotte, la parte affine $\overline{C} \cap U_2$ di $\overline{C}$ ha allora equazione $f(u, v) = v^3 - v^5 + au^5 = 0$. Inoltre P, M, N sono identificati rispettivamente con i punti $(0, 0), (0, -1), (0, 1)$ di $\mathbb{C}^2$. Ne segue immediatamente che l'unica tangente principale a $\overline{C}$ in P ha equazione $x_1 = 0$, per cui l'unico asintoto di C la cui chiusura proiettiva passa per P ha equazione $x = 0$.

Allo scopo di determinare le tangenti principali a $\overline{C}$ in M e N, calcoliamo ora il gradiente di F. Poiché $F_{x_0} = 5ax_0^4$, $F_{x_1} = 3x_1^2 x_2^2 - 5x_1^4$, $F_{x_2} = 2x_1^3 x_2$, si ha $\nabla F(0, -1, 1) = (0, -2, -2)$, $\nabla F(0, 1, 1) = (0, -2, 2)$, per cui M, N sono non singolari per $\overline{C}$, e le tangenti a $\overline{C}$ in M e in N hanno equazione rispettivamente $x_1 + x_2 = 0$ e $x_1 - x_2 = 0$. Ne segue che, se $k = 3$, gli asintoti di C sono dati dalle rette $x = y$, $x = -y$, $x = 0$.

(c) Mantenendo la notazione introdotta nell'ultima parte della soluzione di (b), notiamo innanzi tutto che P, essendo singolare per $\overline{C}$, non può essere un punto di flesso. Verifichiamo invece che sia M sia N sono punti di flesso di $\overline{C}$. Per quanto visto, la tangente τ_M alla parte affine $\overline{C} \cap U_2$ in $(0, -1)$ ha equazione $v = -1$, ed ammette pertanto la parametrizzazione $\gamma \colon \mathbb{C} \to \mathbb{C}^2$ data da $\gamma(r) = (r, -1)$. Poiché $\gamma(0) = (0, -1)$, ne segue che la molteplicità di intersezione $I(\overline{C}, \tau_M, M)$ è uguale alla molteplicità di 0 come radice del polinomio $f(\gamma(r))$. Poiché $f(\gamma(r)) = ar^5$, tale molteplicità è maggiore o uguale a 5, dunque maggiore di 2. Inoltre, per quanto visto nella soluzione di (b), M è non singolare per $\overline{C}$, per cui M ne è un punto di flesso.

In maniera del tutto analoga si conclude che anche N è un punto di flesso per $\overline{C}$: la tangente τ_N a $\overline{C} \cap U_2$ in $(0, 1)$ è parametrizzata da $\eta(r) = (r, 1)$, e si ha $f(\eta(r)) = ar^5$, per cui $I(\overline{C}, \tau_N, N) \geq 5$, da cui la tesi, in quanto N è non singolare per $\overline{C}$.

Esercizio 3.24

Si determini una cubica $\mathcal{D}$ di $\mathbb{R}^2$ che verifichi le seguenti condizioni:

(i) $(0, 1)$ *è un punto doppio ordinario con tangenti principali di equazione* $y = 2x+1$ *e* $y = -2x + 1$;
(ii) gli unici punti impropri di $\mathcal{D}$ sono $[0, 1, 0]$ *e* $[0, 0, 1]$;
(iii) la retta $y = 5$ *è un asintoto per $\mathcal{D}$.*

Si dica inoltre se $\mathcal{D}$ ha altri asintoti.

Soluzione Consideriamo la traslazione $\tau \colon (X, Y) \to (x, y) = (X, Y + 1)$ tale che $\tau(0, 0) = (0, 1)$. Nelle coordinate X, Y le rette da imporre come tangenti principali hanno equazione $Y = \pm 2X$, pertanto la cubica deve avere una equazione del tipo

$$Y^2 - 4X^2 + aX^3 + bX^2Y + cXY^2 + dY^3 = 0,$$

ossia, tornando nelle coordinate x, y, del tipo

$$(y - 1)^2 - 4x^2 + ax^3 + bx^2(y - 1) + cx(y - 1)^2 + d(y - 1)^3 = 0.$$

Imponendo che $[0, 1, 0]$ e $[0, 0, 1]$ siano punti impropri otteniamo le condizioni $a = 0$ e $d = 0$. L'equazione della chiusura proiettiva $\overline{\mathcal{D}}$ di $\mathcal{D}$ è pertanto data da

$$F(x_0, x_1, x_2) = x_0(x_2 - x_0)^2 - 4x_0x_1^2 + bx_1^2(x_2 - x_0) + cx_1(x_2 - x_0)^2 = 0.$$

La chiusura proiettiva della retta $y = 5$ ha equazione $x_2 - 5x_0 = 0$ e il suo punto improprio è $[0, 1, 0]$. Poiché $\nabla F(0, 1, 0) = (-4 - b, 0, b)$, il punto $[0, 1, 0]$ è liscio per ogni b; imponendo che la retta $x_2 - 5x_0 = 0$ sia tangente in $[0, 1, 0]$ otteniamo l'ulteriore condizione $b = 1$. Osserviamo infine che necessariamente $c = 0$, altrimenti $\mathcal{D}$ avrebbe altri punti impropri diversi da $[0, 1, 0]$ e $[0, 0, 1]$. Si conclude dunque che l'equazione di $\mathcal{D}$ deve essere

$$(y - 1)^2 - 4x^2 + x^2(y - 1) = 0,$$

che peraltro verifica tutte le condizioni richieste.

Si verifica infine facilmente che $\mathcal{D}$ non ha altri asintoti, in quanto $[0, 0, 1]$, l'altro punto improprio, è un punto liscio di $\overline{\mathcal{D}}$ con tangente $x_0 = 0$.

Esercizio 3.25

Si determini una cubica $\mathcal{D}$ di $\mathbb{P}^2(\mathbb{C})$ che verifichi che le seguenti condizioni:

(i) $[1, 0, 0]$ *è un punto doppio ordinario con tangenti principali di equazione* $x_1 = 0$ *e* $x_2 = 0$;

(ii) $[0, 1, 1]$ *è un punto di flesso con tangente* $x_0 = 0$;

(iii) $\mathcal{D}$ *passa per il punto* $[1, 4, 2]$.

Si dica inoltre se la cubica $\mathcal{D}$ è riducibile.

Soluzione   Affinché la condizione (i) sia verificata, nella carta affine U_0 l'equazione di $\mathcal{D} \cap U_0$ deve essere del tipo

$$xy + ax^3 + bx^2y + cxy^2 + dy^3 = 0,$$

per cui $\mathcal{D}$ ha equazione

$$x_0 x_1 x_2 + ax_1^3 + bx_1^2 x_2 + cx_1 x_2^2 + dx_2^3 = 0,$$

con $a, b, c, d \in \mathbb{C}$ non tutti nulli.

Per imporre la condizione (ii), osserviamo che nella carta U_2, rispetto alle coordinate affini $u = \frac{x_0}{x_2}, v = \frac{x_1}{x_2}$, la parte affine $\mathcal{D} \cap U_2$ ha equazione

$$f(u, v) = uv + av^3 + bv^2 + cv + d = 0.$$

Inoltre, la parte affine della retta $r = \{x_0 = 0\}$ ha equazione $u = 0$, mentre il punto $[0, 1, 1]$ ha coordinate $(u_0, v_0) = (0, 1)$. Notiamo innanzi tutto che $f_u(0, 1) = 1$, per cui $[0, 1, 1]$, se appartiene a $\mathcal{D}$, è non singolare e in tal caso la condizione (ii) è verificata se e solo se $I(\mathcal{D}, r, [0, 1, 1]) \geq 3$. Poiché la funzione $\gamma \colon \mathbb{C} \to \mathbb{C}^2$, $\gamma(t) = (0, t + 1)$ definisce una parametrizzazione di $r \cap U_2$ con $\gamma(0) = (0, 1)$, la molteplicità di intersezione $I(\mathcal{D}, r, [0, 1, 1])$ è uguale alla molteplicità di 0 come radice del polinomio $f(\gamma(t)) = a(t + 1)^3 + b(t + 1)^2 + c(t + 1) + d$. Dunque, affinché $I(\mathcal{D}, r, [0, 1, 1]) \geq 3$ è necessario e sufficiente che si abbia

$$a + b + c + d = 3a + 2b + c = 3a + b = 0.$$

Infine $\mathcal{D}$ passa per $[1, 4, 2]$ se e solo se $1 + 8a + 4b + 2c + d = 0$. Poiché l'unica soluzione del sistema

$$\begin{cases} a + b + c + d = 0 \\ 3a + 2b + c = 0 \\ 3a + b = 0 \\ 1 + 8a + 4b + 2c + d = 0 \end{cases}$$

è $a = -1, b = 3, c = -3, d = 1$, otteniamo che l'unica cubica $\mathcal{D}$ che soddisfa le condizioni richieste ha equazione

$$x_0 x_1 x_2 - x_1^3 + 3x_1^2 x_2 - 3x_1 x_2^2 + x_2^3 = 0.$$

Poiché il punto $[0, 1, 1] \in \mathcal{D}$ è un flesso con retta tangente $x_0 = 0$, per l'Esercizio 3.10 la curva $\mathcal{D}$ è riducibile se e solo se contiene la retta $x_0 = 0$. Dall'equazione di $\mathcal{D}$ si vede immediatamente che questo non avviene, per cui $\mathcal{D}$ è irriducibile.

Esercizio 3.26

(a) Si determini l'equazione di una cubica C di $\mathbb{P}^2(\mathbb{C})$ passante per $[1, 6, 2]$, avente in $Q = [1, 0, 0]$ un flesso con tangente $x_1 + x_2 = 0$ e in $P = [0, 1, 0]$ una cuspide con tangente principale $x_0 = 0$.

(b) Si dica se C ha altri punti singolari e altri punti di flesso.

(c) Si dica se C è irriducibile.

(d) Si determinino tutte le rette H di $\mathbb{P}^2(\mathbb{C})$ per cui la curva affine $C \cap (\mathbb{P}^2(\mathbb{C}) \setminus H)$ non abbia asintoti.

Soluzione (a) Sia $F(x_0, x_1, x_2) = 0$ un'equazione di una cubica C che verifichi le richieste. Poniamo su U_1 le coordinate affini $u = \frac{x_0}{x_1}$, $v = \frac{x_2}{x_1}$, e sia $f_1(u, v) = F(u, 1, v)$ l'equazione della parte affine $C \cap U_1$ di C. Poiché P deve essere una cuspide di C con tangente principale $x_0 = 0$, l'origine $(0, 0) \in \mathbb{C}^2$ deve essere una cuspide di $C \cap U_1$ con tangente principale $u = 0$, per cui, a meno di scalari non nulli, $f_1(u, v) = u^2 + au^3 + bu^2v + cuv^2 + dv^3$ per qualche $a, b, c, d \in \mathbb{C}$ non tutti nulli. Dunque $F(x_0, x_1, x_2) = x_0^2 x_1 + ax_0^3 + bx_0^2 x_2 + cx_0 x_2^2 + dx_2^3$.

Rispetto alle coordinate affini $s = \frac{x_1}{x_0}$, $t = \frac{x_2}{x_0}$ in U_0, l'equazione della parte affine $C \cap U_0$ di C è allora $f_0(s, t) = F(1, s, t) = s + a + bt + ct^2 + dt^3 = 0$. Affinché C abbia in Q un flesso con tangente $x_1 + x_2 = 0$, la curva definita da f_0 deve avere un flesso in $(0, 0)$ con tangente $s + t = 0$. Tale retta ammette la parametrizzazione $\gamma \colon \mathbb{C} \to \mathbb{C}^2$ definita da $\gamma(r) = (r, -r)$, e per tale parametrizzazione si ha $\gamma(0) = (0, 0)$. Pertanto, 0 deve essere una radice del polinomio $f_0(\gamma(r))$ di molteplicità almeno 3. Poiché $f_0(\gamma(r)) = a + (1 - b)r + cr^2 - dr^3$, si deve avere $a = c = 0$, $b = 1$. Dunque $f_0(s, t) = s + t + dt^3$. Notiamo che Q è automaticamente non singolare per C, ed è perciò un flesso. Inoltre, affinché si abbia $[1, 6, 2] \in C$ deve essere $f_0(6, 2) = 0$, da cui $8 + 8d = 0$ e $d = -1$, ed infine $F(x_0, x_1, x_2) = x_0^2 x_1 + x_0^2 x_2 - x_2^3$.

(b) È immediato verificare che il sistema

$$\begin{cases} F_{x_0} = 2x_0 x_1 + 2x_0 x_2 = 0 \\ F_{x_1} = x_0^2 = 0 \\ F_{x_2} = x_0^2 - 3x_2^2 = 0 \end{cases}$$

ammette $(0, 1, 0)$ quale unica soluzione non banale a meno di fattori scalari non nulli, per cui P è l'unico punto singolare di C. Inoltre, il determinante della matrice Hessiana di F è dato da

$$H_F(X) = \det \begin{pmatrix} 2x_1 + 2x_2 & 2x_0 & 2x_0 \\ 2x_0 & 0 & 0 \\ 2x_0 & 0 & -6x_2 \end{pmatrix} = 24x_0^2 x_2.$$

È immediato verificare che le uniche terne omogenee non nulle che soddisfano il sistema $F(x_0, x_1, x_2) = H_F(x_0, x_1, x_2) = 0$ sono date da $[0, 1, 0]$, $[1, 0, 0]$, ovvero dalle coordinate di P e Q. Poiché P è singolare, ne segue che l'unico flesso di C è dato da Q.

(c) Poiché C ha un unico punto singolare e un unico flesso, deduciamo che C è irriducibile dal punto (d) dell'Esercizio 3.10.

(d) Osserviamo che la curva affine $C \cap (\mathbb{P}^2(\mathbb{C}) \setminus H)$ non ha asintoti se e solo se per ogni $T \in C \cap H$ esiste un'unica tangente principale a C in T, e tale tangente è uguale a H. Sia dunque H una retta di $\mathbb{P}^2(\mathbb{C})$. Poiché C è irriducibile e ha grado 3, per il Teorema di Bézout l'intersezione $C \cap H$ consta di uno, due o tre punti. Se $C \cap H$ contiene almeno due punti, almeno in uno di essi, che indicheremo con S, la molteplicità di intersezione tra C e H è uguale a 1. Ne segue che H non è tangente a C in S, per cui S è non singolare, e la tangente (principale) a C in S definisce un asintoto di $C \cap (\mathbb{P}^2(\mathbb{C}) \setminus H)$. Pertanto, se $C \cap (\mathbb{P}^2(\mathbb{C}) \setminus H)$ non ha asintoti deve esistere $R \in \mathbb{P}^2(\mathbb{C})$ tale che $C \cap H = \{R\}$ e $I(C, H, R) = 3$. Ne segue che R è singolare per C, oppure H è una tangente di flesso a C in R. Nel primo caso, per quanto provato in (b) si deve avere $R = P$, e H deve essere l'unica tangente principale a C in P, dunque $H = \{x_0 = 0\}$. È inoltre immediato verificare che effettivamente $C \cap \{x_0 = 0\} = P$, per cui H coincide con l'unica tangente principale a C nell'unico punto di $C \cap H$. Nel secondo caso, per quanto visto in (b) si deve avere $R = Q$ e $H = \{x_0 + x_1 = 0\}$. Anche in questo caso il Teorema di Bézout assicura che $C \cap H = \{Q\}$. Inoltre, per costruzione la tangente (principale) a C in Q è proprio H. In definitiva, la curva affine $C \cap (\mathbb{P}^2(\mathbb{C}) \setminus H)$ non ha asintoti se e solo se $H = \{x_0 = 0\}$ oppure $H = \{x_0 + x_1 = 0\}$.

Esercizio 3.27

Siano P, Q punti distinti di $\mathbb{P}^2(\mathbb{C})$ e sia r la retta che li congiunge. Si determinino gli interi k per cui esiste una quartica C di $\mathbb{P}^2(\mathbb{C})$ che verifica le seguenti condizioni:

(i) P è un flesso per C con tangente la retta r;
(ii) Q è un punto doppio ordinario per C;
(iii) C ha k componenti irriducibili.

Soluzione   Se C è una quartica che verifica le proprietà (i) e (ii), allora $I(C, r, P) \geq 3$ e $I(C, r, Q) \geq 2$. Per il Teorema di Bézout, la retta r dovrà allora essere una componente irriducibile della quartica; più precisamente dovrà essere una componente di molteplicità 1 perché altrimenti P sarebbe singolare. In particolare abbiamo che C è necessariamente riducibile, ossia $k \geq 2$.

D'altra parte vediamo che per ciascuno dei valori $k = 2, 3, 4$ possiamo trovare una quartica che verifica le proprietà (i) e (ii) e che ha k componenti irriducibili.

Se $k = 2$, basta prendere una quartica avente come componenti irriducibili la retta r e una cubica non singolare (e quindi irriducibile per l'Esercizio 3.3) non passante per P e passante per Q con tangente diversa da r. Per mostrare che una tale cubica esiste scegliamo un sistema di coordinate omogenee x_0, x_1, x_2 tale che $Q = [1, 0, 0]$ e $P = [0, 1, 0]$, e quindi r ha equazione $x_2 = 0$. La cubica definita in questo sistema di coordinate dall'equazione $x_0 x_2^2 - x_1^3 - x_1 x_0^2 = 0$ ha le proprietà richieste.

Se $k = 3$, basta prendere una quartica avente come componenti irriducibili r, un'altra retta $s \neq r$ passante per Q e una conica irriducibile non passante né per P né per Q.

Se $k = 4$, basta prendere una quartica avente come componenti irriducibili r, una retta $s \neq r$ passante per Q e altre due rette distinte non passanti né per P né per Q.

Esercizio 3.28

Si dimostri che, se C è una curva affine di $\mathbb{C}^2$ di grado n, allora C ha al più n asintoti distinti.

Soluzione Sia $\overline{C}$ la chiusura proiettiva di C in $\mathbb{P}^2(\mathbb{C})$, e sia $r \subseteq \mathbb{P}^2(\mathbb{C})$ la retta di equazione $x_0 = 0$. Poiché r non è una componente di $\overline{C}$ (cfr. 1.7.4), per il Teorema di Bézout r e $\overline{C}$ si interesecano in un numero finito di punti $P_1, \ldots, P_k$. Sia a_i il numero di asintoti di C la cui chiusura proiettiva passi per P_i. Naturalmente, la quantità $a = \sum_{i=1}^k a_i$ dà il numero totale degli asintoti di C. Inoltre, poiché ogni asintoto passante per P_i è una tangente principale a $\overline{C}$ in P_i, ed il numero delle tangenti principali ad una curva in un suo punto è limitato dalla molteplicità del punto stesso, per ogni i si ha $a_i \leq m_{P_i}(\overline{C})$.

Inoltre, dal Teorema di Bézout e dal fatto che per definizione si ha $I(\overline{C}, r, P_i) \geq m_{P_i}(\overline{C})$ per ogni $i = 1, \ldots, k$, si deduce che

$$n = \sum_{i=1}^k I(\overline{C}, r, P_i) \geq \sum_{i=1}^k m_{P_i}(\overline{C}).$$

Dunque

$$a = \sum_{i=1}^k a_i \leq \sum_{i=1}^k m_{P_i}(\overline{C}) \leq n,$$

ovvero la tesi.

Esercizio 3.29

Sia C una curva proiettiva non singolare di $\mathbb{P}^2(\mathbb{C})$ di grado $n > 1$ e, per ogni punto $P \in C$, sia τ_P la tangente a C in P. Dato $Q \in \mathbb{P}^2(\mathbb{C})$, si dimostri che l'insieme $C_Q = \{P \in C \mid Q \in \tau_P\}$ è non vuoto e contiene al più $n(n-1)$ punti.

Soluzione Sia $F = 0$ un'equazione di C, e sia $Q = [q_0, q_1, q_2]$. L'insieme C_Q coincide con l'insieme dei punti le cui coordinate omogenee $[x_0, x_1, x_2]$ verificano il sistema

$$\begin{cases} F_{x_0}(x_0, x_1, x_2)q_0 + F_{x_1}(x_0, x_1, x_2)q_1 + F_{x_2}(x_0, x_1, x_2)q_2 = 0 \\ F(x_0, x_1, x_2) = 0 \end{cases}.$$

Mostriamo innanzi tutto che la prima delle due equazioni del sistema è non banale. Se così non fosse, il polinomio $q_0 F_{x_0} + q_1 F_{x_1} + q_2 F_{x_2}$ sarebbe identicamente nullo, per cui $F_{x_0}, F_{x_1}, F_{x_2}$ sarebbero polinomi omogenei (o nulli) di grado $n-1$ linearmente dipendenti. A meno di permutare le variabili, potremmo supporre allora $F_{x_2} = \lambda F_{x_0} + \mu F_{x_1}$ per qualche $\lambda, \mu \in \mathbb{C}$. Per il Teorema di Bézout, l'insieme delle soluzioni del sistema $F_{x_0} = F_{x_1} = 0$ è non vuoto perché $n > 1$. D'altronde, sotto l'ipotesi d'assurdo che stiamo assumendo, i punti di tale intersezione annullerebbero anche F_{x_2}, e risulterebbero perciò singolari per $\mathcal{C}$. Poiché $\mathcal{C}$ è liscia per ipotesi, ciò dà una contraddizione.

Da quanto detto segue che l'insieme $\mathcal{C}_Q$ coincide con l'insieme dei punti di intersezione di $\mathcal{C}$ con una curva di grado $n-1$. Per il Teorema di Bézout, si ha perciò che $\mathcal{C}_Q$ è non vuoto. Inoltre, essendo liscia, $\mathcal{C}$ è irriducibile per l'Esercizio 3.3. Sempre per il Teorema di Bézout, ne segue che la cardinalità di $\mathcal{C}_Q$ è al più $n(n-1)$.

Nota. Un caso concreto di quanto visto qui in generale è descritto nell'Esercizio 3.15.

Con un ragionamento simile, ma un po' più sottile, si può dimostrare più in generale che, data una curva piana irriducibile $\mathcal{C}$ di $\mathbb{P}^2(\mathbb{C})$ di grado $n > 1$ e un punto $Q \notin \operatorname{Sing}(\mathcal{C})$, l'insieme delle rette passanti per Q e tangenti a $\mathcal{C}$ in qualche punto è non vuoto e ha cardinalità $\leq n(n-1)$.

Esercizio 3.30

Sia $\mathcal{C}$ una quartica irriducibile di $\mathbb{P}^2(\mathbb{C})$ avente 3 cuspidi. Si dimostri che le tre tangenti principali a $\mathcal{C}$ nei punti cuspidali stanno in un fascio.

Soluzione   Siano A, B, C i tre punti cuspidali della quartica $\mathcal{C}$ e denotiano con τ_A, τ_B, τ_C le tangenti principali in tali punti. Osserviamo che $B \notin \tau_A$ perché altrimenti, per il Teorema di Bézout, la retta τ_A intersecherebbe $\mathcal{C}$ in almeno 5 punti (contati con molteplicità) e quindi sarebbe una componente di $\mathcal{C}$, contro l'ipotesi. Per lo stesso motivo $C \notin \tau_A$, $A \notin \tau_B$ e $C \notin \tau_B$. Pertanto le rette τ_A e τ_B si intersecano in un punto D distinto da A, B, C. D'altra parte i punti A, B, C non possono essere allineati su una retta r perché altrimenti r sarebbe una componente di $\mathcal{C}$, contro l'ipotesi. Dunque A, B, C, D sono in posizione generale.

Possiamo allora fissare un sistema di coordinate omogenee rispetto al quale $A = [1, 0, 0], B = [0, 1, 0], C = [0, 0, 1], D = [1, 1, 1]$. Rispetto a tali coordinate τ_A ha equazione $x_1 - x_2 = 0$ e τ_B ha equazione $x_0 - x_2 = 0$.

Una quartica avente una cuspide in A con tangente principale $x_1 - x_2 = 0$ ha equazione del tipo

$$x_0^2(x_1 - x_2)^2 + x_0(ax_1^3 + bx_1^2x_2 + cx_1x_2^2 + dx_2^3) + \\ + ex_1^4 + fx_1^3x_2 + gx_1^2x_2^2 + hx_1x_2^3 + kx_2^4 = 0.$$

Imponendo che $\mathcal{C}$ abbia una cuspide in B con tangente principale $x_0 - x_2 = 0$ si ottengono le relazioni

$$a = 0, \quad e = 0, \quad f = 0, \quad g = 1, \quad b = -2.$$

Imponendo infine che $\mathcal{C}$ abbia una cuspide in C si ottiene

$$d = 0, \quad k = 0, \quad h = 0, \quad c = \pm 2.$$

Pertanto $\mathcal{C}$ ha equazione del tipo

$$x_0^2x_1^2 + x_0^2x_2^2 + x_1^2x_2^2 - 2x_0^2x_1x_2 - 2x_0x_1^2x_2 + cx_0x_1x_2^2 = 0.$$

Se fosse $c = 2$, l'equazione di $\mathcal{C}$ diventerebbe $(x_0x_1 - x_0x_2 - x_1x_2)^2 = 0$, per cui $\mathcal{C}$ sarebbe riducibile, contro l'ipotesi. Dunque $c = -2$; in tal caso la tangente principale τ_C in C a $\mathcal{C}$ ha equazione $x_0 - x_1 = 0$ e quindi il punto D sta anche sulla terza tangente cuspidale τ_C.

Esercizio 3.31

Sia P un punto non singolare di una curva $\mathcal{C}$ di $\mathbb{P}^2(\mathbb{K})$ di equazione $F(x_0, x_1, x_2) = 0$ e si supponga che la tangente τ_P alla curva in P non sia contenuta in $\mathcal{C}$. Posto $m = I(\mathcal{C}, \tau_P, P)$, si provi che:

(a) Il polinomio Hessiano H_F di F non è nullo.
(b) $I(H(\mathcal{C}), \tau_P, P) = m - 2$.
(c) Se $m = 3$ (cioè se P è un flesso ordinario di $\mathcal{C}$), si ha $I(H(\mathcal{C}), \mathcal{C}, P) = 1$.

Soluzione   (a), (b) Ricordiamo innanzi tutto (cfr. 1.9.4) che il fatto che H_F sia o meno il polinomio nullo può essere verificato in un qualunque sistema di coordinate omogenee di $\mathbb{P}^2(\mathbb{K})$ e che, se $H_F \neq 0$ e quindi la curva Hessiana è definita, $I(H(\mathcal{C}), \tau_P, P)$ può essere calcolato in un qualunque sistema di coordinate.

Scegliamo un sistema di coordinate omogenee in cui $P = [1, 0, 0]$ e τ_P ha equazione $x_2 = 0$ e, per semplicità, denotiamo ancora con $F(x_0, x_1, x_2) = 0$ un'equazione di $\mathcal{C}$ in tale sistema di coordinate.

La parte affine $\mathcal{C} \cap U_0$ della curva nella carta U_0 ha equazione $f(x, y) = 0$, dove $f(x, y) = F(1, x, y)$ è il polinomio deomogeneizzato di F rispetto a x_0, e la tangente a $\mathcal{C} \cap U_0$ nell'origine ha equazione $y = 0$. Ne segue che

$$f(x, y) = x^m \, \varphi(x) + y \, \psi(x, y),$$

con $\varphi \in \mathbb{K}[x]$, $\psi \in \mathbb{K}[x, y]$, $\varphi(0) \neq 0$ e $\psi(0, 0) \neq 0$ (ricordiamo che si ha $m \geq 2$ per definizione di retta tangente). Si ha allora che

$$
\begin{aligned}
f_x &= x^{m-1} h(x) + y \psi_x(x, y) \\
f_y &= \psi(x, y) + y \psi_y(x, y) \\
f_{xx} &= x^{m-2} k(x) + y \psi_{xx}(x, y) \\
f_{xy} &= \psi_x(x, y) + y \psi_{xy}(x, y) \\
f_{yy} &= 2\psi_y(x, y) + y \psi_{yy}(x, y)
\end{aligned}
\tag{3.2}
$$

con $h(x) = m\varphi(x) + x\varphi_x(x)$ e $k(x) = (m-1)h(x) + xh_x(x)$. In particolare $h(0) \neq 0$ e $k(0) \neq 0$.

Calcoliamo adesso il deomogeneizzato del polinomio $H_F(X)$ rispetto a x_0. Indichiamo con d il grado di F; si ha necessariamente $d \geq 2$ dato che per ipotesi $\mathcal{C}$ non contiene la retta tangente τ_P. Osserviamo che per l'identità di Eulero si ha

$$
\begin{aligned}
(d-1)F_{x_0} &= x_0 F_{x_0 x_0} + x_1 F_{x_0 x_1} + x_2 F_{x_0 x_2} \\
(d-1)F_{x_1} &= x_0 F_{x_0 x_1} + x_1 F_{x_1 x_1} + x_2 F_{x_1 x_2} \\
(d-1)F_{x_2} &= x_0 F_{x_0 x_2} + x_1 F_{x_1 x_2} + x_2 F_{x_2 x_2} \\
dF &= x_0 F_{x_0} + x_1 F_{x_1} + x_2 F_{x_2}
\end{aligned}
$$

da cui si ricava che

$$
\begin{aligned}
x_0 F_{x_0 x_0} &= (d-1)F_{x_0} - x_1 F_{x_0 x_1} - x_2 F_{x_0 x_2} \\
x_0 F_{x_0 x_1} &= (d-1)F_{x_1} - x_1 F_{x_1 x_1} - x_2 F_{x_1 x_2} \\
x_0 F_{x_0 x_2} &= (d-1)F_{x_2} - x_1 F_{x_1 x_2} - x_2 F_{x_2 x_2} \\
x_0 F_{x_0} &= dF - x_1 F_{x_1} - x_2 F_{x_2}.
\end{aligned}
\tag{3.3}
$$

Usando le relazioni (3.3) e le proprietà del determinante, si ha

$$
\begin{aligned}
x_0 H_F(X) &= \det \begin{pmatrix} x_0 F_{x_0 x_0} & F_{x_0 x_1} & F_{x_0 x_2} \\ x_0 F_{x_0 x_1} & F_{x_1 x_1} & F_{x_1 x_2} \\ x_0 F_{x_0 x_2} & F_{x_1 x_2} & F_{x_2 x_2} \end{pmatrix} = \\
&= \det \begin{pmatrix} (d-1)F_{x_0} - x_1 F_{x_0 x_1} - x_2 F_{x_0 x_2} & F_{x_0 x_1} & F_{x_0 x_2} \\ (d-1)F_{x_1} - x_1 F_{x_1 x_1} - x_2 F_{x_1 x_2} & F_{x_1 x_1} & F_{x_1 x_2} \\ (d-1)F_{x_2} - x_1 F_{x_1 x_2} - x_2 F_{x_2 x_2} & F_{x_1 x_2} & F_{x_2 x_2} \end{pmatrix} = \\
&= \det \begin{pmatrix} (d-1)F_{x_0} & F_{x_0 x_1} & F_{x_0 x_2} \\ (d-1)F_{x_1} & F_{x_1 x_1} & F_{x_1 x_2} \\ (d-1)F_{x_2} & F_{x_1 x_2} & F_{x_2 x_2} \end{pmatrix} = \\
&= (d-1)\det \begin{pmatrix} F_{x_0} & F_{x_0 x_1} & F_{x_0 x_2} \\ F_{x_1} & F_{x_1 x_1} & F_{x_1 x_2} \\ F_{x_2} & F_{x_1 x_2} & F_{x_2 x_2} \end{pmatrix}.
\end{aligned}
$$

Utilizzando ancora le relazioni (3.3) e le proprietà del determinante si ottiene

$$
\begin{aligned}
x_0^2 H_F(X) &= (d-1)\det \begin{pmatrix} x_0 F_{x_0} & x_0 F_{x_0 x_1} & x_0 F_{x_0 x_2} \\ F_{x_1} & F_{x_1 x_1} & F_{x_1 x_2} \\ F_{x_2} & F_{x_1 x_2} & F_{x_2 x_2} \end{pmatrix} = \\
&= (d-1)\det \begin{pmatrix} dF & (d-1)F_{x_1} & (d-1)F_{x_2} \\ F_{x_1} & F_{x_1 x_1} & F_{x_1 x_2} \\ F_{x_2} & F_{x_1 x_2} & F_{x_2 x_2} \end{pmatrix}.
\end{aligned}
$$

Deomogeneizzando rispetto a x_0 si ottiene così

$$
H_F(1,x,y) = (d-1)\det \begin{pmatrix} df & (d-1)f_x & (d-1)f_y \\ f_x & f_{xx} & f_{xy} \\ f_y & f_{xy} & f_{yy} \end{pmatrix}.
\tag{3.4}
$$

Sostituendo in (3.4) le relazioni (3.2) si ha

$$
\begin{aligned}
&H_F(1,x,y) = \\
&= (d-1)\det \begin{pmatrix} d(x^m \varphi + y\psi) & (d-1)(x^{m-1}h + y\psi_x) & (d-1)(\psi + y\psi_y) \\ x^{m-1}h + y\psi_x & x^{m-2}k + y\psi_{xx} & \psi_x + y\psi_{xy} \\ \psi + y\psi_y & \psi_x + y\psi_{xy} & 2\psi_y + y\psi_{yy} \end{pmatrix}.
\end{aligned}
$$

Volendo calcolare la molteplicità di intersezione in $P = (0,0)$ con la retta di equazione $y = 0$, è sufficiente calcolare $H_F(1, x, 0)$. Si osserva allora che

$$H_F(1,x,0) = (d-1) \det \begin{pmatrix} d\,x^m\,\varphi & (d-1)x^{m-1}h & (d-1)\psi(x,0) \\ x^{m-1}h & x^{m-2}k & \psi_x(x,0) \\ \psi(x,0) & \psi_x(x,0) & 2\psi_y(x,0) \end{pmatrix} =$$
$$= x^{m-2}g(x),$$

con $g(0) = -(d-1)k(0)(\psi(0,0))^2$. Poiché $k(0) \neq 0$ e $\psi(0,0) \neq 0$, allora $g(0) \neq 0$. Da ciò si deduce sia che H_F non è nullo (e quindi è ben definita la curva Hessiana $H(\mathcal{C})$ di $\mathcal{C}$), sia che $I(H(\mathcal{C}), \tau_P, P) = m - 2$.

(c) Se $m = 3$, si ha $I(H(\mathcal{C}), \tau_P, P) = 1$ per il punto (b). Ne segue che P è un punto liscio di $H(\mathcal{C})$ e che la retta τ_P non è tangente a $H(\mathcal{C})$ in P. Quindi, per l'Esercizio 3.57, le curve $\mathcal{C}$ e $H(\mathcal{C})$ non sono tangenti in P, ovvero si ha $I(H(\mathcal{C}), \mathcal{C}, P) = 1$.

Esercizio 3.32

Sia $\mathcal{C}$ una curva ridotta di $\mathbb{P}^2(\mathbb{C})$ di equazione $F(x_0, x_1, x_2) = 0$. Si provi che:

(a) Se $\mathcal{C}$ non è unione di rette, allora il polinomio Hessiano $H_F(X)$ non è nullo.
(b) Se $\mathcal{C}$ è irriducibile e ha infiniti punti di flesso, allora $\mathcal{C}$ è una retta.
(c) Se $H_F(X) \neq 0$, allora le uniche componenti irriducibili comuni a $\mathcal{C}$ e all'Hessiana $H(\mathcal{C})$ sono le rette contenute in $\mathcal{C}$.
(d) Se $\mathcal{C}$ è unione di rette concorrenti, allora $H_F(X) = 0$.

Soluzione (a) Poiché $\mathcal{C}$ è ridotta, $\text{Sing}(\mathcal{C})$ è un insieme finito (cfr. Esercizio 3.4). Inoltre per ipotesi esiste una componente irriducibile $\mathcal{C}_1$ di $\mathcal{C}$ che non è una retta. La tesi si ottiene allora scegliendo un punto $P \in \mathcal{C}_1$ non singolare per $\mathcal{C}$ e usando il punto (a) dell'Esercizio 3.31.

(b) Supponiamo per assurdo che $\mathcal{C}$ non sia una retta e sia $d \geq 2$ il suo grado. Sia $P \in \mathcal{C}$ un punto non singolare, sia τ_P la tangente a $\mathcal{C}$ in P e sia $m = I(\mathcal{C}, \tau_P, P)$. Poiché $\mathcal{C}$ è irriducibile, τ_P non può essere una componente della curva e quindi $m < \infty$. Per quanto provato nell'Esercizio 3.31 il polinomio $H_F(X)$ non è nullo e la curva Hessiana $H(\mathcal{C})$ è tale che $I(H(\mathcal{C}), \tau_P, P) = m - 2$. Poiché per ipotesi $\mathcal{C}$ ha infiniti flessi, si ha $H_F(Q) = 0$ per infiniti punti $Q \in \mathcal{C}$. Quindi per il Teorema di Bézout $\mathcal{C}$ è una componente irriducibile di $H(\mathcal{C})$ e dunque $I(\mathcal{C}, \tau_P, P) \leq I(H(\mathcal{C}), \tau_P, P)$. Si ottiene così $m \leq m - 2$, il che è ovviamente assurdo.

(c) Ogni retta contenuta in $\mathcal{C}$ è contenuta in $H(\mathcal{C})$ in quanto i suoi punti non singolari per $\mathcal{C}$ (che sono infiniti in quanto $\mathcal{C}$ è ridotta) sono punti di flesso. Viceversa, se $\mathcal{C}_1$ è una componente irriducibile comune a $\mathcal{C}$ e a $H(\mathcal{C})$, allora ogni punto di $\mathcal{C}_1$ che è liscio per $\mathcal{C}$ è un flesso (sia per $\mathcal{C}_1$ che per $\mathcal{C}$). Dato che esistono infiniti punti con questa proprietà, $\mathcal{C}_1$ è una retta per (b).

(d) Se C è unione di rette concorrenti, a meno di un cambiamento di coordinate, possiamo supporre che esse si incontrino nel punto $[1, 0, 0]$ e dunque abbiano equazione di tipo $ax_1 + bx_2 = 0$. Allora C è definita da un polinomio omogeneo F non dipendente da x_0 e dunque la matrice Hessiana di F ha una colonna nulla, e quindi determinante nullo.

Esercizio 3.33

Sia C la cubica di $\mathbb{P}^2(\mathbb{K})$ definita dall'equazione:

$$F(x_0, x_1, x_2) = x_0 x_2^2 - x_1^3 - ax_1 x_0^2 - bx_0^3 = 0,$$

dove $a, b \in \mathbb{K}$. Si mostri che:

(a) Il punto $P = [0, 0, 1]$ è un punto di flesso per C.
(b) C è irriducibile.
(c) C è non singolare se e solo se $g(x) = x^3 + ax + b$ non ha radici multiple, o, equivalentemente, se e solo se $4a^3 + 27b^2 \neq 0$.
(d) Se $\mathbb{K} = \mathbb{C}$ e C è non singolare, esistono esattamente 4 rette passanti per P e tangenti a C.

Soluzione (a) Si ha:

$$\nabla F(x_0, x_1, x_2) = (x_2^2 - 2ax_0 x_1 - 3bx_0^2, -3x_1^2 - ax_0^2, 2x_0 x_2).$$

Si verifica quindi immediatamente che P è un punto liscio di C e che $T_P(C)$ è la retta $x_0 = 0$. Poiché $F(0, x_1, x_2) = -x_1^3$, la retta $x_0 = 0$ interseca C in P con molteplicità 3 e quindi P è un punto di flesso.

(b) Osserviamo innanzi tutto che è sufficiente considerare il caso $\mathbb{K} = \mathbb{C}$, in quanto se $\mathbb{K} = \mathbb{R}$ e la complessificata $C_{\mathbb{C}}$ di C è irriducibile, anche C è ovviamente irriducibile.

Supponiamo quindi $\mathbb{K} = \mathbb{C}$. Poiché P è un punto di flesso e la tangente di flesso è la retta $x_0 = 0$ che non è contenuta in C, la curva è irriducibile per l'Esercizio 3.10.

(c) Poiché P è l'unico punto di intersezione di C con la retta all'infinito $x_0 = 0$, è sufficiente esaminare la parte affine $C \cap U_0$ di C. Nelle coordinate affini $x = \frac{x_1}{x_0}, y = \frac{x_2}{x_0}$, la curva $C \cap U_0$ è definita dall'equazione $f(x, y) = y^2 - g(x) = 0$, dove $g(x) = x^3 + ax + b$. I punti singolari di C_0 sono le soluzioni del sistema

$$2y = 0, \quad g'(x) = 0, \quad y^2 - g(x) = 0,$$

cioè sono i punti $(\alpha, 0)$ con $g(\alpha) = g'(\alpha) = 0$. Quindi C è singolare se e solo se $g(x)$ ha una radice multipla α. Questo avviene se e solo se il risultante $\text{Ris}(g, g')$ dei polinomi $g(x)$ e $g'(x) = 3x^2 + a$ si annulla (cfr. 1.9.2). Per definizione $\text{Ris}(g, g')$ è il determinante della matrice di Sylvester:

$$S(g, g') = \begin{pmatrix} b & a & 0 & 1 & 0 \\ 0 & b & a & 0 & 1 \\ a & 0 & 3 & 0 & 0 \\ 0 & a & 0 & 3 & 0 \\ 0 & 0 & a & 0 & 3 \end{pmatrix},$$

ed è quindi uguale a $4a^3 + 27b^2$. Alternativamente, si può osservare che la coppia di equazioni $g(x) = x^3 + ax + b = 0, g'(x) = 3x^2 + a = 0$ è equivalente alla coppia di equazioni $2ax + 3b = 0, 3x^2 + a = 0$; è poi facile verificare che queste due ultime equazioni ammettono una soluzione comune se e solo se $4a^3 + 27b^2 = 0$.

(d) Abbiamo già verificato che la retta all'infinito $x_0 = 0$ è tangente a $\mathcal{C}$ in P. La parte affine della retta tangente a $\mathcal{C}$ in un punto proprio R di coordinate affini (α, β) ha equazione $-g'(\alpha)(x - \alpha) + 2\beta(y - \beta) = 0$, per cui il punto P appartiene a $T_R(\mathcal{C})$ se e solo se $\beta = 0$ (e dunque $g(\alpha) = 0$).

Quindi i punti propri R tali che $P \in T_R(\mathcal{C})$ sono in corrispondenza biunivoca con le radici di $g(x)$ e le rette tangenti a $\mathcal{C}$ in tali punti sono distinte. Poiché $\mathcal{C}$ è non singolare per ipotesi, come spiegato nella soluzione del punto (c) le radici di g sono distinte. Visto che g ha grado 3 e $\mathbb{K} = \mathbb{C}$, risulta da questo ragionamento che ci sono in totale 4 rette tangenti a $\mathcal{C}$ e passanti per P.

Esercizio 3.34 (Equazione di Weierstrass di una cubica piana liscia)

Sia $\mathcal{C}$ una cubica non singolare e irriducibile di $\mathbb{P}^2(\mathbb{K})$. Si mostri che:

(a) $\mathcal{C}$ ha almeno un flesso.

(b) Se $P \in \mathcal{C}$ è un flesso, esiste un sistema di coordinate omogenee x_0, x_1, x_2 di $\mathbb{P}^2(\mathbb{K})$ tale che P ha coordinate $[0, 0, 1]$ e $\mathcal{C}$ è definita dall'equazione

$$x_0 x_2^2 - x_1^3 - a x_1 x_0^2 - b x_0^3 = 0,$$

dove $a, b \in \mathbb{K}$ e $4a^3 + 27b^2 \neq 0$.

(c) Se $\mathbb{K} = \mathbb{C}$, esiste un sistema di coordinate omogenee x_0, x_1, x_2 di $\mathbb{P}^2(\mathbb{C})$ tale che P ha coordinate $[0, 0, 1]$ e $\mathcal{C}$ è definita dall'equazione

$$x_0 x_2^2 - x_1(x_1 - x_0)(x_1 - \lambda x_0) = 0,$$

con $\lambda \in \mathbb{C} \setminus \{0, 1\}$.

Soluzione (a) Osserviamo innanzi tutto che per l'Esercizio 3.12 il supporto di $\mathcal{C}$ contiene infiniti punti anche nel caso $\mathbb{K} = \mathbb{R}$.

Sia $F(x_0, x_1, x_2) = 0$ un'equazione di $\mathcal{C}$ e sia $H_F(X)$ il polinomio Hessiano di F. Se $H_F = 0$, tutti i punti di $\mathcal{C}$, essendo lisci per ipotesi, sono flessi (in realtà, sfruttando gli Esercizi 3.9 e 3.32, si può mostrare che questo caso non si presenta).

Se H_F non è nullo, ha grado 3; allora per il Teorema di Bézout, se $\mathbb{K} = \mathbb{C}$, o per l'Esercizio 3.12, se $\mathbb{K} = \mathbb{R}$, esiste almeno un punto $P \in \mathcal{C}$ tale che $H_F(P) = 0$. Dato che $\mathcal{C}$ è non singolare, P è un punto di flesso.

(b) Scegliamo coordinate omogenee w_0, w_1, w_2 tali che $P = [0, 0, 1]$ e la retta $T_P(\mathcal{C})$ ha equazione $w_0 = 0$. Dato che P è un flesso, la curva $\mathcal{C}$ risulta definita da un'equazione della forma:

$$w_0 w_2^2 + 2w_2 w_0 A(w_0, w_1) + B(w_0, w_1) = 0,$$

dove A e B sono polinomi omogenei (o nulli) di grado rispettivamente 1 e 3. Nel sistema di coordinate omogenee $y_0 = w_0, y_1 = w_1, y_2 = w_2 + A(w_0, w_1)$ l'equazione di $\mathcal{C}$ assume la forma $y_0 y_2^2 + C(y_0, y_1) = 0$, dove C è omogeneo di grado 3. Più precisamente, dato che $\mathcal{C}$ è irriducibile e quindi non ha la retta $y_0 = 0$ come componente, si ha $C(y_0, y_1) = -cy_1^3 + y_0 D(y_0, y_1)$, con $c \in \mathbb{K}^*$ e D polinomio nullo o omogeneo di grado 2. Con il cambiamento di coordinate $z_0 = y_0, z_1 = \frac{y_1}{c}, z_2 = \frac{y_2}{c^2}$, la curva $\mathcal{C}$ risulta definita da un'equazione della forma $z_0 z_2^2 - z_1^3 - \alpha z_1^2 z_0 - \beta z_1 z_0^2 - \gamma z_0^3 = 0$, con $\alpha, \beta, \gamma \in \mathbb{K}$. Infine, il cambiamento di coordinate $x_0 = z_0, x_1 = z_1 + \frac{\alpha}{3} z_0$, $x_2 = z_2$ porta l'equazione di $\mathcal{C}$ nella forma $x_0 x_2^2 - x_1^3 - ax_1 x_0^2 - bx_0^3 = 0$, con $a, b \in \mathbb{K}$. Poiché in tutti i sistemi di coordinate che abbiamo utilizzato il punto P ha coordinate $[0, 0, 1]$, abbiamo ottenuto per $\mathcal{C}$ un'equazione della forma richiesta. Si ha inoltre $4a^3 + 27b^2 \neq 0$ per l'Esercizio 3.33.

(c) Consideriamo le coordinate omogenee y_0, y_1, y_2 e il polinomio $C(y_0, y_1)$ introdotti nella soluzione del punto (b). Siano $c(y) = C(1, y)$, siano $\alpha_1, \alpha_2, \alpha_3 \in \mathbb{C}$ le radici di $c(y)$ e per $i = 1, 2, 3$, sia $Q_i = [1, \alpha_i, 0]$. Notiamo che i Q_i sono distinti, perché se α_i fosse una radice multipla di c il punto Q_i sarebbe singolare. Esiste un cambiamento di coordinate omogenee $z_0 = y_0, z_1 = \mu y_0 + \nu y_1, z_2 = y_2$, con $\mu, \nu \in \mathbb{C}, \nu \neq 0$, tale che nel sistema di coordinate z_0, z_1, z_2 si ha $Q_1 = [1, 0, 0], Q_2 = [1, 1, 0]$ e $Q_3 = [1, \lambda, 0]$, per un opportuno $\lambda \neq 0, 1$. In un tale sistema di coordinate $\mathcal{C}$ è data da un'equazione della forma $z_0 z_2^2 - G(z_0, z_1) = 0$. Poiché $\mathcal{C} \cap \{z_2 = 0\} = \{Q_1, Q_2, Q_3\}$, esiste $\tau \in \mathbb{C}^*$ tale che $G(z_0, z_1) = \tau z_1 (z_1 - z_0)(z_1 - \lambda z_0)$. Sia $\delta \in \mathbb{C}$ tale che $\delta^2 = \tau$; nelle coordinate $x_0 = z_0, x_1 = z_1, x_2 = \frac{z_2}{\delta}$ la curva $\mathcal{C}$ è definita dall'equazione $x_0 x_2^2 - x_1(x_1 - x_0)(x_1 - \lambda x_0) = 0$.

Esercizio 3.35

Sia $\mathcal{D} \subset \mathbb{P}^2(\mathbb{R})$ una cubica irriducibile. Si mostri che $\mathcal{D}$ è non singolare se e solo se $\mathcal{D}_{\mathbb{C}} \subset \mathbb{P}^2(\mathbb{C})$ è non singolare.

Soluzione 1   Osserviamo che i punti singolari di $\mathcal{D}$ sono precisamente i punti singolari reali di $\mathcal{D}_{\mathbb{C}}$. Quindi, se $\mathcal{D}_{\mathbb{C}}$ è non singolare, anche $\mathcal{D}$ lo è.

Viceversa mostriamo che, se $\mathcal{D}$ è non singolare, anche $\mathcal{D}_{\mathbb{C}}$ è non singolare. Supponiamo quindi per assurdo che $\mathcal{D}$ sia liscia e che esista un punto singolare $P \in \mathcal{D}_{\mathbb{C}}$. Il punto $Q = \sigma(P)$ è distinto da P ed è anch'esso un punto singolare di $\mathcal{D}_{\mathbb{C}}$. La retta $r = L(P, Q)$ interseca $\mathcal{D}_{\mathbb{C}}$ con molteplicità ≥ 2 sia in P che in Q e quindi è una componente di $\mathcal{D}_{\mathbb{C}}$ per il Teorema di Bézout. Dato che $r = \sigma(r)$, la retta r è reale (cfr. Esercizio 3.7) ed è quindi una componente di $\mathcal{D}$, contro l'ipotesi.

Soluzione 2   Come nella Soluzione (1) si osserva che, se $\mathcal{D}_{\mathbb{C}}$ è non singolare, anche $\mathcal{D}$ lo è.

Supponiamo ora che la curva $\mathcal{D}$ sia liscia. Per l'Esercizio 3.34 esiste un sistema di coordinate omogenee x_0, x_1, x_2 di $\mathbb{P}^2(\mathbb{R})$ in cui $\mathcal{D}$ è definita da un'equazione della forma $F(x_0, x_1, x_2) = x_0 x_2^2 - x_1^3 - a x_1 x_0^2 - b x_0^3 = 0$ con $a, b \in \mathbb{R}$ tali che $4a^3 + 27b^2 \neq 0$. La curva $\mathcal{D}_{\mathbb{C}}$, essendo definita nel corrispondente sistema di coordinate omogenee di $\mathbb{P}^2(\mathbb{C})$ dalla stessa equazione $F(x_0, x_1, x_2) = 0$, risulta allora non singolare per l'Esercizio 3.33.

Nota. L'ipotesi che $\mathcal{D}$ sia irriducibile non può essere eliminata. Infatti se $\mathcal{D} = r + \mathcal{Q}$, dove r è una retta e $\mathcal{Q}$ è una conica non degenere tale che $\mathcal{Q} \cap r = \emptyset$, la curva $\mathcal{D}$ è non singolare ma la sua complessificata $\mathcal{D}_{\mathbb{C}}$ è singolare nei punti di $r_{\mathbb{C}} \cap \mathcal{Q}_{\mathbb{C}}$ (cfr. Esercizio 3.2).

Esercizio 3.36 (Cubiche complesse nodate)

Sia C una cubica proiettiva irriducibile di $\mathbb{P}^2(\mathbb{C})$ con un nodo. Si mostri che:

(a) C è proiettivamente equivalente alla cubica di equazione

$$x_0 x_1 x_2 + x_0^3 + x_1^3 = 0.$$

(b) C ha tre flessi, che sono allineati.

Soluzione   (a) Osserviamo preliminarmente che due curve sono proiettivamente equivalenti se e solo se esistono sistemi di coordinate proiettive rispetto ai quali esse sono descritte dalla stessa equazione. Siano P il nodo di C e r, s le tangenti principali a C in P. Poiché la curva di equazione $x_0 x_1 x_2 + x_0^3 + x_1^3 = 0$ ha un nodo in $[0, 0, 1]$ con tangenti principali di equazione $x_0 = 0$ e $x_1 = 0$, fissiamo innanzi tutto su $\mathbb{P}^2(\mathbb{C})$ coordinate y_0, y_1, y_2 per cui si abbia $P = [0, 0, 1]$, $r = \{y_0 = 0\}$, $s = \{y_1 = 0\}$ (è immediato verificare che un tale sistema di coordinate effettivamente esiste). Nelle coordinate affini $u = \frac{y_0}{y_2}$, $v = \frac{y_1}{y_2}$ definite sulla carta affine U_2 l'equazione di $C \cap U_2$ è del tipo $uv + au^3 + bu^2 v + cuv^2 + dv^3 = 0$ per qualche $a, b, c, d \in \mathbb{C}$ non tutti nulli. Dunque C ha equazione $y_0 y_1 (y_2 + b y_0 + c y_1) + a y_0^3 + d y_1^3 = 0$. Notiamo inoltre che, affinché C sia irriducibile, è necessario che si abbia $a \neq 0$, $d \neq 0$.

Non è ora difficile costruire un nuovo sistema di coordinate rispetto al quale C sia descritta dall'equazione richiesta. Siano infatti α, δ radici cubiche di a, d rispettivamente. Poiché $a \neq 0$, $d \neq 0$ si ha ovviamente $\alpha \neq 0$, $\delta \neq 0$. La matrice

$$\begin{pmatrix} \alpha & 0 & \frac{b}{\alpha\delta} \\ 0 & \delta & \frac{c}{\alpha\delta} \\ 0 & 0 & \frac{1}{\alpha\delta} \end{pmatrix}$$

è invertibile, per cui esiste un ben definito sistema di coordinate omogenee z_0, z_1, z_2 su $\mathbb{P}^2(\mathbb{C})$ per cui si ha $z_0 = \alpha y_0, z_1 = \delta y_1, z_2 = \dfrac{y_2 + b y_0 + c y_1}{\alpha \delta}$. Poiché

$$
\begin{aligned}
z_0 z_1 z_2 + z_0^3 + z_1^3 &= \alpha \delta y_0 y_1 \frac{y_2 + b y_0 + c y_1}{\alpha \delta} + \alpha^3 y_0^3 + \delta^3 y_1^3 = \\
&= y_0 y_1 (y_2 + b y_0 + c y_1) + a y_0^3 + d y_1^3,
\end{aligned}
$$

rispetto al sistema di coordinate z_0, z_1, z_2 la curva $\mathcal{C}$ ammette l'equazione data nel testo, e ciò implica la tesi.

(b) Sfruttando l'invarianza per proiettività della molteplicità di intersezione di rette e curve, è immediato verificare che, se $\mathcal{C}$ è una curva proiettiva, $P \in \mathcal{C}$ e $f : \mathbb{P}^2(\mathbb{C}) \to \mathbb{P}^2(\mathbb{C})$ è una proiettività, allora P è di flesso per $\mathcal{C}$ se e solo se $f(P)$ è di flesso per $f(\mathcal{C})$. Dunque, per dimostrare quanto richiesto è lecito assumere che $\mathcal{C}$ sia definita dall'equazione $G(x_0, x_1, x_2) = x_0 x_1 x_2 + x_0^3 + x_1^3 = 0$. L'equazione della curva Hessiana di $\mathcal{C}$ è data da

$$
H_G(x_0, x_1, x_2) = \det \begin{pmatrix} 6x_0 & x_2 & x_1 \\ x_2 & 6x_1 & x_0 \\ x_1 & x_0 & 0 \end{pmatrix} = 2x_0 x_1 x_2 - 6(x_0^3 + x_1^3) = 0.
$$

È ora immediato verificare che il sistema $G(x_0, x_1, x_2) = H_G(x_0, x_1, x_2) = 0$ è equivalente a $x_0 x_1 x_2 = x_0^3 + x_1^3 = 0$, le cui soluzioni sono date dai punti $[0, 0, 1]$, $[1, -1, 0]$, $[1, \omega, 0]$, $[1, \omega^2, 0]$, dove $\omega \neq -1$ è una radice cubica di -1 in $\mathbb{C}$. Per costruzione, $[0, 0, 1]$ è singolare per $\mathcal{C}$, mentre non è difficile verificare che $[1, -1, 0]$, $[1, \omega, 0]$, $[1, \omega^2, 0]$ sono non singolari per $\mathcal{C}$, e sono pertanto flessi di $\mathcal{C}$. Tali flessi giacciono sulla retta $x_2 = 0$, e sono perciò allineati.

Nota. Il punto (a) dell'esercizio mostra in particolare che due cubiche irriducibili di $\mathbb{P}^2(\mathbb{C})$ aventi ciascuna un nodo sono proiettivamente equivalenti. In particolare, quindi, ogni cubica complessa irriducibile con un nodo è proiettivamente equivalente alla cubica di equazione $x_0 x_2^2 - x_1^3 - x_0 x_1^2 = 0$.

Un caso esplicito del punto (b) è analizzato nell'Esercizio 3.17.

Nota (Cubiche reali nodate). Sia $\mathcal{D}$ una cubica irriducibile di $\mathbb{P}^2(\mathbb{R})$ avente un nodo P. La complessificata $\mathcal{C} = \mathcal{D}_{\mathbb{C}}$ ha anch'essa un nodo in P e, essendo di grado dispari, è irriducibile per l'Esercizio 3.9. Dunque $\mathcal{C}$ ha esattamente tre flessi per l'Esercizio 3.36. Dato che $\mathcal{C}$ è la complessificata di una curva reale, l'insieme dei suoi flessi è invariante per coniugio. Da questa osservazione segue che almeno uno dei flessi di $\mathcal{C}$ è un punto reale Q, ed è pertanto un flesso di $\mathcal{D}$. Allora, utilizzando argomenti simili a quelli della soluzione dell'Esercizio 3.34, non è difficile mostrare l'esistenza di un sistema di coordinate proiettive x_0, x_1, x_2 di $\mathbb{P}^2(\mathbb{R})$ tale che $P = [1, 0, 0]$, $Q = [0, 0, 1]$ e $\mathcal{D}$ è definita da una delle seguenti equazioni:

(1) $x_0 x_2^2 - x_1^3 + x_0 x_1^2 = 0$;
(2) $x_0 x_2^2 - x_1^3 - x_0 x_1^2 = 0$.

Si noti che le curve di $\mathbb{P}^2(\mathbb{R})$ definite dalle equazioni (1) e (2) non sono proiettivamente isomorfe, in quanto il punto P è l'unico punto singolare di entrambe ma i coni tangenti in P alle due curve non sono proiettivamente isomorfi. Calcolando esplicitamente l'Hessiano, si verifica che nel caso (1) la curva $\mathcal{D}$ ha tre flessi, mentre nel caso (2) ne ha soltanto uno.

Esercizio 3.37 (Cubiche complesse cuspidate)

Sia $\mathcal{C}$ una cubica irriducibile di $\mathbb{P}^2(\mathbb{C})$ con una cuspide. Si dimostri che:

(a) $\mathcal{C}$ ha esattamente un flesso.
(b) $\mathcal{C}$ è proiettivamente equivalente alla cubica di equazione $x_0 x_1^2 = x_2^3$.

Soluzione (a) Siano P il punto di cuspide di $\mathcal{C}$ e r la tangente principale in tale punto. Sia Q un altro punto della cubica diverso da P; necessariamente Q è non singolare perché altrimenti la retta $L(P, Q)$ incontrerebbe la cubica in almeno 4 punti (contati con molteplicità) e quindi sarebbe componente irriducibile di $\mathcal{C}$, che invece è per ipotesi irriducibile. Sia s la tangente a $\mathcal{C}$ in Q, e si noti che se s contenesse P allora incontrerebbe la cubica in almeno 4 punti (contati con molteplicità), il che è ancora assurdo. In particolare $r \neq s$, per cui è ben definito il punto $R = r \cap s$. Poiché i punti P, Q, R non sono allineati, è possibile scegliere un riferimento proiettivo in $\mathbb{P}^2(\mathbb{C})$ di cui essi siano i punti fondamentali e quindi $P = [1, 0, 0], Q = [0, 1, 0], R = [0, 0, 1]$.

Affinché $[1, 0, 0]$ sia una cuspide con tangente $L(P, R) = \{x_1 = 0\}$, l'equazione di $\mathcal{C}$ deve essere del tipo

$$x_0 x_1^2 + a x_1^3 + b x_1^2 x_2 + c x_1 x_2^2 + d x_2^3 = 0,$$

con $a, b, c, d \in \mathbb{C}$ non tutti nulli. La curva definita da una tale equazione passa per Q se e solo se $a = 0$ e ha $x_0 = 0$ come tangente in Q se e solo se $b = 0$. Dunque l'equazione di $\mathcal{C}$ sarà del tipo

$$F(x_0, x_1, x_2) = x_0 x_1^2 + c x_1 x_2^2 + d x_2^3 = 0,$$

con $d \neq 0$ in quanto altrimenti $\mathcal{C}$ sarebbe riducibile. Per determinare i punti di flesso di $\mathcal{C}$ osserviamo che

$$H_F(x_0, x_1, x_2) = \det \begin{pmatrix} 0 & 2x_1 & 0 \\ 2x_1 & 2x_0 & 2cx_2 \\ 0 & 2cx_2 & 2cx_1 + 6dx_2 \end{pmatrix} = -8x_1^2(3dx_2 + cx_1).$$

Osserviamo che la retta $x_1 = 0$ interseca la curva $\mathcal{C}$ solo nel punto singolare P, conformemente al fatto che P è singolare e $x_1 = 0$ è (l'unica) tangente principale a $\mathcal{C}$. Dato che $d \neq 0$, la retta $3dx_2 + cx_1 = 0$ non è invece una tangente principale e interseca quindi $\mathcal{C}$ in P con molteplicità 2. Ne segue che interseca $\mathcal{C}$ con molteplicità 1 in un punto $T \neq P$, che è necessariamente non singolare per $\mathcal{C}$. (In effetti con un facile calcolo si ottiene $T = [-2c^3, 27d^2, -9cd]$ e $F_{x_0}(T) \neq 0$). Quindi T è l'unico flesso di $\mathcal{C}$.

(b) Osserviamo preliminarmente che due curve sono proiettivamente equivalenti se e solo se esistono sistemi di coordinate proiettive rispetto ai quali esse sono descritte dalla stessa equazione. Osserviamo inoltre che la curva di equazione $x_0 x_1^2 = x_2^3$ ha una cuspide in $[1, 0, 0]$ con tangente principale di equazione $x_1 = 0$, un flesso in $[0, 1, 0]$ con tangente di equazione $x_0 = 0$ e passa per $[1, 1, 1]$.

Siano P, T rispettivamente la cuspide ed il flesso di C, siano r la tangente principale di C in P e s la tangente di flesso di C in T. Posto $R = r \cap s$, come osservato nella soluzione di (a) i punti P, T, R sono in posizione generale. Inoltre, poiché C è irriducibile, il supporto di C non è contenuto in $L(P,T) \cup L(P,R) \cup L(T,R)$, per cui è possibile scegliere un punto $S \in C$ in modo tale che P, T, R, S sia un sistema di riferimento proiettivo di $\mathbb{P}^2(\mathbb{C})$. Fissiamo allora su $\mathbb{P}^2(\mathbb{C})$ le coordinate omogenee y_0, y_1, y_2 indotte dal sistema di riferimento P, T, R, S.

Come sopra mostrato, l'equazione di C è del tipo

$$F(y_0, y_1, y_2) = y_0 y_1^2 + c y_1 y_2^2 + d y_2^3 = 0,$$

con $d \neq 0$, e si ha $H_F(y_0, y_1, y_2) = -8 y_1^2 (3 d y_2 + c y_1)$. Dal passaggio di C per S e dal fatto che T è di flesso per C si ottengono le condizioni $F(1, 1, 1) = H_F(0, 1, 0) = 0$, che implicano a loro volta $c = 0$ e $d = -1$. Dunque $F(y_0, y_1, y_2) = y_0 y_1^2 - y_2^3$, da cui la tesi.

Nota. In particolare l'esercizio prova che due cubiche irriducibili di $\mathbb{P}^2(\mathbb{C})$ aventi ciascuna una cuspide sono proiettivamente equivalenti.

Casi espliciti di quanto appena dimostrato sono descritti nell'Esercizio 3.26 e nell'Esercizio 3.53.

Nota (Cubiche reali cuspidate). Sia $\mathcal{D}$ una cubica irriducibile di $\mathbb{P}^2(\mathbb{R})$ avente una cuspide P. La complessificata $C = \mathcal{D}_{\mathbb{C}}$ ha anch'essa una cuspide in P e, essendo di grado dispari, è irriducibile per l'Esercizio 3.9. Dunque C ha esattamente un flesso T per l'Esercizio 3.37. Dato che C è la complessificata di una curva reale, l'insieme dei suoi flessi è invariante per coniugio. Ne segue che T è un punto reale ed è pertanto un flesso di $\mathcal{D}$.

Poiché per l'Esercizio 3.12 il supporto di $\mathcal{D}$ contiene infiniti punti, si può mostrare come nella soluzione del punto (b) l'esistenza di un sistema di coordinate proiettive x_0, x_1, x_2 di $\mathbb{P}^2(\mathbb{R})$ tale che $P = [1, 0, 0]$, $T = [0, 1, 0]$, $[1, 1, 1] \in \mathcal{D}$ e $\mathcal{D}$ è definita dall'equazione $x_0 x_1^2 - x_2^3 = 0$. Quindi le cubiche reali irriducibili con una cuspide sono tutte proiettivamente isomorfe.

Osserviamo infine il cambiamento di coordinate $y_0 = x_0$, $y_1 = x_2$, $y_2 = x_1$, trasforma $\mathcal{D}$ nella cubica $y_0 y_2^2 - y_1^3 = 0$, che è in forma di Weierstrass.

Esercizio 3.38

Sia C una cubica liscia e irriducibile di $\mathbb{P}^2(\mathbb{K})$ e siano $P_1, P_2 \in C$ due flessi distinti. Si mostri che:

(a) La retta $L(P_1, P_2)$ interseca C in un terzo punto P_3 diverso da P_1 e da P_2 che è anch'esso un flesso per C.

(b) Esiste una proiettività g di $\mathbb{P}^2(\mathbb{K})$ tale che $g(C) = C$ e $g(P_1) = P_2$.

Soluzione   (a) Per l'Esercizio 3.34 esiste un sistema di coordinate omogenee x_0, x_1, x_2 su $\mathbb{P}^2(\mathbb{K})$ tale che $P_1 = [0, 0, 1]$ e $\mathcal{C}$ ha equazione

$$x_0 x_2^2 - x_1^3 - a x_1 x_0^2 - b x_0^3 = 0,$$

dove $a, b \in \mathbb{K}$ e $4a^3 + 27b^2 \neq 0$. Dato che P_1 è l'unico punto di $\mathcal{C}$ sulla retta $x_0 = 0$, il punto P_2 ha coordinate $[1, \alpha, \beta]$, con $\alpha, \beta \in \mathbb{K}$. Poiché $\deg \mathcal{C} = 3$ e P_2 è un flesso, la retta $T_{P_2}(\mathcal{C})$ interseca $\mathcal{C}$ solo in P_2, e dunque non passa per P_1. Un calcolo analogo a quelli svolti nella soluzione del punto (d) dell'Esercizio 3.33 mostra che questo fatto è equivalente alla condizione $\beta \neq 0$.

Sia ora $f \colon \mathbb{P}^2(\mathbb{K}) \to \mathbb{P}^2(\mathbb{K})$ la proiettività definita da $[x_0, x_1, x_2] \mapsto [x_0, x_1, -x_2]$. Si verifica facilmente che $f(P_1) = P_1$ e $f(\mathcal{C}) = \mathcal{C}$. Il punto $f(P_2)$ ha coordinate omogenee $[1, \alpha, -\beta]$ ed è quindi distinto da P_2 e allineato con P_1 e P_2, ed è quindi il terzo punto P_3 in cui $L(P_1, P_2)$ interseca $\mathcal{C}$. Inoltre $P_3 = f(P_2)$ è un flesso, in quanto è l'immagine di un flesso tramite una proiettività che manda in sé la curva $\mathcal{C}$.

(b) Sia ora y_0, y_1, y_2 un sistema di coordinate omogenee tale che $P_3 = [0, 0, 1]$ e $\mathcal{C}$ abbia equazione $y_0 y_2^2 - y_1^3 - a' y_1 y_0^2 - b' y_0^3 = 0$, con $a', b' \in \mathbb{K}$ (cfr. Esercizio 3.34). Per quanto visto nella soluzione di (a), le coordinate di P_1 e P_2 in questo sistema sono, rispettivamente, $[1, \alpha', \beta']$ e $[1, \alpha', -\beta']$, per qualche $\alpha' \in \mathbb{K}$, $\beta' \in \mathbb{K}^*$. È immediato a questo punto verificare che la proiettività $g \colon \mathbb{P}^2(\mathbb{K}) \to \mathbb{P}^2(\mathbb{K})$ definita da $[y_0, y_1, y_2] \mapsto [y_0, y_1, -y_2]$ ha le proprietà richieste.

Esercizio 3.39 (Teorema di Salmon)

Sia $\mathcal{C}$ una cubica liscia di $\mathbb{P}^2(\mathbb{C})$ e sia $P \in \mathcal{C}$ un flesso. Si mostri che:

(a) *Ci sono esattamente 4 rette r_1, r_2, r_3, r_4 tangenti a $\mathcal{C}$ e passanti per P.*

(b) *Sia $k_P = \beta(r_1, r_2, r_3, r_4)$ e sia $j(\mathcal{C}, P) = \dfrac{(k_P^2 - k_P + 1)^3}{k_P^2(k_P - 1)^2}$ (si noti che $j(\mathcal{C}, P)$ è indipendente dall'ordinamento delle rette r_1, r_2, r_3, r_4 per l'Esercizio 2.21); se $P' \in \mathcal{C}$ è un altro flesso, vale $j(\mathcal{C}, P) = j(\mathcal{C}, P')$.*

Soluzione   (a) Per l'Esercizio 3.34 esiste un sistema di coordinate omogenee x_0, x_1, x_2 tale che $P = [0, 0, 1]$ e l'equazione di $\mathcal{C}$ è in forma di Weierstrass. L'enunciato segue quindi dall'Esercizio 3.33.

(b) Se $P' \in \mathcal{C}$ è un flesso, per l'Esercizio 3.38 esiste una proiettività g di $\mathbb{P}^2(\mathbb{C})$ tale che $g(\mathcal{C}) = \mathcal{C}$ e $g(P) = g(P')$. Se r_1', r_2', r_3', r_4' sono le rette tangenti $\mathcal{C}$ e passanti per P' si ha $g(\{r_1, r_2, r_3, r_4\}) = \{r_1', r_2', r_3', r_4'\}$. Per l'Esercizio 2.21 si ha quindi $j(\mathcal{C}, P) = j(\mathcal{C}, P')$.

Nota (Invariante j di una cubica liscia). Data una cubica liscia $\mathcal{C}$ di $\mathbb{P}^2(\mathbb{C})$, abbiamo visto (cfr. Esercizio 3.34 che $\mathcal{C}$ ha almeno un flesso P ed è quindi possibile definire $j(\mathcal{C}, P)$ come nell'Esercizio 3.39. Inoltre, ancora per l'Esercizio 3.39, $j(\mathcal{C}, P)$ non dipende dalla scelta del flesso ed è quindi determinato unicamente da $\mathcal{C}$. Per questa ragione è consuetudine scrivere semplicemente $j\,(\mathcal{C})$. Il numero complesso $j\,(\mathcal{C})$ è detto *invariante j*, o *modulo*, della cubica; nell'Esercizio 3.40 si mostra in effetti che $j\,(\mathcal{C})$ determina $\mathcal{C}$ a meno di isomorfismi proiettivi.

Esercizio 3.40

Data una cubica liscia $\mathcal{C}$ di $\mathbb{P}^2(\mathbb{C})$, sia $j\,(\mathcal{C})$ l'invariante definito nell'Esercizio 3.39 e nella Nota successiva. Si provino le seguenti affermazioni:

(a) Se $\mathcal{C}_\lambda$ è la cubica di equazione

$$x_0 x_2^2 - x_1(x_1 - x_0)(x_1 - \lambda x_0) = 0,$$

con $\lambda \in \mathbb{C} \setminus \{0, 1\}$, si ha $j\,(\mathcal{C}_\lambda) = \dfrac{(\lambda^2 - \lambda + 1)^3}{\lambda^2(\lambda - 1)^2}$.

(b) Per ogni $\alpha \in \mathbb{C}$ esiste una cubica liscia $\mathcal{C}$ di $\mathbb{P}^2(\mathbb{C})$ tale che $j\,(\mathcal{C}) = \alpha$.

(c) Due cubiche lisce $\mathcal{C}$ e $\mathcal{C}'$ di $\mathbb{P}^2(\mathbb{C})$ sono proiettivamente equivalenti se e solo se $j\,(\mathcal{C}) = j\,(\mathcal{C}')$.

Soluzione (a) Procedendo esattamente come nell'Esercizio 3.33 si verifica che $\mathcal{C}_\lambda$ è liscia, che $P = [0, 0, 1] \in \mathcal{C}_\lambda$ è un flesso e che le rette tangenti a $\mathcal{C}_\lambda$ e passanti per P sono la retta $r_1 = \{x_0 = 0\}$, che è la tangente di flesso in P, e le rette $r_2 = \{x_1 = 0\}$, $r_3 = \{x_1 - x_0 = 0\}$ e $r_4 = \{x_1 - \lambda x_0 = 0\}$. Si ha perciò $\beta(r_2, r_1, r_3, r_4) = \lambda$ e quindi $j\,(\mathcal{C}_\lambda) = \dfrac{(\lambda^2 - \lambda + 1)^3}{\lambda^2(\lambda - 1)^2}$.

(b) Sia $\alpha \in \mathbb{C}$ fissato; si consideri il polinomio $p\,(t) = (t^2 - t + 1)^3 - \alpha t^2(t - 1)^2$. Dato che $p\,(t)$ ha grado positivo, esiste $\lambda \in \mathbb{C}$ tale che $p\,(\lambda) = 0$. Dato che $p\,(0) = p\,(1) = 1$, si ha $\lambda \neq 0, 1$ e quindi $\dfrac{(\lambda^2 - \lambda + 1)^3}{\lambda^2(\lambda - 1)^2} = \alpha$. Per (a) la cubica $\mathcal{C}_\lambda$ di equazione $x_0 x_2^2 - x_1(x_1 - x_0)(x_1 - \lambda x_0) = 0$ ha modulo uguale a α.

(c) Supponiamo che $\mathcal{C}$ e $\mathcal{C}'$ siano proiettivamente equivalenti e che g sia una proiettività di $\mathbb{P}^2(\mathbb{C})$ tale che $g(\mathcal{C}) = \mathcal{C}'$. Sia $P \in \mathcal{C}$ un flesso e siano r_1, r_2, r_3, r_4 le rette passanti per P e tangenti a $\mathcal{C}$; allora $P' = g(P)$ è un flesso di $\mathcal{C}'$ e le rette $r_1' = g(r_1), \ldots, r_4' = g(r_4)$ sono le rette passanti per P' e tangenti a $\mathcal{C}'$. Poiché g induce un isomorfismo proiettivo tra il fascio di rette di centro P e il fascio di rette di centro P', risulta $\beta(r_1, r_2, r_3, r_4) = \beta(r_1', r_2', r_3', r_4')$, e quindi, a maggior ragione, $j\,(\mathcal{C}) = j\,(\mathcal{C}')$. Abbiamo così mostrato che $j\,(\mathcal{C})$ è invariante per isomorfismi proiettivi.

Viceversa, siano $\mathcal{C}$ e $\mathcal{C}'$ due cubiche lisce tali che $j\,(\mathcal{C}) = j\,(\mathcal{C}') = \alpha$. Per l'Esercizio 3.34, esistono $\lambda, \lambda' \in \mathbb{C} \setminus \{0, 1\}$ tali che $\mathcal{C}$ è proiettivamente equivalente alla cubica $\mathcal{C}_\lambda$ definita dall'equazione $x_0 x_2^2 - x_1(x_1 - x_0)(x_1 - \lambda x_0) = 0$ e $\mathcal{C}'$ è proiettivamente equivalente alla cubica $\mathcal{C}_{\lambda'}$ definita dall'equazione $x_0 x_2^2 - x_1(x_1 - x_0)(x_1 - \lambda' x_0) = 0$. Dato che le trasformazioni proiettive conservano j, per il punto (a) si ha

$$\frac{(\lambda'^2 - \lambda' + 1)^3}{\lambda'^2(\lambda' - 1)^2} = j(\mathcal{C}') = j(\mathcal{C}) = \frac{(\lambda^2 - \lambda + 1)^3}{\lambda^2(\lambda - 1)^2}. \tag{3.5}$$

Poiché l'equivalenza proiettiva è una relazione di equivalenza, per concludere basta far vedere che $\mathcal{C}_\lambda$ e $\mathcal{C}_{\lambda'}$ sono proiettivamente equivalenti. Dato che vale la relazione (3.5), per l'Esercizio 2.21 esiste una proiettività f della retta $\{x_2 = 0\}$ tale che:

$$f\{[1,0,0],[0,1,0],[1,1,0],[1,\lambda,0]\} = \{[1,0,0],[0,1,0],[1,1,0],[1,\lambda',0]\}.$$

Inoltre, poiché le permutazioni $(12)(34)$, $(13)(24)$ e $(14)(32)$ non cambiano il birapporto di una quaterna P_1, P_2, P_3, P_4 di punti distinti di una retta proiettiva (cfr. 1.5.2), possiamo supporre che $[0,1,0]$ sia fissato da f e che quindi f sia della forma $[x_0, x_1, 0] \mapsto [x_0, ax_0 + bx_1, 0]$, dove $a, b \in \mathbb{C}$ e $b \neq 0$. Allora, ragionando come nella soluzione del punto (c) dell'Esercizio 3.34, si vede che la proiettività g di $\mathbb{P}^2(\mathbb{C})$ definita da $[x_0, x_1, x_2] \mapsto [x_0, ax_0 + bx_1, x_2]$ trasforma $\mathcal{C}_\lambda$ in una cubica $\mathcal{D}$ di equazione $x_0 x_2^2 - \tau x_1(x_1 - x_0)(x_1 - \lambda' x_0) = 0$, dove $\tau \in \mathbb{C}^*$. Sia $\delta \in \mathbb{C}$ tale che $\tau = \delta^2$; la proiettività h definita da $[x_0, x_1, x_2] \mapsto \left[x_0, x_1, \frac{x_2}{\delta}\right]$ trasforma $\mathcal{D}$ in $\mathcal{C}_{\lambda'}$.

Esercizio 3.41

Sia $\mathcal{C}$ una cubica liscia di $\mathbb{P}^2(\mathbb{C})$. Si mostri che $\mathcal{C}$ ha esattamente 9 flessi.

Soluzione 1   Dato che $\mathcal{C}$ ha grado 3 ed è irriducibile per l'Esercizio 3.3, per ogni flesso P di $\mathcal{C}$ si ha $I(\mathcal{C}, T_P(\mathcal{C}), P) = 3$, cioè tutti i flessi di $\mathcal{C}$ sono ordinari. Per l'Esercizio 3.31 è ben definita la curva Hessiana $H(\mathcal{C})$ e la molteplicità di intersezione di $\mathcal{C}$ con $H(\mathcal{C})$ in ogni punto di flesso di $\mathcal{C}$ è uguale a 1. Dato che $H(\mathcal{C})$ è una cubica, segue dal Teorema di Bézout che $\mathcal{C}$ e $H(\mathcal{C})$ si intersecano esattamente in 9 punti, e dunque $\mathcal{C}$ ha esattamente 9 flessi.

Soluzione 2   Per l'Esercizio 3.33 esistono coordinate omogenee x_0, x_1, x_2 di $\mathbb{P}^2(\mathbb{C})$ tali che $\mathcal{C}$ sia definita dall'equazione $F(x_0, x_1, x_2) = x_0 x_2^2 - x_1^3 - ax_1 x_0^2 - bx_0^3 = 0$, dove $a, b \in \mathbb{C}$ e $4a^3 + 27b^2 \neq 0$. Come abbiamo visto nell'Esercizio 3.33 e nella sua soluzione, il punto $P = [0, 0, 1]$ è un flesso di $\mathcal{C}$ e $\mathcal{C}$ interseca la retta $x_2 = 0$ in tre punti distinti R_1, R_2, R_3 tali che P appartiene alle rette tangenti a $\mathcal{C}$ in R_1, R_2, R_3. Poiché $\mathcal{C}$ è liscia, e quindi irriducibile, si ha $I(\mathcal{C}, T_{R_i}(\mathcal{C}), R_i) = 2$ per $i = 1, 2, 3$. In altre parole, i punti R_1, R_2, R_3 non sono punti di flesso.

Dato che P è l'unico punto improprio di $\mathcal{C}$ ed è un flesso, possiamo limitare la ricerca dei flessi alla parte affine $\mathcal{C} \cap U_0$ di $\mathcal{C}$. Nelle coordinate affini $x = \frac{x_1}{x_0}, y = \frac{x_2}{x_0}$, la curva $\mathcal{C} \cap U_0$ è data dall'equazione $f(x, y) = y^2 - g(x) = 0$, dove $g(x) = x^3 + ax + b$. La matrice Hessiana di F è:

$$\text{Hess}_F(X) = \begin{pmatrix} -2ax_1 - 6bx_0 & -2ax_0 & 2x_2 \\ -2ax_0 & -6x_1 & 0 \\ 2x_2 & 0 & 2x_0 \end{pmatrix}.$$

Calcolando il determinante di $\text{Hess}_F(X)$ e deomogeneizzando rispetto a x_0 si ottiene che la parte affine $H(\mathcal{C}) \cap U_0$ della curva Hessiana $H(\mathcal{C})$ è data dall'equazione $h(x,y) = 3xy^2 + 3ax^2 + 9bx - a^2 = 0$. Quindi i flessi di $\mathcal{C} \cap U_0$ sono le soluzioni del sistema di equazioni

$$y^2 - g(x) = 0, \quad h(x,y) = 0.$$

Eliminando y^2 dalla seconda equazione, si ottiene il seguente sistema, che è equivalente al precedente:

$$y^2 - g(x) = 0, \quad 3x^4 + 6ax^2 + 12bx - a^2 = 0.$$

Mostriamo ora che il polinomio $p(x) = 3x^4 + 6ax^2 + 12bx - a^2 = 0$ ha radici distinte. Si ha $p'(x) = 12x^3 + 12ax + 12b = 12g(x)$, quindi p e p' hanno una radice comune se e solo se p e g hanno una radice comune. Supponiamo per assurdo che esista $\alpha \in \mathbb{C}$ tale che $p(\alpha) = g(\alpha) = 0$: allora il punto $R = [1, \alpha, 0]$ appartiene all'intersezione di $\mathcal{C}$ con la retta $x_2 = 0$ ed è un flesso, contraddicendo le osservazioni fatte all'inizio. Quindi $p(x)$ ha 4 radici distinte $\alpha_1, \alpha_2, \alpha_3, \alpha_4$, nessuna delle quali è una radice di $g(x)$; a ciascuna radice α_i corrispondono due flessi $[1, \alpha_i, \beta_i]$ e $[1, \alpha_i, -\beta_i]$ di $\mathcal{C}$, dove $\beta_i \neq 0$ soddisfa $\beta_i^2 = g(\alpha_i)$.

Riassumendo, la curva affine $\mathcal{C} \cap U_0$ ha 8 flessi e quindi $\mathcal{C}$ ha 9 flessi.

Nota (Configurazione dei flessi di una cubica complessa liscia). Se $\mathcal{C}$ è una cubica liscia di $\mathbb{P}^2(\mathbb{C})$ e $P_1, \ldots, P_9$ sono i flessi di $\mathcal{C}$, per l'Esercizio 3.38 per ogni scelta di $1 \leq i < j \leq 9$ la retta $L(P_i, P_j)$ contiene un terzo flesso. Usando questo fatto non è difficile verificare che l'insieme delle rette congiungenti due flessi di $\mathcal{C}$ ha esattamente 12 elementi e che le relazioni di incidenza tra queste 12 rette e i punti $P_1, \ldots, P_9$ sono le stesse che valgono nel piano affine $(\mathbb{Z}/3\mathbb{Z})^2$. Un esempio esplicito di questa corrispondenza è descritto nella Nota all'Esercizio 3.50.

☕ Esercizio 3.42 (Flessi di una cubica reale liscia)

Sia $\mathcal{C}$ una cubica liscia e irriducibile di $\mathbb{P}^2(\mathbb{R})$. Si dimostri che $\mathcal{C}$ ha esattamente tre flessi.

Soluzione Per l'Esercizio 3.34 la curva $\mathcal{C}$ ha almeno un flesso P e esiste un sistema di coordinate omogenee di $\mathbb{P}^2(\mathbb{R})$ tale che $P = [0, 0, 1]$ e la curva affine $\mathcal{C} \cap U_0$ è data da un'equazione della forma $f(x,y) = y^2 - g(x) = 0$, dove g è un polinomio reale monico di grado 3 con radici distinte.

Poiché g, essendo di grado dispari, ha almeno una radice reale, si può supporre, a meno di un cambiamento di coordinate affini della forma $(x,y) \mapsto (x + c, y)$, che $g(0) = 0$ e $g(x) > 0$ per $x > 0$. In altre parole, possiamo supporre $g(x) = x(x^2 + mx + q)$ con $m \geq 0$ e $q > 0$. Procedendo esattamente come nella soluzione dell'Esercizio 3.41 si verifica che i flessi di $\mathcal{C} \cap U_0$ sono le soluzioni del sistema:

$$y^2 - g(x) = 0, \quad p(x) = 3x^4 + 4mx^3 + 6qx^2 - q^2 = 0. \tag{3.6}$$

Osserviamo inoltre che $p'(x) = 12g(x)$. Poiché si ha $p(0) = -q^2 < 0$ e $p'(x) = 12g(x) > 0$ per ogni $x > 0$, esiste unico $\alpha_1 \in (0, +\infty)$ tale che $p(\alpha_1) = 0$. Per costruzione si ha $g(\alpha_1) > 0$, dunque esiste $\beta_1 \in \mathbb{R}$ tale che $\beta_1^2 = g(\alpha_1)$ e i punti $P_1 = (\alpha_1, \beta_1)$ e $P_2 = (\alpha_1, -\beta_1)$ sono flessi di $\mathcal{C} \cap U_0$.

Se 0 è l'unica radice di $g(x)$, si ha $g(x) < 0$ per $x \in (-\infty, 0)$ e in tal caso, dato che α_1 è l'unica radice positiva di $p(x)$, il sistema (3.6) non ha soluzioni diverse da P_1 e P_2. Se invece g ha radici $\lambda_1 < \lambda_2 < 0$ e se esiste una soluzione $Q = (\alpha_2, \beta_2)$ di (3.6), si ha $p(\alpha_2) = 0$ e $g(\alpha_2) = \beta_2^2 > 0$ (come spiegato nella soluzione dell'Esercizio 3.41, i polinomi p e g non hanno radici comuni). Ne segue che $\lambda_1 < \alpha_2 < \lambda_2$ e che α_2 è l'unica radice di p nell'intervallo (λ_1, λ_2), dato che $p(x)$ è crescente in tale intervallo. In questo caso si hanno quindi, oltre a P, P_1 e P_2, esattamente altri due flessi corrispondenti ai punti $Q_1 = (\alpha_2, \beta_2)$ e $Q_2 = (\alpha_2, -\beta_2)$. Riassumendo, abbiamo provato che $\mathcal{C}$ può avere tre o cinque flessi.

Supponiamo che $\mathcal{C}$ abbia cinque flessi. Allora per l'Esercizio 3.38 la retta $L(P_1, Q_2)$ interseca $\mathcal{C}$ in un terzo flesso R e è immediato verificare che R non coincide con nessuno dei punti P, P_1, P_2, Q_1 e Q_2. Si ha dunque una contraddizione che mostra che $\mathcal{C}$ ha esattamente tre flessi.

Esercizio 3.43

Sia $d \geq 3$, siano $P_1, P_2 \in \mathbb{P}^2(\mathbb{K})$ punti distinti, e sia l_i una retta proiettiva passante per P_i, $i = 1, 2$. Sia Λ_d lo spazio delle curve proiettive di grado d, e siano

$$\mathcal{F}_1 = \{\mathcal{C} \in \Lambda_d \mid l_1 \text{ sia tangente a } \mathcal{C} \text{ in } P_1\},$$
$$\mathcal{F}_2 = \{\mathcal{C} \in \Lambda_d \mid l_i \text{ sia tangente a } \mathcal{C} \text{ in } P_i, i = 1, 2\}.$$

Si mostri che $\mathcal{F}_i$ è un sistema lineare, e se ne calcoli la dimensione.

Soluzione Poniamo su $\mathbb{P}^2(\mathbb{K})$ coordinate omogenee per cui si abbia $P_1 = [1, 0, 0]$, $l_1 = \{x_2 = 0\}$, e sia

$$F = \sum_{i+j+k=d} a_{i,j,k} x_0^i x_1^j x_2^k = 0$$

l'equazione della generica curva proiettiva di grado d. Come osservato in 1.9.6, la curva definita da F è tangente in $[y_0, y_1, y_2]$ alla retta di equazione $ax_0 + bx_1 + cx_2 = 0$ se e solo se $\nabla F(y_0, y_1, y_2)$ è un multiplo di (a, b, c). Ne segue che, nel nostro caso, F rappresenta una curva in $\mathcal{F}_1$ se e solo se $F_{x_0}(1, 0, 0) = F_{x_1}(1, 0, 0) = 0$. Notiamo ora che $\dfrac{\partial x_0^i x_1^j x_2^k}{\partial x_0}(1, 0, 0) = d$ se $i = d, j = k = 0$, mentre è nullo altrimenti. Dunque $F_{x_0}(1, 0, 0) = 0$ se e solo se $a_{d,0,0} = 0$. Analogamente, $\dfrac{\partial x_0^i x_1^j x_2^k}{\partial x_1}(1, 0, 0) = 1$ se $i = d - 1, j = 1, k = 0$, ed è nullo altrimenti, per cui $F_{x_1}(1, 0, 0) = 0$ se e solo se $a_{d-1,1,0} = 0$. Poiché i coefficienti $a_{i,j,k}$ forniscono un sistema di coordinate omogenee per Λ_d, da quanto detto si deduce che $\mathcal{F}_1$ è un sottospazio di Λ_d di codimensione 2. Poiché $\dim \Lambda_d = \dfrac{d(d+3)}{2}$, si ha perciò $\dim \mathcal{F}_1 = \dfrac{(d+4)(d-1)}{2}$.

Supponiamo ora $P_1 \notin l_2$, $P_2 \notin l_1$. In tal caso, l_1 e l_2 si intersecano in un punto P_3 che forma con P_1, P_2 una terna di punti in posizione generale. Possiamo allora scegliere coordinate per cui si abbia $P_1 = [1, 0, 0]$, $P_2 = [0, 0, 1]$, $P_3 = [0, 1, 0]$, da cui $l_1 = \{x_2 = 0\}$, $l_2 = \{x_0 = 0\}$. Dunque F definisce una curva in $\mathcal{F}_2$ se e solo se

$$F_{x_0}(1, 0, 0) = F_{x_1}(1, 0, 0) = 0, \quad F_{x_1}(0, 0, 1) = F_{x_2}(0, 0, 1) = 0.$$

Procedendo come sopra si verifica che tali condizioni sono equivalenti a $a_{d,0,0} = a_{d-1,1,0} = a_{0,1,d-1} = a_{0,0,d} = 0$. Dunque $\mathcal{F}_2$ è definito da 4 condizioni lineari indipendenti, e ha perciò codimensione 4 in Λ_d.

Supponiamo ora $P_2 \in l_1$, $P_1 \notin l_2$. In tal caso, è possibile scegliere coordinate per cui si abbia $P_1 = [1, 0, 0]$, $P_2 = [0, 1, 0]$, $l_1 = \{x_2 = 0\}$, $l_2 = \{x_0 = 0\}$, e $F \in \mathcal{F}_2$ se e solo se $F_{x_0}(1, 0, 0) = F_{x_1}(1, 0, 0) = 0$, ovvero $a_{d,0,0} = a_{d-1,1,0} = 0$, e $F_{x_1}(0, 1, 0) = F_{x_2}(0, 1, 0) = 0$, ovvero $a_{0,d,0} = a_{0,d-1,1} = 0$. Anche in questo caso $\mathcal{F}_2$ è definito da 4 condizioni lineari indipendenti, e ha perciò codimensione 4 in Λ_d. Naturalmente, lo stesso risultato è valido anche nel caso in cui si abbia $P_1 \in l_2$, $P_2 \notin l_1$.

Infine, supponiamo $l_1 = l_2 = L(P_1, P_2)$, e scegliamo coordinate tali che $P_1 = [1, 0, 0]$, $P_2 = [0, 1, 0]$. Procedendo come sopra, si ottiene che $F \in \mathcal{F}_2$ se e solo se $a_{d,0,0} = a_{d-1,1,0} = a_{1,d-1,0} = a_{0,d,0} = 0$. Poiché $d \geq 3$ si ha $d - 1 \neq 1$, per cui anche in questo caso $\mathcal{F}_2$ risulta definito da 4 condizioni lineari indipendenti.

In definitiva, si ha comunque $\dim \mathcal{F}_2 = \dim \Lambda_d - 4 = \dfrac{d^2 + 3d - 8}{2}$.

Nota. Presentiamo brevemente due metodi alternativi per il calcolo della dimensione di $\mathcal{F}_1$, che possono peraltro essere applicati anche al calcolo di $\dim \mathcal{F}_2$.

Fissate le notazioni e scelte le coordinate come nella soluzione sopra descritta, se $f(u, v) = F(1, u, v)$ è l'equazione della parte affine $\mathcal{C} \cap U_0$ della generica curva $\mathcal{C} \in \Lambda_d$, allora $f(u, v) = a_{d,0,0} + a_{d-1,1,0}u + a_{d-1,0,1}v + g(u, v)$, dove $g(u, v)$ è una somma di monomi ciascuno dei quali di grado maggiore o uguale a 2. Poiché la parte affine $l_1 \cap U_0$ di l_1 ha equazione $v = 0$ e P_1 ha coordinate affini $(0, 0)$, ne segue che $\mathcal{C}$ passa per P_1 con tangente l_1 se e solo se $a_{d,0,0} = a_{d-1,1,0} = 0$. Ciò permette di concludere che $\mathcal{F}_1$ ha codimensione 2 in Λ_d.

In alternativa si può procedere come segue. Come sopra osservato, F rappresenta una curva in $\mathcal{F}_1$ se e solo se $F_{x_0}(1, 0, 0) = F_{x_1}(1, 0, 0) = 0$. Poiché le condizioni appena descritte sono lineari, è chiaro che $\mathcal{F}_1$ è un sistema lineare di codimensione al più 2. Per mostrare che codim $\mathcal{F}_1 = 2$, è sufficiente esibire una curva $\mathcal{C}_1 \in \Lambda_d$ non passante per $P_1 = [1, 0, 0]$ ed una curva $\mathcal{C}_2 \in \Lambda_d$ passante per P_1 ed avente in P_1 un'unica tangente diversa da $l_1 = \{x_2 = 0\}$. In tal caso, infatti, detto $\mathcal{F}_3$ il sistema lineare costituito dalle curve passanti per P_1 si avrebbe $\mathcal{F}_1 \subsetneq \mathcal{F}_3 \subsetneq \Lambda_d$, per cui $\dim \mathcal{F}_1 < \dim \mathcal{F}_3 < \dim \Lambda_d$ e $\dim \Lambda_2 - \dim \mathcal{F}_1 \geq 2$, come voluto. La dimostrazione si può dunque concludere ponendo, per esempio, $\mathcal{C}_i = [F_i]$ con $F_1(x_0, x_1, x_2) = x_0^d$ e $F_2(x_0, x_1, x_2) = x_0^{d-1}x_1$.

Osserviamo inoltre che le considerazioni fatte per calcolare la dimensione di $\mathcal{F}_1$ valgono anche nel caso $d = 2$; pertanto le coniche tangenti a l_1 in P_1 formano un sistema lineare di dimensione 3. Invece nel caso $d = 2$ la dimensione del sistema lineare $\mathcal{F}_2$ dipende dalla posizione dei punti P_1, P_2 rispetto alle rette l_1, l_2; un caso viene trattato nell'Esercizio 4.6.

Esercizio 3.44

Siano $h, k \geq 1$ e sia $\mathcal{W}$ un sistema lineare di curve di grado h in $\mathbb{P}^2(\mathbb{K})$. Sia $\mathcal{C}$ una curva proiettiva di grado k, e si ponga

$$\mathcal{H} = \{\mathcal{C} + \mathcal{C}' \mid \mathcal{C}' \in \mathcal{W}\}.$$

Si mostri che $\mathcal{H}$ è un sistema lineare di curve di grado $k + h$, e che $\dim \mathcal{H} = \dim \mathcal{W}$.

Soluzione   Siano $V = \mathbb{K}[x_0, x_1, x_2]_h$ (rispettivamente $V' = \mathbb{K}[x_0, x_1, x_2]_{h+k}$) lo spazio vettoriale formato dal polinomio nullo e dai polinomi omogenei di grado h (rispettivamente di grado $h + k$), e sia $F(x_0, x_1, x_2)$ un polinomio omogeneo di grado k che rappresenta $\mathcal{C}$. È immediato verificare che la funzione

$$\varphi \colon V \to V', \quad \varphi(G) = FG$$

è lineare e iniettiva. Inoltre, se $\mathcal{W} = \mathbb{P}(S)$, si ha evidentemente $\mathcal{H} = \mathbb{P}(\varphi(S))$, e da ciò è immediato dedurre la tesi.

Esercizio 3.45

Sia Λ_3 l'insieme delle cubiche di $\mathbb{P}^2(\mathbb{C})$, e sia $S \subseteq \Lambda_3$ l'insieme delle cubiche $\mathcal{C}$ che verificano le seguenti condizioni:

(i) $\mathcal{C}$ ha nel punto $[1, 0, 0]$ un punto doppio non ordinario con tangente principale $x_2 = 0$ oppure un punto triplo;
(ii) $\mathcal{C}$ passa per i punti $[0, 0, 1]$ e $[1, 1, -1]$.

Si verifichi che S è un sistema lineare e se ne dia un riferimento proiettivo.

Soluzione   Sia $\mathcal{C} \in S$ di equazione $F(x_0, x_1, x_2) = 0$. Poniamo su U_0 le coordinate affini $u = \frac{x_1}{x_0}$, $v = \frac{x_2}{x_0}$, e sia $f(u, v) = F(1, u, v)$. Affinché $\mathcal{C}$ verifichi (i), devono esistere $a, b, c, d, e \in \mathbb{C}$ non tutti nulli e tali che $f(u, v) = av^2 + bu^3 + cu^2v + duv^2 + ev^3$, e quindi

$$F(x_0, x_1, x_2) = ax_0x_2^2 + bx_1^3 + cx_1^2x_2 + dx_1x_2^2 + ex_2^3.$$

Il passaggio di $\mathcal{C}$ per $[0, 0, 1]$ e per $[1, 1, -1]$ equivale alle condizioni $e = 0$ e $a + b - c + d - e = 0$, per cui la generica cubica di S ha equazione

$$ax_0x_2^2 + bx_1^3 + (a + b + d)x_1^2x_2 + dx_1x_2^2 = 0, \quad [a, b, d] \in \mathbb{P}^2(\mathbb{C}).$$

Se ne deduce che S è un sistema lineare di dimensione 2, e un riferimento proiettivo di S è dato dalle curve determinate dai parametri $[1, 0, 0], [0, 1, 0], [0, 0, 1], [1, 1, 1]$, ovvero dalle curve di equazione

$$x_0 x_2^2 + x_1^2 x_2 = 0, \quad x_1^3 + x_1^2 x_2 = 0,$$
$$x_1^2 x_2 + x_1 x_2^2 = 0, \quad x_0 x_2^2 + x_1^3 + 3x_1^2 x_2 + x_1 x_2^2 = 0.$$

Esercizio 3.46

Siano P e Q due punti distinti di $\mathbb{P}^2(\mathbb{K})$ e si consideri l'insieme Ω delle cubiche di $\mathbb{P}^2(\mathbb{K})$ aventi un punto singolare in Q e tangenti in P alla retta $L(P, Q)$.

(a) Si mostri che Ω è un sistema lineare e se ne calcoli la dimensione.

(b) Se R e S sono punti tali che P, Q, R, S sono in posizione generale, si mostri che

$$\Lambda = \{ \mathcal{C} \in \Omega \mid S \in \mathcal{C}, \ \mathcal{C} \ \text{è tangente alla retta } L(R, S) \ \text{in } R \}$$

è un sistema lineare, se ne calcoli la dimensione e si determini il numero di componenti irriducibili di ogni cubica di Λ.

Soluzione   (a) Osserviamo che tutte le cubiche di Ω sono riducibili. Infatti, se $r = L(P, Q)$, per ogni $\mathcal{C} \in \Omega$ si ha $I(\mathcal{C}, r, P) \geq 2$ e $I(\mathcal{C}, r, Q) \geq 2$ e quindi per il Teorema di Bézout r è componente di $\mathcal{C}$. Le cubiche di Ω sono dunque tutte quelle di tipo $r + \mathcal{D}$ al variare di $\mathcal{D}$ nell'insieme delle coniche passanti per Q (che deve essere singolare); poiché tali coniche formano un sistema lineare di dimensione 4, si verifica facilmente (cfr. Esercizio 3.44) che anche Ω è un sistema lineare di dimensione 4.

(b) Sia $\mathcal{C} = r + \mathcal{D}$ una cubica di Ω. Poiché P, Q, R, S sono in posizione generale, né S né R giacciono su r e dunque $\mathcal{C} \in \Lambda$ se e solo se la conica $\mathcal{D}$, oltre che passare per Q, passa anche per S ed è tangente in R alla retta $L(R, S)$. Ma allora $\mathcal{D}$ interseca $L(R, S)$ almeno in 3 punti (contati con molteplicità) e quindi $L(R, S)$ è componente di $\mathcal{D}$.

Poiché, se t è una qualsiasi retta passante per Q, la cubica $r + L(R, S) + t$ verifica le condizioni richieste, allora Λ coincide con l'insieme delle cubiche di tipo $r + L(R, S) + t$ al variare di t nel fascio di rette di centro Q. Pertanto (cfr. Esercizio 3.44) Λ è un sistema lineare di dimensione 1.

Ogni cubica di Λ ha 3 componenti irriducibili distinte, esclusa la cubica $2r + L(R, S)$ in cui la retta t del fascio coincide con r.

Esercizio 3.47

Si considerino in $\mathbb{P}^2(\mathbb{C})$ la curva $\mathcal{C}$ di equazione

$$F(x_0, x_1, x_2) = 2x_1^4 - x_0^2 x_1^2 + 2x_0^3 x_1 + 3x_0^3 x_2 = 0$$

e, al variare dei parametri $a, b \in \mathbb{C}$ e $c \in \mathbb{C}^*$, la curva $\mathcal{D}$ di equazione

$$G(x_0, x_1, x_2) = a x_1^2 x_2^2 + 2b x_0^2 x_1 x_2 + 4x_0^3 x_1 + c x_0^3 x_2 = 0.$$

(a) Si calcolino i valori dei parametri a, b, c per cui il fascio generato da C e D contiene una curva G singolare nel punto $P = [1, 0, 0]$. Per tali valori, si determinino molteplicità e tangenti principali di G in P.

(b) Si dica per quali valori dei parametri a, b, c il fascio generato da C e D contiene una curva G tale che la sua parte affine $G \cap U_0$ abbia la retta $x - y = 0$ come asintoto e il corrispondente punto all'infinito sia non singolare per G.

Soluzione   (a) La parte affine $C \cap U_0$ di C è definita dall'equazione $f(x, y) = F(1, x, y) = 2x^4 - x^2 + 2x + 3y = 0$ e la parte affine $D \cap U_0$ di D è definita dall'equazione $g(x, y) = G(1, x, y) = ax^2y^2 + 2bxy + 4x + cy = 0$. La parte affine della generica curva del fascio generato da C e D ha equazione $\alpha f + \beta g = 0$ al variare di $[\alpha, \beta]$ in $\mathbb{P}^1(\mathbb{C})$. Il termine lineare omogeneo di $\alpha f + \beta g$ è uguale a $x(2\alpha + 4\beta) + y(3\alpha + c\beta)$; pertanto, il fascio contiene una curva singolare in $P = (0, 0)$ se e solo se il sistema $2\alpha + 4\beta = 3\alpha + c\beta = 0$ ha soluzioni non banali, ovvero se e solo se $c = 6$. In tal caso, inoltre, la curva G del fascio singolare in P ha equazione $2f - g = 0$. Poiché, per $c = 6$, la prima componente omogenea non nulla di $2f - g$ è data da $2x(-x - by)$, l'origine è un punto doppio per G, con tangenti principali di equazione $x = 0$ e $x + by = 0$. In particolare, P è ordinario per G se e solo se $b \neq 0$.

(b) La generica curva $G_{\alpha, \beta}$ del fascio generato da C e D ha equazione $H^{\alpha, \beta} = \alpha F + \beta G = 0$, $[\alpha, \beta] \in \mathbb{P}^1(\mathbb{C})$.

Supponiamo che $x - y = 0$ sia un asintoto di $G_{\alpha, \beta} \cap U_0$, e supponiamo che il punto all'infinito di tale retta sia non singolare per $G_{\alpha, \beta}$. La chiusura proiettiva di $x - y = 0$ ha equazione $x_1 - x_2 = 0$, ed interseca la retta impropria in $[0, 1, 1]$. Affinché $[0, 1, 1]$ sia un punto non singolare di $G_{\alpha, \beta}$ e la tangente (principale) a $G_{\alpha, \beta}$ in $[0, 1, 1]$ abbia equazione $x_1 - x_2 = 0$, è necessario e sufficiente che si abbia $H^{\alpha, \beta}_{x_0}(0, 1, 1) = 0$, $H^{\alpha, \beta}_{x_1}(0, 1, 1) = -H^{\alpha, \beta}_{x_2}(0, 1, 1) \neq 0$. Un semplice calcolo mostra che la prima equazione è sempre verificata, mentre la seconda condizione è equivalente a $8\alpha + 2a\beta = -2a\beta \neq 0$. Ne segue che il fascio generato da C e D contiene una curva G che verifica le condizioni richieste se e solo se $a \neq 0$. Inoltre, se $a \neq 0$ si ha $G = G_{-a, 2}$, per cui G ha equazione $H^{-a, 2} = -aF + 2G = 0$.

Esercizio 3.48 ————————————————————————————————————

Sia D_1 la cubica di $\mathbb{P}^2(\mathbb{C})$ di equazione

$$F(x_0, x_1, x_2) = x_1x_2^2 - 2x_0x_1x_2 - 6x_0^2x_2 + x_0x_2^2 + 8x_0^3 = 0.$$

(a) Si verifichi che D_1 ha esattamente due punti singolari A e B.

(b) Si dica se D_1 è irriducibile.

(c) Si determini una cubica D_2 in $\mathbb{P}^2(\mathbb{C})$ tale che tutte le cubiche del fascio generato da D_1 e D_2 abbiano infiniti flessi, abbiano A e B come punti singolari e passino per $P = [-1, 2, 4]$.

Soluzione (a) Calcolando il gradiente del polinomio F

$$\nabla F = (-2x_1x_2 - 12x_0x_2 + x_2^2 + 24x_0^2, x_2(x_2 - 2x_0), 2x_1x_2 - 2x_0x_1 - 6x_0^2 + 2x_0x_2),$$

vediamo che $\mathcal{D}_1$ ha come punti singolari solo i punti $A = [0, 1, 0]$ e $B = [1, 1, 2]$.

(b) Ogni cubica avente due punti singolari è certamente riducibile per il Teorema di Bézout, in quanto la retta congiungente le due singolarità interseca la cubica in almeno 4 punti (contati con molteplicità). In questo caso la retta $r = L(A, B)$ ha equazione $x_2 - 2x_0 = 0$ e infatti il polinomio F si fattorizza come $F = (x_2 - 2x_0)(x_1x_2 + x_0x_2 - 4x_0^2)$. $\mathcal{D}_1$ è quindi unione della retta r e della conica $\mathcal{C}$ di equazione $x_1x_2 + x_0x_2 - 4x_0^2 = 0$, che è non singolare e quindi irriducibile.

(c) Come già osservato nella soluzione di (b), ogni cubica singolare sia in A che in B ha la retta r come componente. D'altra parte, scegliendo come $\mathcal{D}_2$ la somma di r e di una conica passante per A, B e P e distinta da $\mathcal{C}$, tutte le cubiche del fascio generato da $\mathcal{D}_1$ e $\mathcal{D}_2$ sono singolari in A e in B. Possiamo prendere ad esempio $\mathcal{D}_2 = r + L(A, P) + L(B, P)$, così che ogni cubica del fascio generato da $\mathcal{D}_1$ e $\mathcal{D}_2$ è la somma di una retta r e di una conica del fascio $\mathcal{F}$ generato dalla conica $\mathcal{C}$ e dalla conica riducibile $L(A, P) + L(B, P)$.

Inoltre, data una cubica $\mathcal{D}$ di questo fascio, tutti i punti di $r \setminus \{A, B\}$ sono flessi di $\mathcal{D}$ a meno che r sia componente doppia della cubica. Infatti, se ciò accade, i punti di r sono tutti singolari e dunque non di flesso; in questo caso però $\mathcal{D}$ è costituita, oltre che dalla retta doppia r, dalla tangente a $\mathcal{C}$ in P e allora tutti i punti di tale retta (escluso il punto di intersezione con r) sono punti di flesso per la cubica.

Esercizio 3.49

Si considerino i punti $A = [1, 0, -1]$, $B = [0, 1, 0]$, $C = [1, 0, 0]$ e $D = [0, 1, 1]$ di $\mathbb{P}^2(\mathbb{C})$. Si considerino le rette r di equazione $x_0 + x_2 = 0$, s di equazione $x_1 = 0$ e t di equazione $2x_1 - 2x_2 - x_0 = 0$. Sia $\mathcal{W}$ l'insieme delle quartiche proiettive $\mathcal{Q}$ di $\mathbb{P}^2(\mathbb{C})$ che verificano le seguenti condizioni:

(i) A è un punto singolare;
(ii) $I(\mathcal{Q}, r, B) \geq 3$;
(iii) C è un punto singolare e $I(\mathcal{Q}, s, C) \geq 3$;
(iv) la retta t è tangente a $\mathcal{Q}$ nel punto D.

(a) Si dica se $\mathcal{W}$ è un sistema lineare di curve e, in caso affermativo, se ne calcoli la dimensione.
(b) Si dica se esiste in $\mathcal{W}$ una quartica avente B come punto triplo.
(c) Si esibisca l'equazione di una quartica $\mathcal{Q} \in \mathcal{W}$ tale che la retta affine $t \cap U_0$ non sia asintoto per la parte affine $\mathcal{Q} \cap U_0$ della quartica $\mathcal{Q}$.

Soluzione (a) Osserviamo che i punti A e B appartengono alla retta r. Se la quartica $\mathcal{Q}$ sta in $\mathcal{W}$, allora $I(\mathcal{Q}, r, A) \geq 2$ e $I(\mathcal{Q}, r, B) \geq 3$ e quindi, per il Teorema di Bézout, r deve essere una componente irriducibile di $\mathcal{Q}$. Inoltre i punti A e C stanno sulla retta s; poiché $I(\mathcal{Q}, s, A) \geq 2$ e $I(\mathcal{Q}, s, C) \geq 3$, analogamente deduciamo che anche s deve essere una componente irriducibile di $\mathcal{Q}$. Pertanto la quartica $\mathcal{Q}$ sarà necessariamente data da $r + s + C$ con C curva di grado 2. Affinché una tale quartica verifichi tutte le richieste che definiscono l'insieme $\mathcal{W}$, è necessario e sufficiente che la conica C passi per il punto C (in modo tale che C sia singolare) e che sia tangente nel punto D alla retta t. L'insieme $\mathcal{W}$ consiste quindi delle quartiche $r + s + C$, al variare di C nel sistema lineare delle coniche passanti per C e tangenti in D alla retta t. Poiché tali coniche formano un sistema lineare di dimensione 2, allora anche $\mathcal{W}$ è un sistema lineare di dimensione 2 (cfr. Esercizio 3.44).

(b) Supponiamo per assurdo che esista una quartica $\mathcal{Q} = r + s + C \in \mathcal{W}$ avente B come punto triplo. Allora B deve essere un punto doppio per la conica C, ossia C deve avere come componenti le rette $L(B, C)$ e $L(B, D)$. Poiché $L(B, D)$ non coincide con la retta t, la quartica non è tangente a t in D. Si contraddice così l'ipotesi che $\mathcal{Q} \in \mathcal{W}$.

(c) Ogni quartica di $\mathcal{W}$ è tangente a t in D. Affinché $t \cap U_0$ non sia un asintoto, è quindi necessario che il punto D sia singolare e che t non sia una tangente principale alla curva in tale punto. Poiché $L(C, D) \neq t$, soddisfano quindi la richiesta tutte le quartiche $\mathcal{Q}$ della forma $r + s + L(C, D) + l$, con l retta passante per D e diversa da t. Scelta per esempio $l = \{x_0 = 0\}$, si può dunque porre $\mathcal{Q} = [x_0 x_1 (x_0 + x_2)(x_1 - x_2)]$.

Esercizio 3.50 (Fascio di cubiche di Hesse)

Si consideri il fascio $\mathcal{F} = \{C_{\lambda,\mu} \mid [\lambda, \mu] \in \mathbb{P}^1(\mathbb{C})\}$, dove $C_{\lambda,\mu}$ è la cubica di $\mathbb{P}^2(\mathbb{C})$ di equazione

$$F_{\lambda,\mu}(x_0, x_1, x_2) = \lambda(x_0^3 + x_1^3 + x_2^3) + \mu x_0 x_1 x_2 = 0.$$

(a) Si trovino i punti base di $\mathcal{F}$ e si verifichi che ciascuno di essi è non singolare per ogni $C_{\lambda,\mu}$.

(b) Si mostri che per ogni $[\lambda, \mu] \in \mathbb{P}^1(\mathbb{C})$ la curva Hessiana $H(C_{\lambda,\mu})$ di $C_{\lambda,\mu}$ è definita e appartiene al fascio $\mathcal{F}$, cosicché si ha un'applicazione $H : \mathcal{F} \to \mathcal{F}$ che associa $H(C_{\lambda,\mu})$ a $C_{\lambda,\mu}$.

(c) Si dimostri che $H : \mathcal{F} \to \mathcal{F}$ ha quattro punti fissi, e che non è una proiettività.

(d) Si determinino i flessi di $C_{\lambda,\mu}$ quando $C_{\lambda,\mu}$ non è punto fisso per H.

Soluzione   (a) Sia $\omega = \dfrac{1 + i\sqrt{3}}{2}$ una radice cubica di -1. Mettendo a sistema le equazioni di $C_{1,0}$ e di $C_{0,1}$ è immediato verificare che i punti base di $\mathcal{F}$ sono dati da

$$\begin{aligned}
P_1 &= [0, 1, -1], & P_2 &= [0, 1, \omega], & P_3 &= [0, 1, \overline{\omega}], \\
P_4 &= [1, 0, -1], & P_5 &= [1, 0, \omega], & P_6 &= [1, 0, \overline{\omega}], \\
P_7 &= [1, -1, 0], & P_8 &= [1, \omega, 0], & P_9 &= [1, \overline{\omega}, 0].
\end{aligned}$$

Si ha inoltre

$$\nabla F_{\lambda,\mu}(x_0, x_1, x_2) = 3\lambda(x_0^2, x_1^2, x_2^2) + \mu(x_1 x_2, x_0 x_2, x_0 x_1),$$

per cui $C_{1,0}$ è evidentemente non singolare (ed in particolare nessun P_i è singolare per $\mathcal{C}_{1,0}$). Sia allora $\mu \neq 0$. Per $\{i,j,k\} = \{1,2,3\}$, se $y_i = 0, y_j \neq 0, y_k \neq 0$ risulta $\frac{\partial F_{\lambda,\mu}}{\partial x_i}(y_0, y_1, y_2) = \mu y_j y_k \neq 0$, e da ciò è immediato dedurre che P_i è non singolare per ogni cubica di $\mathcal{F}$.

Un argomento alternativo per giungere alla medesima conclusione è il seguente. Il luogo base di $\mathcal{F}$, che per (b) è un insieme di 9 punti, è uguale all'intersezione di due qualunque cubiche distinte del fascio. Quindi per il Teorema di Bézout due qualunque cubiche distinte del fascio si intersecano con molteplicità uguale a 1 in ciascuno dei punti base, e perciò ogni cubica di $\mathcal{F}$ è non singolare in tali punti.

(b) L'equazione della curva Hessiana di $\mathcal{C}_{\lambda,\mu}$ è data da

$$
H_{F_{\lambda,\mu}} = \det \begin{pmatrix} 6\lambda x_0 & \mu x_2 & \mu x_1 \\ \mu x_2 & 6\lambda x_1 & \mu x_0 \\ \mu x_1 & \mu x_0 & 6\lambda x_2 \end{pmatrix}
$$
$$
= -6\lambda\mu^2(x_0^3 + x_1^3 + x_2^3) + (216\lambda^3 + 2\mu^3)x_0 x_1 x_2 = 0.
$$

Poiché $(\lambda, \mu) \neq (0,0)$ implica chiaramente $(-6\lambda\mu^2, 216\lambda^3 + 2\mu^3) \neq (0,0)$, si ha $H_{F_{\lambda,\mu}} \neq 0$ e $H(\mathcal{C}_{\lambda,\mu}) \in \mathcal{F}$ per ogni $\mathcal{C}_{\lambda,\mu} \in \mathcal{F}$.

(c) Per quanto visto al punto precedente, si ha $H(\mathcal{C}_{\lambda,\mu}) = \mathcal{C}_{\lambda,\mu}$ se e solo se $[\lambda, \mu] = [-6\lambda\mu^2, 216\lambda^3 + 2\mu^3]$, ovvero se e solo se $\det \begin{pmatrix} -6\lambda\mu^2 & 216\lambda^3 + 2\mu^3 \\ \lambda & \mu \end{pmatrix} = 0$.

Tale equazione è equivalente a $\lambda(27\lambda^3 + \mu^3) = 0$, le cui soluzioni non banali sono date da $[0, 1], [1, -3], [1, 3\omega], [1, 3\overline{\omega}]$. Ne segue che i punti fissi di H sono dati dalle cubiche $\mathcal{C}_{0,1}, \mathcal{C}_{1,-3}, \mathcal{C}_{1,3\omega}, \mathcal{C}_{1,3\overline{\omega}}$. Se H fosse una proiettività dello spazio proiettivo 1-dimensionale $\mathcal{F}$, avendo almeno 3 punti fissi essa dovrebbe coincidere con l'identità, cosa che contraddice il fatto che H ha esattamente 4 punti fissi.

(d) Per quanto visto in (b), i punti di intersezione di $\mathcal{C}_{\lambda,\mu}$ con $H(\mathcal{C}_{\lambda,\mu})$ sono dati dalle soluzioni del sistema

$$
\begin{cases} \lambda(x_0^3 + x_1^3 + x_2^3) + \mu x_0 x_1 x_2 = 0 \\ -6\lambda\mu^2(x_0^3 + x_1^3 + x_2^3) + (216\lambda^3 + 2\mu^3)x_0 x_1 x_2 = 0 \end{cases}.
$$

Come spiegato in (c), se $\mathcal{C}_{[\lambda,\mu]}$ non è un punto fisso di H si ha

$$
\det \begin{pmatrix} -6\lambda\mu^2 & 216\lambda^3 + 2\mu^3 \\ \lambda & \mu \end{pmatrix} \neq 0,
$$

per cui il sistema appena descritto è equivalente a $x_0^3 + x_1^3 + x_2^3 = x_0 x_1 x_2 = 0$. Le soluzioni di tale sistema corrispondono esattamente ai punti base $P_1, \ldots, P_9$ di $\mathcal{F}$, che, per quanto visto in (a), sono tutti non singolari per $\mathcal{C}_{\lambda,\mu}$. Ne segue che, se $H(\mathcal{C}_{\lambda,\mu}) \neq \mathcal{C}_{\lambda,\mu}$, allora i flessi di $\mathcal{C}_{\lambda,\mu}$ sono tutti e soli i punti base di $\mathcal{F}$.

Nota. Se $\mathcal{C}_{\lambda_0,\mu_0}$ è un punto fisso per H, tutti i punti non singolari di $\mathcal{C}_{\lambda_0,\mu_0}$ sono flessi. Poiché ogni cubica di $\mathcal{F}$ è ridotta per il punto (a) dell'esercizio, segue dall'Esercizio 3.32 che $\mathcal{C}_{\lambda_0,\mu_0}$ è unione di tre rette. In effetti, se $[\lambda_0, \mu_0] = [0, 1]$ la cubica $\mathcal{C}_{\lambda_0,\mu_0}$

si decompone nelle rette di equazione $x_0 = 0$ (su cui giacciono P_1, P_2, P_3), $x_1 = 0$ (su cui giacciono P_4, P_5, P_6), $x_2 = 0$ (su cui giacciono P_7, P_8, P_9).

Se $[\lambda_0, \mu_0] = [1, -3]$, allora $\mathcal{C}_{\lambda_0, \mu_0}$ ha equazione $x_0^3 + x_1^3 + x_2^3 - 3x_0 x_1 x_2 = 0$, e si decompone nelle rette di equazione $x_0 + x_1 + x_2 = 0$ (su cui giacciono P_1, P_4, P_7), $\overline{\omega} x_0 + \omega x_1 - x_2 = 0$ (su cui giacciono P_2, P_6, P_8) e $\omega x_0 + \overline{\omega} x_1 - x_2 = 0$ (su cui giacciono P_3, P_5, P_9).

Se $[\lambda_0, \mu_0] = [1, 3\omega]$, allora $\mathcal{C}_{\lambda_0, \mu_0}$ ha equazione $x_0^3 + x_1^3 + x_2^3 + 3\omega x_0 x_1 x_2 = 0$, e si decompone nelle rette di equazione $\omega x_0 - x_1 - x_2 = 0$ (su cui giacciono P_1, P_5, P_8), $x_0 - \omega x_1 + x_2 = 0$ (su cui giacciono P_2, P_4, P_9) e $\overline{\omega} x_0 + \overline{\omega} x_1 - x_2 = 0$ (su cui giacciono P_3, P_6, P_7).

Infine, se $[\lambda_0, \mu_0] = [1, 3\overline{\omega}]$, allora $\mathcal{C}_{\lambda_0, \mu_0}$ ha equazione $x_0^3 + x_1^3 + x_2^3 + 3\overline{\omega} x_0 x_1 x_2 = 0$, e si decompone nelle rette di equazione $\overline{\omega} x_0 - x_1 - x_2 = 0$ (su cui giacciono P_1, P_6, P_9), $x_0 - \overline{\omega} x_1 + x_2 = 0$ (su cui giacciono P_3, P_4, P_8) e $\omega x_0 + \omega x_1 - x_2 = 0$ (su cui giacciono P_2, P_5, P_7).

Definiamo ora una bigezione Φ tra l'insieme $\{P_1, \ldots, P_9\}$ e $(\mathbb{Z}/3\mathbb{Z})^2$:

$$P_1 \mapsto (0, 0), \quad P_2 \mapsto (1, 0), \quad P_3 \mapsto (2, 0),$$
$$P_4 \mapsto (0, 1), \quad P_5 \mapsto (2, 1), \quad P_6 \mapsto (1, 1),$$
$$P_7 \mapsto (0, 2), \quad P_8 \mapsto (1, 2), \quad P_9 \mapsto (2, 2).$$

È immediato verificare, usando i calcoli appena svolti, che tre punti P_i, P_j e P_k sono allineati in $\mathbb{P}^2(\mathbb{C})$ se e solo $\Phi(P_i), \Phi(P_j)$ e $\Phi(P_k)$ sono allineati in $(\mathbb{Z}/3\mathbb{Z})^2$ e che le quattro cubiche riducibili del fascio corrispondono alla ripartizione dell'insieme delle rette di $(\mathbb{Z}/3\mathbb{Z})^2$ in quattro sottoinsiemi di rette parallele.

Esercizio 3.51

Siano $\mathcal{D}$ e $\mathcal{G}$ le cubiche di $\mathbb{P}^2(\mathbb{C})$ di equazione rispettivamente $x_0(x_1^2 - x_2^2) = 0$ e $x_1^2(x_0 + x_2) = 0$. Al variare di $[\lambda, \mu] \in \mathbb{P}^1(\mathbb{C})$, si considerino le cubiche $\mathcal{C}_{\lambda, \mu}$ del fascio generato da $\mathcal{D}$ e $\mathcal{G}$.

(a) Si determinino i punti base del fascio.

(b) Si mostri che esiste un unico punto P singolare per tutte le cubiche del fascio e, al variare di $[\lambda, \mu] \in \mathbb{P}^1(\mathbb{C})$, si calcolino la molteplicità di P e le tangenti principali a $\mathcal{C}_{\lambda, \mu}$ in P.

(c) Si determinino tutte le cubiche riducibili del fascio.

Soluzione   (a) Entrambe le generatrici del fascio sono riducibili: $\mathcal{D}$ è unione di tre rette distinte, mentre $\mathcal{G}$ ha due componenti irriducibili distinte di cui una doppia. I punti base del fascio coincidono con i punti di $\mathcal{D} \cap \mathcal{G}$; pertanto, intersecando in tutti i modi possibili una componente irriducibile di $\mathcal{D}$ con una componente irriducibile di $\mathcal{G}$, troviamo che il fascio ha 5 punti base e cioè i punti $A = [1, -1, -1], B = [1, 1, -1], C = [0, 1, 0]$ (che giacciono sulla retta di equazione $x_0 + x_2 = 0$) e i punti $P = [1, 0, 0], Q = [0, 0, 1]$ (che giacciono sulla retta doppia $x_1 = 0$ contenuta in $\mathcal{G}$).

(b) I punti singolari per tutte le cubiche del fascio coincidono con i punti singolari per entrambe le generatrici; fra i cinque punti base del fascio, si vede facilmente che solo $P = [1, 0, 0]$ è singolare sia per $\mathcal{D}$ che per $\mathcal{G}$.

La generica cubica $\mathcal{C}_{\lambda,\mu}$ del fascio ha equazione $\lambda x_0(x_1^2 - x_2^2) + \mu x_1^2(x_0 + x_2) = 0$. Per determinare la molteplicità di P e le tangenti principali a $\mathcal{C}_{\lambda,\mu}$ in P, lavoriamo nella carta affine U_0 rispetto alle coordinate affini $x = \frac{x_1}{x_0}, y = \frac{x_2}{x_0}$. Rispetto a tali coordinate la curva affine $\mathcal{C}_{\lambda,\mu} \cap U_0$ ha equazione

$$\lambda(x^2 - y^2) + \mu x^2(1 + y) = (\lambda + \mu)x^2 - \lambda y^2 + \mu x^2 y = 0$$

e P ha coordinate $(0, 0)$. Poiché al variare di $[\lambda, \mu] \in \mathbb{P}^1(\mathbb{C})$ non è possibile che λ e $\lambda + \mu$ si annullino contemporaneamente, la parte omogenea $(\lambda + \mu)x^2 - \lambda y^2$ non può mai annullarsi identicamente e quindi P è sempre un punto doppio. In particolare:

(b1) se $\lambda = 0$, P è doppio non ordinario con tangente principale $x_1 = 0$ (in tal caso ritroviamo la cubica $\mathcal{C}_{0,1} = \mathcal{G}$ per la quale già sapevamo che P è doppio non ordinario a causa della retta doppia $x_1^2 = 0$ componente di $\mathcal{G}$);

(b2) se $\lambda + \mu = 0$, P è doppio non ordinario con tangente principale $x_2 = 0$ (in tal caso otteniamo la cubica $\mathcal{C}_{1,-1}$ di equazione $x_2(x_0 x_2 + x_1^2) = 0$ le cui componenti $x_0 x_2 + x_1^2 = 0$ e $x_2 = 0$ sono mutuamente tangenti in P);

(b3) se $\lambda \neq 0$ e $\lambda + \mu \neq 0$, allora P è doppio ordinario; indicando con α una radice quadrata di $\frac{\lambda}{\lambda + \mu}$, le tangenti principali distinte alla cubica in P sono le rette di equazione $x_1 - \alpha x_2 = 0$ e $x_1 + \alpha x_2 = 0$.

(c) Per quanto visto nell'Esercizio 3.10, se $\mathcal{C}_{\lambda,\mu}$ è riducibile allora essa contiene una retta passante per P che sarà ovviamente una tangente principale in P.

Come visto nel punto (b), P risulta non ordinario solo nei casi $\lambda = 0$ o $\lambda + \mu = 0$, casi corrispondenti alle cubiche riducibili $\mathcal{G}$ e $\mathcal{C}_{1,-1}$.

Se P è doppio ordinario per una cubica riducibile $\mathcal{C}_{\lambda,\mu}$, per le considerazioni del punto (b3) la retta per P contenuta in $\mathcal{C}_{\lambda,\mu}$ deve essere o la retta $x_1 - \alpha x_2 = 0$ o la retta $x_1 + \alpha x_2 = 0$. D'altra parte, visto che x_1 appare nell'equazione di $\mathcal{C}_{\lambda,\mu}$ solo con esponente pari, deduciamo subito che $\mathcal{C}_{\lambda,\mu}$ contiene entrambe tali rette: infatti, se sostituendo $x_1 = \alpha x_2$ nell'equazione di $\mathcal{C}_{\lambda,\mu}$ si ottiene il polinomio nullo, ciò avviene anche sostituendo $x_1 = -\alpha x_2$, e viceversa.

Poiché $\alpha \neq 0$, queste due rette non passano né per $C = [0, 1, 0]$, né per $Q = [0, 0, 1]$. Pertanto la terza componente irriducibile della cubica deve essere la retta $x_0 = 0$, ossia $\mathcal{C}_{\lambda,\mu}$ deve avere equazione $x_0(x_1^2 - \alpha^2 x_2^2) = 0$. Imponendo che tale cubica passi i punti $A = [1, -1, -1]$ e $B = [1, 1, -1]$, otteniamo $\alpha^2 = 1$, ossia $\frac{\lambda}{\lambda + \mu} = 1$ e dunque $\mu = 0$. Pertanto, oltre alle due cubiche riducibili già trovate sopra, l'unica altra cubica riducibile contenuta nel fascio è la cubica $\mathcal{C}_{1,0} = \mathcal{D}$.

È possibile concludere la dimostrazione di (c) anche in maniera lievemente differente. Una volta osservato che, qualora $\mathcal{C}_{\lambda,\mu}$ sia riducibile e P ne sia un punto doppio ordinario, la conica degenere di equazione $x_1^2 = \alpha^2 x_2^2$ deve essere contenuta in $C_{\lambda,\mu}$, sostituendo l'uguaglianza $x_1^2 = \dfrac{\lambda}{\lambda+\mu}x_2^2$ nell'equazione di $C_{\lambda,\mu}$ si ottiene l'equazione $\dfrac{\lambda\mu}{\lambda+\mu}x_2^3 = 0$. Affinché tale equazione sia identicamente nulla si deve avere $\lambda = 0$ (ma in tal caso P non è doppio ordinario per $C_{\lambda,\mu}$) oppure $\mu = 0$, caso che corrisponde alla cubica riducibile $C_{1,0} = \mathcal{D}$.

Esercizio 3.52

Siano $\mathcal{D}_1$ e $\mathcal{D}_2$ le cubiche di $\mathbb{P}^2(\mathbb{C})$ di equazione rispettivamente

$$
\begin{aligned}
F_1(x_0, x_1, x_2) &= x_2(x_1^2 - 2x_0x_1 + x_2^2) = 0, \\
F_2(x_0, x_1, x_2) &= (x_2 - x_1)(x_2 + x_1)(x_1 - x_0) = 0.
\end{aligned}
$$

Si determinino i punti base e le cubiche riducibili del fascio $\mathcal{F}$ generato da $\mathcal{D}_1$ e $\mathcal{D}_2$.

Soluzione La cubica $\mathcal{D}_1$ ha come componenti irriducibili la retta $r_1 = \{x_2 = 0\}$ e una conica irriducibile; denotiamo con r_2, r_3, r_4 le rette componenti irriducibili di $\mathcal{D}_2$ di equazione rispettivamente $x_2 - x_1 = 0, x_2 + x_1 = 0$ e $x_1 - x_0 = 0$.

Si calcola facilmente che i punti base del fascio, ossia i punti di intersezione di $\mathcal{D}_1$ e $\mathcal{D}_2$, sono i punti $A = [1, 1, -1], B = [1, 1, 0], C = [1, 1, 1]$ e $Q = [1, 0, 0]$. Notiamo che i punti A, B, C sono allineati e giacciono sulla retta r_4; inoltre il punto Q è singolare sia per $\mathcal{D}_1$ che per $\mathcal{D}_2$ e quindi è singolare per tutte le cubiche del fascio.

Osserviamo che, poiché il luogo base di $\mathcal{F}$ è un insieme finito, due cubiche distinte di $\mathcal{F}$ non hanno componenti in comune. Supponiamo ora che $C_{\lambda,\mu}$ sia riducibile. Poiché Q è punto singolare per $C_{\lambda,\mu}$ (in quanto è singolare per tutte le cubiche del fascio), esiste una retta r contenuta in $C_{\lambda,\mu}$ e passante per Q (cfr. Esercizio 3.10). Poiché $Q \notin r_4$, si ha necessariamente $r \neq r_4$.

Se $r = r_1$, allora per la precedente osservazione $C_{\lambda,\mu} = \mathcal{D}_1$.

Se $r = r_2$ o $r = r_3$, allora per lo stesso motivo $C_{\lambda,\mu} = \mathcal{D}_2$.

Se $r \neq r_i$ per $i = 1, 2, 3$, allora $C_{\lambda,\mu} = r + \mathcal{G}$ con $\mathcal{G}$ conica necessariamente passante per i punti $A \in r_4$, $B \in r_4$, $C \in r_4$. Pertanto $\mathcal{G}$ deve essere riducibile e contenere la retta r_4. Di nuovo per l'osservazione precedente si ha che allora $C_{\lambda,\mu} = \mathcal{D}_2$.

Deduciamo quindi che le sole cubiche riducibili del fascio sono le generatrici $\mathcal{D}_1$ e $\mathcal{D}_2$.

Esercizio 3.53

Sia C la curva di $\mathbb{P}^2(\mathbb{C})$ di equazione

$$
F(x_0, x_1, x_2) = x_1^3 - 2x_0x_2^2 + x_1x_2^2 = 0.
$$

(a) Si determinino i punti singolari di C con le relative molteplicità e tangenti principali. Inoltre, per ogni punto singolare di C, si calcoli la molteplicità di intersezione fra la curva e ciascuna tangente principale in tale punto.

(b) Si determinino i flessi di C.

(c) Si determini una cubica proiettiva $\mathcal{D}$ di $\mathbb{P}^2(\mathbb{C})$ tale che il fascio $\mathcal{F}$ generato da $\mathcal{C}$ e $\mathcal{D}$ verifichi le seguenti proprietà:

(i) tutte le cubiche di $\mathcal{F}$ hanno almeno un punto doppio non ordinario o un punto triplo;

(ii) i punti $[0,0,1]$ e $[1,1,1]$ sono fra i punti base del fascio $\mathcal{F}$.

Soluzione   (a) Poiché

$$\nabla F = (-2x_2^2, 3x_1^2 + x_2^2, 2x_2(x_1 - 2x_0)),$$

l'unico punto singolare di $\mathcal{C}$ è $P = [1,0,0]$. Poste su U_0 le coordinate affini $x = \frac{x_1}{x_0}, y = \frac{x_2}{x_0}$, il punto P ha coordinate $(0,0)$, mentre la parte affine $\mathcal{C} \cap U_0$ di $\mathcal{C}$ ha equazione $x^3 - 2y^2 + xy^2 = 0$. Dunque P è un punto di cuspide con tangente principale r di equazione $x_2 = 0$. Inoltre $I(\mathcal{C}, r, P) = 3$.

(b) Poiché

$$H_F(X) = \det \begin{pmatrix} 0 & 0 & -4x_2 \\ 0 & 6x_1 & 2x_2 \\ -4x_2 & 2x_2 & 2x_1 - 4x_0 \end{pmatrix} = -96x_1 x_2^2,$$

gli unici punti di intersezione fra $\mathcal{C}$ e la sua Hessiana sono P e $Q = [0,0,1]$. Poiché P è singolare e Q non lo è, l'unico punto di flesso è Q.

(c) Se scegliamo come $\mathcal{D}$ una cubica avente P come punto doppio non ordinario con la stessa tangente principale di $\mathcal{C}$, ossia la retta $r = \{x_2 = 0\}$, allora tutte le cubiche del fascio generato da $\mathcal{C}$ e $\mathcal{D}$ verificano la proprietà (i). Se inoltre $\mathcal{D}$ passa per i punti $[0,0,1]$ e $[1,1,1]$, tali punti risultano punti base del fascio generato da $\mathcal{C}$ e $\mathcal{D}$. Una cubica $\mathcal{D}$ con queste proprietà è, ad esempio, quella definita dall'equazione $x_2^2(x_0 - x_1) = 0$.

Nota. Nella soluzione dell'esercizio precedente si è mostrato tra le altre cose che $\mathcal{C}$ ha esattamente un flesso. Questo fatto può essere dedotto anche senza svolgere calcoli. Infatti $\mathcal{C}$ ha come unica singolarità una cuspide ordinaria, ed è dunque irriducibile per l'Esercizio 3.10. Allora $\mathcal{C}$ ha esattamente un flesso per l'Esercizio 3.37.

Esercizio 3.54

Siano $\mathcal{C}_1$ e $\mathcal{C}_2$ curve di $\mathbb{P}^2(\mathbb{K})$ di grado n che si intersecano esattamente in N punti distinti $P_1, \ldots, P_N$. Sia $\mathcal{D}$ una curva irriducibile di grado $d < n$ passante per i punti $P_1, \ldots, P_{nd}$. Si mostri che esiste una curva $\mathcal{G}$ di grado $n - d$ passante per i punti $P_{nd+1}, \ldots, P_N$.

Soluzione   Osserviamo che $P_j \notin \mathcal{D}$ per ogni j tale che $nd < j \leq N$. Infatti altrimenti $\mathcal{D}$ avrebbe più di nd punti in comune sia con $\mathcal{C}_1$ che con $\mathcal{C}_2$ e quindi sarebbe componente irriducibile di entrambe, contro l'ipotesi che $\mathcal{C}_1$ e $\mathcal{C}_2$ si intersechino in un numero finito di punti.

Sia Q un punto di $\mathcal{D}$ tale che $Q \neq P_j$ per ogni $j = 1, \dots, nd$. Nel fascio generato da $\mathcal{C}_1$ e $\mathcal{C}_2$ esiste una curva $\mathcal{W}$ passante per Q; in particolare $\mathcal{W}$ ha grado n e passa per $P_1, \dots, P_N, Q$. Poiché $\mathcal{W}$ ha in comune con $\mathcal{D}$ almeno $nd + 1$ punti distinti e $\mathcal{D}$ è irriducibile, allora per il Teorema di Bézout $\mathcal{D}$ è componente irriducibile di $\mathcal{W}$, cioè $\mathcal{W} = \mathcal{D} + \mathcal{G}$, dove $\mathcal{G}$ è una curva di grado $n - d$. Siccome $\mathcal{W}$ contiene i punti $P_1, \dots, P_N$ e $\mathcal{D}$ contiene $P_1, \dots, P_{nd}$ ma, come visto sopra, non contiene nessuno dei $P_{nd+1}, \dots, P_N$, allora questi ultimi punti devono essere contenuti nella curva $\mathcal{G}$.

☕ **Esercizio 3.55 (Teorema di Poncelet)** ————————————————————

Sia $\mathcal{C}$ una curva proiettiva irriducibile di $\mathbb{P}^2(\mathbb{C})$ di grado $n \geq 3$. Sia r una retta che interseca $\mathcal{C}$ in n punti distinti $P_1, \dots, P_n$ e, per ogni $i = 1, \dots, n$, sia τ_i una retta tangente a $\mathcal{C}$ in P_i. Siano $Q_1, \dots, Q_k$ gli ulteriori punti di intersezione di $\mathcal{C}$ con le rette $\tau_1, \dots, \tau_n$. Si mostri che $Q_1, \dots, Q_k$ appartengono al supporto di una curva di grado $n - 2$.

Soluzione   Osserviamo intanto che ciascuno dei punti P_i è semplice per $\mathcal{C}$: altrimenti la retta r incontrerebbe la curva in più di n punti (contati con molteplicità) e quindi sarebbe componente irriducibile di $\mathcal{C}$, che invece è irriducibile per ipotesi. Per la stessa ragione, r non è tangente a $\mathcal{C}$ in alcun P_i.

Consideriamo la curva $\mathcal{D}$ di grado n definita da $\mathcal{D} = \tau_1 + \dots + \tau_n$ e sia $Q \in r \setminus \{P_1, \dots, P_n\}$. Sia $\mathcal{G}$ una curva nel fascio generato da $\mathcal{C}$ e $\mathcal{D}$ e passante per Q. Poiché $\mathcal{G}$ ha grado n e ha almeno $n + 1$ punti distinti in comune con r, allora r è componente di $\mathcal{G}$, ossia $\mathcal{G} = r + \mathcal{G}'$.

La curva $\mathcal{G}$, come tutte quelle del fascio generato da $\mathcal{C}$ e $\mathcal{D}$, è tangente in P_i alla retta τ_i; poiché r non lo è, allora $\mathcal{G}'$ deve passare per i punti $P_1, \dots, P_n$. Ma allora, visto che $\mathcal{G}'$ ha grado $n - 1$, r è componente irriducibile anche di $\mathcal{G}'$, ossia $\mathcal{G} = 2r + \mathcal{G}''$ con $\deg \mathcal{G}'' = n - 2$. I punti $Q_1, \dots, Q_k$, che non appartengono a r, devono quindi appartenere alla curva $\mathcal{G}''$.

Nota. Nel caso $n = 3$ l'enunciato dell'Esercizio 3.55 si riduce al seguente risultato. Sia $\mathcal{C}$ una cubica irriducibile di $\mathbb{P}^2(\mathbb{C})$, sia r una retta che interseca $\mathcal{C}$ in tre punti distinti P_1, P_2, P_3 che non siano flessi di $\mathcal{C}$ e, per $i = 1, 2, 3$, sia τ_i una retta tangente a $\mathcal{C}$ in P_i. Se Q_i è l'ulteriore punto di intersezione tra τ_i e $\mathcal{C}$, allora i punti Q_1, Q_2, Q_3 sono allineati.

Esercizio 3.56

Siano C e D le curve di $\mathbb{P}^2(\mathbb{C})$ definite rispettivamente da

$$F(x_0, x_1, x_2) = x_0^2 - x_1^2 + x_2^2 = 0, \quad G(x_0, x_1, x_2) = x_0 x_1 - x_2^2 + x_1^2 = 0.$$

Per ogni $P \in C \cap D$, si determini $I(C, D, P)$.

Soluzione   Notiamo innanzi tutto che $[0, 0, 1] \notin C \cup D$, per cui se $[q_0, q_1, q_2] \in C \cap D$, allora $(q_0, q_1) \neq (0, 0)$ annulla il polinomio risultante

$$\text{Ris}(F, G, x_2)(x_0, x_1) = \det \begin{pmatrix} x_0^2 - x_1^2 & 0 & 1 & 0 \\ 0 & x_0^2 - x_1^2 & 0 & 1 \\ x_1^2 + x_0 x_1 & 0 & -1 & 0 \\ 0 & x_1^2 + x_0 x_1 & 0 & -1 \end{pmatrix}$$

$$= x_0^2 (x_0 + x_1)^2.$$

Dato che $\text{Ris}(F, G, x_2) \neq 0$, le curve C e D non hanno componenti in comune. Se $x_0 = 0$, da $F = G = 0$ deduciamo $x_2^2 - x_1^2 = 0$, condizione che identifica i punti $Q_1 = [0, 1, 1] \in C \cap D$, $Q_2 = [0, 1, -1] \in C \cap D$. Ponendo $x_0 + x_1 = 0$ troviamo invece il punto $Q_3 = [1, -1, 0] \in C \cap D$.

Notiamo ora che $Q_1, Q_2, [0, 0, 1]$ sono allineati, mentre la retta $L(Q_3, [0, 0, 1])$ non contiene punti di $C \cap D$ distinti da Q_3. Pertanto, la molteplicità di intersezione $I(C, D, Q_3)$ è uguale alla molteplicità di $[1, -1]$ come radice di $\text{Ris}(F, G, x_2)$, ovvero a 2.

Per il Teorema di Bézout $\sum_{i=1}^{3} I(C, D, Q_i) = 4$; poiché naturalmente $I(C, D, Q_i) \geq 1$ per $i = 1, 2$, si può allora concludere che $I(C, D, Q_1) = I(C, D, Q_2) = 1$.

Esercizio 3.57

Siano C, D curve in $\mathbb{P}^2(\mathbb{K})$ senza componenti comuni e sia $P \in C \cap D$. Supponiamo che P sia non singolare sia per C che per D, e siano τ_C, τ_D le tangenti in P rispettivamente a C, D. Si dimostri che $I(C, D, P) \geq 2$ se e solo se $\tau_C = \tau_D$.

Soluzione   Sia $Q \notin C \cup D \cup \tau_C$ un punto per cui non esistano punti di $C \cap D$ distinti da P ed allineati con P e Q. È immediato verificare che esistono coordinate omogenee tali che $P = [1, 0, 0]$, $Q = [0, 0, 1] \notin C \cup D$ e $\tau_C = \{x_2 = 0\}$. Siano $F(x_0, x_1, x_2) = 0$, $G(x_0, x_1, x_2) = 0$ le equazioni rispettivamente di C e D, e siano m il grado di F e d il grado di G. Per definizione $I(C, D, P)$ è uguale alla molteplicità di $[1, 0]$ come radice del risultante $\text{Ris}(F, G, x_2)$.

Poiché $Q \notin C$ il coefficiente di x_2^m in F è non nullo, per cui il grado di F nella sola variabile x_2 è uguale a m. In particolare, se $f(x_1, x_2) = F(1, x_1, x_2)$ è il polinomio deomogeneizzato di F rispetto a x_0, si ha $\deg f = \deg F = m$. Analogamente, se $g(x_1, x_2) = G(1, x_1, x_2)$, si ha $\deg g = \deg G = d$. Inoltre, poiché la specializzazione $x_0 = 1$ non abbassa i gradi di F e G, tale specializzazione commuta con il calcolo del risultante (cfr. 1.9.2). Dunque $\text{Ris}(F, G, x_2)(1, x_1) = \text{Ris}(f, g, x_2)(x_1)$, per cui $I(C, D, P)$ è uguale all'ordine $\text{ord}(\text{Ris}(f, g, x_2)(x_1))$ (ovvero alla molteplicità di 0 come radice di $\mathrm{Ris}(f, g, x_2)(x_1)$, o ancora al massimo $i \geq 0$ per cui x_1^i divida $\mathrm{Ris}(f, g, x_2)(x_1)$).

Ora, poiché $\tau_{\mathcal{C}} = \{x_2 = 0\}$, a meno di moltiplicare f per una costante non nulla si ha

$$f(x_1, x_2) = x_2 + \varphi_0(x_1) + \varphi_1(x_1)x_2 + \ldots + \varphi_{m-1}(x_1)x_2^{m-1} + ax_2^m,$$

con ord $(\varphi_0(x_1)) \geq 2$, ord $(\varphi_1(x_1)) \geq 1$ e $a \neq 0$. Analogamente, se $\tau_{\mathcal{D}} = \{\alpha x_1 + \beta x_2 = 0\}$ si ha

$$g(x_1, x_2) = \alpha x_1 + \beta x_2 + \psi_0(x_1) + \psi_1(x_1)x_2 + \ldots + \psi_{d-1}(x_1)x_2^{d-1} + bx_2^d,$$

con ord $(\psi_0(x_1)) \geq 2$, ord $(\psi_1(x_1)) \geq 1$ e $b \neq 0$.

Il risultante $\mathrm{Ris}(f, g, x_2)(x_1)$ è dato dal determinante della matrice di Sylvester

$$S(x_1) = \begin{pmatrix} \varphi_0(x_1) & 1 + \varphi_1(x_1) & \varphi_2(x_1) & \ldots & a & 0 & \ldots \\ 0 & \varphi_0(x_1) & 1 + \varphi_1(x_1) & \ldots & \ldots & a & \ldots \\ \vdots & \vdots & \vdots & \vdots & \vdots & \vdots \\ \alpha x_1 + \psi_0(x_1) & \beta + \psi_1(x_1) & \psi_2(x_1) & \ldots & b & 0 & \ldots \\ 0 & \alpha x_1 + \psi_0(x_1) & \beta + \psi_1(x_1) & \ldots & \ldots & b & \ldots \\ \vdots & \vdots & \vdots & \vdots & \vdots & \vdots \end{pmatrix}.$$

Per $i, j = 1, \ldots, m + d$, $i < j$ sia $D_{i,j}$ il determinante del minore 2×2 individuato dalle prime due colonne di $S(x_1)$ e dalle righe di indici i e j, e sia $D'_{i,j}$ il determinante del cofattore corrispondente, ovvero della matrice $(m+d-2) \times (m+d-2)$ ottenuta cancellando da $S(x_1)$ le prime due colonne e le righe i-esima e j-esima. Per la regola di Laplace si ha

$$\det S(x_1) = \sum_{i<j} (-1)^{i+j+1} D_{i,j}(x_1) D'_{i,j}(x_1).$$

Vogliamo stimare l'ordine di $\det S(x_1)$ analizzando i contributi dei vari addendi della sommatoria appena scritta. Poiché $\varphi_0(x_1)$, $\psi_0(x_1)$ sono divisibili per x_1^2, è immediato verificare che se $i \neq 1$ o $j \neq d + 1$, allora si ha ord$(D_{ij}(x_1)) \geq 2$. Dunque ord$(\mathrm{Ris}(f, g, x_2)(x_1)) \geq 2$ se e solo se

$$\mathrm{ord}(D_{1,d+1}(x_1)D'_{1,d+1}(x_1)) = \mathrm{ord}(D_{1,d+1}(x_1)) + \mathrm{ord}(D'_{1,d+1}(x_1)) \geq 2.$$

Ora, tutti i termini di

$$D_{1,d+1}(x_1) = \varphi_0(x_1)(\beta + \psi_1(x_1)) - (1 + \varphi_1(x_1))(\alpha x_1 + \psi_0(x_1)),$$

eccetto αx_1, hanno ordine almeno due, per cui ord$(D_{1,d+1}(x_1)) \geq 2$ se e solo se $\alpha = 0$.

Verifichiamo che $D'_{1,d+1}(0) \neq 0$. È immediato osservare che $D'_{1,d+1}(0)$ è il determinante della matrice di Sylvester dei polinomi $\widehat{f}(x_2) = \dfrac{f(0, x_2)}{x_2}$ e $\widehat{g}(x_2) = \dfrac{g(0, x_2)}{x_2}$, che non hanno radici comuni: infatti, poiché la retta $L(P, Q)$ non contiene punti di $\mathcal{C} \cap \mathcal{D}$ distinti da P, si ha che 0 è l'unica radice comune di $f(0, x_2)$ e

$g(0, x_2)$; d'altro canto τ_C ha equazione $x_2 = 0$, per cui l'ordine di $f(0, x_2)$ è uguale a 1 e 0 non può essere radice di $\widehat{f}$. Di conseguenza si ha $\mathrm{ord}(D'_{1,d+1}(x_1)) = 0$, e $I(C, D, P) = \mathrm{ord}(\mathrm{Ris}(f, g, x_2)(x_1)) \geq 2$ se e solo se $\alpha = 0$, ovvero se e solo se $\tau_C = \tau_D$.

☕ ### Esercizio 3.58

Siano C e D curve di $\mathbb{P}^2(\mathbb{K})$ senza componenti comuni e sia $P \in C \cap D$. Si dimostri che

$$I(C, D, P) \geq m_P(C) m_P(D).$$

Soluzione Sia $Q \notin C \cup D$ un punto per cui non esistono punti di $C \cap D$ distinti da P ed allineati con P e Q. È immediato verificare che esistono coordinate omogenee tali che $P = [1, 0, 0]$ e $Q = [0, 0, 1]$.

Siano $F(x_0, x_1, x_2) = 0$, $G(x_0, x_1, x_2) = 0$ le equazioni rispettivamente di C e D, siano d il grado di F e d' il grado di G e poniamo $m = m_P(C)$, $m' = m_P(D)$.

Per definizione $I(C, D, P)$ è uguale alla molteplicità di $[1, 0]$ come radice del risultante $\mathrm{Ris}(F, G, x_2)$. Inoltre, ragionando come nella soluzione dell'Esercizio 3.57 si ottiene che, posti $f(x_1, x_2) = F(1, x_1, x_2)$ e $g(x_1, x_2) = G(1, x_1, x_2)$, tale molteplicità coincide con l'ordine $\mathrm{ord}(\mathrm{Ris}(f, g, x_2)(x_1))$ di $\mathrm{Ris}(f, g, x_2)(x_1)$ (ovvero alla molteplicità di 0 come radice di $\mathrm{Ris}(f, g, x_2)(x_1)$, o ancora al massimo $i \geq 0$ per cui x_1^i divida $\mathrm{Ris}(f, g, x_2)(x_1)$).

Poiché $Q \notin C \cup D$ si ha

$$f(x_1, x_2) = \varphi_0(x_1) + \varphi_1(x_1)x_2 + \ldots + \varphi_{d-1}(x_1)x_2^{d-1} + ax_2^d,$$
$$g(x_1, x_2) = \psi_0(x_1) + \psi_1(x_1)x_2 + \ldots + \psi_{d'-1}(x_1)x_2^{d'-1} + bx_2^{d'},$$

con $a \neq 0$, $b \neq 0$. Inoltre, dal fatto che $m = m_P(C)$, $m' = m_P(D)$ si deduce che φ_i (risp. ψ_i) è diviso da x_1^{m-i} (risp. da $x_1^{m'-i}$) per ogni $i = 0, \ldots, m$ (risp. per ogni $i = 0, \ldots, m'$).

Il risultante $\mathrm{Ris}(f, g, x_2)(x_1)$ è dato dal determinante della matrice di Sylvester

$$S(x_1) = \begin{pmatrix} \varphi_0(x_1) & \varphi_1(x_1) & \varphi_2(x_1) & \ldots & \ldots & a & 0 & \ldots \\ 0 & \varphi_0(x_1) & \varphi_1(x_1) & \ldots & \ldots & \ldots & a & \ldots \\ \vdots & \vdots & \vdots & \vdots & \vdots & \vdots & \vdots & \vdots \\ \psi_0(x_1) & \psi_1(x_1) & \psi_2(x_1) & \ldots & b & 0 & \ldots & \ldots \\ 0 & \psi_0(x_1) & \psi_1(x_1) & \ldots & \ldots & b & 0 & \ldots \\ \vdots & \vdots & \vdots & \vdots & \vdots & \vdots & \vdots & \vdots \end{pmatrix}.$$

Si consideri ora la matrice $\widehat{S}(x_1)$ ottenuta moltiplicando per $x_1^{m'-i+1}$ la i–esima riga di $S(x_1)$ per ogni $i = 1, \ldots, m'$, e moltiplicando per x_1^{m-i+1} la $(d+i)$–esima riga di $S(x_1)$ per ogni $i = 1, \ldots, m$ (si noti che, poiché $m \leq d$ e $m' \leq d'$, le operazioni appena descritte hanno effettivamente senso). Si ha allora

$$\mathrm{ord}(\det \widehat{S}(x_1)) = \mathrm{ord}(\det S(x_1)) + \frac{m(m+1) + m'(m'+1)}{2}.$$

Inoltre, dal fatto che $\mathrm{ord}(\varphi_i(x_1)) \geq m - i$ (risp. $\mathrm{ord}(\psi_i(x_1)) \geq m' - i$) per ogni $i = 0, \ldots, m$ (risp. per ogni $i = 0, \ldots, m'$) si ottiene che per ogni $i = 1, \ldots, m + m'$ la i–esima colonna di $\widehat{S}(x_1)$ è divisibile per il monomio $x_1^{m+m'-i+1}$, per cui

$$\mathrm{ord}(\det \widehat{S}(x_1)) \geq \frac{(m+m')(m+m'+1)}{2}.$$

Si ha pertanto $\mathrm{ord}(\det S(x_1)) \geq mm'$, per cui $I(\mathcal{C}, \mathcal{D}, P) \geq mm'$, come voluto.

Esercizio 3.59

Supponiamo che due cubiche di $\mathbb{P}^2(\mathbb{K})$ si intersechino esattamente in 9 punti. Si provi che ogni cubica passante per 8 dei 9 punti passa anche per il nono.

Soluzione Denotiamo con $P_1, \ldots, P_9$ i nove punti in cui le due cubiche $\mathcal{C}_1 = [F_1]$ e $\mathcal{C}_2 = [F_2]$ si intersecano.

Dal fatto che le cubiche si intersecano in un numero finito di punti discendono immediatamente alcune facili conseguenze. Intanto, comunque si scelgano quattro dei nove punti, essi non sono allineati, perché altrimenti la retta che li contiene sarebbe componente irriducibile sia di $\mathcal{C}_1$ che di $\mathcal{C}_2$ per il Teorema di Bézout, e quindi le cubiche avrebbero infiniti punti in comune. Analogamente, comunque si scelgano sette dei nove punti, essi non possono giacere su una conica.

Supponiamo per assurdo che esista una cubica $\mathcal{D} = [G]$ passante per otto dei nove punti, diciamo $P_1, \ldots, P_8$, ma non passante per P_9.

La curva $\mathcal{D}$ non appartiene al fascio di cubiche generato da $\mathcal{C}_1$ e $\mathcal{C}_2$ che ha $\{P_1, \ldots, P_9\}$ come insieme dei punti base. Pertanto $\mathcal{C}_1, \mathcal{C}_2$ e $\mathcal{D}$ generano un sistema lineare $\mathcal{L}$ di dimensione 2 avente $\{P_1, \ldots, P_8\}$ come insieme dei punti base; di conseguenza, fissati comunque due punti in $\mathbb{P}^2(\mathbb{K})$, esistono $\lambda, \mu, \nu \in \mathbb{K}$ non tutti nulli tali che la cubica $[\lambda F_1 + \mu F_2 + \nu G]$ passa per quei due punti.

Proviamo ora che tre qualsiasi punti scelti tra $P_1, \ldots, P_9$ non sono allineati. Supponiamo infatti per assurdo che, ad esempio, P_1, P_2, P_3 siano contenuti in una retta r e sia $\mathcal{Q}$ l'unica conica passante per $P_4, \ldots, P_8$ (l'unicità dipende dal fatto che, come provato sopra, i cinque punti sono a quattro a quattro non allineati – cfr. 1.9.6). Fissati due punti $A \in r \setminus \{P_1, P_2, P_3\}$ e $B \notin \mathcal{Q} \cup r$, esistono $\lambda, \mu, \nu \in \mathbb{K}$ non tutti nulli tali che la cubica $\mathcal{W} = [\lambda F_1 + \mu F_2 + \nu G]$ passa per $P_1, \ldots, P_8, A, B$. Poiché $\mathcal{W}$ interseca la retta r nei quattro punti P_1, P_2, P_3, A, per il Teorema di Bézout r è componente irriducibile di $\mathcal{W}$ e dunque $\mathcal{W}$ è somma di r e di una conica passante per $P_4, \ldots, P_8$ la quale, per l'unicità ricordata sopra, necessariamente deve essere $\mathcal{Q}$. D'altra parte è impossibile che $\mathcal{W} = r + \mathcal{Q}$, perché $B \in \mathcal{W}$ ma B non sta né in r né in $\mathcal{Q}$.

Argomentazioni simili permettono di provare anche che sei qualsiasi punti scelti tra $P_1, \ldots, P_9$ non possono stare su una conica. Supponiamo infatti per assurdo che, ad esempio, $P_1, \ldots, P_6$ stiano su una conica $\mathcal{Q}$ e sia r la retta congiungente P_7 e P_8. Ragionando come sopra si giunge ad una contraddizione scegliendo un punto $A \in \mathcal{Q} \setminus \{P_1, \ldots, P_6\}$ e un punto $B \notin \mathcal{Q} \cup r$, e considerando una cubica $\mathcal{W}$ del sistema lineare $\mathcal{L}$ passante per $P_1, \ldots, P_8, A, B$.

Le considerazioni precedenti permettono di giungere ad un assurdo. Consideriamo infatti la retta $s = L(P_1, P_2)$ e l'unica conica $\mathcal{G}$ passante per $P_3, \ldots, P_7$. Per quanto provato sopra, $P_8 \notin s$ e $P_8 \notin \mathcal{G}$. Fissati due punti A, B distinti su $s \setminus \{P_1, P_2\}$, sia $\mathcal{W}$ una cubica del sistema lineare $\mathcal{L}$ passante per A e B. Deve allora aversi $\mathcal{W} = s + \mathcal{G}$: infatti come conseguenza del Teorema di Bézout s è componente irriducibile di $\mathcal{W}$ e dunque $\mathcal{W}$ è somma di s e di una conica passante per $P_3, \ldots, P_7$ la quale, per l'unicità ricordata sopra, necessariamente deve essere $\mathcal{G}$. D'altra parte è assurdo che $\mathcal{W} = s + \mathcal{G}$, in quanto $P_8 \in \mathcal{W}$ ma $P_8 \notin s$ e $P_8 \notin \mathcal{G}$.

Esercizio 3.60

Sia $n \geq 2$, sia $\mathcal{I}$ un'ipersuperficie di grado d di $\mathbb{P}^n(\mathbb{C})$ e sia $P \in \mathcal{I}$ un punto. Si provi che:

(a) $\mathcal{I}$ è un cono di vertice P se e solo se $m_P(\mathcal{I}) = d$.

(b) Se $\mathcal{I}$ è un cono, l'insieme X dei vertici di $\mathcal{I}$ è un sottospazio proiettivo di $\mathbb{P}^n(\mathbb{C})$.

(c) Se $\mathcal{I}$ è un cono di vertice P e $Q \in \mathrm{Sing}(\mathcal{I})$, si ha $L(P, Q) \subseteq \mathrm{Sing}(\mathcal{I})$.

Soluzione (a) La condizione che $\mathcal{I}$ sia un cono di vertice P è equivalente al fatto che ogni retta passante per P e non contenuta in $\mathcal{I}$ intersechi $\mathcal{I}$ soltanto in P. Poiché una tale retta interseca $\mathcal{I}$ esattamente in d punti contati con molteplicità (cfr. 1.7.6), $\mathcal{I}$ è un cono di vertice P se e solo se per ogni retta passante per P si ha $I(\mathcal{I}, r, P) \geq d$, cioè se e solo se P è un punto di $\mathcal{I}$ di molteplicità d.

(b) Se $P_1 \neq P_2$ sono vertici di $\mathcal{I}$ e $R \in \mathcal{I}$, allora $L(P_1, P_2, R) \subseteq \mathcal{I}$: infatti, poiché $P_1 \in X$ si ha $L(P_1, R) \subseteq \mathcal{I}$, e da $P_2 \in X$ si deduce che $L(P_2, S) \subseteq \mathcal{I}$ per ogni $S \in L(P_1, R)$, per cui $L(P_1, P_2, R) = L(P_2, L(P_1, R)) \subseteq \mathcal{I}$. Da ciò si deduce che per ogni $Q \in L(P_1, P_2)$ e per ogni $R \in \mathcal{I}$ la retta $L(Q, R)$ è contenuta in $\mathcal{I}$, per cui ogni punto di $L(P_1, P_2)$ è un vertice di $\mathcal{I}$. Per ogni $P_1, P_2 \in X$, $P_1 \neq P_2$, si ha pertanto $L(P_1, P_2) \subseteq X$, per cui X è un sottospazio proiettivo di $\mathbb{P}^n(\mathbb{C})$.

In alternativa, si può ragionare come segue. Per il punto (a), P_1 e P_2 sono punti di molteplicità d di $\mathcal{I}$. Scegliamo coordinate omogenee $x_0, \ldots, x_n$ su $\mathbb{P}^n(\mathbb{K})$ tali che P_1 abbia coordinate $[1, 0, \ldots, 0]$ e P_2 abbia coordinate $[0, 1, \ldots 0]$. Sia $F(x_0, \ldots, x_n) = 0$ un'equazione di $\mathcal{I}$. Poiché $P_1 \in \mathcal{I}$ si ha

$$F(x_0, \ldots, x_n) = x_0^{d-1} F_1(x_1, \ldots, x_n) + x_0^{d-2} F_2(x_1, \ldots, x_n) + \cdots + F_d(x_1, \ldots, x_n),$$

dove F_i è nullo o omogeneo di grado i per $i = 1, \ldots, d$. Da questa scrittura risulta chiaro che P_1 è di molteplicità d per $\mathcal{I}$ se e solo se $F_1 = \cdots = F_{d-1} = 0$, cioè se e solo se in $F = F_d$ non compare la variabile x_0. Allo stesso modo, poiché anche P_2 è un vertice, in F non compare la variabile x_1. È immediato ora verificare che tutti i punti della retta $L(P_1, P_2)$, che nel sistema di coordinate fissato è descritta da $x_2 = \cdots = x_n = 0$, sono punti di molteplicità d per $\mathcal{I}$.

(c) Scegliamo coordinate omogenee tali che P abbia coordinate $[1, 0, \ldots, 0]$, cosicché, come visto sopra, $\mathcal{I}$ è definita da un polinomio omogeneo F che non dipende dalla variabile x_0. Si ha in particolare $F_{x_0} = 0$, per cui un punto Q di coordinate $[a_0, a_1, \ldots, a_n]$ è singolare per $\mathcal{I}$ se e solo se $F_{x_i}(a_0, a_1, \ldots, a_n) = 0$ per $i = 1, \ldots, n$. Inoltre, per $i = 1, \ldots, n$ il polinomio F_{x_i} è nullo o omogeneo ed indipendente dalla variabile x_0, per cui $F_{x_i}(a_0, a_1, \ldots, a_n) = 0$ se e solo se $F_{x_i}(t, sa_1, \ldots, sa_n) = 0$ per ogni $[s, t] \in \mathbb{P}^1(\mathbb{C})$. Se ne deduce che se Q è singolare per $\mathcal{I}$, allora tutti i punti di $L(P, Q)$ sono singolari per $\mathcal{I}$.

Nota. Le affermazioni (b) e (c) dell'esercizio precedente sono vere anche su $\mathbb{R}$, come si può dedurre osservando che le loro dimostrazioni non sfruttano le proprietà dei numeri complessi.

Per quanto riguarda l'affermazione al punto (a), se $\mathbb{K} = \mathbb{R}$ è ancora vero che, se $P \in \mathcal{I}$ è un punto di molteplicità d, allora $\mathcal{I}$ è un cono di vertice P, ma è falsa l'implicazione opposta. Ad esempio, la cubica $\mathcal{C}$ di $\mathbb{P}^2(\mathbb{R})$ definita dall'equazione $x_0(x_0^2 + x_1^2 + x_2^2) = 0$ ha come supporto la retta $r = \{x_0 = 0\}$ ed è quindi un cono di vertice Q per ogni $Q \in r$. Tuttavia è immediato verificare che tutti i punti di r sono punti semplici di $\mathcal{C}$.

Nota. Se $\mathcal{I}$ è una curva di grado d di $\mathbb{P}^2(\mathbb{C})$, allora $\mathcal{I}$ è un cono di vertice P se e solo se si decompone nella somma di d rette (non necessariamente distinte) uscenti da P. Infatti se $\mathcal{I}$ è un cono di vertice P si deduce immediatamente dalla definizione che il supporto di $\mathcal{I}$ è l'unione insiemistica di una famiglia di rette uscenti da P. Una semplice applicazione del Teorema di Bézout (o dell'Esercizio 3.5) mostra inoltre che ciascuna retta contenuta in $\mathcal{I}$ ne è una componente irriducibile, per cui $\mathcal{I}$ si decompone nella somma di d rette uscenti da P (contate con molteplicità).

Dal punto (a) segue pertanto che, se $\mathcal{I}$ è una curva di $\mathbb{P}^2(\mathbb{C})$ di grado d e P ne è un punto di molteplicità d, allora $\mathcal{I}$ si decompone nella somma di d rette uscenti da P (contate con molteplicità).

Esercizio 3.61

Sia $n \geq 2$, sia $H \subset \mathbb{P}^n(\mathbb{K})$ un iperpiano, sia $\mathcal{J}$ un'ipersuperficie di H di grado d e sia $P \in \mathbb{P}^n(\mathbb{K}) \setminus H$ un punto. Si mostri che

$$X = \bigcup_{Q \in \mathcal{J}} L(P, Q) \cup \{P\} \subseteq \mathbb{P}^n(\mathbb{K})$$

è il supporto di un'ipersuperficie $\mathcal{C}_P(\mathcal{J})$ di grado d in $\mathbb{P}^n(\mathbb{K})$, detta "cono su $\mathcal{J}$ di vertice P", che gode delle seguenti proprietà:

(i) $\mathcal{C}_P(\mathcal{J})$ è irriducibile o ridotta se e solo se $\mathcal{J}$ lo è;

(ii) un punto $Q \in X \setminus \{P\}$ è singolare per $\mathcal{C}_P(\mathcal{J})$ se e solo se il punto $L(P, Q) \cap \mathcal{J}$ è singolare per $\mathcal{J}$.

Soluzione   Fissiamo coordinate omogenee $x_0, \ldots, x_n$ su $\mathbb{P}^n(\mathbb{K})$ per cui si abbia $P = [1, 0, \ldots, 0]$ e H abbia equazione $x_0 = 0$. Si osservi che le coordinate appena fissate inducono coordinate omogenee $x_1, \ldots, x_n$ su H, e sia $G(x_1, \ldots, x_n) = 0$ un'equazione di $\mathcal{J}$. Poniamo ora $F(x_0, x_1, \ldots, x_n) = G(x_1, \ldots, x_n)$, e sia $\mathcal{C}_P(\mathcal{J})$ l'ipersuperficie di $\mathbb{P}^n(\mathbb{K})$ di equazione $F = 0$. È immediato verificare che $\mathcal{C}_P(\mathcal{J})$ ha grado d ed è un cono di vertice P.

Verifichiamo che il supporto di $\mathcal{C}_P(\mathcal{J})$ (che, con il consueto abuso di notazione, sarà indicato semplicemente con $\mathcal{C}_P(\mathcal{J})$) è uguale a X. Segue dalle definizioni che $P \in X \cap \mathcal{C}_P(\mathcal{J})$. Se il supporto di $\mathcal{J}$ è vuoto (e quindi $\mathbb{K} = \mathbb{R}$), si ha $\mathcal{C}_P(\mathcal{J}) = \{P\} = X$. Sia ora $Q \in \mathcal{J} \neq \emptyset$. Allora $Q = [0, b_1, \ldots, b_n]$ per qualche $[b_1, \ldots, b_n] \in \mathbb{P}^{n-1}(\mathbb{K})$, ed inoltre $G(b_1, \ldots, b_n) = 0$. Poiché i punti di $L(P, Q) \setminus \{P\}$ hanno coordinate $[t, b_1, \ldots b_n]$, $t \in \mathbb{K}$ e $F(t, b_1, \ldots, b_n) = G(b_1, \ldots, b_n) = 0$ per ogni $t \in \mathbb{K}$, si ha dunque $L(P, Q) \subseteq \mathcal{C}_P(\mathcal{J})$. Questo prova che $X \subseteq \mathcal{C}_P(\mathcal{J})$.

Viceversa, sia $Q \in \mathcal{C}_P(\mathcal{J}) \setminus \{P\}$ e sia $R = L(P, Q) \cap H$. Se Q ha coordinate $[a_0, \ldots, a_n]$, il punto R ha coordinate $[0, a_1, \ldots, a_n]$. Poiché $Q \in \mathcal{C}_P(\mathcal{J})$ si ha $F(a_0, \ldots, a_n) = 0$, per cui $G(a_1, \ldots, a_n) = 0$. Dunque R appartiene al supporto di $\mathcal{J}$, e $Q \in L(P, R)$ appartiene a X. Per l'arbitrarietà di Q si ha perciò $\mathcal{C}_P(\mathcal{J}) \subseteq X$.

Il fatto che $\mathcal{C}_P(\mathcal{J})$ verifichi (i) è ovvio: se $G = G_1 \cdot \ldots \cdot G_r$ è la decomposizione di G in fattori irriducibili, posto $F_k(x_0, x_1, \ldots, x_n) = G_k(x_1, \ldots, x_n)$, $k = 1, \ldots, r$, si ha che $F = F_1 \cdot \ldots \cdot F_r$ è la decomposizione di F in fattori irriducibili.

Per quanto riguarda (ii), se un punto $Q \neq P$ ha coordinate $[a_0, a_1, \ldots, a_n]$, il punto $R = L(P, Q) \cap \mathcal{J}$ ha coordinate $[0, a_1, \ldots, a_n]$. Inoltre si ha $F_{x_0} = 0$ e $F_{x_i}(a_0, \ldots, a_n) = G_{x_i}(a_1, \ldots, a_n)$ per ogni $i = 1, \ldots, n$. Quindi Q è singolare per $\mathcal{C}_P(\mathcal{J})$ se e solo se R è singolare per $\mathcal{J}$, come voluto.

Esercizio 3.62

Sia $\mathcal{S}$ una superficie cubica di $\mathbb{P}^3(\mathbb{C})$ tale che $\mathrm{Sing}(\mathcal{S})$ è un insieme finito. Si provi che:

(a) $\mathcal{S}$ è irriducibile.

(b) Se $P \in \mathrm{Sing}(\mathcal{S})$ è un punto triplo, allora $\mathcal{S}$ è un cono di vertice P e P è l'unico punto singolare di $\mathcal{S}$.

Soluzione   (a) Supponiamo per assurdo che $\mathcal{S}$ sia riducibile. Allora $\mathcal{S} = H + \mathcal{Q}$, dove H è un piano e $\mathcal{Q}$ è una quadrica, non necessariamente irriducibile o ridotta. Per l'Esercizio 3.2 tutti i punti della conica $\mathcal{Q} \cap H$ sono singolari per $\mathcal{S}$, contro l'ipotesi che $\mathrm{Sing}(\mathcal{S})$ sia un insieme finito (si ricordi che, se $n \geq 2$, il supporto di un'ipersuperficie di $\mathbb{P}^n(\mathbb{C})$ contiene infiniti punti – cfr. 1.7.2).

(b) Per l'Esercizio 3.60, se $P \in \mathrm{Sing}(\mathcal{S})$ è un punto triplo, $\mathcal{S}$ è un cono di vertice P. In tal caso, se esistesse un punto $Q \neq P$ singolare per $\mathcal{S}$, per il punto (c) dell'Esercizio 3.60 tutti i punti della retta $L(P, Q)$ sarebbero singolari per $\mathcal{S}$, e ciò contraddirebbe le ipotesi.

Esercizio 3.63

Sia S una superficie cubica di $\mathbb{P}^3(\mathbb{C})$ e sia r una retta contenuta in $\mathrm{Sing}(S)$. Si provi che, se S è irriducibile, allora $\mathrm{Sing}(S) = r$.

Soluzione Supponiamo per assurdo che esista un punto $Q \in \mathrm{Sing}(S) \setminus r$. Poiché S è irriducibile, il piano $H = L(r, Q)$ non è contenuto in S (cfr. Esercizio 3.5), e interseca dunque S in una cubica piana C. Poiché $r \subseteq C$, per il Teorema di Bézout si ha $C = r + Q$ per qualche conica Q di H. Inoltre, per il punto (a) dell'Esercizio 3.6 si ha $r \subseteq \mathrm{Sing}(C)$, per cui per l'Esercizio 3.2 si ha $r \subseteq Q$. Ancora dal Teorema di Bézout si deduce allora $Q = r + s$, dove s è una retta di H. Dunque $C = 2r + s$, e, poiché $Q \notin r$, si ha $Q \in s$, per cui Q è un punto liscio di C. D'altra parte, ancora per il punto (a) dell'Esercizio 3.6, Q dovrebbe essere un punto singolare di C. Abbiamo quindi ottenuto una contraddizione, provando così che $\mathrm{Sing}(S) = r$.

Esercizio 3.64

(a) Sia S una superficie cubica di $\mathbb{P}^3(\mathbb{C})$. Si mostri che se P è un punto singolare di S esiste una retta $r \subset S$ tale che $P \in r$.

(b) Sia T un'ipersuperficie cubica di $\mathbb{P}^4(\mathbb{C})$. Si provi che per ogni $P \in T$ esiste una retta r tale che $P \in r$ e $r \subset T$.

Soluzione (a) Sia x_0, x_1, x_2, x_3 un sistema di coordinate omogenee su $\mathbb{P}^3(\mathbb{C})$ tale che P abbia coordinate $[1, 0, 0, 0]$ e siano $y_i = \frac{x_i}{x_0}$, $i = 1, 2, 3$, le corrispondenti coordinate affini su U_0. Poiché per ipotesi S è singolare in P, la sua parte affine $S \cap U_0$ è descritta da un'equazione della forma $f(y_1, y_2, y_3) = f_2(y_1, y_2, y_3) + f_3(y_1, y_2, y_3) = 0$, dove f_2 è un polinomio nullo o omogeneo di grado 2 e f_3 è nullo o omogeneo di grado 3 (si noti comunque che f_2 e f_3 non possono essere entrambi nulli). Dato $v \in \mathbb{C}^3 \setminus \{0\}$, la retta affine r_v passante per P di direzione v è descritta in forma parametrica da $r_v = \{tv \mid t \in \mathbb{C}\}$, ed è immediato verificare che r_v è contenuta in S se e solo se $f_2(v) = f_3(v) = 0$. I polinomi f_2 e f_3, se sono entrambi non identicamente nulli, essendo omogenei definiscono curve di $\mathbb{P}^2(\mathbb{C})$ di grado rispettivamente 2 e 3. Per il Teorema di Bézout, esiste almeno un punto $R = [v_0]$ tale che $f_2(v_0) = f_3(v_0) = 0$. D'altronde, nel caso in cui f_2 o f_3 sia identicamente nullo, l'insieme dei punti di $\mathbb{P}^2(\mathbb{C})$ che annullano sia f_2 sia f_3 è infinito, ed è pertanto ancora possibile scegliere $v_0 \in \mathbb{C}^3 \setminus \{0\}$ tale che $f_2(v_0) = f_3(v_0) = 0$. In ogni caso, la retta r_{v_0} risulta quindi contenuta in S e lo stesso vale dunque per la sua chiusura proiettiva $r = \overline{r_{v_0}}$.

(b) Se P è un punto non singolare di T, denotiamo con H l'iperpiano tangente $T_P(T)$. Se invece P è singolare, indichiamo con H un qualunque iperpiano contenente P. Se H è contenuto in T, esistono infinite rette passanti per P e contenute in T. Possiamo quindi supporre che H non sia contenuto in T. In tal caso $S = T \cap H$ è una superficie cubica di H e, per l'Esercizio 3.6, è singolare in P. Allora, per il punto (a), esiste una retta r di H passante per P e contenuta in $S \subset T$.

Esercizio 3.65

Sia $F(x_0, x_1, x_2, x_3) = x_0^3 - x_1 x_2 x_3$, e si consideri la superficie S di $\mathbb{P}^3(\mathbb{R})$ definita dall'equazione $F(x_0, x_1, x_2, x_3) = 0$.

(a) Si determinino i punti singolari di S e si descriva il cono tangente a S in ciascuno di essi.

(b) Si determinino le rette contenute in S.

(c) Si dica se S è irriducibile.

Soluzione   (a) Poiché $\nabla F(x_0, x_1, x_2, x_3) = (3x_0^2, -x_2 x_3, -x_1 x_3, -x_1 x_2)$, i punti singolari di S sono $P_1 = [0, 1, 0, 0]$, $P_2 = [0, 0, 1, 0]$ e $P_3 = [0, 0, 0, 1]$. Studiamo la natura del punto singolare P_1. Un'equazione di $S \cap U_1$ nelle coordinate affini $y_0 = \frac{x_0}{x_1}, y_2 = \frac{x_2}{x_1}, y_3 = \frac{x_3}{x_1}$ è data da $-y_2 y_3 + y_0^3 = 0$. Quindi P_1 è un punto doppio e il cono tangente proiettivo a S in P_1 è $x_2 x_3 = 0$. In modo analogo si verifica che P_2 e P_3 sono punti doppi i cui coni tangenti hanno equazione rispettivamente $x_1 x_3 = 0$ e $x_1 x_2 = 0$.

(b) L'intersezione di S con il piano $H_0 = \{x_0 = 0\}$ è unione delle tre rette $L(P_1, P_2)$, $L(P_1, P_3)$ e $L(P_2, P_3)$.

Verifichiamo ora che non ci sono altre rette contenute in S. Supponiamo per assurdo che $r \subseteq S$ sia una retta non contenuta in H_0 e sia $Q = r \cap H_0$. A meno di permutare le coordinate x_1, x_2, x_3, possiamo supporre che Q stia sulla retta $L(P_2, P_3)$. Il piano K generato da r e da $L(P_2, P_3)$ interseca S in una cubica riducibile C, unione di r, $L(P_2, P_3)$ e di una retta s (non necessariamente distinta da $L(P_2, P_3)$ e r).

D'altronde, poiché $L(P_2, P_3) \subseteq K$ e $K \neq H_0$ è immediato verificare che K è definito dall'equazione $\lambda x_0 + x_1 = 0$, per qualche $\lambda \in \mathbb{R}$. Quindi, eliminando x_1, si vede che C è definita dall'equazione $x_0(x_0^2 + \lambda x_2 x_3) = 0$ (cfr. 1.7.3 per una descrizione più dettagliata del procedimento di eliminazione della variabile x_1). Pertanto C è l'unione di $L(P_2, P_3)$ e della conica di equazione $x_0^2 + \lambda x_2 x_3 = 0$, il cui supporto, per quanto visto sopra, deve contenere la retta $r \neq L(P_2, P_3)$. Poiché tale conica se $\lambda \neq 0$ è irriducibile e se $\lambda = 0$ è la retta $L(P_2, P_3)$ contata due volte, si ha una contraddizione.

(c) Poiché S ha grado 3, se fosse riducibile conterrebbe un piano, e quindi infinite rette, contraddicendo il fatto che S contiene esattamente tre rette.

 Esercizio 3.66

Al variare di $\lambda \in \mathbb{C}$, sia $S_\lambda \subset \mathbb{P}^3(\mathbb{C})$ la superficie di equazione

$$F_\lambda(x_0, x_1, x_2, x_3) = x_0^4 + x_1^4 + x_2^4 + x_3^4 - 4\lambda x_0 x_1 x_2 x_3 = 0.$$

(a) Si determinino i valori $\lambda \in \mathbb{C}$ per cui S_λ è singolare.

(b) Per ciascuno dei valori di λ trovati in (a), si determinino le molteplicità dei punti singolari di S_λ.

(c) Si determinino i valori $\lambda \in \mathbb{R}$ per cui S_λ ha punti reali.

Soluzione (a) Per $i = 0, \ldots, 3$ indichiamo con H_i l'iperpiano coordinato di equazione $x_i = 0$. Osserviamo che, nelle coordinate indotte su H_3 dalle coordinate standard di $\mathbb{P}^3(\mathbb{C})$, per ogni $\lambda \in \mathbb{C}$ la curva $\mathcal{S}_\lambda \cap H_3$ ha equazione $G(x_0, x_1, x_2) = x_0^4 + x_1^4 + x_2^4 = 0$. Poiché $\nabla G = 4(x_0^3, x_1^3, x_2^3)$, la curva $\mathcal{S}_\lambda \cap H_3$ è non singolare. Per l'Esercizio 3.6, $\mathrm{Sing}(\mathcal{S}_\lambda) \cap H_3 = \emptyset$ per ogni $\lambda \in \mathbb{C}$. Un calcolo analogo mostra che $\mathrm{Sing}(\mathcal{S}_\lambda) \cap H_i = \emptyset$ per $i = 0, 1, 2$ e per ogni $\lambda \in \mathbb{C}$. Il gradiente di F_λ è

$$\nabla F_\lambda = 4(x_0^3 - \lambda x_1 x_2 x_3, x_1^3 - \lambda x_0 x_2 x_3, x_2^3 - \lambda x_0 x_1 x_3, x_3^3 - \lambda x_0 x_1 x_2).$$

Se $\nabla F_\lambda(x_0, x_1, x_2, x_3) = 0$, moltiplicando per x_i la i–esima componente di ∇F_λ per $i = 0, 1, 2, 3$ si ottiene $x_i^4 = \lambda x_0 x_1 x_2 x_3$. Moltiplicando le quattro relazioni così ottenute si deduce che $x_0^4 x_1^4 x_2^4 x_3^4 (1 - \lambda^4) = 0$. Poiché, come osservato sopra, qualunque sia $\lambda \in \mathbb{C}$ nessun punto di $\mathrm{Sing}(\mathcal{S}_\lambda)$ appartiene a un iperpiano coordinato, se $\mathcal{S}_\lambda$ è singolare si ha $\lambda^4 = 1$, cioè $\lambda \in \{1, -1, i, -i\}$. D'altra parte, se $\lambda \in \{1, -1, i, -i\}$ il punto $P = [\lambda^3, 1, 1, 1]$ verifica $\nabla F_\lambda(P) = 0$, ed è quindi singolare per $\mathcal{S}_\lambda$.

(b) Consideriamo innanzi tutto il caso $\lambda = 1$. Per quanto visto in (a), nessun punto dell'iperpiano coordinato H_0 è singolare per $\mathcal{S}_1$, per cui possiamo limitarci a studiare la parte affine $\mathcal{S}_1 \cap U_0$ di $\mathcal{S}_1$, utilizzando su U_0 le usuali coordinate affini $y_i = \frac{x_i}{x_0}, i = 1, 2, 3$. I punti singolari di $\mathcal{S}_1$ sono dati dalle soluzioni del sistema di equazioni

$$y_1 y_2 y_3 = 1, \quad y_1^3 = y_2 y_3, \quad y_2^3 = y_1 y_3, \quad y_3^3 = y_1 y_2. \tag{3.7}$$

Moltiplicando la seconda equazione di (3.7) per y_1 e sostituendo $y_1 y_2 y_3 = 1$ si ottiene $y_1^4 = 1$. Calcoli analoghi danno $y_2^4 = y_3^4 = 1$. È ora facile verificare che i punti singolari di $\mathcal{S}_1$ sono i punti di coordinate affini $(\alpha, \beta, \alpha^3 \beta^3)$, per $\alpha, \beta \in \{1, -1, i, -i\}$. Quindi $\mathrm{Sing}(\mathcal{S}_1)$ consta di 16 punti. Si ha $(F_1)_{x_0 x_0} = 12 x_0^2$ e dunque $(F_1)_{x_0 x_0}(P) \neq 0$ per ogni $P \in \mathrm{Sing}(\mathcal{S}_1)$. Questo prova che tutti i punti singolari di $\mathcal{S}_1$ hanno molteplicità 2.

Le singolarità delle superfici $\mathcal{S}_\lambda$ per $\lambda = -1, i, -i$ possono essere analizzate allo stesso modo. Alternativamente si può osservare che, se $\lambda^4 = 1$, la proiettività $g_\lambda : \mathbb{P}^3(\mathbb{C}) \to \mathbb{P}^3(\mathbb{C})$ definita da $[x_0, x_1, x_2, x_3] \mapsto [\lambda x_0, x_1, x_2, x_3]$ trasforma $\mathcal{S}_\lambda$ in $\mathcal{S}_1$. Quindi, per $\lambda^4 = 1$, $\mathcal{S}_\lambda$ è proiettivamente equivalente a $\mathcal{S}_1$ e $\mathrm{Sing}(\mathcal{S}_\lambda)$ consta di 16 punti di molteplicità 2.

(c) Osserviamo che per ogni $\lambda \in \mathbb{R}$ la proiettività di $\mathbb{P}^3(\mathbb{C})$ definita da $[x_0, x_1, x_2, x_3] \mapsto [-x_0, x_1, x_2, x_3]$ manda punti reali in punti reali e trasforma $\mathcal{S}_\lambda$ in $\mathcal{S}_{-\lambda}$, per cui $\mathcal{S}_\lambda$ ha punti reali se e solo se $\mathcal{S}_{-\lambda}$ ha punti reali. È sufficiente quindi considerare il caso $\lambda \geq 0$.

Per $\lambda = 1$, è immediato verificare che $\mathcal{S}_1$ contiene, ad esempio, i punti reali $Q_1 = [1, 1, 1, 1]$, $Q_2 = [1, 1, -1, -1]$.

Studiamo ora le intersezioni di $\mathcal{S}_\lambda$ con la retta $r = L(Q_1, Q_2)$ al variare di $\lambda \in \mathbb{R}$. Poiché $[0, 0, 1, 1] \notin \mathcal{S}_\lambda$ per ogni $\lambda \in \mathbb{R}$, è sufficiente considerare i punti della forma $[1, 1, t, t], t \in \mathbb{R}$. Un tale punto appartiene a $\mathcal{S}_\lambda$ se e solo se $g(t) = t^4 + 1 - 2\lambda t^2 = 0$. Sia ora $\lambda > 1$. Si ha allora $g(0) = 1, g(1) = 2(1 - \lambda) < 0$, per cui esiste un valore reale $t_0 \in (0, 1)$ per cui $g(t_0) = 0$. Dunque $[1, 1, t_0, t_0] \in \mathcal{S}_\lambda$, e $\mathcal{S}_\lambda$ ha punti reali.

Per concludere, mostriamo che S_λ non ha punti reali se $0 \leq \lambda < 1$. Per ogni $\lambda \in \mathbb{R}$ la curva $C_\lambda = S_\lambda \cap H_0$ è definita da $x_1^4 + x_2^4 + x_3^4 = 0$, e quindi non contiene punti reali. Perciò è sufficiente determinare il supporto dell'ipersuperficie reale affine $S_\lambda \cap \mathbb{R}^3$. Consideriamo su $\mathbb{R}^3$ coordinate affini $y_i = \frac{x_i}{x_0}$, $i = 1, 2, 3$, e sia $f_\lambda(y_1, y_2, y_3)$ il polinomio ottenuto deomogeneizzando F_λ rispetto a x_0. Sia $\Omega = \{(a, b, c) \in \mathbb{R}^3 \mid (b, c) \neq (0, 0)\}$, fissiamo $(a, b, c) \in \Omega$ e restringiamo f_λ alla retta $r_{a,b,c} = \{(a, tb, tc) \mid t \in \mathbb{R}\}$. Si ottiene un polinomio $g_\lambda(t) = (b^4 + c^4)t^4 - 4\lambda abct^2 + a^4 + 1$. Se $abc \leq 0$, si ha $g_\lambda(t) \geq a^4 + 1 > 0$ per ogni $t \in \mathbb{R}$ e dunque $r_{a,b,c}$ non contiene punti di S_λ. Supponiamo ora $abc > 0$, poniamo $z = t^2$ e studiamo la funzione $h(z) = (b^4 + c^4)z^2 - 4\lambda abcz + a^4 + 1$ per $z \geq 0$. Il punto di minimo di h è dato da $z_0 = \frac{2\lambda abc}{b^4 + c^4}$. Si ha

$$(b^4 + c^4)h(z_0) = (a^4 + 1)(b^4 + c^4) - 4\lambda^2(abc)^2 \geq (2a^2)(2b^2c^2) - 4\lambda^2(abc)^2 =$$
$$= 4(abc)^2(1 - \lambda^2) > 0.$$

Quindi per ogni scelta di $(a, b, c) \in \Omega$ si ha $r_{a,b,c} \cap S_\lambda = \emptyset$ se $0 \leq \lambda < 1$. Dato che, al variare di (a, b, c) in Ω, l'unione delle rette $r_{a,b,c}$ è l'intero spazio $\mathbb{R}^3$, se ne deduce che S_λ non ha punti reali per $0 \leq \lambda < 1$.

In conclusione, abbiamo provato che S_λ ha punti reali se e solo se $|\lambda| \geq 1$.

Vediamo un metodo alternativo per dimostrare che S_λ non ha punti reali se $0 \leq \lambda < 1$. Osserviamo come sopra che, fissate sull'iperpiano coordinato H_0 le coordinate omogenee indotte dal riferimento standard di $\mathbb{P}^3(\mathbb{C})$, per ogni $\lambda \in \mathbb{R}$ la curva $S_\lambda \cap H_0$ è definita da $x_1^4 + x_2^4 + x_3^4 = 0$, e quindi non contiene punti reali. In modo analogo si mostra che le coordinate omogenee di qualsiasi punto reale di S_λ sono tutte non nulle. Siano dunque x_0, x_1, x_2, x_3 numeri reali non nulli. Dalla disuguaglianza $(x_0^2 - x_1^2)^2 \geq 0$ si deduce $x_0^4 + x_1^4 \geq 2x_0^2x_1^2$, e analogamente si ha $x_2^4 + x_3^4 \geq 2x_2^2x_4^2$. Sommando queste disuguaglianze si ottiene $x_0^4 + x_1^4 + x_2^4 + x_3^4 \geq 2(x_0^2x_1^2 + x_2^2x_3^2)$. Si ha inoltre

$$x_0^2x_1^2 + x_2^2x_3^2 = (|x_0x_1| - |x_2x_3|)^2 + 2|x_0x_1x_2x_3| \geq 2|x_0x_1x_2x_3|,$$

per cui in definitiva $x_0^4 + x_1^4 + x_2^4 + x_3^4 \geq 4|x_0x_1x_2x_3|$. Poiché $x_i \neq 0$ per $i = 0, \ldots, 3$, se $0 \leq \lambda < 1$ si ha

$$x_0^4 + x_1^4 + x_2^4 + x_3^4 \geq 4|x_0x_1x_2x_3| > 4\lambda x_0x_1x_2x_3.$$

Se ne deduce che $F_\lambda(x_0, x_1, x_2, x_3)$ è positivo per ogni $[x_0, x_1, x_2, x_3] \in \mathbb{P}^3(\mathbb{R})$, per cui S_λ non contiene punti reali.

Esercizio 3.67

Sia H un piano di $\mathbb{P}^3(\mathbb{C})$, sia $C \subset H$ una conica non degenere, sia $P \in C$ un punto e sia $t \subset H$ la retta tangente a C in P. Siano r e s rette di $\mathbb{P}^3(\mathbb{C})$ tali che:

(i) r e s non sono contenute in H;
(ii) $r \cap (s \cup C) = \emptyset$;
(iii) $s \cap C = P$.

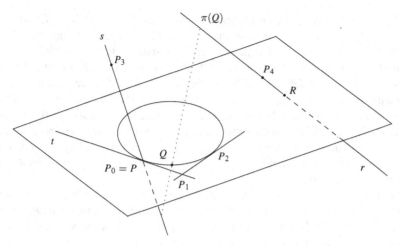

Figura 3.1. La configurazione descritta nell'Esercizio 3.67

Sia $\pi\colon C \to r$ *l'applicazione definita da* $\pi(Q) = L(s,Q) \cap r$ *se* $Q \neq P$ *e* $\pi(P) = L(s,t) \cap r$.

(a) Si verifichi che π è ben definita e bigettiva.
(b) Si provi che

$$X = \bigcup_{Q \in C} L(Q, \pi(Q))$$

è il supporto di una superficie cubica $\mathcal{S}$.
(c) Si determinino i punti singolari di $\mathcal{S}$ e le relative molteplicità, si dica se $\mathcal{S}$ è riducibile e se è un cono.

Soluzione (a) La restrizione di π a $C \setminus \{P\}$ coincide con la restrizione della proiezione su r di centro s ed è quindi ben definita. Poiché per ipotesi s e r sono sghembe, il piano $L(t,s)$ non contiene r e quindi anche il punto $\pi(P)$ è ben definito.

Siano Q, Q' punti di C tali che $\pi(Q) = \pi(Q')$. Se $Q \neq P$ e $Q' \neq P$, si ha $L(s,Q) = L(s,\pi(Q)) = L(s,\pi(Q')) = L(s,Q')$, per cui la retta $H \cap L(s,Q)$ interseca C in P, Q, Q'. Dato che C è irriducibile si ha necessariamente $Q = Q'$. Se poi si avesse $Q = P$ e $Q' \neq P$, la condizione $\pi(P) = \pi(Q')$ implicherebbe $L(s,t) = L(s,\pi(P)) = L(s,\pi(Q')) = L(s,Q')$. La retta $t = H \cap L(s,t) = H \cap L(s,Q')$, che è tangente a C, intersecherebbe allora C anche nel punto $Q' \neq P$, contraddicendo di nuovo l'irriducibilità di C. Ne segue che π è iniettiva. La surgettività di π è conseguenza del fatto che, dato comunque un punto $A \in r$, la retta $H \cap L(s,A)$ o è tangente a C in P, e in tal caso $A = \pi(P)$, oppure interseca C in un punto $Q \neq P$, e in tal caso $A = \pi(Q)$.

(b) È possibile scegliere un riferimento proiettivo $P_0, \ldots, P_4$ di $\mathbb{P}^3(\mathbb{C})$ tale che $P_0 = P$, $P_2 \in \mathcal{C}$, P_1 è il punto di intersezione di t con la retta tangente a $\mathcal{C}$ in P_2, $P_3 \in s$ e $P_4 \in r$. Nel sistema di coordinate indotto da questo riferimento, il piano H è definito dall'equazione $x_3 = 0$, P ha coordinate $[1,0,0,0]$, t è definita da $x_3 = x_2 = 0$, $\mathcal{C}$ è definita dall'equazione $x_0 x_2 - \lambda x_1^2 = 0$ per qualche $\lambda \neq 0$, e s è data da $x_1 = x_2 = 0$. Siano $[a,b,c,0]$ le coordinate del punto $R = r \cap H$, e determiniamo innanzi tutto le condizioni imposte su a, b, c dall'ipotesi (ii). Poiché $r = L(P_4, R)$, affinché r e s siano sghembe è necessario e sufficiente che non esistano combinazioni lineari non nulle di $(a,b,c,0)$ e $(1,1,1,1)$ che verifichino le condizioni $x_1 = x_2 = 0$, ovvero che si abbia $b - c \neq 0$. Inoltre, poiché $r \cap \mathcal{C} = \emptyset$, si ha $R \notin \mathcal{C}$, per cui $\lambda b^2 - ac \neq 0$.

Sia $Y \in \mathbb{P}^3(\mathbb{C}) \setminus s$. Il piano $L(Y, s)$ interseca H in una retta, ed interseca pertanto $\mathcal{C}$, oltre che in P, in un secondo punto Y' non necessariamente distinto da P. I punti Y' e $\pi(Y') \in r$ sono distinti perché $r \cap \mathcal{C} = \emptyset$, e il punto Y sta in X se e solo se Y, Y' e $\pi(Y')$ sono allineati.

Se Y ha coordinate $[y_0, y_1, y_2, y_3]$, il piano $L(Y, s)$ ha equazione $y_2 x_1 - y_1 x_2 = 0$. Mettendo a sistema tale equazione con quella di $\mathcal{C}$ si ottiene che Y' ha coordinate $[\lambda y_1^2, y_1 y_2, y_2^2, 0]$. Inoltre, se $Y' \neq P$ si ha per definizione $\pi(Y') = L(s, Y') \cap r = L(s, Y) \cap r$, per cui $\pi(Y')$ è rappresentato dalla (unica a meno di multipli) combinazione lineare non nulla di $(a,b,c,0)$ e $(1,1,1,1)$ che verifica l'equazione $y_2 x_1 - y_1 x_2 = 0$. Un semplice calcolo mostra allora che si ha

$$\pi(Y') = [(a-c)y_1 + (b-a)y_2, (b-c)y_1, (b-c)y_2, -cy_1 + by_2]. \qquad (3.8)$$

Se invece $Y' = P$, poiché $L(s, t)$ ha equazione $x_2 = 0$ si ottiene facilmente $\pi(Y') = L(s, t) \cap r = [a - c, b - c, 0, -c]$. Si noti inoltre che in tal caso, poiché $Y' = [\lambda y_1^2, y_1 y_2, y_2^2, 0] = [1,0,0,0] = P$, si deve necessariamente avere $y_2 = 0$, da cui $y_1 \neq 0$ in quanto $Y \notin s$. Se ne deduce che la formula (3.8), dedotta nel caso in cui $Y' \neq P$, è valida in realtà anche quando $Y' = P$. Possiamo dunque affermare che Y appartiene a X se e solo se

$$\mathrm{rk} \begin{pmatrix} y_0 & \lambda y_1^2 & (a-c)y_1 + (b-a)y_2 \\ y_1 & y_1 y_2 & (b-c)y_1 \\ y_2 & y_2^2 & (b-c)y_2 \\ y_3 & 0 & -cy_1 + by_2 \end{pmatrix} \leq 2. \qquad (3.9)$$

Osserviamo che la seconda e la terza riga della matrice in (3.9) sono multiple della riga $(1, y_2, b - c)$ e non sono entrambe nulle, in quanto $Y \notin s$. Quindi la condizione (3.9) è equivalente a $F(y_0, y_1, y_2, y_3) = 0$, dove

$$F(y_0, y_1, y_2, y_3) = \det \begin{pmatrix} y_0 & \lambda y_1^2 & (a-c)y_1 + (b-a)y_2 \\ 1 & y_2 & (b-c) \\ y_3 & 0 & -cy_1 + by_2 \end{pmatrix} = \qquad (3.10)$$

$$= y_3[(b-c)\lambda y_1^2 + (c-a)y_1 y_2 + (a-b)y_2^2] + (by_2 - cy_1)(y_0 y_2 - \lambda y_1^2).$$

Abbiamo dunque mostrato che un punto $Y \in \mathbb{P}^3(\mathbb{C}) \setminus s$ di coordinate $[y_0, \ldots, y_3]$ appartiene a X se e solo se $F(y_0, \ldots, y_3) = 0$, dove F è un polinomio omogeneo di terzo grado. Se ne deduce che il supporto della superficie S definita da F (pensato da ora in poi come polinomio in x_0, x_1, x_2, x_3) coincide quindi con l'insieme X su $\mathbb{P}^3(\mathbb{C}) \setminus s$. È inoltre evidente che $F(a_0, 0, 0, a_3) = 0$ per ogni $(a_0, a_3) \in \mathbb{C}^2$, per cui s è contenuta nel supporto di S. Mostriamo ora che si ha $s \subseteq X$. Si ha $P \in L(P, \pi(P)) \subseteq X$ e, dato $Q \in s \setminus \{P\}$, il piano $L(Q, r)$ interseca H in una retta diversa da t, ed interseca pertanto C in almeno un punto $Q_1 \neq P$. Allora $L(Q_1, \pi(Q_1)) = L(s, Q_1) \cap L(r, Q_1) = L(s, Q_1) \cap L(r, Q)$ interseca s in Q. Questo prova che s è contenuta in X, e quindi che X coincide con il supporto di S.

(c) Usando l'equazione F data in (3.10), è immediato verificare che tutti i punti della retta s sono singolari per S. Per calcolarne la molteplicità osserviamo che $F_{x_1 x_1}(x_0, 0, 0, x_3) = 2\lambda(b - c)x_3$. Quindi i punti $Q \in s$, $Q \neq P$, verificano $F_{x_1 x_1}(Q) \neq 0$ e hanno perciò molteplicità 2. Inoltre $F_{x_1 x_2}(P) = -c$ e $F_{x_2 x_2}(P) = 2b$ non sono entrambi nulli perché, come osservato nella soluzione di (b), si ha $\lambda b^2 - ac \neq 0$, e dunque anche P ha molteplicità 2.

Mostriamo ora che S non ha altri punti singolari. Questa verifica può essere svolta per via analitica, calcolando ∇F e mostrando che le soluzioni del sistema $\nabla F = 0$ verificano tutte $x_1 = x_2 = 0$. Altrimenti si può ragionare per via sintetica come segue.

Sia A un punto di $S \setminus s$, sia $K = L(s, A)$, e si consideri la cubica piana $S \cap K$. Poiché il supporto di $S \cap K$ contiene s, per il Teorema di Bézout si ha $S \cap K = s + Q$, dove Q è una conica in K. Per il punto (a) dell'Esercizio 3.6, poiché $s \subseteq \mathrm{Sing}(S)$ i punti di s sono singolari per $S \cap K$, e ciò implica facilmente $s \subseteq Q$. Ancora per il Teorema di Bézout si ha $Q = s + s'$, dove $s' \subseteq K$ è una retta. Più precisamente, poiché r è contenuta in X e disgiunta da s, il supporto della cubica $S \cap K = 2s + s'$ non può essere contenuto in s, per cui $s' \neq s$. In particolare i soli punti singolari di $S \cap K$ sono dati dai punti di s, per cui la curva $S \cap K$ è liscia in A e, ancora per l'Esercizio 3.6, S è liscia in A. Abbiamo dunque mostrato che $\mathrm{Sing}(S) = s$.

Dato che tutti i punti di $\mathrm{Sing}(S)$ hanno molteplicità 2, S non è un cono per l'Esercizio 3.60.

Mostriamo ora che S non è riducibile. Supponiamo per assurdo $S = K + Q$, dove K è un piano e Q è una quadrica. Per l'Esercizio 3.2, tutti i punti di $K \cap Q$ sono singolari per S, per cui il supporto di $K \cap Q$ è contenuto in s. Essendo una conica di K, la curva $K \cap Q$ coincide allora con la retta doppia $2s$. In particolare, s è contenuta in K. Dato che abbiamo mostrato sopra che l'intersezione di S con ogni piano contenente s ha come supporto una coppia di rette distinte, abbiamo ottenuto una contraddizione.

Nota. È naturale chiedersi come degeneri la situazione descritta nell'Esercizio 3.67 quando il punto $H \cap r$ appartiene a C. In tal caso è facile verificare che l'equazione F data in (3.10) risulta divisibile per $by_2 - cy_1$, cioè F si annulla sul piano $L(s, H \cap r)$. La superficie cubica S definita da F si spezza allora nell'unione di $L(s, H \cap r)$ e di una quadrica Q, il cui supporto coincide con l'analogo dell'insieme X qui definito (cfr. Esercizio 4.67).

Esercizi su coniche e quadriche

4

Assunzione: In tutto il capitolo con il simbolo $\mathbb{K}$ si intenderà indicato $\mathbb{R}$ oppure $\mathbb{C}$.

Esercizio 4.1

(a) *Si scriva l'equazione di una conica C di $\mathbb{P}^2(\mathbb{C})$ passante per i punti $P_1 = [1, 0, 1]$, $P_2 = [-1, 0, 0]$, $P_3 = [0, 1, 1]$, $P_4 = [0, -1, 0]$, $P_5 = [1, 3, 2]$.*

(b) *Si verifichi che C è non degenere e si determini il polo della retta $5x_0 + x_1 - 3x_2 = 0$ rispetto alla conica C.*

Soluzione (a) I punti P_1, P_2, P_3, P_4 non sono allineati e quindi le coniche passanti per tali punti formano un fascio $\mathcal{F}$ (cfr. 1.9.7) generato dalle coniche degeneri $L(P_1, P_2) + L(P_3, P_4)$ e $L(P_1, P_3) + L(P_2, P_4)$. Poiché

$$L(P_1, P_2) = \{x_1 = 0\}, \quad L(P_3, P_4) = \{x_0 = 0\},$$

$$L(P_1, P_3) = \{x_0 + x_1 - x_2 = 0\}, \quad L(P_2, P_4) = \{x_2 = 0\},$$

la generica conica $C_{\lambda, \mu}$ di $\mathcal{F}$ ha equazione

$$\lambda x_0 x_1 + \mu x_2 (x_0 + x_1 - x_2) = 0.$$

Fortuna E., Frigerio R., Pardini R.: Geometria proiettiva. Problemi risolti e richiami di teoria.
© Springer-Verlag Italia 2011

Tale conica passa per P_5 se e solo se $3\lambda + 4\mu = 0$; scegliendo $[\lambda, \mu] = [4, -3]$, otteniamo come soluzione la conica di equazione $4x_0x_1 - 3x_2(x_0 + x_1 - x_2) = 0$.

(b) La conica $\mathcal{C}$ è rappresentata dalla matrice $A = \begin{pmatrix} 0 & 4 & -3 \\ 4 & 0 & -3 \\ -3 & -3 & 6 \end{pmatrix}$. Poiché

$\det A \neq 0$, la conica è non degenere.

Visto che l'applicazione $\text{pol}_\mathcal{C}$ è un isomorfismo proiettivo (cfr. 1.8.2), esiste un unico punto $R = [a, b, c]$ tale che $\text{pol}_\mathcal{C}(R)$ è la retta r di equazione $5x_0 + x_1 - 3x_2 = 0$. Poiché $\text{pol}_\mathcal{C}(R)$ ha equazione ${}^t RAX = 0$, ossia

$$(4b - 3c)x_0 + (4a - 3c)x_1 + (-3a - 3b + 6c)x_2 = 0,$$

i valori a, b, c richiesti saranno quelli per cui esiste $h \neq 0$ tale che

$$(4b - 3c, 4a - 3c, -3a - 3b + 6c) = h(5, 1, -3).$$

Le soluzioni di tale sistema lineare sono costituite dalla famiglia $\{(t, 2t, t) \mid t \in \mathbb{C}\}$, per cui il punto $R = [1, 2, 1]$ soddisfa la richiesta.

Osserviamo che un modo alternativo per determinare R è quello di scegliere due punti M, N distinti su r e prendere $R = \text{pol}_\mathcal{C}(M) \cap \text{pol}_\mathcal{C}(N)$: per la proprietà di reciprocità, $\text{pol}_\mathcal{C}(R) = L(M, N) = r$.

Esercizio 4.2

Siano P_1, P_2, P_3 punti non allineati di $\mathbb{P}^2(\mathbb{K})$ e sia r una retta passante per P_1 e non passante né per P_2 né per P_3. Si consideri il sottoinsieme dello spazio Λ_2 delle coniche proiettive di $\mathbb{P}^2(\mathbb{K})$:

$$\mathcal{F} = \{\mathcal{C} \in \Lambda_2 \mid \mathcal{C} \text{ passa per } P_1, P_2, P_3 \text{ ed è tangente a } r \text{ in } P_1\}.$$

Si mostri che $\mathcal{F}$ è un sistema lineare, e se ne calcoli la dimensione.

Soluzione 1   Imporre che una conica $\mathcal{C}$ sia tangente a r in P_1 corrisponde a imporre due condizioni lineari indipendenti (cfr. Esercizio 3.43 e Nota successiva). Le coniche di $\mathcal{F}$ si ottengono imponendo anche il passaggio per i punti P_2 e P_3 e cioè altre due condizioni lineari, per cui $\mathcal{F}$ è un sistema lineare di dimensione ≥ 1.

In effetti $\mathcal{F}$ ha dimensione 1, ossia è un fascio. Per provare ciò, supponiamo per assurdo che $\mathcal{F}$ abbia dimensione almeno 2 e scegliamo un quarto punto $P_4 \notin r$ in modo che P_1, P_2, P_3, P_4 siano in posizione generale. Sia $\mathcal{F}'$ il sistema lineare formato dalle coniche di $\mathcal{F}$ che passano anche per P_4; poiché $\dim \mathcal{F}' \geq \dim \mathcal{F} - 1 \geq 1$, possiamo scegliere due coniche distinte $\mathcal{C}_1, \mathcal{C}_2$ in $\mathcal{F}'$. Tali coniche si intersecano in almeno 5 punti contati con molteplicità (in quanto $I(\mathcal{C}_1, \mathcal{C}_2, P_1) \geq 2$ visto che $\mathcal{C}_1, \mathcal{C}_2$ sono entrambe tangenti alla retta r in P_1, cfr. 1.9.3). Di conseguenza per il Teorema di Bézout $\mathcal{C}_1$ e $\mathcal{C}_2$ hanno una retta in comune l e sono entrambe degeneri, cioè $\mathcal{C}_1 = l + r_1$ e $\mathcal{C}_2 = l + r_2$. Affinché due coniche siffatte siano tangenti a r in P_1, ci sono solo due possibilità: o $l = r$ oppure l e r_i, $i = 1, 2$, si incontrano in P_1. Il primo caso non è possibile perché r_i dovrebbe passare per i punti P_2, P_3, P_4 che non sono allineati.

Neppure il secondo caso è possibile perché almeno due fra P_2, P_3, P_4 dovrebbero stare o su l o su r_i e quindi risulterebbero allineati con P_1. Abbiamo così trovato una contraddizione, per cui dim $\mathcal{F} = 1$.

Soluzione 2 È possibile anche risolvere l'esercizio per via analitica. Sia R un punto di r non allineato con P_2 e P_3; scegliendo P_1, P_2, P_3, R come riferimento proiettivo, abbiamo $P_1 = [1, 0, 0], P_2 = [0, 1, 0], P_3 = [0, 0, 1], R = [1, 1, 1]$ e $r = L(P_1, R) = \{x_1 - x_2 = 0\}$. Sia $\mathcal{C}$ una conica di $\mathcal{F}$ e sia M una matrice simmetrica che la rappresenta. Poiché $\mathcal{C}$ passa per $[1, 0, 0], [0, 1, 0], [0, 0, 1]$, gli elementi della diagonale principale di M devono essere nulli, ossia $M = \begin{pmatrix} 0 & a & b \\ a & 0 & c \\ b & c & 0 \end{pmatrix}$ con $a, b, c \in \mathbb{K}$ non tutti nulli. Dunque $\mathcal{C}$ ha equazione del tipo $F(x_0, x_1, x_2) = ax_0x_1 + bx_0x_2 + cx_1x_2 = 0$.

Poiché $\nabla F = (ax_1 + bx_2, ax_0 + cx_2, bx_0 + cx_1)$ e $\nabla F(1, 0, 0) = (0, a, b)$, la retta r è tangente a $\mathcal{C}$ in P_1 se e solo se $b = -a$. Pertanto $\mathcal{F}$ è formato da tutte e sole le coniche rappresentate da matrici della forma

$$\begin{pmatrix} 0 & a & -a \\ a & 0 & c \\ -a & c & 0 \end{pmatrix}, \quad [a, c] \in \mathbb{P}^1(\mathbb{K})$$

per cui $\mathcal{F}$ è un sistema lineare di dimensione uno, ovvero un fascio.

Nota. Il risultato vale anche nel caso in cui la retta r passi, ad esempio, per P_2. Infatti in tal caso ogni conica $\mathcal{C} \in \mathcal{F}$ interseca r in almeno 3 punti contati con molteplicità e quindi per il Teorema di Bézout la retta r è componente di $\mathcal{C}$. Di conseguenza le coniche di $\mathcal{F}$ sono tutte e sole quelle di tipo $r + s$ al variare di s nel fascio di rette di centro P_3, per cui $\mathcal{F}$ è ancora un fascio (cfr. Esercizio 3.44).

Esercizio 4.3

Si considerino in $\mathbb{P}^2(\mathbb{R})$ i punti

$$P_1 = [0, 1, 2], \quad P_2 = [0, 0, 1], \quad P_3 = [2, 1, 2], \quad P_4 = [3, 0, 1].$$

Si determini, se esiste, l'equazione di una conica passante per P_1, P_2, P_3, P_4 e tangente in P_3 alla retta r di equazione $x_0 - x_2 = 0$.

Soluzione Osserviamo che la retta r passa per il punto P_3 e che P_1, P_2, P_3 non sono allineati. La conica cercata appartiene al fascio $\mathcal{F}$ di coniche passanti per P_1, P_2, P_3 e tangenti in P_3 a r (cfr. Esercizio 4.2 e Nota successiva). Esso è generato dalle coniche degeneri $r + L(P_1, P_2)$ e $L(P_1, P_3) + L(P_2, P_3)$.

Poiché $L(P_1, P_2) = \{x_0 = 0\}$, $L(P_1, P_3) = \{2x_1 - x_2 = 0\}$ e $L(P_2, P_3) = \{x_0 - 2x_1 = 0\}$, la generica conica $\mathcal{C}_{\lambda, \mu}$ di $\mathcal{F}$ ha equazione

$$\lambda x_0(x_0 - x_2) + \mu(2x_1 - x_2)(x_0 - 2x_1) = 0.$$

La conica $C_{\lambda,\mu}$ passa per P_4 se e solo se $6\lambda - 3\mu = 0$, quindi, scegliendo ad esempio $[\lambda, \mu] = [1, 2]$, otteniamo che la conica di equazione

$$x_0^2 - 8x_1^2 + 4x_0x_1 - 3x_0x_2 + 4x_1x_2 = 0$$

soddisfa le richieste dell'esercizio.

Esercizio 4.4

Si determini, se esiste, una conica non degenere C di $\mathbb{P}^2(\mathbb{C})$ tale che:

(i) C passa per i punti $A = [0, 0, 1]$ e $B = [0, 1, 1]$;
(ii) C è tangente alla retta $x_0 - x_2 = 0$ nel punto $P = [1, 1, 1]$;
(iii) la polare del punto $[2, 4, 3]$ rispetto a C è la retta $3x_1 - 4x_2 = 0$.

Soluzione   Osserviamo che A, B e P non sono allineati. Se r è la retta di equazione $x_0 - x_2 = 0$, una conica che verifica le condizioni (i) e (ii) appartiene al fascio generato dalle coniche degeneri $L(A, B) + r$ e $L(A, P) + L(B, P)$ (cfr. Esercizio 4.2). Si calcola facilmente che $L(A, B) = \{x_0 = 0\}, L(A, P) = \{x_0 - x_1 = 0\}, L(B, P) = \{x_1 - x_2 = 0\}$, per cui la generica conica $C_{\lambda,\mu}$ del fascio ha equazione

$$\lambda x_0(x_0 - x_2) + \mu(x_0 - x_1)(x_1 - x_2) = 0,$$

e quindi è rappresentata dalla matrice

$$A_{\lambda,\mu} = \begin{pmatrix} 2\lambda & \mu & -\lambda - \mu \\ \mu & -2\mu & \mu \\ -\lambda - \mu & \mu & 0 \end{pmatrix}.$$

Se $C_{\lambda,\mu}$ è non degenere, la polare del punto $[2, 4, 3]$ rispetto a $C_{\lambda,\mu}$ ha allora equazione $(\lambda + \mu)x_0 - 3\mu x_1 + (2\mu - 2\lambda)x_2 = 0$ e tale retta coincide con la retta di equazione $3x_1 - 4x_2 = 0$ se e solo se $\lambda + \mu = 0$. Scegliendo quindi la coppia omogenea $[\lambda, \mu] = [1, -1]$, otteniamo la conica di equazione

$$x_0^2 + x_1^2 - x_0x_1 - x_1x_2 = 0$$

che, essendo non degenere, soddisfa le proprietà richieste.

Esercizio 4.5

Sia $\mathcal{D}$ la curva di $\mathbb{P}^2(\mathbb{C})$ di equazione

$$F(x_0, x_1, x_2) = x_2^2(x_1 - x_2)^2 - x_1(x_1 + x_2)x_0^2 = 0.$$

(a) Si determinino i punti singolari di $\mathcal{D}$ e se ne calcolino molteplicità e tangenti principali.

(b) Si determini la dimensione del sistema lineare $\mathcal{F}$ delle coniche di $\mathbb{P}^2(\mathbb{C})$ passanti per i punti singolari di $\mathcal{D}$ e tangenti in $Q = [1, 0, 0]$ alla retta τ di equazione $x_1 = 0$.

(c) Al variare di C in $\mathcal{F}$, si calcolino i punti di intersezione fra $\mathcal{D}$ e C.

Soluzione   (a) I punti singolari di $\mathcal{D}$ sono i punti le cui coordinate omogenee annullano il gradiente di F. Risolvendo il sistema

$$\begin{cases} F_{x_0} = -2x_0x_1(x_1 + x_2) = 0 \\ F_{x_1} = 2x_2^2(x_1 - x_2) - x_0^2(x_1 + x_2) - x_1x_0^2 = 0 \\ F_{x_2} = 2x_2(x_1 - x_2)^2 - 2x_2^2(x_1 - x_2) - x_1x_0^2 = 0 \end{cases}$$

vediamo che i punti singolari di $\mathcal{D}$ sono $A = [0, 1, 0]$, $B = [0, 1, 1]$ e $Q = [1, 0, 0]$.

Lavorando nella carta affine U_0 con coordinate $x = \frac{x_1}{x_0}, y = \frac{x_2}{x_0}$, il punto Q ha coordinate $(0, 0)$ e $\mathcal{D} \cap U_0$ ha equazione $y^2(x - y)^2 - x(x + y) = 0$. Riconosciamo così che Q è un punto doppio ordinario per $\mathcal{D}$ con tangenti principali le chiusure proiettive delle rette $x = 0$ e $x + y = 0$, ossia le rette $x_1 = 0$ e $x_1 + x_2 = 0$.

Lavorando invece nella carta affine U_1 con coordinate $u = \frac{x_0}{x_1}, v = \frac{x_2}{x_1}$, si ha $A = (0, 0), B = (0, 1)$ e la parte affine $\mathcal{D} \cap U_1$ di $\mathcal{D}$ ha equazione

$$v^2(1 - v)^2 - (1 + v)u^2 = 0.$$

Vediamo dunque subito che A è un punto doppio ordinario con tangenti principali le chiusure proiettive delle rette $v - u = 0$ e $v + u = 0$, ossia le rette $x_2 - x_0 = 0$ e $x_2 + x_0 = 0$.

Per studiare la molteplicità di B, effettuando la traslazione $(w, z) \to (u, v) = (w, z + 1)$ che porta $(0, 0)$ in B, si ottiene l'equazione

$$(z + 1)^2z^2 - (z + 2)w^2 = 0.$$

Quindi B è un punto doppio ordinario con tangenti principali le chiusure proiettive delle rette $z - \sqrt{2}w = 0$ e $z + \sqrt{2}w = 0$, ossia le rette $x_2 - x_1 - \sqrt{2}x_0 = 0$ e $x_2 - x_1 + \sqrt{2}x_0 = 0$.

(b) I punti A, B, Q non sono allineati, $A \notin \tau$ e $B \notin \tau$; pertanto l'insieme delle coniche passanti per A, B, Q e tangenti in Q a τ è un sistema lineare di dimensione 1, ossia un fascio (cfr. Esercizio 4.2).

(c) Poiché le coniche $\tau + L(A, B)$ e $L(Q, A) + L(Q, B)$ generano il fascio $\mathcal{F}$ e hanno equazioni rispettivamente $x_1x_0 = 0$ e $x_2(x_1 - x_2) = 0$, la generica conica $\mathcal{C}_{\lambda,\mu}$ di $\mathcal{F}$ ha equazione $\lambda x_1x_0 + \mu x_2(x_1 - x_2) = 0$.

Se $\mu = 0$, si ha $\mathcal{C}_{1,0} \cap \mathcal{D} = \{Q, A, B\}$. Supponendo dunque $\mu \neq 0$, poniamo $t = \frac{\lambda}{\mu}$, e cerchiamo le soluzioni del sistema formato dalle equazioni di $\mathcal{D}$ e di $\mathcal{C}_{t,1} = \mathcal{C}_{\lambda,\mu}$. Dall'equazione di $\mathcal{C}_{t,1}$ si ricava l'uguaglianza $x_2(x_1 - x_2) = -tx_0x_1$ che, elevata al quadrato e sostituita nell'equazione di $\mathcal{D}$, permette di ottenere

$$x_0^2x_1(t^2x_1 - (x_1 + x_2)) = 0.$$

In corrispondenza delle radici dei fattori x_0 e x_1 ritroviamo i punti Q, A, B. Quando invece $t^2x_1 - (x_1 + x_2) = 0$, sostituendo $x_2 = (t^2 - 1)x_1$ nell'equazione di $\mathcal{C}_{t,1}$ e dividendo per x_1 si ottiene l'equazione

$$tx_0 + (t^2 - 1)(2 - t^2)x_1 = 0,$$

che ha come unica soluzione omogenea la coppia $[x_0, x_1] = [(1 - t^2)(2 - t^2), t]$.

Risulta perciò che $C_{t,1}$ interseca D, oltre che in Q, A, B, solo nel punto di coordinate omogenee $[(1 - t^2)(2 - t^2), t, t(t^2 - 1)]$. Tale punto coincide con Q se $t = 0$, con A se $t = \pm 1$, con B se $t = \pm\sqrt{2}$, ed è altrimenti distinto da Q, A e B.

Nota. Sia $f : \mathbb{P}^1(\mathbb{C}) \to \mathbb{P}^2(\mathbb{C})$ l'applicazione definita da

$$f([\lambda, \mu]) = [(\mu^2 - \lambda^2)(2\mu^2 - \lambda^2), \lambda\mu^3, \lambda\mu(\lambda^2 - \mu^2)].$$

Per quanto dimostrato al punto (c) dell'esercizio precedente, l'immagine di f è contenuta in D. Dal fatto che per ogni $P \in D$ esiste una conica di $\mathcal{F}$ passante per P si deduce poi facilmente che $f(\mathbb{P}^1(\mathbb{C})) = D$. L'applicazione f fornisce pertanto una parametrizzazione di D. Si noti infine che tale parametrizzazione non è iniettiva, in quanto $f([0, 1]) = f([1, 0]) = Q, f([1, 1]) = f([1, -1]) = A$, $f([\sqrt{2}, 1]) = f([\sqrt{2}, -1]) = B$.

Esercizio 4.6

Siano $P_1, P_2 \in \mathbb{P}^2(\mathbb{K})$ punti distinti, e sia r_i una retta proiettiva passante per P_i, $i = 1, 2$. Si supponga $P_2 \notin r_1$, $P_1 \notin r_2$. Si mostri che l'insieme

$$\mathcal{F} = \{C \in \Lambda_2 \mid r_i \text{ sia tangente a } C \text{ in } P_i, \, i = 1, 2\}$$

è un sistema lineare, e se ne calcoli la dimensione.

Soluzione 1 Le coniche di $\mathcal{F}$ si ottengono imponendo condizioni di tangenza a due rette fissate nei punti P_1 e P_2; ciò equivale a imporre quattro condizioni lineari, per cui $\mathcal{F}$ è un sistema lineare di dimensione ≥ 1.

Osserviamo che se C è una conica riducibile in $\mathcal{F}$, le uniche possibilità per rispettare le condizioni di tangenza in P_1 sono che o una componente irriducibile di C sia la retta r_1 stessa oppure entrambe le componenti irriducibili passino per P_1. Ne segue che le uniche coniche riducibili in $\mathcal{F}$, dovendo rispettare le condizioni di tangenza sia in P_1 che in P_2, sono le coniche $r_1 + r_2$ e $2L(P_1, P_2)$.

Proviamo ora che $\mathcal{F}$ ha dimensione 1. Supponiamo per assurdo che $\mathcal{F}$ abbia dimensione almeno 2 e scegliamo un punto $P_3 \notin r_1 \cup r_2$ e non allineato con P_1 e P_2. Allora l'insieme $\mathcal{F}'$ formato dalle coniche di $\mathcal{F}$ che passano anche per P_3 è un sistema lineare di dimensione ≥ 1 e possiamo quindi scegliere in esso due coniche distinte C_1, C_2. Tali coniche si intersecano in almeno 5 punti contati con molteplicità (in quanto $I(C_1, C_2, P_i) \geq 2$ per $i = 1, 2$, cfr. 1.9.3). Di conseguenza per il Teorema di Bézout C_1 e C_2 sono riducibili e hanno una retta in comune. Per le considerazioni precedenti, per $i = 1, 2$ dovrebbe essere $C_i = r_1 + r_2$ oppure $C_i = 2L(P_1, P_2)$, ma nessuna di queste coniche passa per P_3. L'ipotesi che $\mathcal{F}$ abbia dimensione almeno 2 conduce dunque ad una contraddizione, per cui $\dim \mathcal{F} = 1$.

Soluzione 2 Come nel caso dell'Esercizio 4.2, possiamo dare una soluzione analitica.

Sia $Q = r_1 \cap r_2$. Per ipotesi Q, P_1, P_2 sono in posizione generale, per cui è possibile scegliere coordinate tali che $Q = [1, 0, 0]$, $P_1 = [0, 1, 0]$, $P_2 = [0, 0, 1]$, dal che si deduce $r_1 = \{x_2 = 0\}$, $r_2 = \{x_1 = 0\}$. Sia ora $\mathcal{C}$ una conica di $\mathcal{F}$; poiché $\mathcal{C}$ passa per P_1 e per P_2, essa è rappresentata da una matrice $M = \begin{pmatrix} a & b & c \\ b & 0 & d \\ c & d & 0 \end{pmatrix}$ con $a, b, c, d \in \mathbb{K}$ non tutti nulli. Poiché $\mathrm{pol}(P_1)$ ha equazione $bx_0 + dx_2 = 0$, la retta r_1 è tangente a $\mathcal{C}$ in P_1 se e solo se $b = 0$. Similmente, poiché $\mathrm{pol}(P_2)$ ha equazione $cx_0 + dx_1 = 0$, la retta r_2 è tangente a $\mathcal{C}$ in P_2 se e solo se $c = 0$. Pertanto $\mathcal{F}$ è formato da tutte e sole le coniche rappresentate da matrici della forma

$$\begin{pmatrix} a & 0 & 0 \\ 0 & 0 & d \\ 0 & d & 0 \end{pmatrix}, \quad [a, d] \in \mathbb{P}^1(\mathbb{K})$$

per cui $\mathcal{F}$ è un sistema lineare di dimensione uno, ovvero un fascio.

Esercizio 4.7

Si determini, se esiste, l'equazione di una conica non degenere $\mathcal{C}$ di $\mathbb{P}^2(\mathbb{C})$ tale che:

(i) $\mathcal{C}$ è tangente alla retta $x_0 + x_2 = 0$ nel punto $A = [1, 1, -1]$;
(ii) $\mathcal{C}$ è tangente alla retta $x_0 - x_1 - x_2 = 0$ nel punto $B = [1, 1, 0]$;
(iii) la polare rispetto a $\mathcal{C}$ del punto $[2, 0, 1]$ contiene il punto $[4, 2, 3]$.

Soluzione   Una conica che verifica le condizioni (i) e (ii) appartiene al fascio generato dalle coniche degeneri $(x_0 + x_2)(x_0 - x_1 - x_2) = 0$ e $2L(A, B)$ (cfr. Esercizio 4.6). Poiché $L(A, B)$ ha equazione $x_0 - x_1 = 0$, la generica conica $\mathcal{C}_{\lambda,\mu}$ del fascio ha equazione

$$\lambda(x_0 + x_2)(x_0 - x_1 - x_2) + \mu(x_0 - x_1)^2 = 0$$

e quindi è rappresentata dalla matrice

$$A_{\lambda,\mu} = \begin{pmatrix} 2\lambda + 2\mu & -\lambda - 2\mu & 0 \\ -\lambda - 2\mu & 2\mu & -\lambda \\ 0 & -\lambda & -2\lambda \end{pmatrix}.$$

Poiché $A_{\lambda,\mu} \begin{pmatrix} 2 \\ 0 \\ 1 \end{pmatrix} = \begin{pmatrix} 4\lambda + 4\mu \\ -3\lambda - 4\mu \\ -2\lambda \end{pmatrix}$, il punto $[2, 0, 1]$ è non singolare per ogni $\mathcal{C}_{\lambda,\mu}$ e la polare rispetto a $\mathcal{C}$ di $[2, 0, 1]$ è la retta di equazione $(4\lambda + 4\mu)x_0 + (-3\lambda - 4\mu)x_1 - 2\lambda x_2 = 0$. Essa contiene il punto $[4, 2, 3]$ se e solo se $4\lambda + 8\mu = 0$; pertanto in corrispondenza della coppia omogenea $[\lambda, \mu] = [2, -1]$ troviamo la conica di equazione

$$x_0^2 - x_1^2 - 2x_2^2 - 2x_1 x_2 = 0$$

che, essendo non degenere, soddisfa le proprietà richieste.

Esercizio 4.8

Si considerino in $\mathbb{P}^2(\mathbb{C})$ le rette

$$r = \{x_2 = 0\} \quad s = \{x_1 - 2x_2 = 0\} \quad t = \{x_1 = 0\} \quad l = \{x_0 - x_2 = 0\}$$

e i punti $P = r \cap t$, $\quad Q = t \cap l$, $\quad A = l \cap r$, $\quad R = [2, -1, 1]$.

(a) Si costruisca, se esiste, una proiettività f di $\mathbb{P}^2(\mathbb{C})$ tale che $f(r) = s, f(l) = l, f(t) = t, f(R)$ appartenga alla retta di equazione $x_0 + x_1 = 0$ e t sia l'unica retta del fascio di rette di centro P invariante per f.

(b) Si determini, se esiste, una conica $\mathcal{C}$ di $\mathbb{P}^2(\mathbb{C})$ tangente a t nel punto P, tangente a l nel punto A e tale che $f(\mathcal{C})$ passi per il punto $[2, -2, 1]$.

Soluzione (a) Si ha che $P = [1, 0, 0]$, $Q = [1, 0, 1]$, $A = [0, 1, 0]$ e $B = l \cap s = [1, 2, 1]$. Inoltre osserviamo che le rette r, s, t passano per P mentre $P \notin l$.

Se f è una proiettività tale che $f(r) = s, f(l) = l, f(t) = t$, allora $f(A) = B, f(P) = P, f(Q) = Q$. Imponendo le prime due condizioni, vediamo subito che f è rappresentata da una matrice del tipo $M = \begin{pmatrix} 1 & b & c \\ 0 & 2b & d \\ 0 & b & e \end{pmatrix}$ con $b(2e - d) \neq 0$.

Si ha inoltre che $f(Q) = Q$ se e solo se $d = 0$ e $e = 1 + c$, per cui $M = \begin{pmatrix} 1 & b & c \\ 0 & 2b & 0 \\ 0 & b & 1+c \end{pmatrix}$. Poiché $f(R) = [2 - b + c, -2b, -b + 1 + c]$, il punto $f(R)$ appartiene alla retta di equazione $x_0 + x_1 = 0$ se e solo se $c = 3b - 2$; pertanto deve essere $M = \begin{pmatrix} 1 & b & 3b - 2 \\ 0 & 2b & 0 \\ 0 & b & 3b - 1 \end{pmatrix}$.

Sia $\mathcal{F}_P$ il fascio di rette di centro P; le rette di tale fascio hanno equazione $\alpha x_1 + \beta x_2 = 0$, con $[\alpha, \beta] \in \mathbb{P}^1(\mathbb{C})$. Il fascio $\mathcal{F}_P$ è una retta di $\mathbb{P}^2(\mathbb{C})^*$ invariante per la proiettività duale $f_* : \mathbb{P}^2(\mathbb{C})^* \to \mathbb{P}^2(\mathbb{C})^*$, che è rappresentata nel sistema di coordinate omogenee duali su $\mathbb{P}^2(\mathbb{C})^*$ dalla matrice ${}^t M^{-1}$ (cfr. 1.4.5). Nel sistema di coordinate indotto su $\mathcal{F}_P$ la retta $\alpha x_1 + \beta x_2 = 0$ ha coordinate $[\alpha, \beta]$ e la restrizione di f_* a $\mathcal{F}_P$ è rappresentata dalla matrice $\begin{pmatrix} 3b - 1 & -b \\ 0 & 2b \end{pmatrix}$. Affinché t, che ha coordinate $[1, 0]$, sia l'unica retta di $\mathcal{F}_P$ invariante per f è necessario e sufficiente che gli autovettori di tale matrice siano tutti e soli i multipli non nulli di $(1, 0)$, e ciò si verifica se e solo se $b = 1$.

L'unica proiettività con le proprietà richieste è dunque quella rappresentata dalla matrice $M = \begin{pmatrix} 1 & 1 & 1 \\ 0 & 2 & 0 \\ 0 & 1 & 2 \end{pmatrix}$.

(b) Il fascio delle coniche tangenti a t in P e tangenti a l in A è generato dalle coniche degeneri $l + t$ e $2r$. La generica conica $\mathcal{C}_{\lambda,\mu}$ di tale fascio ha quindi ha equazione

$$\lambda x_1(x_0 - x_2) + \mu x_2^2 = 0.$$

Poiché $f([2, -1, 1]) = [2, -2, 1]$, $f(\mathcal{C}_{\lambda,\mu})$ passa per il punto $[2, -2, 1]$ se e solo se $\mathcal{C}_{\lambda,\mu}$ passa per il punto $[2, -1, 1]$; ciò avviene se e solo se $\mu - \lambda = 0$. In corrispondenza della coppia omogenea $[\lambda, \mu] = [1, 1]$ troviamo quindi la conica $x_1(x_0 - x_2) + x_2^2 = 0$ che soddisfa le richieste del punto (b).

Esercizio 4.9

Date 4 rette distinte r_1, r_2, r_3, r_4 in $\mathbb{P}^2(\mathbb{K})$, si dimostri che esiste almeno una conica non degenere tangente alle 4 rette se e solo se r_1, r_2, r_3, r_4 sono in posizione generale.

Soluzione 1   Supponiamo che esista una conica non degenere tangente a r_1, r_2, r_3, r_4 e, per ogni $i \neq j$, sia $P_{ij} = r_i \cap r_j$. Poiché da ogni punto di $\mathbb{P}^2(\mathbb{K})$ escono al più due rette tangenti alla conica (cfr. 1.8.2), non è possibile che r_h passi per P_{ij} se $h \notin \{i, j\}$. Dunque le rette r_1, r_2, r_3, r_4 sono a 3 a 3 non concorrenti, ossia sono in posizione generale.

Viceversa consideriamo una qualsiasi conica non degenere e non vuota $\mathcal{D}$ e siano l_1, l_2, l_3, l_4 le rette tangenti a $\mathcal{D}$ in quattro punti distinti di $\mathcal{D}$. Per quanto appena visto le rette l_1, l_2, l_3, l_4 sono a 3 a 3 non concorrenti, ossia in posizione generale. Per ogni $i \neq j$ poniamo ora $Q_{ij} = l_i \cap l_j$. Si verifica facilmente che le quaterne $P_{12}, P_{23}, P_{34}, P_{41}$ e $Q_{12}, Q_{23}, Q_{34}, Q_{41}$ sono formate da punti in posizione generale. Pertanto esiste una proiettività T di $\mathbb{P}^2(\mathbb{K})$ tale che $T(Q_{12}) = P_{12}$, $T(Q_{23}) = P_{23}$, $T(Q_{34}) = P_{34}$ e $T(Q_{41}) = P_{41}$. Da ciò segue subito che $T(l_i) = r_i$ per $i = 1, 2, 3, 4$. Allora la conica $\mathcal{C} = T(\mathcal{D})$ è tangente a r_1, r_2, r_3, r_4.

Soluzione 2   Ragionando per dualità, interpretiamo le rette r_1, r_2, r_3, r_4 come punti R_1, R_2, R_3, R_4 di $\mathbb{P}^2(\mathbb{K})^*$. Le rette r_1, r_2, r_3, r_4 sono in posizione generale in $\mathbb{P}^2(\mathbb{K})$ se e solo se i corrispondenti punti in $\mathbb{P}^2(\mathbb{K})^*$ sono in posizione generale; in tal caso per R_1, R_2, R_3, R_4 passa una conica non degenere e allora la conica duale è tangente a r_1, r_2, r_3, r_4 (cfr. 1.8.2).

Nota. Con lo stesso ragionamento usato nella precedente Soluzione (2), si prova che se r_1, r_2, r_3, r_4, r_5 sono cinque rette di $\mathbb{P}^2(\mathbb{K})$ in posizione generale (ossia i corrispondenti punti R_1, R_2, R_3, R_4, R_5 di $\mathbb{P}^2(\mathbb{K})^*$ sono in posizione generale), allora esiste un'unica conica non degenere tangente alle 5 rette.

Esercizio 4.10

Siano A, B, C, D punti di $\mathbb{P}^2(\mathbb{K})$ in posizione generale e sia r una retta di $\mathbb{P}^2(\mathbb{K})$ passante per D e tale che $A \notin r$, $B \notin r$ e $C \notin r$. Si dimostri che esiste un'unica conica non degenere $\mathcal{Q}$ di $\mathbb{P}^2(\mathbb{K})$ che verifica le seguenti condizioni:

(i) $\text{pol}_{\mathcal{Q}}(A) = L(B,C)$;

(ii) $\text{pol}_{\mathcal{Q}}(B) = L(A,C)$;

(iii) $D \in \mathcal{Q}$ e la retta r è tangente a $\mathcal{Q}$ in D.

Soluzione Osserviamo che, se $\mathcal{Q}$ è una conica non degenere che verifica le condizioni (i) e (ii), allora il punto C appartiene sia a $\text{pol}_{\mathcal{Q}}(A)$ sia a $\text{pol}_{\mathcal{Q}}(B)$ e quindi, per reciprocità, deve essere $\text{pol}_{\mathcal{Q}}(C) = L(A,B)$. Di conseguenza i punti A, B, C risultano i vertici di un triangolo autopolare per la conica.

Fissiamo un sistema di coordinate omogenee in $\mathbb{P}^2(\mathbb{K})$ rispetto al quale si abbia $A = [1,0,0], B = [0,1,0], C = [0,0,1], D = [1,1,1]$. Le coniche $\mathcal{Q}$ non degeneri aventi A, B, C come vertici di un triangolo autopolare hanno equazione di tipo $\alpha x_0^2 + \beta x_1^2 + \gamma x_2^2 = 0$, con α, β, γ non nulli (cfr. 1.8.4).

Affinché $\mathcal{Q}$ verifichi anche la proprietà (iii), deve accadere che la polare di D rispetto a $\mathcal{Q}$ sia la retta r. Quest'ultima ha equazione $ax_0 + bx_1 + cx_2 = 0$ con $a + b + c = 0$, visto che $D \in r$, e con $a \neq 0, b \neq 0, c \neq 0$ poiché r non passa né per A, né per B, né per C. Invece la retta $\text{pol}_{\mathcal{Q}}(D)$ ha equazione $\alpha x_0 + \beta x_1 + \gamma x_2 = 0$.

Dunque, affinché $\text{pol}_{\mathcal{Q}}(D) = r$, è necessario e sufficiente che i vettori (α, β, γ) e (a, b, c) siano proporzionali. Di conseguenza l'unica conica che soddisfa la tesi è quella di equazione $ax_0^2 + bx_1^2 + cx_2^2 = 0$.

Esercizio 4.11 ————————————————————————

Sia $\mathcal{F}$ il fascio di coniche di $\mathbb{P}^2(\mathbb{C})$ di equazione

$$\lambda(4x_0x_1 - x_2^2 - 4x_1^2) + \mu(x_0x_1 + x_2^2 + 4x_1^2 - 5x_1x_2) = 0 \qquad [\lambda, \mu] \in \mathbb{P}^1(\mathbb{C}).$$

(a) Si determinino le coniche degeneri e i punti base del fascio $\mathcal{F}$.

(b) Si descrivano le proiettività f di $\mathbb{P}^2(\mathbb{C})$ tali che $f([1,1,0]) = [1,1,0]$ e $f(\mathcal{C}) \in \mathcal{F}$ per ogni $\mathcal{C} \in \mathcal{F}$.

Soluzione (a) La generica conica $\mathcal{C}_{\lambda,\mu}$ del fascio è rappresentata dalla matrice

$$A_{\lambda,\mu} = \begin{pmatrix} 0 & 2\lambda + \frac{\mu}{2} & 0 \\ 2\lambda + \frac{\mu}{2} & -4\lambda + 4\mu & -\frac{5}{2}\mu \\ 0 & -\frac{5}{2}\mu & -\lambda + \mu \end{pmatrix}.$$

Poiché $\det A_{\lambda,\mu} = \left(2\lambda + \frac{\mu}{2}\right)^2 (\mu - \lambda)$, le uniche coniche degeneri del fascio sono quelle corrispondenti alle coppie omogenee $[\lambda, \mu] = [1,1]$ e $[\lambda, \mu] = [-1,4]$, ossia le coniche $\mathcal{D}_1$ e $\mathcal{D}_2$ di equazione rispettivamente

$$x_1(x_0 - x_2) = 0 \quad \text{e} \quad (2x_1 - x_2)^2 = 0.$$

Intersecando $\mathcal{D}_1$ e $\mathcal{D}_2$, otteniamo che i punti base del fascio sono $P = [1,0,0]$ e $Q = [2,1,2]$.

(b) Osserviamo che $\mathcal{D}_1$ è semplicemente degenere e ha le rette $r_1 = \{x_1 = 0\}$ e $r_2 = \{x_0 - x_2 = 0\}$ come componenti irriducibili che si intersecano nel punto $R = [1, 0, 1]$. Invece $\mathcal{D}_2$ ha la retta $L(P, Q) = \{2x_1 - x_2 = 0\}$ come componente irriducibile doppia ed è quindi doppiamente degenere.

Ricordiamo (cfr. 1.8.1) che ogni proiettività di $\mathbb{P}^2(\mathbb{C})$ trasforma una conica non degenere (risp. semplicemente degenere, doppiamente degenere) in una conica non degenere (risp. semplicemente degenere, doppiamente degenere).

Pertanto se f è una proiettività che trasforma le coniche del fascio $\mathcal{F}$ in coniche dello stesso fascio, necessariamente si deve avere $f(\mathcal{D}_1) = \mathcal{D}_1$ e $f(\mathcal{D}_2) = \mathcal{D}_2$. In particolare f deve trasformare la retta $L(P, Q)$ in se stessa e lasciare invariate le rette r_1, r_2 componenti di $\mathcal{D}_1$ oppure scambiarle fra loro. In ogni caso il punto $R = [1, 0, 1]$ in cui r_1 e r_2 si intersecano dovrà essere fisso per f, mentre i punti P e Q potranno essere lasciati fissi o essere scambiati fra loro da f.

Osserviamo che, posto $S = [1, 1, 0]$, i punti R, P, Q, S sono in posizione generale, per cui la conoscenza delle immagini di tali punti determina completamente la proiettività f.

Se f fissa i 4 punti, allora f è l'identità. L'unica altra possibilità è costituita dalla proiettività che fissa R, S e che scambia fra loro P e Q. Con facili calcoli vediamo che tale proiettività è rappresentata dalla matrice

$$\begin{pmatrix} 2 & -1 & -1 \\ 1 & 0 & -1 \\ 2 & -2 & -1 \end{pmatrix}.$$

Osserviamo infine che anche questa seconda proiettività, come evidentemente l'identità, soddisfa le richieste dell'esercizio: infatti per costruzione $f(\mathcal{D}_1) = \mathcal{D}_1$ e $f(\mathcal{D}_2) = \mathcal{D}_2$, per cui tutte le coniche del fascio generato da tali due coniche, ossia del fascio $\mathcal{F}$, vengono trasformate in coniche dello stesso fascio.

Esercizio 4.12

Siano R, P_1, P_2 punti non allineati di $\mathbb{P}^2(\mathbb{C})$ e sia f una proiettività di $\mathbb{P}^2(\mathbb{K})$ tale che $f(R) = R$, $f(P_1) = P_2$ e $f(P_2) = P_1$. Sia $\mathcal{F}$ il fascio di coniche tangenti in P_1 alla retta $r_1 = L(R, P_1)$ e tangenti in P_2 alla retta $r_2 = L(R, P_2)$. Si dimostri che $f^2 = \mathrm{Id}$ se e solo se $f(\mathcal{C}) = \mathcal{C}$ per ogni conica $\mathcal{C} \in \mathcal{F}$.

Soluzione Il fascio $\mathcal{F}$ è generato dalle coniche degeneri $\mathcal{C}_1 = r_1 + r_2$ e $\mathcal{C}_2 = 2L(P_1, P_2)$ e ha come unici punti base P_1 e P_2 (cfr. Esercizio 4.6). Dalle ipotesi si ha subito che $f(r_1) = r_2$, che $f(r_2) = r_1$ e che la retta $L(P_1, P_2)$ è f-invariante; dunque le coniche degeneri $\mathcal{C}_1$ e $\mathcal{C}_2$ sono f-invarianti. Poiché f induce una proiettività dello spazio Λ_2 delle coniche di $\mathbb{P}^2(\mathbb{C})$ (cfr. 1.9.5), se ne deduce in particolare che f trasforma le coniche del fascio $\mathcal{F}$ in coniche dello stesso fascio. Inoltre, per il Teorema fondamentale delle trasformazioni proiettive si ha che $f(\mathcal{C}) = \mathcal{C}$ per ogni $\mathcal{C} \in \mathcal{F}$ se e solo se esiste un'altra conica $\mathcal{C}_3 \in \mathcal{F}$ diversa da $\mathcal{C}_1$ e da $\mathcal{C}_2$ tale che $f(\mathcal{C}_3) = \mathcal{C}_3$.

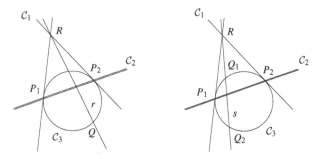

Figura 4.1. A sinistra: se $f^2 = \text{Id}$ allora $f(\mathcal{C}) = \mathcal{C}$ per ogni $\mathcal{C} \in \mathcal{F}$; a destra, se $f(\mathcal{C}) = \mathcal{C}$ per ogni $\mathcal{C} \in \mathcal{F}$ allora $f^2 = \text{Id}$

Se $f^2 = \text{Id}$, l'insieme dei punti fissi per f è l'unione di una retta r e di un punto $P \notin r$ (cfr. Esercizio 2.49 e Nota successiva). Se fosse $P = R$, allora r intersecherebbe le rette r_1 e r_2 in due punti distinti (e diversi da R) che sarebbero fissi per f, mentre l'unico punto fisso sulle due rette è R. Dunque necessariamente la retta r di punti fissi passa per R e, in particolare, $P \neq R$.

Sia Q un punto di $r \setminus L(P_1, P_2)$, $Q \neq R$ (cfr. Fig. 4.1). Poiché Q non è un punto base del fascio, esiste un'unica conica $\mathcal{C}_3 \in \mathcal{F}$ passante per Q; essa è diversa sia da $\mathcal{C}_1$ che da $\mathcal{C}_2$ visto che $Q \notin \mathcal{C}_1 \cup \mathcal{C}_2$. La conica $f(\mathcal{C}_3)$ appartiene a $\mathcal{F}$ e passa per $f(Q) = Q$; allora necessariamente $f(\mathcal{C}_3) = \mathcal{C}_3$ e dunque $f(\mathcal{C}) = \mathcal{C}$ per ogni $\mathcal{C} \in \mathcal{F}$.

Viceversa supponiamo che $f(\mathcal{C}) = \mathcal{C}$ per ogni $\mathcal{C} \in \mathcal{F}$. Poiché $f(R) = R$, f agisce come proiettività sul fascio di rette di centro R (che è isomorfo a $\mathbb{P}^1(\mathbb{K})$). Visto che ogni proiettività di una retta proiettiva complessa ha almeno un punto fisso, esiste una retta s uscente da R e invariante per f. Poiché per ipotesi né r_1 né r_2 sono invarianti per f, necessariamente $s \neq r_1$ e $s \neq r_2$. Sia $\mathcal{C}_3$ una conica non degenere di $\mathcal{F}$ (quindi distinta sia da $\mathcal{C}_1$ che da $\mathcal{C}_2$) e denotiamo con Q_1, Q_2 i punti in cui $\mathcal{C}_3$ interseca la retta invariante s (cfr. Fig. 4.1); si vede facilmente che $Q_1 \neq Q_2$. Osserviamo che i punti P_1, P_2, Q_1, Q_2 sono in posizione generale. Evidentemente $f(\{Q_1, Q_2\}) = \{Q_1, Q_2\}$ e quindi o $f(Q_1) = Q_1$ e $f(Q_2) = Q_2$ oppure $f(Q_1) = Q_2$ e $f(Q_2) = Q_1$. In entrambi i casi f^2 ha P_1, P_2, Q_1, Q_2 come punti fissi e quindi $f^2 = \text{Id}$.

Esercizio 4.13

Sia $\mathcal{C}$ una conica non degenere di $\mathbb{P}^2(\mathbb{C})$. Siano P un punto di $\mathcal{C}$ e r la retta tangente a $\mathcal{C}$ in P. Sia R un punto di $\mathbb{P}^2(\mathbb{C})$ tale che $R \notin \mathcal{C} \cup r$. Si dimostri che esistono esattamente due proiettività f di $\mathbb{P}^2(\mathbb{C})$ tali che

$$f(\mathcal{C}) = \mathcal{C}, \quad f(R) = R, \quad f(P) = P.$$

Soluzione   Supponiamo che f sia una proiettività di $\mathbb{P}^2(\mathbb{C})$ che lascia invariati $\mathcal{C}, P$ e R. Allora ciascuna delle due rette uscenti da R e tangenti a $\mathcal{C}$ viene trasformata in una retta uscente da R e tangente a $\mathcal{C}$. Se indichiamo con A e B i punti in cui le

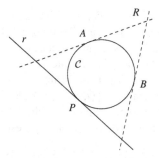

Figura 4.2. La configurazione descritta nell'Esercizio 4.13

tangenti a C uscenti da R incontrano la conica, allora ci sono solo le seguenti due possibilità: o $f(A) = A$ e $f(B) = B$, oppure $f(A) = B$ e $f(B) = A$.

Nel primo caso f fissa quattro punti in posizione generale (e cioè A, B, P, R) e dunque è l'identità, che evidentemente fissa anche la conica.

Se $f(A) = B$ e $f(B) = A$, le ulteriori condizioni $f(P) = P$ e $f(R) = R$ determinano univocamente una proiettività f. In tal caso $f^2 = \text{Id}$, visto che f^2 fissa i punti in posizione generale A, B, P, R. Poiché C appartiene al fascio delle coniche tangenti in A a $L(A, R)$ e tangenti in B a $L(B, R)$, dall'Esercizio 4.12 segue che $f(C) = C$.

Abbiamo così trovato esattamente due proiettività che soddisfano le richieste.

Esercizio 4.14

Sia C una conica non degenere di $\mathbb{P}^2(\mathbb{K})$ e sia f una proiettività di $\mathbb{P}^2(\mathbb{K})$ tale che $f \neq \text{Id}$ e $f(C) = C$. Si dimostri che:

(a) Se $f^2 = \text{Id}$, allora il luogo dei punti fissi di f è l'unione di una retta r non tangente a C e del polo R di tale retta rispetto a C.

(b) Se esiste una retta di punti fissi per f, allora $f^2 = \text{Id}$.

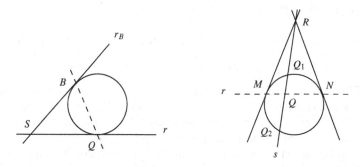

Figura 4.3. La configurazione descritta nell'Esercizio 4.14: a sinistra, l'ipotesi che r sia tangente a C porta ad una contraddizione; a destra, la soluzione del punto (b)

Soluzione   (a) Se $f^2 = \text{Id}$, il luogo dei punti fissi di f è l'unione di una retta r e di un punto $P \notin r$ (per una prova si vedano l'Esercizio 2.49 e la Nota successiva).

Supponiamo per assurdo che r sia tangente a $\mathcal{C}$, e sia $Q = r \cap \mathcal{C}$ (cfr. Fig. 4.3). Dato un qualsiasi $B \in \mathcal{C} \setminus \{Q\}$, sia r_B la tangente a $\mathcal{C}$ in B. Naturalmente $r_B \neq r$, per cui $r_B \cap r$ consiste di un solo punto S. Per costruzione, $\text{pol}_{\mathcal{C}}(S) = L(Q,B)$, per cui, essendo $f(\mathcal{C}) = \mathcal{C}$ e $f(S) = S$, si ha $f(\{Q,B\}) = \{Q,B\}$. D'altronde $f(Q) = Q$ e f è iniettiva, per cui $f(B) = B$. Si è così dimostrato che f lascia fissi tutti i punti di $\mathcal{C}$, e quindi $f = \text{Id}$, il che è in contraddizione con le ipotesi. Dunque r non è tangente a $\mathcal{C}$.

Sia ora $R = \text{pol}_{\mathcal{C}}^{-1}(r)$. Poiché $f(r) = r$ e $f(\mathcal{C}) = \mathcal{C}$, si ha $f(R) = R$. Inoltre, poiché r non è tangente a $\mathcal{C}$, si ha $R \notin r$, per cui necessariamente $P = R$.

(b) Osserviamo innanzi tutto che è sufficiente considerare il caso $\mathbb{K} = \mathbb{C}$. Infatti, se $\mathbb{K} = \mathbb{R}$, indichiamo con $\mathcal{D}$ la complessificata di $\mathcal{C}$ e con g la proiettività di $\mathbb{P}^2(\mathbb{C})$ indotta da f. Chiaramente $\mathcal{D}$ è non degenere, $g(\mathcal{D}) = \mathcal{D}$ e se r è una retta di punti fissi per f la retta complessa $r_{\mathbb{C}}$ è una retta di punti fissi per g; inoltre da $g^2 = \text{Id}_{\mathbb{P}^2(\mathbb{C})}$ segue $f^2 = \text{Id}_{\mathbb{P}^2(\mathbb{R})}$.

Supponiamo quindi che $\mathbb{K} = \mathbb{C}$ e che $r \subset \mathbb{P}^2(\mathbb{C})$ sia una retta di punti fissi per f. Ragionando come nella prova di (a), si vede che r non è tangente a $\mathcal{C}$ e che il polo R di r rispetto a $\mathcal{C}$ è fisso per f. Denotiamo con M, N i punti in cui r interseca $\mathcal{C}$ e sia s una qualsiasi retta uscente da R e non tangente a $\mathcal{C}$ (cfr. Fig. 4.3). La retta s è diversa da r, visto che $R \notin r$, e interseca r in un punto Q fisso per f. Di conseguenza $s = L(R,Q)$ è f-invariante. Detti Q_1, Q_2 i due punti in cui s interseca $\mathcal{C}$, poiché $f(\mathcal{C}) = \mathcal{C}$ si ha $f(\{Q_1,Q_2\}) = \{Q_1,Q_2\}$. Indipendentemente dal fatto che f fissi i punti Q_1, Q_2 o che li scambi, in ogni caso Q_1, Q_2 sono fissi per f^2. Poiché f^2 fissa i punti M, N, Q_1, Q_2 che sono in posizione generale, allora $f^2 = \text{Id}$.

Esercizio 4.15

Sia $\mathcal{D}$ la curva di $\mathbb{P}^2(\mathbb{C})$ di equazione

$$F(x_0, x_1, x_2) = x_0^3 + x_1^3 + x_2^3 - 5x_0 x_1 x_2 = 0.$$

Si trovi, se esiste, l'equazione di una conica tangente alla curva $\mathcal{D}$ nei punti $P = [1,-1,0]$ e $Q = [1,2,1]$ e passante per $R = [1,2,-3]$.

Soluzione   Cominciamo a calcolare le tangenti a $\mathcal{D}$ nei punti P e Q. Si ha

$$\nabla F = (3x_0^2 - 5x_1 x_2, 3x_1^2 - 5x_0 x_2, 3x_2^2 - 5x_0 x_1),$$

per cui $\nabla F(1,-1,0) = (3,3,5)$ e $\nabla F(1,2,1) = (-7,7,-7)$. La curva $\mathcal{D}$ è quindi tangente in P alla retta $r_P = \{3x_0 + 3x_1 + 5x_2 = 0\}$ e in Q alla retta $r_Q = \{x_0 - x_1 + x_2 = 0\}$. Per trovare una conica tangente a $\mathcal{D}$ nei punti P e Q, basterà quindi trovare una conica tangente a r_P in P e a r_Q in Q (cfr. 1.9.3).

Il fascio di coniche tangenti in P a r_P e in Q a r_Q è generato dalle coniche $r_P + r_Q$ e $2L(P,Q)$; la generica conica di tale fascio ha dunque equazione

$$\lambda(3x_0 + 3x_1 + 5x_2)(x_0 - x_1 + x_2) + \mu(x_0 + x_1 - 3x_2)^2 = 0$$

al variare di $[\lambda, \mu]$ in $\mathbb{P}^1(\mathbb{C})$. La conica passa per R se e solo se $\lambda + 6\mu = 0$; in corrispondenza della coppia omogenea $[\lambda, \mu] = [6, -1]$ otteniamo la conica

$$17x_0^2 - 19x_1^2 + 21x_2^2 - 2x_0x_1 + 54x_0x_2 - 6x_1x_2 = 0$$

che soddisfa le richieste dell'esercizio.

Esercizio 4.16

In $\mathbb{P}^2(\mathbb{C})$ si considerino i punti $P = [1, -1, 0]$, $R = [1, 0, 0]$, $S = [0, 2, 1]$ e la conica $\mathcal{C}$ di equazione $F(x_0, x_1, x_2) = 2x_0^2 + 2x_0x_1 + 3x_2^2 = 0$. Si determini, se esiste, una conica non degenere $\mathcal{D}$ passante per R e per S, tangente a $\mathcal{C}$ in P e tale che $\mathrm{pol}_{\mathcal{D}}(R)$ passi per il punto $[7, 3, 3]$.

Soluzione   Si verifica immediatamente che il punto P appartiene alla conica $\mathcal{C}$; poiché $\nabla F(1, -1, 0) = (2, 2, 0)$, la tangente alla conica $\mathcal{C}$ in P è la retta r di equazione $x_0 + x_1 = 0$.

Le coniche passanti per R e S e tangenti a r in P costituiscono un fascio $\mathcal{F}$ generato dalle coniche degeneri $L(P, R) + L(P, S)$ e $L(R, S) + r$ (cfr. Esercizio 4.2). Con facili calcoli otteniamo che il fascio $\mathcal{F}$ è costituito dalle coniche di equazione

$$\lambda x_2(x_0 + x_1 - 2x_2) + \mu(x_0 + x_1)(x_1 - 2x_2) = 0, \quad [\lambda, \mu] \in \mathbb{P}^1(\mathbb{C}).$$

La generica conica $\mathcal{C}_{\lambda, \mu}$ di $\mathcal{F}$ è dunque rappresentata dalla matrice

$$A_{\lambda, \mu} = \begin{pmatrix} 0 & \mu & \lambda - 2\mu \\ \mu & 2\mu & \lambda - 2\mu \\ \lambda - 2\mu & \lambda - 2\mu & -4\lambda \end{pmatrix}.$$

Poiché per ogni $[\lambda, \mu] \in \mathbb{P}^1(\mathbb{C})$ si ha $(1, 0, 0) \notin \ker A_{\lambda, \mu}$, la polare di R rispetto a $\mathcal{C}_{\lambda, \mu}$ è la retta di equazione $\mu x_1 + (\lambda - 2\mu)x_2 = 0$; essa passa per il punto $[7, 3, 3]$ se e solo se $\lambda = \mu$. Troviamo così la conica

$$x_1^2 - 2x_2^2 + x_0x_1 - x_0x_2 - x_1x_2 = 0$$

che, essendo non degenere, soddisfa le richieste dell'esercizio.

Esercizio 4.17

Sia $\mathcal{C}$ una conica non degenere di $\mathbb{P}^2(\mathbb{C})$; sia P un punto che non appartiene a $\mathcal{C}$ e sia r la polare di P rispetto a $\mathcal{C}$. Sia s una retta passante per P e non tangente a $\mathcal{C}$; si denotino con Q e R i punti in cui s interseca $\mathcal{C}$.

Si dimostri che r e s si intersecano in un unico punto D, e che si ha $\beta(P, D, Q, R) = -1$.

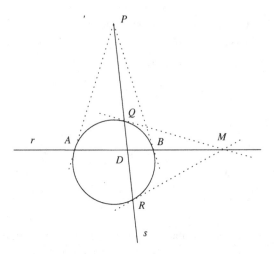

Figura 4.4. La configurazione descritta nell'Esercizio 4.17

Soluzione 1   Poiché $P \notin \mathcal{C}$, la polare r non passa per P; pertanto le rette r e s non possono coincidere e quindi si intersecano in un unico punto D.

Il punto D non può appartenere alla conica $\mathcal{C}$, infatti altrimenti, essendo D un punto della polare di P, la retta $L(D, P) = s$ sarebbe tangente alla conica (cfr. 1.8.2), contro l'ipotesi. Dunque in particolare D è diverso sia da R che da Q.

La polare $\mathrm{pol}_{\mathcal{C}}(D)$ passa per P e interseca r in un punto M tale che P, D, M sono i vertici di un triangolo autopolare per $\mathcal{C}$. Esiste allora un sistema di coordinate omogenee su $\mathbb{P}^2(\mathbb{C})$ rispetto al quale si ha $P = [1, 0, 0], D = [0, 1, 0], M = [0, 0, 1]$. In tali coordinate s ha equazione $x_2 = 0$ e una matrice associata alla conica è del tipo
$$\begin{pmatrix} 1 & 0 & 0 \\ 0 & a & 0 \\ 0 & 0 & b \end{pmatrix}$$
con a e b non nulli, ossia $x_0^2 + ax_1^2 + bx_2^2 = 0$ è un'equazione della conica. Calcolando le intersezioni fra $\mathcal{C}$ e s si trova che $Q = [\alpha, 1, 0]$ e $R = [-\alpha, 1, 0]$ con $\alpha^2 = -a$.

Nel sistema di coordinate x_0, x_1 indotto su s si ha che $P = [1, 0], D = [0, 1], Q = [\alpha, 1], R = [-\alpha, 1]$. Pertanto $\beta(P, D, Q, R) = -1$.

Soluzione 2   Poiché $P \notin \mathcal{C}$, la retta $\mathrm{pol}_{\mathcal{C}}(P)$ interseca $\mathcal{C}$ in due punti distinti, diciamo A e B. Inoltre, si verifica facilmente che A, B, P, Q sono in posizione generale, per cui possiamo porre su $\mathbb{P}^2(\mathbb{C})$ un sistema di coordinate rispetto al quale si abbia $P = [1, 0, 0]$, $A = [0, 1, 0]$, $B = [0, 0, 1]$ e $Q = [1, 1, 1]$. Imponendo che si abbia $\mathrm{pol}_{\mathcal{C}}(A) = L(A, P) = \{x_2 = 0\}$, $\mathrm{pol}_{\mathcal{C}}(B) = L(B, P) = \{x_1 = 0\}$, e $Q \in \mathcal{C}$, si ottiene facilmente che $\mathcal{C}$ ha equazione $x_0^2 - x_1 x_2 = 0$. Poiché $s = L(P, Q)$ ha equazione $x_1 = x_2$, ne segue che $R = [-1, 1, 1]$. Inoltre, poiché $r = L(A, B)$ ha equazione $x_0 = 0$, si ha $D = r \cap s = [0, 1, 1]$. Dunque

$$\beta(P, D, Q, R) = \beta([1, 0, 0], [0, 1, 1], [1, 1, 1], [-1, 1, 1]) = -1.$$

Soluzione 3 Ragionando come nella Soluzione (1), si prova che il punto D esiste ed è unico. Siano A, B definiti come nella Soluzione (2). L'insieme $\mathcal{F}$ delle coniche tangenti in A alla retta $L(P, A)$ e tangenti in B alla retta $L(P, B)$ è un fascio con punti base A e B. Poiché R è diverso sia da A che da B, esiste una sola conica nel fascio che passa per R e tale conica è $\mathcal{C}$.

Poiché i punti P, Q, A, B ed i punti P, R, A, B sono in posizione generale, esiste un'unica proiettività $f \colon \mathbb{P}^2(\mathbb{C}) \to \mathbb{P}^2(\mathbb{C})$ tale che $f(P) = P, f(Q) = R, f(A) = A$ e $f(B) = B$. Tale f lascia invariate le rette $L(P, A)$ e $L(P, B)$ e porta $\mathcal{C}$ in una conica tangente a $L(P, A)$ in A, tangente a $L(P, B)$ in B e passante per R. Per l'unicità ricordata sopra, $f(\mathcal{C}) = \mathcal{C}$. Inoltre, $f(s) = s$, per cui $f(s \cap \mathcal{C}) = s \cap \mathcal{C}$, ossia $f(\{Q, R\}) = \{Q, R\}$. Siccome $f(Q) = R$, si ha $f(R) = Q$. Infine, poiché $f(r) = r$ si ha anche $f(D) = D$. Dunque

$$\beta(P, D, Q, R) = \beta(f(P), f(D), f(Q), f(R)) = \beta(P, D, R, Q) = \beta(P, D, Q, R)^{-1}$$

(cfr. 1.5.2). Allora $\beta(P, D, Q, R)^2 = 1$; poiché $Q \neq R$, ne segue $\beta(P, D, Q, R) = -1$.

Esercizio 4.18

Si consideri il seguente fascio di coniche di $\mathbb{P}^2(\mathbb{R})$:

$$2\lambda x_0^2 - (\mu + \lambda)x_1^2 + (\mu - \lambda)x_2^2 - 2\mu x_0 x_1 - 2\mu x_0 x_2 = 0, \qquad [\lambda, \mu] \in \mathbb{P}^1(\mathbb{R}).$$

(a) Si determinino le coniche degeneri e i punti base del fascio.
(b) Si dimostri che esiste una ed una sola retta tangente a tutte le coniche del fascio.
(c) Si determinino tutte le coniche del fascio che nella carta affine U_0 sono parabole.

Soluzione (a) La generica conica $\mathcal{C}_{\lambda,\mu}$ del fascio è rappresentata dalla matrice

$$A_{\lambda,\mu} = \begin{pmatrix} 2\lambda & -\mu & -\mu \\ -\mu & -\lambda - \mu & 0 \\ -\mu & 0 & \mu - \lambda \end{pmatrix}.$$

Poiché $\det A_{\lambda,\mu} = 2\lambda^3$, il fascio contiene una sola conica degenere $\mathcal{D}_1$ di equazione $-x_1^2 + x_2^2 - 2x_0 x_1 - 2x_0 x_2 = 0$, ossia $(2x_0 + x_1 - x_2)(x_1 + x_2) = 0$. Chiamiamo l_1 e l_2 le componenti irriducibili di $\mathcal{D}_1$ di equazione rispettivamente $2x_0 + x_1 - x_2 = 0$ e $x_1 + x_2 = 0$; esse si intersecano nel punto $P = [1, -1, 1]$.

Scegliamo un'altra conica del fascio, ad esempio in corrispondenza della coppia omogenea $[\lambda, \mu] = [1, 0]$; otteniamo così la conica $\mathcal{D}_2$ di equazione $2x_0^2 - x_1^2 - x_2^2 = 0$. Intersecando le generatrici $\mathcal{D}_1$ e $\mathcal{D}_2$ del fascio, troviamo che i punti base sono $P = [1, -1, 1]$ e $Q = [1, 1, -1]$.

(b) Nel punto P la conica irriducibile $\mathcal{D}_2$ è tangente alla componente l_1 di $\mathcal{D}_1$; di conseguenza tutte le coniche del fascio risulteranno tangenti alla retta l_1 in P (cfr. 1.9.5).

Se r è una retta tangente a tutte le coniche del fascio, r deve essere tangente in particolare alla conica degenere $\mathcal{D}_1 = l_1 + l_2$. Pertanto r deve passare per P. D'altra parte ogni retta passante per P e diversa da l_1 non è tangente a $\mathcal{D}_2$. Risulta quindi che l'unica retta tangente a tutte le coniche del fascio è l_1.

(c) Nella carta affine U_0, rispetto alle coordinate affini $x = \frac{x_1}{x_0}, y = \frac{x_2}{x_0}$, la conica $\mathcal{C}_{\lambda,\mu} \cap U_0$ ha equazione

$$2\lambda - (\mu + \lambda)x^2 + (\mu - \lambda)y^2 - 2\mu x - 2\mu y = 0.$$

Essa è una parabola se è non degenere (ossia $\lambda \neq 0$) e la sua chiusura proiettiva interseca la retta impropria in un solo punto. Ciò avviene dunque quando $\lambda^2 - \mu^2 = 0$ e quindi per $[\lambda, \mu] = [1, 1]$ e $[\lambda, \mu] = [1, -1]$.

Esercizio 4.19

Si consideri il fascio delle coniche $\mathcal{C}_{\lambda,\mu}$ di $\mathbb{P}^2(\mathbb{R})$ di equazione

$$(\lambda + \mu)x_0^2 - \mu x_1^2 - (\lambda + \mu)x_0 x_2 + \mu x_1 x_2 = 0, \qquad [\lambda, \mu] \in \mathbb{P}^1(\mathbb{R}).$$

(a) Si determinino le coniche degeneri e i punti base del fascio.

(b) Sia r la retta di equazione $x_2 = 0$. Si verifichi che, per ogni $P \in r$, esiste nel fascio un'unica conica $\mathcal{C}_{\lambda,\mu}(P)$ passante per P.

(c) Si consideri l'applicazione $f : r \to r$ definita da

$$f(P) = \begin{cases} (\mathcal{C}_{\lambda,\mu}(P) \cap r) \setminus \{P\} & \text{se la conica } \mathcal{C}_{\lambda,\mu}(P) \text{ non è tangente a } r, \\ P & \text{altrimenti.} \end{cases}$$

Si verifichi che f è una proiettività di r tale che $f^2 = \mathrm{Id}$.

(d) Si determinino le coppie omogenee $[\lambda, \mu] \in \mathbb{P}^1(\mathbb{R})$ per cui la parte affine della conica $\mathcal{C}_{\lambda,\mu}$ nella carta affine $U = \mathbb{P}^2(\mathbb{R}) \setminus \{x_0 + x_2 = 0\}$ è una parabola.

Soluzione   (a) La generica conica del fascio è rappresentata dalla matrice

$$A_{\lambda,\mu} = \begin{pmatrix} 2\lambda + 2\mu & 0 & -\lambda - \mu \\ 0 & -2\mu & \mu \\ -\lambda - \mu & \mu & 0 \end{pmatrix}.$$

Poiché $\det A_{\lambda,\mu} = 2\lambda\mu(\lambda + \mu)$, le coniche degeneri del fascio si ottengono in corrispondenza delle coppie omogenee $[0, 1]$, $[1, 0]$ e $[1, -1]$. Esse hanno dunque equazione

$$(x_0 - x_1)(x_0 + x_1 - x_2) = 0, \quad x_0(x_0 - x_2) = 0, \quad x_1(x_1 - x_2) = 0.$$

Intersecando ad esempio due di tali coniche degeneri, troviamo che i punti base del fascio sono $[0, 0, 1]$, $[0, 1, 1]$, $[1, 1, 1]$ e $[1, 0, 1]$.

(b) Poiché la retta r non contiene alcun punto base del fascio, ogni punto $P \in r$ impone una condizione lineare non banale alle coniche del fascio, quindi esiste esattamente una conica del fascio che contiene P. Esplicitamente, se $P = [y_0, y_1, 0]$, l'unica conica del fascio passante per P è la conica $\mathcal{C}_{\lambda,\mu}(P)$ definita dall'equazione

$$y_1^2 x_0^2 - y_0^2 x_1^2 - y_1^2 x_0 x_2 + y_0^2 x_1 x_2 = 0.$$

(c) I punti di intersezione fra $C_{\lambda,\mu}(P)$ e r sono i punti $[x_0, x_1, 0]$ tali che $y_1^2 x_0^2 - y_0^2 x_1^2 = 0$. Otteniamo un unico punto di intersezione se e solo se $y_1 = 0$ oppure $y_0 = 0$; dunque $C_{\lambda,\mu}(P)$ non è tangente a r purché $P \neq P_1 = [1,0,0]$ e $P \neq P_2 = [0,1,0]$. In tal caso il punto di $C_{\lambda,\mu}(P) \cap r$ diverso da P è il punto $[y_0, -y_1, 0]$.

Nel sistema di coordinate indotto su r si ha dunque che $f([y_0, y_1]) = [y_0, -y_1]$ quando $[y_0, y_1] \neq [1, 0]$ e $[y_0, y_1] \neq [0, 1]$. D'altra parte per definizione $f(P_1) = P_1$ e $f(P_2) = P_2$, per cui f è rappresentata analiticamente da $[y_0, y_1] \mapsto [y_0, -y_1]$ su tutta la retta r. È pertanto evidente che si tratta di una proiettività tale che $f^2 = \mathrm{Id}$.

(d) La conica affine $C_{\lambda,\mu} \cap U$ è una parabola quando $C_{\lambda,\mu}$ è non degenere e $C_{\lambda,\mu} \cap \{x_0 + x_2 = 0\}$ consiste di un solo punto (cfr. 1.8.7). Intersecando $C_{\lambda,\mu}$ con la retta $x_0 + x_2 = 0$ si perviene all'equazione $2(\lambda + \mu)x_0^2 - \mu x_0 x_1 - \mu x_1^2 = 0$, che ha una sola soluzione se e solo se $\mu(8\lambda + 9\mu) = 0$. Poiché la conica corrispondente a $[\lambda, \mu] = [1, 0]$ è degenere, l'unica conica avente come parte affine una parabola è quella ottenuta in corripondenza di $[\lambda, \mu] = [9, -8]$, che ha equazione

$$x_0^2 + 8x_1^2 - x_0 x_2 - 8x_1 x_2 = 0.$$

Esercizio 4.20

Si consideri la conica C di $\mathbb{P}^2(\mathbb{R})$ di equazione

$$x_0^2 + 2x_1^2 + 2x_0 x_2 - 6x_1 x_2 + x_2^2 = 0.$$

Si verifichi che C non è degenere e si determinino i vertici di un triangolo autopolare rispetto a C contenente la retta $r = \{x_0 + x_1 + x_2 = 0\}$.

Soluzione   La conica C è rappresentata dalla matrice

$$A = \begin{pmatrix} 1 & 0 & 1 \\ 0 & 2 & -3 \\ 1 & -3 & 1 \end{pmatrix},$$

che ha determinante uguale a -9; pertanto C non è degenere.

Sia $P = [1, -1, 0] \in r \setminus C$. Poiché $\begin{pmatrix} 1 & -1 & 0 \end{pmatrix} A = \begin{pmatrix} 1 & -2 & 4 \end{pmatrix}$, la retta $\mathrm{pol}_C(P)$ ha equazione $x_0 - 2x_1 + 4x_2 = 0$. Dunque posto $Q = \mathrm{pol}_C(P) \cap r$, si ha $Q = [-2, 1, 1]$, per cui, tra l'altro, $Q \notin C$. Infine, $\mathrm{pol}_C(Q)$ ha equazione $x_0 + x_1 + 4x_2 = 0$, per cui se $R = \mathrm{pol}_C(P) \cap \mathrm{pol}_C(Q)$, si ha $R = [4, 0, -1]$. Per costruzione, il triangolo di vertici P, Q, R verifica quanto richiesto.

Esercizio 4.21

Sia $\mathcal{F}$ un fascio di coniche di $\mathbb{P}^2(\mathbb{R})$. Si dimostri che:

(a) $\mathcal{F}$ contiene almeno una conica degenere.

(b) $\mathcal{F}$ contiene infinite coniche non vuote.

Soluzione (a) Se C_1 e C_2 sono coniche distinte di $\mathcal{F}$ di equazione rispettivamente $^tXAX = 0$ e $^tXBX = 0$, la generica conica del fascio $\mathcal{F}$ ha equazione $^tX(\lambda A + \mu B)X = 0$ al variare di $[\lambda, \mu]$ in $\mathbb{P}^1(\mathbb{R})$. Poniamo $G(\lambda, \mu) = \det(\lambda A + \mu B)$. Se $G = 0$, tutte le coniche del fascio sono degeneri. Se $G \neq 0$, allora G è un polinomio omogeneo reale di grado 3, e dunque esiste almeno una coppia omogenea $[\lambda_0, \mu_0]$ in $\mathbb{P}^1(\mathbb{R})$ tale che $\det(\lambda_0 A + \mu_0 B) = 0$; la corrispondente conica del fascio è dunque degenere.

(b) Se tutte le coniche di $\mathcal{F}$ sono non vuote, non c'è niente da provare. Supponiamo allora che esista almeno una conica C_1 vuota in $\mathcal{F}$ e sia C_2 un'altra conica nel fascio. La conica C_1 può essere rappresentata da una matrice simmetrica definita positiva, quindi per il Teorema spettrale è possibile scegliere un sistema di coordinate in $\mathbb{P}^2(\mathbb{R})$ rispetto al quale C_1 è rappresentata dalla matrice identica e C_2 è rappresentata da una matrice diagonale $\begin{pmatrix} a & 0 & 0 \\ 0 & b & 0 \\ 0 & 0 & c \end{pmatrix}$; non è restrittivo supporre $a \leq b \leq c$. Poiché $C_1 \neq C_2$, non può essere $a = b = c$.

Consideriamo prima il caso $b < c$. La generica conica del fascio è rappresentata dalla matrice $\begin{pmatrix} \lambda + \mu a & 0 & 0 \\ 0 & \lambda + \mu b & 0 \\ 0 & 0 & \lambda + \mu c \end{pmatrix}$; escludendo il caso $[\lambda, \mu] = [1, 0]$, che corrisponde alla conica vuota C_1, le coniche di $\mathcal{F} \setminus \{C_1\}$ sono rappresentate dalla matrice $A_t = \begin{pmatrix} t + a & 0 & 0 \\ 0 & t + b & 0 \\ 0 & 0 & t + c \end{pmatrix}$ al variare di t in $\mathbb{R}$. Per $t \in (-c, -b)$ si ha $t + b < 0$ e $t + c > 0$; pertanto la matrice simmetrica A_t è indefinita e dunque tutte le coniche di $\mathcal{F}$ di equazione $^tXA_tX = 0$ sono non vuote per ogni $t \in (-c, -b)$.

Con una argomentazione del tutto analoga si prova la tesi nel caso in cui $a < b$.

Esercizio 4.22

Sia $\mathcal{F}$ un fascio di coniche di $\mathbb{P}^2(\mathbb{K})$ che contiene una conica doppiamente degenere C_1 e una conica non degenere C_2. Si dimostri che $\mathcal{F}$ contiene al più due coniche degeneri.

Soluzione 1 Osserviamo innanzi tutto che è sufficiente trattare il caso in cui $\mathbb{K} = \mathbb{C}$. Se $\mathbb{K} = \mathbb{R}$, possiamo infatti considerare il fascio $\mathcal{G}$ di coniche complesse generato da $(C_1)_{\mathbb{C}}$ e $(C_2)_{\mathbb{C}}$. Poiché $\mathcal{G}$ contiene le complessificate di tutte le coniche di $\mathcal{F}$, il numero di coniche degeneri di $\mathcal{F}$ è minore o uguale al numero di coniche degeneri di $\mathcal{G}$.

Supponiamo quindi $\mathbb{K} = \mathbb{C}$. Si ha $C_1 = 2r$, dove r è una retta di $\mathbb{P}^2(\mathbb{C})$. Poiché C_2 è non degenere, r interseca C_2 in due punti A e B eventualmente coincidenti.

Se $A \neq B$, consideriamo la retta τ_A tangente a C_2 in A e la retta τ_B tangente a C_2 in B. Le rette τ_A e τ_B sono distinte e si intersecano in un unico punto $M \notin C_2$. Scelto un punto $P \in C_2 \setminus r$, poiché i punti M, A, B, P sono in posizione generale, esiste un sistema di coordinate omogenee in $\mathbb{P}^2(\mathbb{C})$ rispetto al quale si ha $M = [1, 0, 0], A = [0, 1, 0], B = [0, 0, 1], P = [1, 1, 1]$ e di conseguenza $r = L(A, B)$ ha equazione $x_0 = 0$. Imponendo che C_2 passi per A, B, P e che la polare di M rispetto a C_2 sia la retta $r = \{x_0 = 0\}$, si ricava facilmente che C_2 ha equazione $x_0^2 - x_1 x_2 = 0$. Allora la generica conica $C_{\lambda,\mu}$ del fascio $\mathcal{F}$ generato da C_1 e C_2 ha equazione ${}^t X A_{\lambda,\mu} X = 0$ dove

$$A_{\lambda,\mu} = \lambda \begin{pmatrix} 1 & 0 & 0 \\ 0 & 0 & 0 \\ 0 & 0 & 0 \end{pmatrix} + \mu \begin{pmatrix} 2 & 0 & 0 \\ 0 & 0 & -1 \\ 0 & -1 & 0 \end{pmatrix} = \begin{pmatrix} \lambda + 2\mu & 0 & 0 \\ 0 & 0 & -\mu \\ 0 & -\mu & 0 \end{pmatrix}.$$

Poiché $\det A_{\lambda,\mu} = \mu^2(\lambda + 2\mu)$, le coniche riducibili del fascio si ottengono in corrispondenza di $[\lambda, \mu] = [1, 0]$ (ritrovando la conica degenere C_1) e di $[\lambda, \mu] = [2, -1]$. Osserviamo che la conica degenere $C_{2,-1}$ ha equazione $x_1 x_2 = 0$ e quindi coincide con $\tau_A + \tau_B$.

Se $A = B$, la retta r è tangente a C_2 in A. Scegliamo un punto $P_1 \in r \setminus \{A\}$ e P_2, P_3 punti distinti di $C_2 \setminus r$ in modo tale che P_1, P_2, P_3 non siano allineati. Poiché i punti A, P_1, P_2, P_3 sono in posizione generale, esiste un sistema di coordinate omogenee in $\mathbb{P}^2(\mathbb{C})$ rispetto al quale si ha $A = [1, 0, 0], P_1 = [0, 1, 0], P_2 = [0, 0, 1], P_3 = [1, 1, 1]$. Di conseguenza r ha equazione $x_2 = 0$ e C_2 è rappresentata da una matrice di tipo
$$\begin{pmatrix} 0 & 0 & 1 \\ 0 & -2(1+c) & c \\ 1 & c & 0 \end{pmatrix}$$
con $c \neq -1$. Allora la generica conica $C_{\lambda,\mu}$ del fascio $\mathcal{F}$ generato da C_1 e C_2 ha equazione ${}^t X A_{\lambda,\mu} X = 0$ dove

$$A_{\lambda,\mu} = \lambda \begin{pmatrix} 0 & 0 & 0 \\ 0 & 0 & 0 \\ 0 & 0 & 1 \end{pmatrix} + \mu \begin{pmatrix} 0 & 0 & 1 \\ 0 & -2(1+c) & c \\ 1 & c & 0 \end{pmatrix} = \begin{pmatrix} 0 & 0 & \mu \\ 0 & -2\mu(1+c) & \mu c \\ \mu & \mu c & \lambda \end{pmatrix}.$$

Poiché $\det A_{\lambda,\mu} = 2\mu^3(1 + c)$, l'unica conica riducibile del fascio si ottiene in corrispondenza di $[\lambda, \mu] = [1, 0]$ e cioè è la conica $C_1 = 2r$.

Soluzione 2   Come osservato nella Soluzione (1), possiamo limitarci a trattare il caso $\mathbb{K} = \mathbb{C}$.

Si ha $C_1 = 2r$, dove r è una retta di $\mathbb{P}^2(\mathbb{C})$; denotiamo con A e B i due punti, eventualmente coincidenti, di intersezione fra C_1 e C_2.

Se $A \neq B$ e denotiamo con τ_A la retta tangente a C_2 in A e con τ_B la retta tangente a C_2 in B, per ogni conica C di $\mathcal{F}$ si ha $I(C, \tau_A, A) \geq 2$ e $I(C, \tau_B, B) \geq 2$. Se C è degenere, le uniche possibilità sono dunque $C = 2r$ oppure $C = \tau_A + \tau_B$.

Se $A = B$, allora la retta r è tangente a C_2 in A. Inoltre l'unico punto base di $\mathcal{F}$ è A, per cui se $C = l + l'$ è una conica degenere di $\mathcal{F}$ si deve avere $l \cap C = \{A\}$, $l' \cap C = \{A\}$. Ciò è possibile solo se $l = l' = r$, per cui l'unica conica degenere del fascio è $C_1 = 2r$.

Nota. Se $\mathbb{K} = \mathbb{R}$ nelle soluzioni dell'esercizio ci si è ricondotti al caso complesso considerando il fascio generato dalle complessificate di $C_1 = 2r$ e C_2.

Alternativamente, è possibile adattare le due soluzioni al caso di un fascio di coniche reali ragionando come segue. Se l'insieme $r \cap C_2$ non è vuoto, le considerazioni fatte nelle soluzioni sono ancora valide. Rimane perciò da considerare il caso in cui $r \cap C_2$ è vuoto, e cioè il caso in cui la complessificata di r interseca $(C_2)_{\mathbb{C}}$ in due punti distinti coniugati, A e $B = \sigma(A)$. In questo caso si è mostrato in entrambe le soluzioni che il fascio di coniche complesse generato da $(C_1)_{\mathbb{C}}$ e $(C_2)_{\mathbb{C}}$ contiene, oltre a $(C_1)_{\mathbb{C}}$, solo un'altra conica non degenere $Q = \tau_A + \tau_B$, dove τ_A (risp. τ_B) è la tangente a $(C_2)_{\mathbb{C}}$ in A (risp. B). Si ha allora $\sigma(\tau_A) = \tau_{\sigma(A)} = \tau_B$, e dunque $\sigma(Q) = Q$, per cui per l'Esercizio 3.7 la conica Q è la complessificata di una conica reale C. Non è difficile infine mostrare, ragionando ad esempio come nella soluzione dell'Esercizio 3.7, che C appartiene al fascio di coniche reali $\mathcal{F}$. Dunque, se l'insieme $r \cap C_2$ è vuoto, allora $\mathcal{F}$ contiene esattamente due coniche degeneri.

Esercizio 4.23 (Birapporto di quattro punti su una conica)

(a) *Siano A e B due punti distinti di una conica non degenere C di $\mathbb{P}^2(\mathbb{K})$. Siano t_A e t_B le rette tangenti a C rispettivamente in A e B, e sia $L(A,B)$ la retta congiungente A e B. Siano $\mathcal{F}_A$ e $\mathcal{F}_B$ i fasci di rette di centro rispettivamente A e B. Si consideri l'applicazione $\psi \colon \mathcal{F}_A \to \mathcal{F}_B$ definita da*
(i) $\psi(t_A) = L(A,B)$;
(ii) $\psi(L(A,B)) = t_B$;
(iii) $\psi(r) = L(B,Q)$ se $r \in \mathcal{F}_A$, $r \neq t_A$, $r \neq L(A,B)$, dove Q è l'intersezione di r con C diversa da A
(cfr. Fig. 4.5). Si provi che ψ è un isomorfismo proiettivo.

(b) *Siano P_1, P_2, P_3, P_4 punti distinti su una conica non degenere C di $\mathbb{P}^2(\mathbb{K})$. Si definisca il birapporto dei quattro punti nel modo seguente:*

$$\beta(P_1, P_2, P_3, P_4) = \beta(L(A, P_1), L(A, P_2), L(A, P_3), L(A, P_4)),$$

dove A è un punto di C distinto dai P_i. Si provi che $\beta(P_1, P_2, P_3, P_4)$ non dipende dalla scelta di A.

Soluzione (a) Poiché la conica è non degenere, le rette t_A e t_B sono distinte e quindi si incontrano in un punto C che non appartiene alla conica. Se R è un punto su C diverso da A e da B, è facile verificare che $\{A, B, C, R\}$ è un riferimento proiettivo (una conica reale non degenere e non vuota ha infiniti punti, quindi R esiste anche nel caso reale). Nel sistema di coordinate omogenee indotto si ha $A = [1,0,0]$, $B = [0,1,0]$, $C = [0,0,1]$, $R = [1,1,1]$ e le rette t_A e t_B hanno equazione rispettivamente $x_1 = 0$ e $x_0 = 0$. Imponendo che C passi per $[1,1,1]$ e abbia come polari in $[1,0,0]$ e $[0,1,0]$ rispettivamente le rette $x_1 = 0$ e $x_0 = 0$, si ottiene subito che la conica è rappresentata da una matrice di tipo $M = \begin{pmatrix} 0 & b & 0 \\ b & 0 & 0 \\ 0 & 0 & -2b \end{pmatrix}$ con $b \neq 0$ e quindi C ha equazione

$x_2^2 - x_0 x_1 = 0$. Inoltre $\mathcal{F}_A$ è costituito dalle rette di equazione $a_1 x_1 + a_2 x_2 = 0$ al variare di $[a_1, a_2] \in \mathbb{P}^1(\mathbb{K})$, per cui a_1, a_2 è un sistema di coordinate omogenee per $\mathcal{F}_A$. Similmente $\mathcal{F}_B$ è costituito dalle rette di equazione $b_0 x_0 + b_2 x_2 = 0$ al variare di $[b_0, b_2] \in \mathbb{P}^1(\mathbb{K})$, e b_0, b_2 è un sistema di coordinate omogenee per $\mathcal{F}_B$.

Sia r una retta in $\mathcal{F}_A$, con $r \neq t_A$, $r \neq L(A, B)$. Allora r ha equazione $a_1 x_1 + a_2 x_2 = 0$ con $a_1 \neq 0$ e $a_2 \neq 0$. Calcolando le intersezioni di r con $\mathcal{C}$ troviamo, oltre evidentemente al punto A, il punto $Q = [a_1^2, a_2^2, -a_1 a_2]$. La retta $L(B, Q)$ ha allora equazione $a_1^2 x_2 + a_1 a_2 x_0 = 0$ ossia, essendo $a_1 \neq 0$, ha equazione $a_1 x_2 + a_2 x_0 = 0$ e ha quindi coordinate $[a_2, a_1]$.

La restrizione dell'applicazione ψ a $\mathcal{F}_A \setminus \{t_A, L(A, B)\}$ coincide dunque con la restrizione a $\mathcal{F}_A \setminus \{t_A, L(A, B)\}$ dell'applicazione $f \colon \mathcal{F}_A \to \mathcal{F}_B$ definita in coordinate da $f([a_1, a_2]) = [a_2, a_1]$, che è evidentemente un isomorfismo proiettivo.

Osserviamo che, nel sistema di coordinate scelto in $\mathcal{F}_A$, la retta t_A ha coordinate $[1, 0]$ e $L(A, B)$ ha coordinate $[0, 1]$. Similmente, rispetto al sistema di coordinate scelto in $\mathcal{F}_B$, $L(A, B)$ ha coordinate $[0, 1]$ e t_B ha coordinate $[1, 0]$. Poiché $f(t_A) = f([1, 0]) = [0, 1] = L(A, B) = \psi(t_A)$ e $f(L(A, B)) = f([0, 1]) = [1, 0] = t_B = \psi(L(A, B))$, allora ψ coincide con f ed è quindi un isomorfismo proiettivo.

(b) Sia B un punto di $\mathcal{C}$ distinto da A e dai P_i. Allora l'applicazione $\psi \colon \mathcal{F}_A \to \mathcal{F}_B$ considerata nel punto (a) è un isomorfismo proiettivo tale che $\psi(L(A, P_i)) = L(B, P_i)$ per $i = 1, \ldots, 4$. Poiché il birapporto si conserva per isomorfismi proiettivi, si ha che $\beta(L(A, P_1), L(A, P_2), L(A, P_3), L(A, P_4)) = \beta(L(B, P_1), L(B, P_2), L(B, P_3), L(B, P_4))$ e dunque la tesi.

Esercizio 4.24

Siano $\mathcal{C}$ e $\mathcal{C}'$ due coniche non degeneri di $\mathbb{P}^2(\mathbb{K})$. Siano P_1, P_2, P_3, P_4 punti distinti di $\mathcal{C}$ e Q_1, Q_2, Q_3, Q_4 punti distinti di $\mathcal{C}'$.

(a) Si mostri che esiste un'unica proiettività $f \colon \mathbb{P}^2(\mathbb{K}) \to \mathbb{P}^2(\mathbb{K})$ tale che $f(\mathcal{C}) = \mathcal{C}'$ e $f(P_i) = Q_i$ per $i = 1, 2, 3$.

(b) Si mostri che esiste una proiettività f di $\mathbb{P}^2(\mathbb{K})$ tale che $f(\mathcal{C}) = \mathcal{C}'$ e $f(P_i) = Q_i$

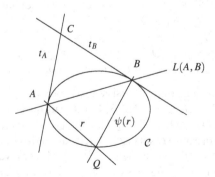

Figura 4.5. Se A e B sono punti di una conica $\mathcal{C}$, la conica $\mathcal{C}$ stabilisce un isomorfismo proiettivo tra i fasci di rette $\mathcal{F}_A$ e $\mathcal{F}_B$ (cfr. Esercizio 4.23)

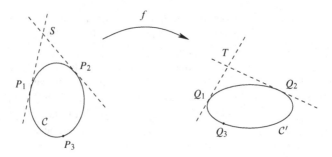

Figura 4.6. La costruzione della proiettività richiesta dall'Esercizio 4.24, punto (a)

per $i = 1, 2, 3, 4$ se e solo se $\beta(P_1, P_2, P_3, P_4) = \beta(Q_1, Q_2, Q_3, Q_4)$, dove β indica il birapporto di quattro punti su una conica definito nell'Esercizio 4.23.

Soluzione (a) Siano $S = \mathrm{pol}_{\mathcal{C}}(P_1) \cap \mathrm{pol}_{\mathcal{C}}(P_2)$, $T = \mathrm{pol}_{\mathcal{C}'}(Q_1) \cap \mathrm{pol}_{\mathcal{C}'}(Q_2)$. È immediato verificare che le quaterne P_1, P_2, P_3, S e Q_1, Q_2, Q_3, T formano ciascuna un sistema di riferimento proiettivo di $\mathbb{P}^2(\mathbb{C})$. Grazie al Teorema fondamentale delle trasformazioni proiettive, è perciò sufficiente dimostrare che una proiettività $f : \mathbb{P}^2(\mathbb{K}) \to \mathbb{P}^2(\mathbb{K})$ verifica le condizioni descritte nel testo se e solo se $f(S) = T$ e $f(P_i) = Q_i$ per $i = 1, 2, 3$.

Se f verifica le condizioni descritte nel testo si ha ovviamente $f(P_i) = Q_i$ per $i = 1, 2, 3$. Inoltre, poiché le proiettività preservano le condizioni di tangenza si ha $f(\mathrm{pol}_{\mathcal{C}}(P_i)) = \mathrm{pol}_{\mathcal{C}'}(Q_i)$, per cui

$$f(S) = f(\mathrm{pol}_{\mathcal{C}}(P_1) \cap \mathrm{pol}_{\mathcal{C}}(P_2)) = \mathrm{pol}_{\mathcal{C}'}(Q_1) \cap \mathrm{pol}_{\mathcal{C}'}(Q_2) = T.$$

Supponiamo viceversa che si abbia $f(S) = T$ e $f(P_i) = Q_i$ per $i = 1, 2, 3$. Per $i = 1, 2$ si ha allora

$$\mathrm{pol}_{f(\mathcal{C})}(Q_i) = f(\mathrm{pol}_{\mathcal{C}}(P_i)) = f(L(P_i, S)) = L(Q_i, T) = \mathrm{pol}_{\mathcal{C}'}(Q_i),$$

per cui le coniche $f(\mathcal{C})$ e $\mathcal{C}'$ passano entrambe per Q_1 con tangente $\mathrm{pol}_{\mathcal{C}'}(Q_1)$, per Q_2 con tangente $\mathrm{pol}_{\mathcal{C}'}(Q_2)$ e per Q_3.

Essendo Q_1, Q_2, Q_3, T in posizione generale, esiste un'unica conica passante per Q_1 con tangente $\mathrm{pol}_{\mathcal{C}'}(Q_1)$, per Q_2 con tangente $\mathrm{pol}_{\mathcal{C}'}(Q_2)$ e per Q_3 (cfr. Esercizio 4.6). Se ne deduce $f(\mathcal{C}) = \mathcal{C}'$, come voluto.

(b) Supponiamo innanzi tutto che esista una proiettività $f : \mathbb{P}^2(\mathbb{K}) \to \mathbb{P}^2(\mathbb{K})$ tale che $f(\mathcal{C}) = \mathcal{C}'$ e $f(P_i) = Q_i$ per $i = 1, 2, 3, 4$. Se O è un qualsiasi punto di $\mathcal{C}$ diverso da P_1, P_2, P_3, P_4 si ha $f(O) = O' \in \mathcal{C}' \setminus \{Q_1, Q_2, Q_3, Q_4\}$. Inoltre, f induce una proiettività dal fascio di rette di centro O sul fascio di rette di centro O', e tale proiettività porta $r_i = L(O, P_i)$ in $s_i = L(O', Q_i)$ per ogni $i = 1, 2, 3, 4$. Per invarianza del birapporto rispetto alle trasformazioni proiettive si ha allora $\beta(r_1, r_2, r_3, r_4) = \beta(s_1, s_2, s_3, s_4)$, ovvero $\beta(P_1, P_2, P_3, P_4) = \beta(Q_1, Q_2, Q_3, Q_4)$ per definizione di birapporto di punti su una conica.

Viceversa, supponiamo che si abbia $\beta(P_1, P_2, P_3, P_4) = \beta(Q_1, Q_2, Q_3, Q_4)$. Per quanto visto al punto (a) esiste una proiettività $f : \mathbb{P}^2(\mathbb{K}) \to \mathbb{P}^2(\mathbb{K})$ tale che $f(\mathcal{C}) = \mathcal{C}'$ e $f(P_i) = Q_i$ per $i = 1, 2, 3$. Mostreremo ora che $f(P_4) = Q_4$, e ciò concluderà la dimostrazione. Siano come sopra $O \in \mathcal{C} \setminus \{P_1, P_2, P_3, P_4\}$, $O' = f(O) \in \mathcal{C}'$ e, per ogni $i = 1, 2, 3, 4$, $r_i = L(O, P_i)$, $s_i = L(O', Q_i)$. Come sopra, per invarianza del birapporto rispetto alle trasformazioni proiettive si ha

$$\beta(r_1, r_2, r_3, r_4) = \beta(f(r_1), f(r_2), f(r_3), f(r_4)) = \beta(s_1, s_2, s_3, L(O', f(P_4))).$$

Dall'ipotesi segue inoltre $\beta(r_1, r_2, r_3, r_4) = \beta(s_1, s_2, s_3, s_4)$, per cui $L(O', f(P_4)) = s_4 = L(O', Q_4)$. Dunque

$$f(\{O, P_4\}) = f(\mathcal{C} \cap L(O, P_4)) = \mathcal{C}' \cap L(O', f(P_4)) = \mathcal{C}' \cap L(O', Q_4) = \{O', Q_4\}.$$

Essendo $f(O) = O'$, si ha allora $f(P_4) = Q_4$, come voluto.

Esercizio 4.25

Siano A, B, C, D punti in posizione generale in $\mathbb{P}^2(\mathbb{K})$. Sia $f : \mathbb{P}^2(\mathbb{K}) \to \mathbb{P}^2(\mathbb{K})$ la proiettività tale che $f(A) = B, f(B) = A, f(C) = D$ e $f(D) = C$. Si dimostri che, per ogni conica $\mathcal{Q}$ di $\mathbb{P}^2(\mathbb{K})$ passante per i punti A, B, C, D, si ha $f(\mathcal{Q}) = \mathcal{Q}$.

Soluzione 1   Le coniche passanti per i punti A, B, C, D formano un fascio $\mathcal{F}$ contenente 3 coniche degeneri, che sono $\mathcal{C}_1 = L(A, B) + L(C, D), \mathcal{C}_2 = L(A, D) + L(B, C)$ e $\mathcal{C}_3 = L(A, C) + L(B, D)$ (cfr. 1.9.7). Dalle ipotesi segue subito che f trasforma ciascuna di tali 3 coniche in se stessa. Di conseguenza f agisce sul fascio (proiettivamente isomorfo a $\mathbb{P}^1(\mathbb{K})$) come una proiettività con 3 punti fissi e dunque come l'identità, per cui f trasforma ogni conica passante per A, B, C, D in se stessa.

Soluzione 2   Si può dare una soluzione differente sfruttando la nozione di birapporto di quattro punti su una conica (cfr. Esercizio 4.23). Come osservato nella Soluzione (1) le coniche degeneri $\mathcal{C}_1, \mathcal{C}_2, \mathcal{C}_3$ passanti per A, B, C, D sono ovviamente f-invarianti, per cui è sufficiente analizzare il caso in cui $\mathcal{Q}$ sia non degenere. Se si denota con $\beta_{\mathcal{Q}}$ il birapporto di quattro punti su $\mathcal{Q}$, usando le simmetrie dell'usuale birapporto per punti su una retta è facile mostrare che $\beta_{\mathcal{Q}}(A, B, C, D) = \beta_{\mathcal{Q}}(B, A, D, C)$ per cui, per quanto dimostrato nell'Esercizio 4.24 punto (b), esiste una proiettività $g : \mathbb{P}^2(\mathbb{K}) \to \mathbb{P}^2(\mathbb{K})$ tale che $g(A) = B, g(B) = A, g(C) = D, g(D) = C$ e $g(\mathcal{Q}) = \mathcal{Q}$. Coincidendo su A, B, C, D, le proiettività g e f coincidono su tutto $\mathbb{P}^2(\mathbb{K})$, per cui si ha $f(\mathcal{Q}) = g(\mathcal{Q}) = \mathcal{Q}$, come voluto.

Esercizio 4.26

Sia $\mathcal{C}$ una conica non degenere di $\mathbb{P}^2(\mathbb{C})$.

(a) *Siano $P, Q, R \in \mathbb{P}^2(\mathbb{C})$ i vertici di un triangolo autopolare per $\mathcal{C}$. Si dimostri che esiste una proiettività f di $\mathbb{P}^2(\mathbb{C})$ tale che $f(\mathcal{C}) = \mathcal{C}$, $f(P) = Q$, $f(Q) = P$ e $f(R) = R$.*

*(b) Dati due punti distinti $P, Q \notin C$ tali che la retta congiungente P e Q non è
tangente a C, si dimostri che esiste una proiettività f di $\mathbb{P}^2(\mathbb{C})$ tale che $f(C) = C$
e $f(P) = Q$.*

Soluzione   (a) Denotiamo con A e B i punti in cui la retta $L(P, R) = \text{pol}(Q)$
interseca C (cfr. Fig. 4.7). Poiché in un triangolo autopolare i vertici non appartengono
alla conica e i lati non sono tangenti alla conica, i punti A e B sono distinti fra loro
e diversi da P e da R. Similmente denotiamo con D e E i punti in cui la retta
$L(Q, R) = \text{pol}(P)$ interseca C, che risultano distinti fra loro e diversi da R e da Q.

Sia f la proiettività di $\mathbb{P}^2(\mathbb{C})$ tale che $f(A) = D, f(D) = A, f(B) = E$ e
$f(E) = B$ (che esiste perché i punti A, B, D, E risultano in posizione generale). Per
l'Esercizio 4.25 si ha allora $f(C) = C$.

Inoltre $f(\text{pol}(Q)) = \text{pol}(P), f(\text{pol}(P)) = \text{pol}(Q)$, per cui $f(Q) = P$ e $f(P) =
Q$. Ne segue che $f(\text{pol}(R)) = \text{pol}(R)$ e pertanto $f(R) = R$.

Si può dare una dimostrazione alternativa del punto (a) procedendo come segue.
Poiché P, Q, R sono in posizione generale, esiste un riferimento proiettivo di $\mathbb{P}^2(\mathbb{C})$
di cui P, Q, R sono i punti fondamentali. Rispetto alle coordinate omogenee definite
da tale riferimento, la conica C è rappresentata dalla matrice $M = \begin{pmatrix} 1 & 0 & 0 \\ 0 & a & 0 \\ 0 & 0 & b \end{pmatrix}$

con $a, b \in \mathbb{C}^*$. Inoltre, una proiettività $f : \mathbb{P}^2(\mathbb{C}) \to \mathbb{P}^2(\mathbb{C})$ verifica le condizioni
$f(P) = Q, f(Q) = P, f(R) = R$ se e solo se è rappresentata da una matrice N tale
che $N = \begin{pmatrix} 0 & c & 0 \\ 1 & 0 & 0 \\ 0 & 0 & d \end{pmatrix}$ con $c, d \in \mathbb{C}^*$.

Osserviamo ora che si ha $f(C) = C$ se e solo se $f^{-1}(C) = C$, ovvero se e solo
se ${}^tNMN = \lambda M$ per qualche $\lambda \in \mathbb{C}^*$. Un semplice calcolo mostra che quest'ultima
condizione è verificata se e solo se $a^2 = c^2$ e $bd^2 = ab$. Se ne deduce che, se

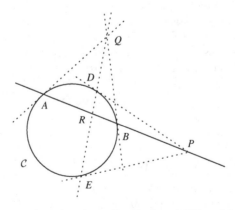

Figura 4.7. La costruzione descritta nella soluzione dell'Esercizio 4.26, punto (a)

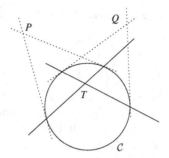

Figura 4.8. Esercizio 4.26: come si riconduce il punto (b) al punto (a) nel caso in cui $Q \notin \text{pol}_\mathcal{C}(P)$

$\alpha \in \mathbb{C}^*$ è una radice quadrata di a, la proiettività associata alla matrice invertibile
$\begin{pmatrix} 0 & a & 0 \\ 1 & 0 & 0 \\ 0 & 0 & \alpha \end{pmatrix}$ verifica le richieste del testo.

(b) Consideriamo prima il caso in cui $Q \in \text{pol}_\mathcal{C}(P)$. Allora per reciprocità $P \in \text{pol}_\mathcal{C}(Q)$; inoltre le rette $\text{pol}_\mathcal{C}(P)$ e $\text{pol}_\mathcal{C}(Q)$ sono distinte, per cui si intersecano in un punto R. I punti P, Q, R risultano i vertici di un triangolo autopolare per $\mathcal{C}$ e allora la tesi segue dal punto (a).

Se invece $Q \notin \text{pol}_\mathcal{C}(P)$, sia $T = \text{pol}_\mathcal{C}(P) \cap \text{pol}_\mathcal{C}(Q)$. Poiché $T \in \text{pol}_\mathcal{C}(P)$ e $T \notin \mathcal{C}$ (in quanto $L(P,Q)$ non è tangente a $\mathcal{C}$), i punti P e T sono due vertici di un triangolo autopolare per $\mathcal{C}$. Per quanto appena provato, esiste perciò una proiettività g di $\mathbb{P}^2(\mathbb{C})$ tale che $g(\mathcal{C}) = \mathcal{C}$ e $g(P) = T$. Analogamente, poiché $T \in \text{pol}_\mathcal{C}(Q)$, esiste una proiettività h di $\mathbb{P}^2(\mathbb{C})$ tale che $h(\mathcal{C}) = \mathcal{C}$ e $h(Q) = T$. La proiettività $f = h^{-1} \circ g$ verifica allora le proprietà richieste.

Nota. Sfruttando l'Esercizio 4.46, è possibile mostrare che la tesi del punto (b) è vera anche nel caso in cui la retta passante per P e per Q sia tangente a $\mathcal{C}$.

Esercizio 4.27

Si considerino in $\mathbb{P}^2(\mathbb{C})$ i punti $A = [1,0,0], B = [0,1,-1]$ e $C = [1,2,-3]$. Si determini, se esiste, una conica non degenere $\mathcal{C}$ di $\mathbb{P}^2(\mathbb{C})$ tale che:

(i) A, B, C sono i vertici di un triangolo autopolare per $\mathcal{C}$;
(ii) $\mathcal{C}$ passa per il punto $P = [1,1,1]$ ed è ivi tangente alla retta di equazione $3x_0 - 4x_1 + x_2 = 0$.

Soluzione   La conica $\mathcal{C}$ cercata ha equazione ${}^t X M X = 0$ con

$$M = \begin{pmatrix} a & b & c \\ b & d & e \\ c & e & f \end{pmatrix}.$$

La polare del punto A rispetto a $\mathcal{C}$ ha equazione $ax_0 + bx_1 + cx_2 = 0$; condizione necessaria affinché la condizione (i) valga è che questa polare coincida con la retta $L(B, C)$ che ha equazione $x_0 + x_1 + x_2 = 0$. Ricaviamo così la prima condizione $a = b = c$, per cui $M = \begin{pmatrix} a & a & a \\ a & d & e \\ a & e & f \end{pmatrix}$.

Determiniamo adesso ulteriori condizioni necessarie che a, d, e, f devono verificare come conseguenza delle richieste dell'esercizio.

La polare del punto C rispetto alla conica ha equazione $(a + 2d - 3e)x_1 + (a + 2e - 3f)x_2 = 0$. Poiché la polare di A passa per C, per reciprocità la polare di C passa per A; per imporre che $\mathrm{pol}_\mathcal{C}(C)$ sia la retta $L(A, B)$ basta imporre che essa passi per il punto B. Ricaviamo così la condizione $2d - 5e + 3f = 0$. Imponendo tali condizioni otteniamo, ancora per reciprocità, che la polare di B è la retta $L(A, C)$.

La conica $\mathcal{C}$ passa per P se e solo se $5a + d + 2e + f = 0$ e, se $\mathcal{C}$ è non degenere, $\mathrm{pol}_\mathcal{C}(P)$ coincide con l'unica tangente a $\mathcal{C}$ in P e ha equazione $3ax_0 + (a + d + e)x_1 + (a + e + f)x_2 = 0$. Per ottenere che tale retta coincida con la retta r di equazione $3x_0 - 4x_1 + x_2 = 0$, basta imporre che $\mathrm{pol}_\mathcal{C}(P)$ passi per un altro punto di r diverso da P, ad esempio per $[1, 0, -3]$. Otteniamo così la ulteriore condizione $e + f = 0$.

Il sistema lineare avente come equazioni le condizioni trovate ha come soluzioni tutti i multipli della quaterna $a = 1, d = -4, e = -1, f = 1$. La conica associata alla matrice $M = \begin{pmatrix} 1 & 1 & 1 \\ 1 & -4 & -1 \\ 1 & -1 & 1 \end{pmatrix}$ è non degenere e soddisfa le condizioni richieste.

Esercizio 4.28

Siano $\mathcal{C}$ e $\mathcal{D}$ due coniche non degeneri di $\mathbb{P}^2(\mathbb{K})$ che si intersecano in 4 punti distinti.

(a) Si dimostri che non esiste una retta in $\mathbb{P}^2(\mathbb{K})$ tangente a tutte le coniche del fascio generato da $\mathcal{C}$ e $\mathcal{D}$.

(b) Si dimostri che esiste un punto $Q \in \mathbb{P}^2(\mathbb{K})$ tale che $\mathrm{pol}_\mathcal{C}(Q) = \mathrm{pol}_\mathcal{D}(Q)$ e che tale punto Q non può appartenere né a $\mathcal{C}$ né a $\mathcal{D}$.

Soluzione   (a) Denotiamo con A, B, C, D i quattro punti in cui le coniche $\mathcal{C}$ e $\mathcal{D}$ si intersecano. Poiché le due coniche sono non degeneri, i punti A, B, C, D sono necessariamente in posizione generale. Il fascio $\mathcal{F}$ generato da $\mathcal{C}$ e $\mathcal{D}$ contiene tre coniche degeneri (cfr. 1.9.7) e precisamente

$$\mathcal{A}_1 = L(A, B) + L(C, D), \quad \mathcal{A}_2 = L(A, D) + L(B, C), \quad \mathcal{A}_3 = L(A, C) + L(B, D).$$

Supponiamo per assurdo che esista una retta r tangente a tutte le coniche di $\mathcal{F}$. Poiché

r è tangente in particolare alla conica degenere $\mathcal{A}_1$, necessariamente r deve passare per il punto $M_1 = L(A, B) \cap L(C, D)$.

La retta r è tangente anche alle altre due coniche degeneri $\mathcal{A}_2$ e $\mathcal{A}_3$. Di conseguenza r deve passare anche per i punti $M_2 = L(A, D) \cap L(B, C)$ e $M_3 = L(A, C) \cap L(B, D)$. In particolare i punti M_1, M_2, M_3 sono allineati, e ciò contraddice il fatto che A, B, C, D sono in posizione generale (cfr. Esercizio 2.6). Abbiamo così provato il punto (a).

(b) Ricordiamo che l'applicazione $\mathrm{pol}_\mathcal{C} : \mathbb{P}^2(\mathbb{K}) \to \mathbb{P}^2(\mathbb{K})^*$ che associa a $P \in \mathbb{P}^2(\mathbb{K})$ la polare di P rispetto alla conica non degenere $\mathcal{C}$ è un isomorfismo proiettivo (cfr. 1.8.2). La composizione $\mathrm{pol}_\mathcal{D}^{-1} \circ \mathrm{pol}_\mathcal{C}$ è quindi una proiettività di $\mathbb{P}^2(\mathbb{K})$ e come tale ammette almeno un punto fisso Q (cfr. 1.2.5), ossia un punto tale che $\mathrm{pol}_\mathcal{C}(Q) = \mathrm{pol}_\mathcal{D}(Q)$ come richiesto.

Se Q appartenesse a $\mathcal{C}$, allora la retta $\mathrm{pol}_\mathcal{C}(Q)$ sarebbe tangente a $\mathcal{C}$ in Q. Poiché $\mathrm{pol}_\mathcal{C}(Q) = \mathrm{pol}_\mathcal{D}(Q)$, il punto Q apparterrebbe anche alla retta $\mathrm{pol}_\mathcal{D}(Q)$, per cui Q starebbe anche sulla conica $\mathcal{D}$ e la retta $\mathrm{pol}_\mathcal{D}(Q)$ sarebbe tangente anche a $\mathcal{D}$ nel punto Q comune alle due coniche. Allora la retta sarebbe tangente a tutte le coniche del fascio $\mathcal{F}$, in contrasto con il punto (a).

Esercizio 4.29

Siano P_1, P_2, P_3, P_4 punti di $\mathbb{P}^2(\mathbb{K})$ in posizione generale. Dati O, O' punti in $\mathbb{P}^2(\mathbb{K})$ tali che P_1, P_2, P_3, P_4, O e P_1, P_2, P_3, P_4, O' siano ancora in posizione generale, sia λ (risp. λ') il birapporto delle rette uscenti da O (risp. O') e passanti per P_1, P_2, P_3, P_4. Si verifichi che $\lambda = \lambda'$ se e solo se esiste una conica che contiene $P_1, P_2, P_3, P_4, O, O'$.

Soluzione 1　Per $i = 1, 2, 3, 4$ poniamo $t_i = L(O, P_i)$ e $s_i = L(O', P_i)$.

Supponiamo che esista una conica $\mathcal{C}$ passante per i punti $P_1, P_2, P_3, P_4, O, O'$; tale conica è necessariamente non degenere. Allora

$$\lambda = \beta(t_1, t_2, t_3, t_4) = \beta(s_1, s_2, s_3, s_4) = \lambda'$$

come immediata conseguenza dell'Esercizio 4.23, punto (b).

Viceversa supponiamo che $\lambda = \lambda'$.

Per provare che i punti $P_1, P_2, P_3, P_4, O, O'$ giacciono su una conica mostriamo analiticamente che il luogo $\mathcal{W}$ dei punti Q tali che P_1, P_2, P_3, P_4, Q sono in posizione generale e tali che $\beta(L(Q, P_1), L(Q, P_2), L(Q, P_3), L(Q, P_4)) = \lambda$ è contenuto in una conica passante per P_1, P_2, P_3, P_4.

Sia dunque $Q \in \mathcal{W}$. Poiché i punti P_i sono in posizione generale, esiste un sistema di coordinate omogenee in cui

$$P_1 = [1, 0, 0], \quad P_2 = [0, 1, 0], \quad P_3 = [0, 0, 1], \quad P_4 = [1, 1, 1].$$

Allora la retta $r = L(P_1, P_2)$ ha equazione $x_2 = 0$; poiché $Q \notin r$ abbiamo $Q = [y_0, y_1, y_2]$ con $y_2 \neq 0$. Possiamo calcolare il birapporto delle quattro rette $L(Q, P_i)$ come il birapporto delle loro rispettive intersezioni con la trasversale r. Si calcola

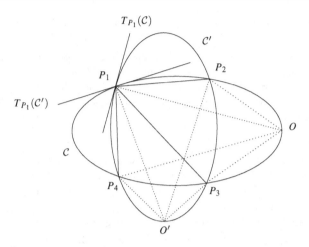

Figura 4.9. La Soluzione 2 dell'Esercizio 4.29

facilmente che

$$R_3 = L(Q, P_3) \cap r = [y_0, y_1, 0] \quad \text{e} \quad R_4 = L(Q, P_4) \cap r = [y_2 - y_0, y_2 - y_1, 0].$$

Dall'ipotesi che i punti P_1, P_2, P_3, P_4 siano in posizione generale, segue che i punti P_1, P_2, R_3, R_4 sono distinti (e dunque il loro birapporto è ben definito e $y_2 - y_0 \neq 0$, $y_2 - y_1 \neq 0$). Pertanto $\beta(L(Q, P_1), L(Q, P_2), L(Q, P_3), L(Q, P_4)) = \beta(P_1, P_2, R_3, R_4) = \beta([1, 0], [0, 1], [y_0, y_1], [y_2 - y_0, y_2 - y_1]) = \dfrac{y_2 - y_1}{y_1} \dfrac{y_0}{y_2 - y_0}$.

Poiché $Q \in \mathcal{W}$, allora $\dfrac{y_2 - y_1}{y_1} \dfrac{y_0}{y_2 - y_0} = \lambda$, ossia Q appartiene alla conica di equazione $(x_2 - x_1)x_0 - \lambda x_1(x_2 - x_0) = 0$ e si verifica immediatamente che tale conica passa per P_1, P_2, P_3, P_4.

Soluzione 2 Come nella Soluzione (1) si mostra che, se i punti P_1, P_2, P_3, P_4, O e O' appartengono a una conica $\mathcal{C}$, si ha $\lambda = \lambda'$.

L'altra implicazione può essere provata in modo sintetico come segue. Sia $\mathcal{C}$ la conica (unica e non degenere) passante per P_1, P_2, P_3, P_4, O e sia $\mathcal{C}'$ la conica (unica e non degenere) passante per P_1, P_2, P_3, P_4, O' (cfr. Fig. 4.9). Sia $\psi \colon \mathcal{F}_O \to \mathcal{F}_{P_1}$ l'isomorfismo proiettivo definito nell'Esercizio 4.23, punto (a), relativamente alla conica $\mathcal{C}$ e ai punti O e P_1. Se denotiamo con $T_{P_1}(\mathcal{C})$ la tangente a $\mathcal{C}$ nel punto P_1, allora si ha

$$\psi(t_1) = T_{P_1}(\mathcal{C}) \quad \text{e} \quad \psi(t_j) = L(P_1, P_j) \text{ per } j = 2, 3, 4.$$

Poiché il birapporto si conserva per isomorfismi proiettivi, si ha

$$\lambda = \beta(T_{P_1}(\mathcal{C}), L(P_1, P_2), L(P_1, P_3), L(P_1, P_4)).$$

Analogamente, sia $\psi' \colon \mathcal{F}_{O'} \to \mathcal{F}_{P_1}$ l'isomorfismo proiettivo definito nell'Esercizio 4.23, punto (a), relativamente alla conica $\mathcal{C}'$ e ai punti O' e P_1. Se denotiamo con

$T_{P_1}(\mathcal{C}')$ la tangente a $\mathcal{C}'$ nel punto P_1, allora si ha

$$\psi'(s_1) = T_{P_1}(\mathcal{C}') \quad \text{e} \quad \psi'(s_j) = L(P_1, P_j) \text{ per } j = 2, 3, 4$$

e dunque

$$\lambda' = \beta(T_{P_1}(\mathcal{C}'), L(P_1, P_2), L(P_1, P_3), L(P_1, P_4)).$$

Poiché le rette $L(P_1, P_2), L(P_1, P_3), L(P_1, P_4)$ sono distinte, dall'ipotesi $\lambda = \lambda'$ deduciamo allora che $T_{P_1}(\mathcal{C}) = T_{P_1}(\mathcal{C}')$, ossia che le coniche $\mathcal{C}$ e $\mathcal{C}'$ hanno la stessa tangente r in P_1. Poiché esiste una sola conica passante per P_1, P_2, P_3, P_4 e con tangente r in P_1, necessariamente $\mathcal{C} = \mathcal{C}'$.

Soluzione 3 Come nella Soluzione (1) si mostra che, se i punti P_1, P_2, P_3, P_4, O e O' appartengono a una conica $\mathcal{C}$, si ha $\lambda = \lambda'$.

Proviamo ora l'altra implicazione. Evidentemente se $O = O'$ non c'è niente da dimostrare. Se $O \neq O'$, osserviamo intanto che la retta $L(O, O')$ non può contenere nessuno dei P_i. Infatti supponiamo, al contrario, che $L(O, O')$ contenga uno di tali punti, ad esempio P_1, e denotiamo $r = L(P_2, P_3)$ e $R = r \cap L(O, O')$. Dalle ipotesi segue subito che $R \notin \{P_1, P_2, P_3, O, O'\}$. Se calcoliamo λ usando la trasversale r, abbiamo che

$$\lambda = \beta(R, P_2, P_3, L(O, P_4) \cap r).$$

Analogamente

$$\lambda' = \beta(R, P_2, P_3, L(O', P_4) \cap r).$$

Dall'ipotesi $\lambda = \lambda'$ deduciamo che $L(O, P_4) \cap r = L(O', P_4) \cap r$ ossia O, O', P_4 sono allineati e dunque anche O, O', P_1, P_4 sono allineati, il che è assurdo per le nostre ipotesi. Dunque $P_1, P_2, P_3, P_4, O, O'$ sono in posizione generale.

Sia $\mathcal{C}$ la conica (unica e non degenere) passante per P_1, P_2, P_3, O, O' (cfr. Fig. 4.10) e proviamo che, se $\lambda = \lambda'$, allora anche $P_4 \in \mathcal{C}$, da cui la tesi.

Sia $\psi \colon \mathcal{F}_O \to \mathcal{F}_{O'}$ l'isomorfismo proiettivo definito nell'Esercizio 4.23, punto (a), relativamente alla conica $\mathcal{C}$ e ai punti O e O'. Pertanto $\psi(t_i) = s_i$ per $i = 1, 2, 3$.

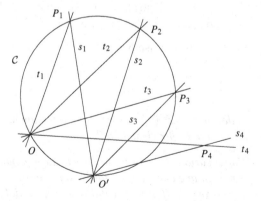

Figura 4.10. La Soluzione 3 dell'Esercizio 4.29

Per l'invarianza del birapporto tramite isomorfismi proiettivi, si ha

$$\beta(t_1, t_2, t_3, t_4) = \beta(s_1, s_2, s_3, \psi(t_4)).$$

Dall'ipotesi $\lambda = \lambda'$, ossia $\beta(t_1, t_2, t_3, t_4) = \beta(s_1, s_2, s_3, s_4)$, deduciamo dunque che $\psi(t_4) = s_4$.

Per definizione, $t_4 \cap \psi(t_4)$ consta di un punto che appartiene a C. Ma $P_4 \in t_4 \cap s_4 = t_4 \cap \psi(t_4)$ e dunque $P_4 \in C$.

Esercizio 4.30

Si consideri il fascio $\mathcal{F}$ delle coniche di $\mathbb{P}^2(\mathbb{C})$ di equazione

$$\lambda x_1(x_0 - x_1 + x_2) + \mu x_2(2x_0 - x_1) = 0, \quad [\lambda, \mu] \in \mathbb{P}^1(\mathbb{C}).$$

Sia $P = [1, 3, 1]$ e sia r la retta $x_0 - x_1 = 0$. Si verifichi che l'applicazione $f : \mathcal{F} \to r$ che associa a $C \in \mathcal{F}$ il punto $\mathrm{pol}_C(P) \cap r$ è ben definita e che è un isomorfismo proiettivo.

Soluzione   La conica $C_{\lambda,\mu}$ del fascio è rappresentata dalla matrice

$$A_{\lambda,\mu} = \begin{pmatrix} 0 & \lambda & 2\mu \\ \lambda & -2\lambda & \lambda - \mu \\ 2\mu & \lambda - \mu & 0 \end{pmatrix}.$$

Poiché al variare di $[\lambda, \mu]$ in $\mathbb{P}^1(\mathbb{C})$ il vettore $A_{\lambda,\mu} \begin{pmatrix} 1 \\ 3 \\ 1 \end{pmatrix} = \begin{pmatrix} 3\lambda + 2\mu \\ -4\lambda - \mu \\ 3\lambda - \mu \end{pmatrix}$ non è mai il vettore nullo (in altre parole P non è singolare per nessuna conica del fascio), allora $\mathrm{pol}_{C_{\lambda,\mu}}(P)$ è una retta di equazione ${}^t P A_{\lambda,\mu} X = 0$ (cfr. 1.8.2). Inoltre $\mathrm{pol}_{C_{\lambda,\mu}}(P) \neq r$ per ogni $[\lambda, \mu] \in \mathbb{P}^1(\mathbb{C})$, per cui l'applicazione f è ben definita.

Con facili calcoli ricaviamo che le rette $\mathrm{pol}_{C_{\lambda,\mu}}(P)$ e r si intersecano nel punto $f(P) = [3\lambda - \mu, 3\lambda - \mu, \lambda - \mu]$. Rispetto alle coordinate omogenee λ, μ su $\mathcal{F}$ e x_0, x_2 su r, l'applicazione è dunque rappresentata da $f([\lambda, \mu]) = [3\lambda - \mu, \lambda - \mu]$. Poiché $\det \begin{pmatrix} 3 & -1 \\ 1 & -1 \end{pmatrix} \neq 0$, f è un isomorfismo proiettivo.

Esercizio 4.31

Sia C una conica non degenere di $\mathbb{P}^2(\mathbb{C})$ e siano r una retta non tangente a C e s una retta non passante per il polo R di r rispetto a $\overline{C}$.

(a) Si verifichi che l'applicazione $f : s \to r$ che associa ad ogni punto $P \in s$ il punto $\mathrm{pol}_C(P) \cap r$ è ben definita e che è un isomorfismo proiettivo.

(b) Nel caso $s = r$, si provi che f è un'involuzione diversa dall'identità e se ne descrivano i punti fissi.

Soluzione (a) Poiché $R \notin s$, per ogni $P \in s$ si ha $P \neq R$ e quindi $\mathrm{pol}_\mathcal{C}(P) \neq \mathrm{pol}_\mathcal{C}(R) = r$; pertanto le rette $\mathrm{pol}_\mathcal{C}(P)$ e r si intersecano in un unico punto e quindi f è ben definita.

L'applicazione che associa ad ogni punto $P \in s$ la retta $\mathrm{pol}_\mathcal{C}(P)$ è la restrizione a s dell'isomorfismo proiettivo $\mathrm{pol}_\mathcal{C} : \mathbb{P}^2(\mathbb{C}) \to \mathbb{P}^2(\mathbb{C})^*$ (cfr. 1.8.2). Tale restrizione è dunque un isomorfismo proiettivo fra s e un sottospazio di dimensione 1 di $\mathbb{P}^2(\mathbb{C})^*$, ossia un fascio $\mathcal{F}$ di rette di $\mathbb{P}^2(\mathbb{C})$. Il fatto che f sia ben definita garantisce che la retta r non appartiene al fascio. L'applicazione f coincide dunque con la composizione dell'isomorfismo proiettivo $\mathrm{pol}_\mathcal{C}|_s : s \to \mathcal{F}$ con la parametrizzazione di $\mathcal{F}$ tramite la trasversale r. Poiché tale parametrizzazione è un isomorfismo (cfr. Esercizio 2.32 e Nota successiva), anche f è un isomorfismo proiettivo.

(b) Quando $s = r$, per ogni $P \in r$ si ha $f(P) \in \mathrm{pol}_\mathcal{C}(P)$ e quindi, per reciprocità, $P \in \mathrm{pol}_\mathcal{C}(f(P))$. Di conseguenza $f(f(P)) = \mathrm{pol}_\mathcal{C}(f(P)) \cap r = P$ e dunque f è un'involuzione. Inoltre $f(P) = P$ se e solo se la retta $\mathrm{pol}_\mathcal{C}(P)$ passa per P stesso. Ciò avviene se e solo se P sta sulla conica. Quindi il luogo dei punti fissi di f è $r \cap \mathcal{C}$ e quindi, dato che r non è tangente a $\mathcal{C}$, è vuoto oppure è costituito due punti. In ogni caso f è diversa dall'identità.

Esercizio 4.32

Siano $r \subseteq \mathbb{P}^2(\mathbb{C})$ una retta proiettiva e $f : r \to r$ un'involuzione diversa dall'identità. Si mostri che esiste una conica non degenere $\mathcal{C}$ non tangente a r tale che $f(P) = \mathrm{pol}_\mathcal{C}(P) \cap r$ per ogni $P \in r$.

Soluzione Poiché f è un'involuzione diversa dall'identità, f ha due punti fissi A, B (cfr. Esercizio 2.23). Sia $\mathcal{C}$ una qualsiasi conica non degenere di $\mathbb{P}^2(\mathbb{C})$ passante per A e per B; in particolare tale conica non è tangente a $r = L(A, B)$. Sia $g : r \to r$ l'applicazione che associa ad ogni punto $P \in r$ il punto $\mathrm{pol}_\mathcal{C}(P) \cap r$; per quanto provato nell'Esercizio 4.31 l'applicazione g è un'involuzione di r diversa dall'identità che fissa A e B. Poiché esiste un'unica involuzione di r diversa dall'identità che ha A e B come punti fissi (cfr. Esercizio 2.24), allora $f = g$, da cui la tesi.

Esercizio 4.33

Sia $\mathcal{C}$ una conica non degenere di $\mathbb{P}^2(\mathbb{C})$ e sia $P \in \mathbb{P}^2(\mathbb{C})$ un punto che non appartiene a $\mathcal{C}$. Sia $f : \mathbb{P}^2(\mathbb{C}) \to \mathbb{P}^2(\mathbb{C})$ una proiettività tale che per ogni retta s passante per P si ha $f(s \cap \mathcal{C}) = s \cap \mathcal{C}$. Si dimostri che P è un punto fisso di f e che la restrizione di f alla polare di P rispetto a $\mathcal{C}$ è l'identità.

Soluzione Dal punto P escono due tangenti r_1, r_2 a $\mathcal{C}$ che intersecano la conica rispettivamente nei punti A e B. Ogni retta s passante per P e non tangente a $\mathcal{C}$ interseca la conica in due punti distinti; poiché per ipotesi tali punti o sono fissi o vengono scambiati fra loro da f, la retta s che li congiunge è invariante per f. Prese quindi due rette s_1, s_2 passanti per P e non tangenti a C, si ha $f(s_1) = s_1, f(s_2) = s_2$ e quindi $f(P) = f(s_1 \cap s_2) = s_1 \cap s_2 = P$.

Applicando l'ipotesi alle rette r_1, r_2 otteniamo che anche i punti di tangenza A e B sono fissi per f; in particolare la retta $\text{pol}_C(P) = L(A, B)$ è f-invariante. Se R è un qualsiasi punto su $\text{pol}_C(P)$ diverso da A e da B, si ha $R = \text{pol}_C(P) \cap L(P, R)$; siccome sia $\text{pol}_C(P)$ sia $L(P, R)$ sono f-invarianti, di conseguenza $f(R) = R$.

Esercizio 4.34

Sia C una conica non degenere di $\mathbb{P}^2(\mathbb{K})$, siano P_1, P_2, P_3, P_4 punti distinti di C e per ogni $i \neq j$ sia $s_{ij} = L(P_i, P_j)$. Si mostri che i punti $A = s_{12} \cap s_{34}$, $B = s_{13} \cap s_{24}$, $C = s_{14} \cap s_{23}$ sono vertici di un triangolo autopolare per C.

Soluzione 1   Poiché A, B e C assumono un ruolo perfettamente simmetrico nell'enunciato, è sufficiente dimostrare che $\text{pol}_C(A) = L(B, C)$.

Visto che C è non degenere, i punti distinti P_1, P_2, P_3, P_4 sono in posizione generale. Sia dunque f l'unica proiettività di $\mathbb{P}^2(\mathbb{C})$ tale che

$$f(P_1) = P_2, \quad f(P_2) = P_1, \quad f(P_3) = P_4, \quad f(P_4) = P_3.$$

Le rette $L(P_1, P_2)$ e $L(P_3, P_4)$ risultano f-invarianti, per cui A è fisso per f (cfr. Fig. 4.11). Inoltre $f(B) = f(L(P_1, P_3) \cap L(P_2, P_4)) = L(P_2, P_4) \cap L(P_1, P_3) = B$, ossia anche B è fisso per f. Ragionando in modo del tutto analogo si prova che anche $f(C) = C$. Di conseguenza la retta $L(B, C)$ è invariante per f.

Più precisamente vediamo che $L(B, C)$ è una retta di punti fissi. Infatti i punti $M = L(B, C) \cap L(P_1, P_2)$ e $N = L(B, C) \cap L(P_3, P_4)$, in quanto ottenuti come intersezione di rette invarianti, sono punti fissi per f. Si verifica inoltre facilmente

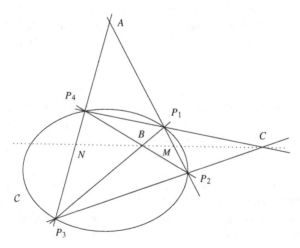

Figura 4.11. I punti A, B, C sono vertici di un triangolo autopolare per C

che i punti B, C, M, N sono distinti, per cui la restrizione di f a $L(B, C)$, essendo una proiettività di tale retta con quattro punti fissi, è l'identità di $L(B, C)$.

Poiché i punti in posizione generale P_1, P_2, P_3, P_4 sono fissi per f^2, allora $f^2 = \text{Id}$. Inoltre, per l'Esercizio 4.25, $f(\mathcal{C}) = \mathcal{C}$. Dunque, per il punto (a) dell'Esercizio 4.14, il luogo dei punti fissi di f è l'unione di una retta non tangente a $\mathcal{C}$ e del polo di tale retta. Ne segue allora che il punto fisso A è il polo della retta di punti fissi $L(B, C)$, ossia $\text{pol}_{\mathcal{C}}(A) = L(B, C)$, come voluto.

Soluzione 2   Come osservato all'inizio della Soluzione (1), è sufficiente dimostrare che $\text{pol}_{\mathcal{C}}(A) = L(B, C)$.

La conica $\mathcal{C}$ appartiene al fascio di coniche generato dalle coniche degeneri $\mathcal{D}_1 = s_{12} + s_{34}$ e $\mathcal{D}_2 = s_{13} + s_{24}$. Se ${}^t\!X M_1 X = 0$ è un'equazione di $\mathcal{D}_1$ e ${}^t\!X M_2 X = 0$ è un'equazione di $\mathcal{D}_2$, allora esistono $\lambda, \mu \in \mathbb{C}$ non entrambi nulli tali che ${}^t\!X (\lambda M_1 + \mu M_2) X = 0$ è un'equazione di $\mathcal{C}$. Poiché A è singolare per $\mathcal{D}_1$ si ha che $M_1 A = 0$; similmente, poiché B è singolare per $\mathcal{D}_2$ si ha che $M_2 B = 0$. Di conseguenza ${}^t\!A (\lambda M_1 + \mu M_2) B = \lambda\, {}^t\!A M_1 B + \mu\, {}^t\!A M_2 B = 0$, il che prova che $B \in \text{pol}_{\mathcal{C}}(A)$. Ragionando in modo analogo con le coniche $\mathcal{D}_1$ e $\mathcal{D}_3 = s_{14} + s_{23}$ (avente C come punto singolare), si prova che $C \in \text{pol}_{\mathcal{C}}(A)$ e dunque $\text{pol}_{\mathcal{C}}(A) = L(B, C)$.

Soluzione 3   Dato che $\mathcal{C}$ è non degenere i punti P_1, P_2, P_3, P_4 sono in posizione generale e formano quindi un riferimento proiettivo. Nel sistema di coordinate omogenee associato a tale riferimento $\mathcal{C}$ è definita da un'equazione della forma $x_0 x_1 + a x_1 x_2 - (1 + a) x_0 x_2 = 0$, con $a \in \mathbb{K} \setminus \{0, -1\}$, ed è quindi rappresentata dalla matrice $\begin{pmatrix} 0 & 1 & -1-a \\ 1 & 0 & a \\ -1-a & a & 0 \end{pmatrix}$. Si ha inoltre $A = [1, 1, 0]$, $B = [1, 0, 1]$ e $C = [0, 1, 1]$. È immediato ora verificare che i punti A, B e C sono due a due coniugati rispetto a $\mathcal{C}$, ossia formano un triangolo autopolare.

Esercizio 4.35

Sia $\mathcal{C}$ una conica non degenere di $\mathbb{P}^2(\mathbb{K})$ e sia A un punto non appartenente a $\mathcal{C}$. Siano r_1 e r_2 rette distinte passanti per A e secanti a $\mathcal{C}$. Siano $\mathcal{C} \cap r_1 = \{P_1, P_2\}$ e $\mathcal{C} \cap r_2 = \{P_3, P_4\}$. Se S_1 è il polo di $L(P_1, P_3)$ e S_2 è il polo di $L(P_2, P_4)$ rispetto a $\mathcal{C}$, si provi che A, S_1, S_2 sono allineati.

Soluzione 1   Sia $B = L(P_1, P_3) \cap L(P_2, P_4)$. Per l'Esercizio 4.34 (cfr. Fig. 4.11), i punti A e B sono due vertici di un triangolo autopolare per $\mathcal{C}$; pertanto $A \in \text{pol}_{\mathcal{C}}(B)$.

Poiché $B \in L(P_1, P_3)$, per reciprocità $S_1 \in \text{pol}_{\mathcal{C}}(B)$; analogamente $S_2 \in \text{pol}_{\mathcal{C}}(B)$. Dunque $\text{pol}_{\mathcal{C}}(B) = L(S_1, S_2)$. D'altronde abbiamo già provato che anche A appartiene a $\text{pol}_{\mathcal{C}}(B) = L(S_1, S_2)$, per cui A, S_1, S_2 sono allineati.

Soluzione 2   Dato che $\mathcal{C}$ è non degenere i punti P_1, P_2, P_3, P_4 sono in posizione generale e formano quindi un riferimento proiettivo. Nel sistema di coordinate omogenee associato a tale riferimento $\mathcal{C}$ è definita da un'equazione della forma $x_0 x_1 + a x_1 x_2 - (1+a) x_0 x_2 = 0$, con $a \in \mathbb{K} \setminus \{0, -1\}$ ed è quindi rappresentata dalla matrice $\begin{pmatrix} 0 & 1 & -1-a \\ 1 & 0 & a \\ -1-a & a & 0 \end{pmatrix}$. Inoltre $L(P_1, P_3)$ ha equazione $x_1 = 0$, $L(P_2, P_4)$ ha equazione $x_0 - x_2 = 0$ e $A = [1, 1, 0]$. Con facili calcoli si ottiene $S_1 = [a, 1+a, 1]$ e $S_2 = [a, a-1, -1]$ e si verifica che A, S_1 e S_2 appartengono alla retta di equazione $x_0 - x_1 + x_2 = 0$, e perciò sono allineati.

Esercizio 4.36

Dato un fascio di coniche $\mathcal{F}$ di $\mathbb{P}^2(\mathbb{C})$ che contiene almeno una conica non degenere, si mostri che le seguenti condizioni sono equivalenti:

(i) esistono $Q_1, Q_2, Q_3 \in \mathbb{P}^2(\mathbb{C})$ che formano un triangolo autopolare per ogni conica di $\mathcal{F}$;

(ii) il luogo dei punti base di $\mathcal{F}$ consta di quattro punti distinti oppure di due punti ciascuno contato due volte (cfr. 1.9.7).

Soluzione   Osserviamo innanzi tutto che due punti $P, Q \in \mathbb{P}^2(\mathbb{C})$ sono coniugati rispetto a ogni conica $\mathcal{C} \in \mathcal{F}$ se e solo se sono coniugati rispetto a due coniche distinte $\mathcal{C}_1$ e $\mathcal{C}_2$ di $\mathcal{F}$. Infatti se A_i, $i = 1, 2$, è una matrice simmetrica che rappresenta $\mathcal{C}_i$, i punti P e Q sono coniugati rispetto a $\mathcal{C}_i$ se e solo se ${}^t P A_i Q = 0$ per $i = 1, 2$, e dunque se e solo se ${}^t P (\lambda A_1 + \mu A_2) Q = 0$ per ogni $[\lambda, \mu] \in \mathbb{P}^1(\mathbb{C})$.

Di conseguenza tre punti del piano sono vertici di un triangolo autopolare per ogni conica di $\mathcal{F}$ se e solo se lo sono per almeno due coniche del fascio.

Mostriamo ora che la condizione (ii) implica la condizione (i), esaminando separatamente il caso in cui $\mathcal{F}$ abbia quattro punti base distinti ed il caso in cui $\mathcal{F}$ abbia due punti base ciascuno contato due volte.

Se $\mathcal{F}$ ha quattro punti base distinti P_1, P_2, P_3, P_4, allora per l'Esercizio 4.34 i punti $Q_1 = L(P_1, P_2) \cap L(P_3, P_4)$, $Q_2 = L(P_1, P_3) \cap L(P_2, P_4)$ e $Q_3 = L(P_1, P_4) \cap L(P_2, P_3)$ sono vertici di un triangolo autopolare per ogni conica non degenere di $\mathcal{F}$ e quindi per infinite coniche di $\mathcal{F}$. Allora per l'osservazione precedente Q_1, Q_2, Q_3 sono vertici di un triangolo autopolare per ogni conica di $\mathcal{F}$.

Se $\mathcal{F}$ ha due punti base P_1 e P_2 ciascuno contato due volte, allora indichiamo con $\mathcal{C}_1 \in \mathcal{F}$ la conica singolare $2L(P_1, P_2)$ e con $\mathcal{C}_2 \in \mathcal{F}$ una qualunque conica non degenere.

Sia Q_1 il polo rispetto a $\mathcal{C}_2$ della retta $L(P_1, P_2)$. Poiché $L(P_1, P_2)$ interseca $\mathcal{C}_2$ nei due punti distinti P_1 e P_2, il punto Q_1 non appartiene a $\mathcal{C}_2$. Allora (cfr. 1.8.4 o Esercizio 4.51) esistono $Q_2, Q_3 \in \mathbb{P}^2(\mathbb{C})$ tali che Q_1, Q_2, Q_3 sono i vertici di un triangolo autopolare per $\mathcal{C}_2$. Per reciprocità si ha che $Q_2, Q_3 \in \text{pol}_{\mathcal{C}_2}(Q_1) = L(P_1, P_2)$. Quindi i punti Q_2 e Q_3 sono entrambi singolari per $\mathcal{C}_1$, e dunque coniugati a ogni altro punto del piano rispetto a $\mathcal{C}_1$. Allora Q_1, Q_2, Q_3 sono i vertici di un triangolo autopolare sia per $\mathcal{C}_1$ che per $\mathcal{C}_2$ e dunque per ogni conica $\mathcal{C} \in \mathcal{F}$.

Supponiamo ora che siano dati Q_1, Q_2, Q_3 come in (i) e mostriamo che vale la condizione (ii). In un sistema di coordinate omogenee x_0, x_1, x_2 in cui Q_1, Q_2, Q_3 sono i punti coordinati, una conica $\mathcal{C} \in \mathcal{F}$ è data da un'equazione della forma $ax_0^2 + bx_1^2 + cx_1^2 = 0$, dove $a, b, c \in \mathbb{C}$ non sono tutti nulli. Osserviamo che $\mathcal{C}$ è non degenere se e solo se $abc \neq 0$. Poiché per ipotesi $\mathcal{F}$ contiene una conica non degenere, a meno di riscalare le coordinate possiamo supporre che $\mathcal{F}$ contenga la conica $\mathcal{C}_1$ di equazione $x_0^2 + x_1^2 + x_2^2 = 0$. Se $\mathcal{C}_2 \in \mathcal{F}$ è una conica degenere, a meno di permutare le coordinate possiamo supporre che $\mathcal{C}_2$ abbia equazione $x_0^2 + dx_1^2 = 0$ per qualche $d \in \mathbb{C}$. È immediato ora verificare che $\mathcal{C}_1 \cap \mathcal{C}_2$ è formato da quattro punti distinti se $d \neq 0, 1$ e da due punti di molteplicità 2 se $d = 0$ o 1.

Nota. Nel caso di un fascio $\mathcal{F}$ di coniche di $\mathbb{P}^2(\mathbb{R})$, una condizione sufficiente per l'esistenza di un triangolo autopolare per tutte le coniche di $\mathcal{F}$ è che $\mathcal{F}$ contenga una conica $\mathcal{C}_1$ non degenere e vuota. Infatti se A_1 è una matrice simmetrica associata a $\mathcal{C}_1$, possiamo supporre che A_1 sia definita positiva. Se $\mathcal{C}_2 \in \mathcal{F}$ è una conica distinta da $\mathcal{C}_1$ e rappresentata da una matrice simmetrica A_2, per il Teorema spettrale esiste un cambiamento di coordinate omogenee su $\mathbb{P}^2(\mathbb{R})$ che diagonalizza simultaneamente A_1 e A_2. I punti coordinati di un tale riferimento proiettivo sono perciò i vertici di un triangolo autopolare per tutte le coniche di $\mathcal{F}$.

Notiamo che, poiché $\mathcal{C}_1$ è vuota, l'insieme dei punti di intersezione di $(\mathcal{C}_1)_\mathbb{C}$ e $(\mathcal{C}_2)_\mathbb{C}$ in $\mathbb{P}^2(\mathbb{C})$ è formato da una o due coppie di punti coniugati (cfr. 1.9.7), ed il fascio di coniche proiettive complesse generato da $(\mathcal{C}_1)_\mathbb{C}$ e $(\mathcal{C}_2)_\mathbb{C}$ verifica pertanto la condizione (ii) del testo.

Siano $\mathcal{C}$ e $\mathcal{D}$ due coniche non degeneri distinte di $\mathbb{P}^2(\mathbb{K})$ e si denoti con $\mathcal{F}$ il fascio di coniche generato da $\mathcal{C}$ e $\mathcal{D}$. Per ogni $P \in \mathbb{P}^2(\mathbb{K})$ si ponga $f(P) = Q$ se $\mathrm{pol}_\mathcal{C}(P) = \mathrm{pol}_\mathcal{D}(Q)$.

(a) Si dimostri che f definisce una proiettività di $\mathbb{P}^2(\mathbb{K})$.
(b) Si dimostri che P è un punto fisso per f se e solo se P è singolare per una conica del fascio $\mathcal{F}$.
(c) Quali configurazioni di punti in $\mathbb{P}^2(\mathbb{K})$ possono coincidere con il luogo dei punti fissi di f?

Soluzione   (a) Siano ${}^t X A X = 0$ e ${}^t X B X = 0$ equazioni rispettivamente di $\mathcal{C}$ e $\mathcal{D}$, con A, B matrici simmetriche di ordine 3 invertibili. Poiché la retta $\mathrm{pol}_\mathcal{C}(P)$ ha equazione ${}^t P A X = 0$, si avrà che $\mathrm{pol}_\mathcal{C}(P) = \mathrm{pol}_\mathcal{D}(Q)$ se e solo se esiste $\alpha \in \mathbb{C} \setminus \{0\}$ tale che $BQ = \alpha A P$, ossia $f(P) = Q = \alpha B^{-1} A P$. Visto che la matrice $B^{-1} A$ è invertibile, f è ben definita ed è una proiettività.

(b) Se P è un punto fisso per f, esiste $\alpha \in \mathbb{C} \setminus \{0\}$ tale che $P = \alpha B^{-1}AP$, ossia $(B - \alpha A)P = 0$. Allora P è punto singolare per la conica ${}^t X(B - \alpha A)X = 0$ del fascio $\mathcal{F}$.

Viceversa, se P è singolare per qualche conica del fascio, necessariamente tale conica è diversa da $\mathcal{C}$ e da $\mathcal{D}$, visto che ciascuna di queste due coniche è non degenere e quindi non singolare. Dunque la conica avente P come punto singolare ha equazione di tipo ${}^t X(B - \alpha A)X = 0$ per qualche $\alpha \neq 0$. Si ha allora $(B - \alpha A)P = 0$, ossia $P = \alpha B^{-1}AP$, per cui P è un punto fisso per f.

(c) Osserviamo preliminarmente che, per quanto dimostrato nell'Esercizio 2.44, il luogo dei punti fissi di f può coincidere con un insieme finito di 1,2 o 3 punti, oppure con una retta, oppure con l'unione di una retta ed un punto non appartenente alla retta. Dimostreremo ora che ciascuna di queste possibilità può in effetti essere realizzata per un'opportuna scelta delle coniche $\mathcal{C}$ e $\mathcal{D}$, considerando separatamente vari casi a seconda del numero e della natura dei punti base di $\mathcal{F}$ (cfr. 1.9.7).

Se $\mathcal{F}$ ha 4 punti base, allora $\mathcal{F}$ contiene esattamente 3 coniche degeneri, ognuna delle quali ha esattamente un punto singolare. Inoltre, i punti singolari di tali coniche sono distinti, per cui, per quanto visto in (b), in questo caso f ha esattamente 3 punti fissi.

Se invece vogliamo che f abbia esattamente 2 punti fissi, basta prendere come $\mathcal{C}$ una conica non degenere passante per tre punti indipendenti P_1, P_2, P_3, porre $\mathcal{D}' = L(P_1, P_2) + L(P_1, P_3)$ e scegliere come $\mathcal{D}$ una qualsiasi conica (ovviamente distinta da $\mathcal{C}$) non degenere appartenente al fascio $\mathcal{F}$ generato da $\mathcal{C}$ e $\mathcal{D}'$. In questo caso P_1, P_2, P_3 sono i punti base del fascio, tutte le coniche di $\mathcal{F}$ sono tangenti in P_1 ad una stessa retta r e $\mathcal{F}$ contiene due coniche degeneri: una è $\mathcal{D}'$, l'altra è la conica $r + L(P_2, P_3)$. Dunque i punti fissi di f sono P_1 e $r \cap L(P_2, P_3)$.

Per ottenere un solo punto fisso procediamo come segue. Siano $\mathcal{C}$ una conica non degenere, A, B punti distinti di $\mathcal{C}$ e t_A la tangente a $\mathcal{C}$ in A. Siano poi $\mathcal{D}' = t_A + L(A, B)$ e $\mathcal{D} \neq \mathcal{C}$ una conica non degenere del fascio $\mathcal{F}$ generato da $\mathcal{C}$ e da $\mathcal{D}'$. In tal caso l'unica conica degenere di $\mathcal{F}$ è $\mathcal{D}'$, per cui A è l'unico punto fisso di f.

Siano ora $\mathcal{C}$ una conica non degenere e t_A la tangente a $\mathcal{C}$ in un punto $A \in \mathcal{C}$, e sia $\mathcal{F}$ il fascio generato da $\mathcal{C}$ e $2t_A$. L'unica conica degenere di $\mathcal{F}$ è $2t_A$, il cui insieme di punti singolari coincide con t_A. Per ottenere una retta di punti fissi per f è dunque sufficiente scegliere come $\mathcal{D}$ una qualsiasi conica non degenere di $\mathcal{F}$ diversa da $\mathcal{C}$.

Infine, dati $A, B, C \in \mathbb{P}^2(\mathbb{C})$ non allineati, sia $\mathcal{F}$ il fascio generato da $\mathcal{C}' = L(A, B) + L(A, C)$ e $\mathcal{D}' = 2L(B, C)$. Allora $\mathcal{C}'$ e $\mathcal{D}'$ sono le sole coniche degeneri di $\mathcal{F}$, per cui se $\mathcal{C}$ e $\mathcal{D}$ sono due coniche di $\mathcal{F}$ distinte e non degeneri allora il luogo dei punti fissi di f coincide con $L(B, C) \cup \{A\}$.

Abbiamo così dimostrato che tutte le configurazioni elencate all'inizio della soluzione di (c) sono in effetti realizzabili come luogo di punti fissi di f.

Esercizio 4.38

Siano A, B, C punti di $\mathbb{P}^2(\mathbb{K})$ in posizione generale. Data una proiettività $f : \mathbb{P}^2(\mathbb{K}) \to \mathbb{P}^2(\mathbb{K})$ tale che $f(A) = B, f(B) = C$ e $f(C) = A$, si dimostri che:

(a) Non esiste una retta r di $\mathbb{P}^2(\mathbb{K})$ tale che $f(P) = P$ per ogni $P \in r$.
(b) Si ha $f^3 = \mathrm{Id}$.
(c) Esiste almeno una conica $\mathcal{Q}$ non degenere passante per A, B, C e tale che $f(\mathcal{Q}) = \mathcal{Q}$.

Soluzione (a) Dalle ipotesi abbiamo che

$$f(L(A,B)) = L(B,C), \ f(L(B,C)) = L(A,C), \ f(L(A,C)) = L(A,B). \qquad (4.1)$$

Se esistesse una retta r di punti fissi per f, tale retta non conterrebbe né A, né B, né C. Se denotiamo con D il punto di intersezione fra $L(A,B)$ e r, allora dovrebbe essere $f(D) = D$ perché $D \in r$. Poiché $D = f(D) \in f(L(A,B)) = L(B,C)$ e $D \neq B$, si avrebbe un assurdo.

(b) Sia R un punto fisso per f (tale punto esiste per tutte le proiettività di $\mathbb{P}^2(\mathbb{K})$, cfr. 1.2.5). Per quanto osservato nella soluzione di (a), tale punto non può appartenere né a $L(A,B)$, né a $L(B,C)$, né a $L(A,C)$. Allora i punti A, B, C, R sono in posizione generale; poiché risultano fissi per f^3, si ha $f^3 = \mathrm{Id}$.

(c) L'insieme $\mathcal{W}$ delle coniche passanti per A, B, C è un sistema lineare di dimensione 2 ed è quindi proiettivamente isomorfo a $\mathbb{P}^2(\mathbb{K})$. La mappa f trasforma ogni conica di $\mathcal{W}$ in una conica di $\mathcal{W}$ e anzi agisce sullo spazio proiettivo $\mathcal{W}$ come una proiettività (cfr. 1.9.5). Allora esiste in $\mathcal{W}$ un punto fisso per f, cioè una conica $\mathcal{Q}$ tale che $f(\mathcal{Q}) = \mathcal{Q}$. Necessariamente $\mathcal{Q}$ è non degenere; se infatti essa fosse degenere, dovrebbe contenere come componente irriducibile una retta passante per due dei punti A, B, C, ma allora per (4.1) dovrebbe contenere le tre rette $L(A,B), L(B,C)$ e $L(A,C)$, il che è assurdo.

Esercizio 4.39

Sia C una conica non degenere di $\mathbb{P}^2(\mathbb{K})$ e siano A e $B \in C$ punti distinti; siano r_1 la retta tangente a C in A, r_2 la retta tangente a C in B e $R = r_1 \cap r_2$.

(a) Si mostri che per ogni $X \in r_1 \setminus \{A\}$ esiste esattamente una retta r_X passante per X, tangente a C e diversa da r_1.
(b) Sia $\psi : r_1 \to r_2$ l'applicazione definita da
   (i) $\psi(A) = R$;
   (ii) $\psi(R) = B$;
   (iii) $\psi(X) = r_X \cap r_2$ per ogni $X \in r_1 \setminus \{A\}$.
Si dimostri che ψ è un isomorfismo proiettivo.

Soluzione (a) Sia $X \in r_1, X \neq A$. Per reciprocità A appartiene a $\mathrm{pol}_{\mathcal{C}}(X)$, quindi $\mathrm{pol}_{\mathcal{C}}(X) \cap \mathcal{C} \neq \emptyset$. Inoltre $\mathrm{pol}_{\mathcal{C}}(X)$ non è tangente a $\mathcal{C}$ poiché $X \notin \mathcal{C}$, quindi $\mathrm{pol}_{\mathcal{C}}(X)$ interseca $\mathcal{C}$, oltre che in A, in un secondo punto P_X tale che la retta r_X tangente a $\mathcal{C}$ in P_X passa per X. Dato che per un punto di $\mathbb{P}^2(\mathbb{K})$ passano al più due rette tangenti a una conica non degenere, le rette tangenti a $\mathcal{C}$ e passanti per X sono esattamente r_1 e r_X. (Si noti che per $X = R$ si ha $P_X = B$ e $r_X = r_2$ per costruzione).

(b) Poiché per costruzione i punti A, B e R non sono allineati, è possibile fissare in $\mathbb{P}^2(\mathbb{K})$ un sistema di coordinate omogenee rispetto al quale si abbia $A = [1,0,0]$, $B = [0,1,0], R = [0,0,1]$. Di conseguenza r_1 ha equazione $x_1 = 0$ e r_2 ha equazione $x_0 = 0$. Imponendo che la conica passi per A e per B e che la polare di R sia la retta $L(A,B) = \{x_2 = 0\}$, vediamo che $\mathcal{C}$ ha equazione ${}^t X M X = 0$ con M di tipo

$$M = \begin{pmatrix} 0 & a & 0 \\ a & 0 & 0 \\ 0 & 0 & b \end{pmatrix},$$

con $a, b \in \mathbb{K} \setminus \{0\}$.

Sia $X = [y_0, 0, y_2] \in r_1 \setminus \{R, A\}$ (e dunque $y_0 \neq 0$ e $y_2 \neq 0$). Il punto P_X in cui la retta r_X è tangente a $\mathcal{C}$ è il punto diverso da A in cui la retta $\mathrm{pol}_{\mathcal{C}}(X)$ interseca la conica. Poiché $\mathrm{pol}_{\mathcal{C}}(X)$ ha equazione $y_0 a x_1 + y_2 b x_2 = 0$, risulta che P_X ha coordinate $[a y_0^2, -2 b y_2^2, 2 a y_0 y_2]$. Pertanto la retta $r_X = L(X, P_X)$ ha equazione

$$\det \begin{pmatrix} y_0 & a y_0^2 & x_0 \\ 0 & -2 b y_2^2 & x_1 \\ y_2 & 2 a y_0 y_2 & x_2 \end{pmatrix} = 0 \quad \text{ossia} \quad 2 b y_2^2 x_0 - a y_0^2 x_1 - 2 b y_0 y_2 x_2 = 0.$$

Di conseguenza $\psi(X) = r_X \cap r_2 = [0, 2 b y_2, -a y_0]$.

Rispetto al sistema di coordinate x_0, x_2 indotto su r_1 e al sistema di coordinate x_1, x_2 indotto su r_2, si ha che $\psi([y_0, y_2]) = [2 b y_2, -a y_0]$ e dunque la restrizione di ψ a $r_1 \setminus \{R, A\}$ coincide con la restrizione a $r_1 \setminus \{R, A\}$ dell'isomorfismo proiettivo $f : r_1 \to r_2$ indotto dalla matrice invertibile $\begin{pmatrix} 0 & 2b \\ -a & 0 \end{pmatrix}$. D'altra parte si verifica subito che $f(A) = R$ e $f(R) = B$, per cui f coincide con ψ e dunque anche ψ è un isomorfismo proiettivo.

Nota. Si osservi che l'enunciato dell'esercizio precedente è l'enunciato duale del punto (a) dell'Esercizio 4.23.

Esercizio 4.40

Sia $\mathcal{L}$ un sistema lineare di coniche di $\mathbb{P}^2(\mathbb{C})$ di dimensione 2 contenente almeno una conica non degenere. Si dimostri che

$$B(\mathcal{L}) = \{P \in \mathbb{P}^2(\mathbb{C}) \mid P \in \mathcal{C} \quad \forall \mathcal{C} \in \mathcal{L}\}$$

è un insieme finito contenente al più 3 punti.

Soluzione   Siano $[F_1], [F_2], [F_3]$ tre coniche linearmente indipendenti del sistema lineare $\mathcal{L}$, così che ogni conica di $\mathcal{L}$ ha equazione $aF_1 + bF_2 + cF_3 = 0$ al variare di $[a, b, c]$ in $\mathbb{P}^2(\mathbb{C})$. Visto che $\mathcal{L}$ contiene almeno una conica non degenere, possiamo supporre che la conica $[F_1]$ sia non degenere.

Se $P \in B(\mathcal{L})$, in particolare P appartiene al supporto delle coniche $[F_1]$ e $[F_2]$. Poiché $[F_1]$ è non degenere, $[F_1]$ e $[F_2]$ si incontrano in al più 4 punti (cfr. 1.9.7) e dunque $B(\mathcal{L})$ è un insieme finito contenente al più 4 punti. D'altra parte, se $B(\mathcal{L})$ fosse costituito da 4 punti, tali punti sarebbero in posizione generale, per cui $B(\mathcal{L})$ coinciderebbe con l'insieme dei punti base del fascio di coniche $\mathcal{F}$ generato da $[F_1]$ e $[F_2]$ (cfr. 1.9.7) e dunque la conica $[F_3]$, passando dal luogo base di $\mathcal{F}$, apparterrebbe al fascio. Ma allora il sistema lineare $\mathcal{L}$ coinciderebbe con il fascio $\mathcal{F}$, contro l'ipotesi che esso abbia dimensione 2.

Esercizio 4.41 (Teorema di Pappo-Pascal)

Sia $\mathcal{C}$ una conica non degenere di $\mathbb{P}^2(\mathbb{K})$ e siano $P_1, P_2, P_3, Q_1, Q_2, Q_3$ punti distinti di $\mathcal{C}$. Si dimostri che i punti $R_1 = L(P_3, Q_2) \cap L(P_2, Q_3)$, $R_2 = L(P_1, Q_3) \cap L(P_3, Q_1)$, $R_3 = L(P_2, Q_1) \cap L(P_1, Q_2)$ sono allineati.

Soluzione 1   Consideriamo i punti $A = L(P_1, Q_3) \cap L(P_3, Q_2)$ e $B = L(P_1, Q_2) \cap L(P_3, Q_1)$ (cfr. Fig. 4.12). Come visto nell'Esercizio 4.23, calcoliamo il birapporto dei punti P_3, P_2, P_1, Q_2 sulla conica come il birapporto delle rette che congiungono i quattro punti con Q_3. Considerando le intersezioni delle quattro rette con la retta $L(P_3, Q_2)$, otteniamo che

$$\beta(P_3, P_2, P_1, Q_2) = \beta(P_3, R_1, A, Q_2).$$

Calcolando invece il birapporto di P_3, P_2, P_1, Q_2 come il birapporto delle rette che congiungono i quattro punti con Q_1 e considerando le intersezioni di tali rette con la

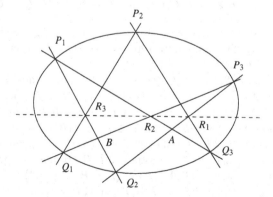

Figura 4.12. Il Teorema di Pappo-Pascal

retta $L(P_1, Q_2)$, otteniamo che

$$\beta(P_3, P_2, P_1, Q_2) = \beta(B, R_3, P_1, Q_2).$$

Allora $\beta(P_3, R_1, A, Q_2) = \beta(B, R_3, P_1, Q_2)$, per cui esiste un isomorfismo proiettivo $f : L(P_3, Q_2) \to L(P_1, Q_2)$ tale che

$$f(P_3) = B, \quad f(R_1) = R_3, \quad f(A) = P_1, \quad f(Q_2) = Q_2.$$

Poiché Q_2 è fisso per f, allora f è la prospettività avente come centro di proiezione il punto $L(P_3, B) \cap L(A, P_1) = R_2$ (cfr. Esercizio 2.31). Visto che la prospettività di centro R_2 trasforma R_1 in R_3, i punti R_1, R_2, R_3 sono allineati.

Soluzione 2   Le cubiche $\mathcal{D}_1 = L(P_1, Q_3) + L(P_2, Q_1) + L(P_3, Q_2)$ e $\mathcal{D}_2 = L(P_1, Q_2) + L(P_2, Q_3) + L(P_3, Q_1)$ si intersecano nei nove punti $P_1, P_2, P_3, Q_1, Q_2, Q_3, R_1, R_2, R_3$. I primi otto di tali punti appartengono alla cubica $\mathcal{D} = \mathcal{C} + L(R_1, R_2)$. Per l'Esercizio 3.59, la cubica $\mathcal{D}$ deve passare anche per il punto R_3. Poiché R_3 non può appartenere alla conica irriducibile $\mathcal{C}$, allora $R_3 \in L(R_1, R_2)$, da cui la tesi.

Soluzione 3   Le cubiche $\mathcal{D}_1 = L(P_1, Q_3) + L(P_2, Q_1) + L(P_3, Q_2)$ e $\mathcal{D}_2 = L(P_1, Q_2) + L(P_2, Q_3) + L(P_3, Q_1)$ si intersecano nei nove punti $P_1, P_2, P_3, Q_1, Q_2, Q_3, R_1, R_2, R_3$. I primi sei di tali punti appartengono alla conica irriducibile $\mathcal{C}$, per cui per l'Esercizio 3.54 i rimanenti punti R_1, R_2 e R_3 appartengono ad una curva di grado $3 - 2 = 1$, ovvero ad una retta.

Nota. Se nell'enunciato del Teorema di Pappo–Pascal si considera, anziché una conica non degenere $\mathcal{C}$, una conica riducibile unione di due rette, si ha il teorema di Pappo (cfr. Esercizio 2.13).

Esercizio 4.42

Sia $\mathcal{C}$ una conica non degenere di $\mathbb{P}^2(\mathbb{K})$, siano A, B, C i vertici di un triangolo autopolare per $\mathcal{C}$ e sia r una retta passante per A che interseca $\mathcal{C}$ in due punti distinti P e Q. Si mostri che $L(B, P) \neq L(C, Q)$, e che $L(B, P) \cap L(C, Q) \in \mathcal{C}$.

Soluzione 1   Se si avesse $L(B, P) = L(C, Q)$, i punti B, C giacerebbero su r, per cui A, B, C sarebbero allineati, contro l'ipotesi che siano i vertici di un triangolo autopolare per $\mathcal{C}$. Dunque $L(B, P) \neq L(C, Q)$.

Per mostrare che $L(B, P) \cap L(C, Q) \in \mathcal{C}$ cominciamo ad analizzare i casi $r = L(A, B)$ e $r = L(A, C)$. Se $r = L(A, B)$ allora $Q \in L(B, P)$, per cui $L(B, P) \cap L(C, Q) = Q \in \mathcal{C}$. Analogamente se $r = L(A, C)$ si ha $L(B, P) \cap L(C, Q) = P \in \mathcal{C}$.

Possiamo dunque supporre $B \notin r$ e $C \notin r$. Se $L(B, P)$ fosse tangente a $\mathcal{C}$ si avrebbe $P \in \mathrm{pol}_{\mathcal{C}}(B) = L(A, C)$, da cui $C \in L(A, P) = r$, contro l'assunzione appena fatta. In modo analogo si dimostra che $L(B, Q)$ non è tangente a $\mathcal{C}$. Sono dunque ben definiti i punti R, S tali che $\{R\} = (L(B, P) \cap \mathcal{C}) \setminus \{P\}$, $\{S\} = (L(B, Q) \cap \mathcal{C}) \setminus \{Q\}$ (cfr. Fig. 4.13). Poiché $r \neq L(A, B)$, si ha $R \neq Q$, $S \neq P$, ed inoltre dal fatto che $B \notin \mathcal{C}$ è facile dedurre che $R \neq S$. Dunque P, Q, R, S sono distinti.

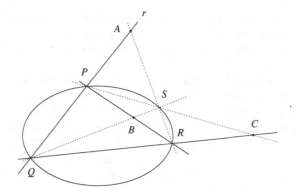

Figura 4.13. La configurazione descritta nell'Esercizio 4.42

Per quanto dimostrato nell'Esercizio 4.34, i punti $A' = L(P,Q) \cap L(R,S) = r \cap L(R,S)$, $C' = L(P,S) \cap L(Q,R)$ formano insieme a $B = L(P,R) \cap L(Q,S)$ i vertici di un triangolo autopolare per C. Notiamo che A e A' giacciono entrambi sia su r sia su $\mathrm{pol}_C(B)$. Inoltre $\mathrm{pol}_C(B) \neq r$ in quanto $C \in \mathrm{pol}_C(B)$, $C \notin r$. Ne segue che $A = A'$, da cui $C = \mathrm{pol}_C(A) \cap \mathrm{pol}_C(B) = \mathrm{pol}_C(A') \cap \mathrm{pol}_C(B) = C'$. Si ha dunque $L(C,Q) = L(C',Q) = L(R,Q)$, per cui $L(B,R) \cap L(C,Q) = R \in C$, come voluto.

Soluzione 2   Come osservato all'inizio della Soluzione (1), i casi in cui $r = L(A,B)$ o $r = L(A,C)$ si prestano ad una facile analisi separata. Supponiamo dunque $B \notin r$ e $C \notin r$.

Poiché r non è tangente a C, è immediato verificare che i punti A, B, C, P formano allora un sistema di riferimento proiettivo di $\mathbb{P}^2(\mathbb{K})$. Siano x_0, x_1, x_2 le coordinate omogenee indotte da tale riferimento. Visto che A, B, C sono i vertici di un triangolo autopolare per C, l'equazione di C è della forma $F(x_0, x_1, x_2) = x_0^2 + ax_1^2 + bx_2^2 = 0$ con $ab \neq 0$. Inoltre da $P \in C$ si deduce $b = -1 - a$, per cui $F(x_0, x_1, x_2) = x_0^2 + ax_1^2 - (1+a)x_2^2$. La retta $r = L(A,P)$ ha equazione $x_1 = x_2$, per cui è facile verificare che $Q = [1, -1, -1]$. Dunque $L(C,Q)$ e $L(B,P)$ hanno equazione rispettivamente $x_0 + x_1 = 0$ e $x_0 = x_2$. Ne segue che $L(B,P) \cap L(C,Q) = [1, -1, 1]$, che appartiene effettivamente a C.

Esercizio 4.43 (Teorema di Chasles)

Sia C una conica non degenere di $\mathbb{P}^2(\mathbb{K})$, e siano P_1, P_2, P_3 punti distinti di $\mathbb{P}^2(\mathbb{K})$ tali che $\mathrm{pol}_C(P_i) \neq L(P_j, P_k)$ se $\{i, j, k\} = \{1, 2, 3\}$. Per $i \in \{1, 2, 3\}$ sia $T_i = \mathrm{pol}_C(P_i) \cap L(P_j, P_k)$, dove $\{i, j, k\} = \{1, 2, 3\}$. Si mostri che T_1, T_2, T_3 sono allineati.

Soluzione   Se P_1, P_2, P_3 giacciono su una stessa retta r si ha ovviamente $\{T_1, T_2,$ $T_3\} \subseteq r$, da cui la tesi. Possiamo dunque supporre che i P_i siano in posizione generale, e fissare coordinate omogenee su $\mathbb{P}^2(\mathbb{K})$ in modo che si abbia $P_1 = [1, 0, 0]$, $P_2 = [0, 1, 0]$, $P_3 = [0, 0, 1]$.

Sia M una matrice simmetrica che rappresenta $\mathcal{C}$ rispetto alle coordinate appena fissate, ed indichiamo con $m_{i,j}$ l'elemento di M sulla i-esima riga e sulla j-esima colonna. La retta $L(P_2, P_3)$ ha equazione $x_0 = 0$, mentre $\mathrm{pol}_{\mathcal{C}}(P_1)$ ha equazione $m_{1,1}x_0 + m_{1,2}x_1 + m_{1,3}x_2 = 0$ (con $m_{1,2}$, $m_{1,3}$ non entrambi nulli in quanto $\mathrm{pol}_{\mathcal{C}}(P_1) \neq L(P_2, P_3)$). Dunque $T_1 = [0, m_{1,3}, -m_{1,2}]$. Analogamente si ha $T_2 = [m_{2,3}, 0, -m_{2,1}] = [m_{2,3}, 0, -m_{1,2}]$, e $T_3 = [m_{3,2}, -m_{3,1}, 0] = [m_{2,3}, -m_{1,3}, 0]$. Poiché $(0, m_{1,3}, -m_{1,2}) - (m_{2,3}, 0, -m_{1,2}) + (m_{2,3}, -m_{1,3}, 0) = (0, 0, 0)$, i punti T_1, T_2, T_3 sono allineati.

Nota. Nel caso in cui i punti P_1, P_2, P_3 giacciono su $\mathcal{C}$, la retta $\mathrm{pol}_{\mathcal{C}}(P_i)$ è la tangente a $\mathcal{C}$ in P_i. Se Q_1, Q_2, Q_3 sono punti di $\mathcal{C}$ tali che $P_1, P_2, P_3, Q_1, Q_2, Q_3$ sono distinti, la retta $\mathrm{pol}_{\mathcal{C}}(P_1)$ può essere vista come il limite della retta $L(P_1, Q_2)$ quando Q_2 tende a P_1. Similmente $\mathrm{pol}_{\mathcal{C}}(P_2)$ (risp. $\mathrm{pol}_{\mathcal{C}}(P_3)$) è il limite della retta $L(P_2, Q_3)$ (risp. $L(P_3, Q_1)$) quando Q_3 tende a P_2 (risp. quando Q_1 tende a P_3). Pertanto i punti T_1, T_2, T_3 si ottengono rispettivamente come limite dei punti $L(P_1, Q_2) \cap L(P_2, Q_1)$, $L(P_2, Q_3) \cap L(P_3, Q_2)$, $L(P_3, Q_1) \cap L(P_1, Q_3)$. La tesi dell'esercizio può dunque essere considerata una "versione limite" del Teorema di Pappo-Pascal (cfr. Esercizio 4.41).

Esercizio 4.44 (Costruzione di Steiner)

Siano A e B due punti distinti di $\mathbb{P}^2(\mathbb{K})$, sia $l = L(A, B)$ e sia $\mathcal{F}_A$ (risp. $\mathcal{F}_B$) il fascio di rette di centro A (risp. B). Sia $f : \mathcal{F}_A \to \mathcal{F}_B$ un isomorfismo proiettivo tale che $f(l) \neq l$. Si provi che $\mathcal{Q} = \{r \cap f(r) \mid r \in \mathcal{F}_A\}$ è il supporto di una conica non degenere passante per A con tangente $f^{-1}(l)$ e per B con tangente $f(l)$.

Soluzione 1   Le coniche passanti per A con tangente $f^{-1}(l)$ e passanti per B con tangente $f(l)$ costituiscono un fascio $\mathcal{G}$ (cfr. Esercizio 4.6).

Sia $s \in \mathcal{F}_A$ una retta diversa da l e da $f^{-1}(l)$, e sia $P = s \cap f(s) \in \mathcal{Q}$. È facile verificare che A, B, P sono in posizione generale, che $P \notin f^{-1}(l)$ e che $P \notin f(l)$. Dunque esiste un'unica conica $\mathcal{C}$ nel fascio $\mathcal{G}$ passante per P e tale conica è non degenere. Per provare la tesi è sufficiente provare che $\mathcal{Q} = \mathcal{C}$.

Si consideri l'applicazione $\psi : \mathcal{F}_A \to \mathcal{F}_B$ definita da $\psi(f^{-1}(l)) = l, \psi(l) = f(l)$ e, se $r \in \mathcal{F}_A \setminus \{l, f^{-1}(l)\}$, $\psi(r) = L(B, Q)$, dove Q è l'intersezione di r con $\mathcal{C}$ diversa da A. Per quanto dimostrato nell'Esercizio 4.23, ψ è un isomorfismo proiettivo e $\{r \cap \psi(r) \mid r \in \mathcal{F}_A\} = \mathcal{C}$.

Per costruzione si ha inoltre $\psi(f^{-1}(l)) = l = f(f^{-1}(l))$, $\psi(l) = f(l)$, $\psi(s) = f(s)$. Poiché ψ e f coincidono su tre elementi distinti di $\mathcal{F}_A$, si deduce che $\psi = f$. Pertanto $\mathcal{Q} = \{r \cap \psi(r) \mid r \in \mathcal{F}_A\} = \mathcal{C}$, come voluto.

Soluzione 2   Se $C = f^{-1}(l) \cap f(l)$, è facile verificare che i punti A, B, C sono in posizione generale. Fissiamo allora su $\mathbb{P}^2(\mathbb{K})$ coordinate tali che $A = [1, 0, 0]$, $B = [0, 1, 0]$, $C = [0, 0, 1]$. Sul fascio $\mathcal{F}_A$ (rispettivamente $\mathcal{F}_B$) sono allora indotte coordinate omogenee tali che la retta $ax_1 + bx_2 = 0$ (rispettivamente $cx_0 + dx_2 = 0$) abbia coordinate $[a, b]$ (rispettivamente $[c, d]$).

Per costruzione le rette $l, f^{-1}(l)$ hanno in $\mathcal{F}_A$ coordinate $[0, 1], [1, 0]$ rispettivamente, mentre le rette $l, f(l)$ hanno in $\mathcal{F}_B$ coordinate $[0, 1], [1, 0]$ rispettivamente.

Dunque f nelle coordinate scelte può essere rappresentata da $M = \begin{pmatrix} 0 & \lambda \\ 1 & 0 \end{pmatrix}$ per qualche $\lambda \in \mathbb{K}^*$. Perciò, se $r \in \mathcal{F}_A$ è la generica retta di equazione $ax_1 + bx_2 = 0$, allora la retta $f(r)$ ha equazione $\lambda b x_0 + a x_2 = 0$. Ne segue $r \cap f(r) = [a^2, \lambda b^2, -\lambda ab]$, per cui $\mathcal{Q} = \{[a^2, \lambda b^2, -\lambda ab] \mid [a, b] \in \mathbb{P}^1(\mathbb{K})\}$.

Poiché $\lambda(a^2)(\lambda b^2) = (-\lambda ab)^2$, l'insieme $\mathcal{Q}$ è contenuto nel supporto della conica C di equazione $F(x_0, x_1, x_2) = \lambda x_0 x_1 - x_2^2 = 0$. Inoltre, se $T = [y_0, y_1, y_2] \in C$ si possono verificare i seguenti casi:

(i) se $y_2 = 0$, si ha $T = [1, 0, 0] = A = f^{-1}(l) \cap f(f^{-1}(l)) \in \mathcal{Q}$ oppure $T = [0, 1, 0] = B = l \cap f(l) \in \mathcal{Q}$;

(ii) se $y_2 \neq 0$, allora $y_0 \neq 0$ e, se $a \neq 0$ è tale che $a^2 = y_0$ e $b = -\dfrac{y_2}{\lambda a}$, allora $T = [a^2, \lambda b^2, -\lambda ab] \in \mathcal{Q}$.

Si ha dunque $C \subseteq \mathcal{Q}$, per cui $\mathcal{Q} = C$.

Per concludere è ora sufficiente osservare che C è non degenere, e che $\nabla F(1, 0, 0) = (0, \lambda, 0)$, $\nabla F(0, 1, 0) = (\lambda, 0, 0)$, per cui le tangenti a C in A, B sono effettivamente $f^{-1}(l)$ e $f(l)$.

Nota. Il punto (c) dell'Esercizio 2.43 considera il caso in cui la retta l è invariante per l'isomorfismo f; in tal caso l'insieme $\mathcal{Q}$ è ancora una conica ma degenere.

Esercizio 4.45

Siano C una conica non degenere di $\mathbb{P}^2(\mathbb{C})$ e f una proiettività di $\mathbb{P}^2(\mathbb{C})$ tale che $f(C) = C$. Si mostri che esiste $P \in C$ tale che $f(P) = P$.

Soluzione   Per quanto visto in 1.2.5, esiste un punto $Q \in \mathbb{P}^2(\mathbb{C})$ tale che $f(Q) = Q$. Se $Q \in C$ abbiamo la tesi, per cui possiamo supporre $Q \notin C$. La proiettività f induce una proiettività del fascio $\mathcal{F}_Q$ di centro Q, e tale proiettività, essendo $\mathcal{F}_Q$ uno spazio proiettivo complesso, ammette a sua volta un punto fisso. Esiste pertanto una retta $r \in \mathcal{F}_Q$ tale che $f(r) = r$. Se r è tangente a C, detto P il punto di intersezione tra r e C si ha $f(P) = f(C \cap r) = C \cap r = P$, da cui la tesi.

Supponiamo perciò che r intersechi C in due punti distinti A, B. Si ha allora $f(\{A, B\}) = f(C \cap r) = C \cap r = \{A, B\}$, per cui $f(A) = A$ e $f(B) = B$, oppure $f(A) = B$ e $f(B) = A$. In ogni caso si ha $f^2(A) = A$ e $f^2(B) = B$. Sia ora $s = \mathrm{pol}_C(Q)$ e siano C, D i punti di intersezione tra s e C (tali punti sono distinti in quanto $Q \notin C$). Poiché $f(C) = C$ e $f(Q) = Q$, si ha $f(s) = s$ per cui ragionando come sopra si ottiene

$f^2(C) = C, f^2(D) = D$. Inoltre i punti A, B, C, D sono distinti e, giacendo su una conica non degenere, costituiscono un sistema di riferimento proiettivo di $\mathbb{P}^2(\mathbb{C})$. Dal Teorema fondamentale delle trasformazioni proiettive segue allora $f^2 = \mathrm{Id}$. Con riferimento alla soluzione dell'Esercizio 2.44 è ora immediato verificare che f è una proiettività di tipo (b), per cui esiste una retta di punti fissi per f. Tale retta interseca C almeno in un punto, per cui esiste su C almeno un punto lasciato fisso da f.

Esercizio 4.46

Sia C una conica non degenere di $\mathbb{P}^2(\mathbb{K})$, sia P un punto di C e sia $r = \mathrm{pol}_C(P)$. Sia infine $g : r \to r$ una proiettività tale che $g(P) = P$. Si mostri che esiste un'unica proiettività $f : \mathbb{P}^2(\mathbb{K}) \to \mathbb{P}^2(\mathbb{K})$ tale che $f(C) = C, f(r) = r$ e $f|_r = g$.

Soluzione   Siano A_1, A_2 punti distinti di $r \setminus \{P\}$, e per $i = 1, 2$ sia A_i' il punto di intersezione tra C e la tangente a C diversa da r e uscente da A_i, ovvero il punto definito dalla condizione $\{A_i'\} = (\mathrm{pol}_C(A_i) \cap C) \setminus \{P\}$ (cfr. Fig. 4.14). Siano poi $B_1 = g(A_1)$ e $B_2 = g(A_2)$, e analogamente a quanto appena descritto si considerino i punti $B_1', B_2' \in C$ definiti da $\{B_i'\} = (\mathrm{pol}_C(B_i) \cap C) \setminus \{P\}$.

Mostriamo ora che una proiettività $f : \mathbb{P}^2(\mathbb{K}) \to \mathbb{P}^2(\mathbb{K})$ verifica quanto richiesto nell'enunciato se e solo se $f(C) = C, f(P) = P, f(A_1') = B_1'$ e $f(A_2') = B_2'$. La tesi sarà allora una conseguenza del punto (a) dell'Esercizio 4.24.

Se $f : \mathbb{P}^2(\mathbb{K}) \to \mathbb{P}^2(\mathbb{K}$ verifica le richieste del testo, si ha necessariamente $f(C) = C$ e $f(P) = g(P) = P$. Si ha inoltre $f(A_i) = g(A_i) = B_i$ per $i = 1, 2$, per cui f porta $L(A_i, A_i')$ nella tangente a $f(C) = C$ uscente da $f(A_i) = B_i$ e diversa da $f(r) = r$. Per costruzione, tale tangente è data dalla retta $L(B_i, B_i')$, per cui si ha $f(A_i') = f(L(A_i, A_i') \cap C) = L(B_i, B_i') \cap C = B_i'$, come voluto.

Supponiamo viceversa che si abbia $f(C) = C, f(P) = P, f(A_1') = B_1'$ e $f(A_2') = B_2'$. Si ha allora $f(r) = f(\mathrm{pol}_C(P)) = \mathrm{pol}_{f(C)}(f(P)) = \mathrm{pol}_C(P) = r$. Per $i = 1, 2$ si ha analogamente $f(L(A_i, A_i')) = f(\mathrm{pol}_C(A_i')) = \mathrm{pol}_C(B_i') = L(B_i, B_i')$, per cui $f(A_i) = f(r \cap L(A_i, A_i')) = r \cap L(B_i, B_i') = B_i$. Ne segue che le proiettività $f|_r$ e g coincidono sui tre punti distinti P, A_1, A_2, e sono pertanto uguali grazie al Teorema fondamentale delle trasformazioni proiettive.

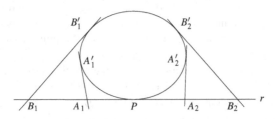

Figura 4.14. La costruzione descritta nella soluzione dell'Esercizio 4.46

Esercizio 4.47

Sia $\mathcal{F}$ un fascio di coniche degeneri di $\mathbb{P}^2(\mathbb{C})$ tale che non esiste una retta che sia componente irriducibile di tutte le coniche del fascio. Si provi che il luogo dei punti base di $\mathcal{F}$ è formato da un solo punto e che il fascio contiene esattamente due coniche doppiamente degeneri.

Soluzione   Osserviamo innanzi tutto che $\mathcal{F}$ può contenere al più due coniche doppiamente degeneri. Infatti, siano $\mathcal{C}_1 = 2r$ e $\mathcal{C}_2 = 2s$, con r e s rette, due tali coniche di $\mathcal{F}$. In un sistema di coordinate omogenee in cui r ha equazione $x_0 = 0$ e s ha equazione $x_1 = 0$, la generica conica $\mathcal{C}_{\lambda,\mu} \in \mathcal{F}$ è data dall'equazione $\lambda x_0^2 + \mu x_1^2 = 0$, $[\lambda, \mu] \in \mathbb{P}^1(\mathbb{C})$. È immediato verificare che $\mathcal{C}_{\lambda,\mu}$ è doppiamente degenere se e solo se $[\lambda, \mu] \in \{[1, 0], [0, 1]\}$, cioè se e solo se $\mathcal{C}_{\lambda,\mu} \in \{\mathcal{C}_1, \mathcal{C}_2\}$.

Dimostriamo ora che $\mathcal{F}$ ha un solo punto base. Per quanto osservato sopra, possiamo scegliere come generatrici del fascio due coniche semplicemente degeneri, $\mathcal{C}_1 = r_1 + r_2$ e $\mathcal{C}_2 = s_1 + s_2$, con r_1, r_2, s_1, s_2 rette distinte. Siano $A = r_1 \cap r_2$ il punto singolare di $\mathcal{C}_1$ e $B = s_1 \cap s_2$ il punto singolare di $\mathcal{C}_2$. Se $A = B$, il fascio ha un solo punto base, come richiesto. Poiché per ipotesi $\mathcal{C}_1$ e $\mathcal{C}_2$ non hanno componenti in comune, se A e B sono distinti, a meno di scambiare $\mathcal{C}_1$ e $\mathcal{C}_2$, possiamo supporre che A non appartenga al supporto di $\mathcal{C}_2$. Distinguiamo quindi due casi, a seconda che B appartenga o meno al supporto di $\mathcal{C}_1$.

Nel primo caso possiamo supporre, ad esempio, che B appartenga a r_1. Se $P_1 = r_2 \cap s_1$ e $P_2 = r_2 \cap s_2$, è immediato verificare che B, P_1 e P_2 sono in posizione generale e $P_1, P_2 \notin r_1$. Tutte le coniche di $\mathcal{F}$ passano per B, P_1 e P_2 e sono tangenti in B a r_1; quindi, per l'Esercizio 4.2, $\mathcal{F}$ coincide con il fascio delle coniche che soddisfano tali condizioni lineari. Siamo cioè nel caso (b) di 1.9.7 e $\mathcal{F}$ contiene solo due coniche degeneri, contro l'ipotesi.

Nel secondo caso $\mathcal{C}_1$ e $\mathcal{C}_2$ si intersecano in quattro punti P_1, P_2, P_3, P_4 in posizione generale e quindi $\mathcal{F}$ è il fascio delle coniche per P_1, P_2, P_3, P_4. Siamo cioè nel caso (a) di 1.9.7 e $\mathcal{F}$ contiene solo tre coniche degeneri, contro l'ipotesi.

Abbiamo quindi dimostrato che $\mathcal{F}$ ha un solo punto base A. Fissiamo un sistema di coordinate omogenee x_0, x_1, x_2 di $\mathbb{P}^2(\mathbb{C})$ tale che $A = [1, 0, 0]$ e $[0, 1, 0] \in r_1$, $[0, 0, 1] \in r_2$ e $[1, 1, 1] \in s_1$. In un tale sistema di coordinate $\mathcal{C}_1$ è definita da $x_1 x_2 = 0$ e $\mathcal{C}_2$ è definita da $(x_1 - x_2)(x_1 + \alpha x_2)$, con $\alpha \neq 0, -1$. La generica conica $\mathcal{C}_{\lambda,\mu}$ di $\mathcal{F}$ è allora rappresentata, al variare di $[\lambda, \mu] \in \mathbb{P}^1(\mathbb{C})$, dalla matrice $M_{\lambda,\mu} =$
$$\begin{pmatrix} 0 & 0 & 0 \\ 0 & 2\mu & \lambda + \mu(\alpha - 1) \\ 0 & \lambda + \mu(\alpha - 1) & -2\mu\alpha \end{pmatrix}$$
, che ha rango uguale a 1 se e solo se $\lambda^2 + (\alpha + 1)^2\mu^2 + 2(\alpha - 1)\lambda\mu = 0$. L'uguaglianza appena scritta, considerata come equazione nell'incognita $[\lambda, \mu] \in \mathbb{P}^1(\mathbb{C})$, ammette due soluzioni distinte, in quanto $(\alpha - 1)^2 - (\alpha + 1)^2 = -4\alpha \neq 0$. Dunque $\mathcal{F}$ contiene esattamente due coniche doppiamente degeneri, come voluto.

Esercizio 4.48

Sia Q una quadrica non degenere di $\mathbb{P}^n(\mathbb{K})$ e sia H un iperpiano. Allora $Q \cap H$ è una quadrica degenere di H se e solo se H è tangente a Q in un punto P. Inoltre, in tal caso la quadrica $Q \cap H$ ha rango $n - 1$ e ha P come unico punto singolare.

Soluzione La prima asserzione della tesi segue subito dal fatto che $Q \cap H$ è una quadrica degenere di H se e solo se essa è singolare e, per l'Esercizio 3.6, ciò accade se e solo se l'iperpiano H è tangente a Q in un punto P.

In tal caso possiamo scegliere un sistema di coordinate in $\mathbb{P}^n(\mathbb{K})$ in cui $H = \{x_0 = 0\}$ e $P = [0, \ldots, 0, 1]$. Se in tali coordinate Q ha equazione ${}^tXAX = 0$, dove A è una matrice simmetrica, la quadrica $Q \cap H$ è rappresentata dalla matrice $c_{0,0}(A)$ (cfr. 1.1 per la definizione di $c_{0,0}(A)$). Essendo H tangente a Q in P, allora $\mathrm{pol}(P) = H$ e dunque $a_{n,1} = \ldots = a_{n,n} = 0$ e $a_{n,0} \neq 0$, ossia la matrice simmetrica A è del tipo

$$
A = \begin{pmatrix}
a_{0,0} & & \cdots & & a_{n,0} \\
a_{1,0} & & & & 0 \\
\vdots & & B & & \vdots \\
a_{n-1,0} & & & & 0 \\
a_{n,0} & 0 & \cdots & 0 & 0
\end{pmatrix}
$$

con B matrice (simmetrica) di ordine $n - 1$. Poiché $\det A = -a_{n,0}^2 \det B$ e $\det A \neq 0$, segue che $\det B \neq 0$ e quindi $\mathrm{rk}(c_{0,0}(A)) = n - 1$. Di conseguenza $\mathrm{Sing}(Q \cap H)$ è costituito da un solo punto; poiché $(0, \ldots, 0, 1) \in \mathbb{K}^n$ appartiene al nucleo di $c_{0,0}(A)$, allora $\mathrm{Sing}(Q \cap H) = \{P\}$.

Esercizio 4.49

Sia Q una quadrica di rango r di $\mathbb{P}^n(\mathbb{K})$ e sia $P \in \mathbb{P}^n(\mathbb{K}) \setminus Q$. Si provi che, se $r = 1$, allora $Q = 2\,\mathrm{pol}(P)$, e che, se $r > 1$, allora la quadrica $Q' = Q \cap \mathrm{pol}(P)$ di $\mathrm{pol}(P)$ ha rango $r - 1$.

Soluzione Poiché $P \notin Q$, il sottospazio $\mathrm{pol}(P)$ è un iperpiano che non contiene P. Esistono allora coordinate omogenee su $\mathbb{P}^n(\mathbb{K})$ tali che $P = [1, 0, \ldots, 0]$ e $\mathrm{pol}(P) = \{x_0 = 0\}$. In questo sistema di coordinate Q è rappresentata da una matrice della forma $A = \left(\begin{array}{c|c} a_{0,0} & 0 \\ \hline 0 & C \end{array} \right)$, dove C è una matrice simmetrica di ordine n e $a_{0,0} \in \mathbb{K}^*$. Dato che $r = \mathrm{rk}(A) = \mathrm{rk}(C) + 1$, si ha $C = 0$ se e solo se $r = 1$, e in tal caso $Q = 2\,\mathrm{pol}(P)$. Per $r > 1$, la matrice C definisce la quadrica Q' in $\mathrm{pol}(P)$, che ha quindi rango $r - 1$.

Esercizio 4.50

Sia Q una quadrica di $\mathbb{P}^n(\mathbb{K})$, sia $H \subset \mathbb{P}^n(\mathbb{K})$ un iperpiano non contenuto in Q e sia Q' la quadrica $Q \cap H$ di H. Si provi che per ogni $P \in H$ si ha $\mathrm{pol}_{Q'}(P) = \mathrm{pol}_Q(P) \cap H$.

Soluzione È possibile scegliere coordinate omogenee $x_0, \ldots, x_n$ tali che $P = [1, 0, \ldots, 0]$ e $H = \{x_n = 0\}$. Se $A = (a_{i,j})_{i,j=0,\ldots,n}$ è una matrice simmetrica che rappresenta Q, allora $\mathrm{pol}_Q(P)$ ha equazione $\sum_{i=0}^n a_{0,i} x_i = 0$. Nelle coordinate $x_0, \ldots, x_{n-1}$ indotte su H, Q' è definita dalla matrice $A' = c_{n,n}(A)$, ottenuta da A cancellando l'ultima riga e l'ultima colonna (tale matrice è non nulla in quanto $H \not\subseteq Q$), e dunque $\mathrm{pol}_{Q'}(P)$ è il sottospazio di H definito dall'equazione $\sum_{i=0}^{n-1} a_{0,i} x_i = 0$ e coincide quindi con $H \cap \mathrm{pol}_Q(P)$.

Esercizio 4.51 (Costruzione di un $(n+1)$-edro autopolare)

Sia Q una quadrica di rango r di $\mathbb{P}^n(\mathbb{K})$ e siano $P_0, \ldots, P_k \in \mathbb{P}^n(\mathbb{K}) \setminus Q$ punti tali che P_i e P_j sono coniugati rispetto a Q per ogni $i \neq j$ con $0 \leq i,j \leq k$. Si mostri che:

(a) $P_0, \ldots, P_k$ sono linearmente indipendenti e $k+1 \leq r$.

(b) Gli iperpiani $\mathrm{pol}(P_0), \ldots, \mathrm{pol}(P_k)$ sono indipendenti e $L(P_0, \ldots, P_k) \cap \mathrm{pol}(P_0) \cap \cdots \cap \mathrm{pol}(P_k) = \emptyset$.

(c) Esistono $P_{k+1}, \ldots, P_n \in \mathbb{P}^n(\mathbb{K})$ tali che $P_0, \ldots, P_k, P_{k+1}, \ldots, P_n$ sono i vertici di un $(n+1)$-edro autopolare per Q.

Soluzione (a) Osserviamo che per ogni $i \in \{0, \ldots, k\}$ il sottospazio $S_i = L(P_0, \ldots, P_{i-1}, P_{i+1}, \ldots P_k)$ è contenuto in $\mathrm{pol}(P_i)$. Dato che per ipotesi $P_i \notin Q$, si ha che $\mathrm{pol}(P_i)$ è un iperpiano e $P_i \notin \mathrm{pol}(P_i)$; a maggior ragione, $P_i \notin S_i$. Questa osservazione mostra che $P_0, \ldots, P_k$ sono indipendenti. Completiamo $P_0, \ldots, P_k$ a un riferimento proiettivo $P_0, \ldots P_k, Q_{k+1}, \ldots, Q_{n+1}$. Una matrice A che definisce Q nel sistema di coordinate omogenee corrispondente ha la forma $A = \left(\begin{array}{c|c} D & {}^tB \\ \hline B & C \end{array} \right)$, dove D è una matrice simmetrica di ordine $k+1$, C è una matrice simmetrica di ordine $n-k$ e B è una matrice $(n-k) \times (k+1)$. Dato che i punti $P_0, \ldots, P_k$ non appartengono a Q e sono a due a due coniugati, si verifica facilmente che $D = \mathrm{diag}(d_0, \ldots, d_k)$ è una matrice diagonale con tutti gli elementi d_i sulla diagonale non nulli. Quindi $r = \mathrm{rk}\, A \geq \mathrm{rk}\, D = k+1$.

(b) Nel sistema di coordinate usato nella soluzione di (a) il punto dello spazio duale $\mathbb{P}^n(\mathbb{K})^*$ corrispondente a $\mathrm{pol}(P_i)$, $i = 0, \ldots, k$, è rappresentato dalla i-sima colonna di A. Poiché, come abbiamo visto, le prime $k+1$ colonne di A sono indipendenti, anche $\mathrm{pol}(P_0), \ldots, \mathrm{pol}(P_k)$ sono indipendenti. Il sottospazio $L(P_0, \ldots, P_k)$ è definito da $x_{k+1} = \cdots = x_n = 0$ e il sottospazio $L(P_0, \ldots, P_k) \cap \mathrm{pol}(P_0) \cap \cdots \cap \mathrm{pol}(P_k)$ è definito in $L(P_0, \ldots, P_k)$ dalle equazioni $d_0 x_0 = \cdots = d_k x_k = 0$ ed è quindi vuoto.

(c) Denotiamo con T il sottospazio proiettivo $\mathrm{pol}(P_0) \cap \cdots \cap \mathrm{pol}(P_k)$, che per il punto (b) ha dimensione $n - k - 1$ e non interseca $L(P_0, \ldots, P_k)$. Per reciprocità, $\mathrm{Sing}(\mathcal{Q})$ è contenuto nello spazio polare di qualsiasi punto di $\mathbb{P}^n(\mathbb{K})$, per cui $\mathrm{Sing}(\mathcal{Q}) \subseteq T$. Inoltre, dalla formula di Grassmann segue che $\dim L(L(P_0, \ldots, P_k), T) = \dim T + k + 1 = n$, dunque $L(L(P_0, \ldots, P_k), T) = \mathbb{P}^n(\mathbb{K})$.

Procediamo per induzione su $m = r - k - 1$, che per il punto (a) è un intero non negativo.

Per $m = 0$, mostriamo che, scelti comunque punti $P_{k+1}, \ldots, P_n \in T$ indipendenti, i punti $P_0, \ldots, P_k, P_{k+1}, \ldots, P_n$ formano un $(n+1)$-edro autopolare. Per quanto osservato sopra, si ha $L(P_0, \ldots, P_k, P_{k+1}, \ldots, P_n) = L(L(P_0, \ldots, P_k), T) = \mathbb{P}^n(\mathbb{K})$, per cui i punti $P_0, \ldots, P_n$ sono indipendenti. Notiamo inoltre che, poiché $m = r - k - 1 = 0$, i sottospazi proiettivi $\mathrm{Sing}(\mathcal{Q})$ e T hanno la stessa dimensione, per cui si ha $\mathrm{Sing}(\mathcal{Q}) = T$. Siano allora i, j tali che $1 \leq i < j \leq n$. Se $j \leq k$ (e quindi anche $i \leq k$), i punti P_i e P_j sono coniugati per ipotesi, mentre se $j > k$ si ha $P_j \in T = \mathrm{Sing}(\mathcal{Q})$, per cui $\mathrm{pol}(P_j) = \mathbb{P}^n(\mathbb{K})$ ed i punti P_i, P_j sono coniugati.

Sia ora $m > 0$, e mostriamo innanzi tutto che $T \nsubseteq \mathcal{Q}$. Supponiamo per assurdo che si abbia $T \subseteq \mathcal{Q}$ e sia $P \in T$ un punto fissato. Per ogni $P' \in T$ si ha allora $L(P, P') \subseteq T \subseteq \mathcal{Q}$, da cui $L(P, P') \subseteq T_P(\mathcal{Q}) = \mathrm{pol}(P)$ e $T \subseteq \mathrm{pol}(P)$ per arbitrarietà di P'. D'altronde, per reciprocità si ha anche $P_i \in \mathrm{pol}(P)$ per ogni $i = 0, \ldots, k$, per cui $\mathrm{pol}(P) \supseteq T \cup \{P_0, \ldots, P_k\}$ e $\mathrm{pol}(P) \supseteq L(T, L(P_0, \ldots, P_k)) = \mathbb{P}^n(\mathbb{K})$. Se ne deduce che $P \in \mathrm{Sing}(\mathcal{Q})$, per cui $T \subseteq \mathrm{Sing}(\mathcal{Q})$ per arbitrarietà di P (e dunque $T = \mathrm{Sing}(\mathcal{Q})$ per quanto osservato all'inizio della dimostrazione di (c)). Ciò implica infine $n - r = \dim \mathrm{Sing}(\mathcal{Q}) = \dim T = n - k - 1$, il che contraddice l'ipotesi $m = r - k - 1 > 0$.

Abbiamo così mostrato che $T \setminus \mathcal{Q}$ non è vuoto, e contiene pertanto un punto P_{k+1}. Allora P_{k+1} è coniugato con $P_0, \ldots, P_k$ e, per l'ipotesi induttiva, esistono $P_{k+2}, \ldots P_n \in \mathbb{P}^n(\mathbb{K})$ tali che $P_0, \ldots P_n$ è un $(n+1)$-edro autopolare.

Esercizio 4.52

Sia $\mathcal{Q}$ una quadrica di $\mathbb{P}^n(\mathbb{K})$ e siano $P_1, P_2 \in \mathbb{P}^n(\mathbb{K}) \setminus \mathrm{Sing}(\mathcal{Q})$ punti distinti. Si provi che $\mathrm{pol}(P_1) = \mathrm{pol}(P_2)$ se e solo se $L(P_1, P_2) \cap \mathrm{Sing}(\mathcal{Q}) \neq \emptyset$.

Soluzione 1   Siano $v_1, v_2 \in \mathbb{K}^{n+1} \setminus \{0\}$ vettori tali che $P_i = [v_i]$, $i = 1, 2$. Poiché per ipotesi $P_1, P_2 \notin \mathrm{Sing}(\mathcal{Q})$, per $i = 1, 2$ $\mathrm{pol}(P_i)$ è l'iperpiano definito da ${}^t v_i A X = 0$. Quindi, se $\mathrm{pol}(P_1) = \mathrm{pol}(P_2)$ esiste $\lambda \in \mathbb{K}^*$ tale che $A v_1 = \lambda A v_2$. Il vettore $w = v_1 - \lambda v_2$ non è nullo, perché v_1, v_2 rappresentano punti distinti di $\mathbb{P}^n(\mathbb{K})$ e sono dunque indipendenti. Il punto $Q = [w]$ è singolare per $\mathcal{Q}$, dato che $Aw = 0$, e appartiene alla retta $L(P_1, P_2)$.

Viceversa, supponiamo che esista $Q \in L(P_1, P_2) \cap \mathrm{Sing}(\mathcal{Q})$ e sia $w \in \mathbb{K}^{n+1} \setminus \{0\}$ un vettore tale che $Q = [w]$. Dato che per ipotesi Q, P_1 e P_2 sono distinti, esistono $\lambda_1, \lambda_2 \in \mathbb{K}^*$ tali che $w = \lambda_1 v_1 + \lambda_2 v_2$. Moltiplicando a sinistra per A otteniamo $0 = Aw = \lambda_1 A v_1 + \lambda_2 A v_2$, cioè $A v_1 = -\frac{\lambda_2}{\lambda_1} A v_2$. Di conseguenza si ha $\mathrm{pol}(P_1) = \mathrm{pol}(P_2)$.

Soluzione 2 Poiché pol$\colon \mathbb{P}^n(\mathbb{K}) \setminus \mathrm{Sing}(\mathcal{Q}) \to \mathbb{P}^n(\mathbb{K})^*$ è una trasformazione proiettiva eventualmente degenere, se $L(P_1, P_2) \cap \mathrm{Sing}(\mathcal{Q}) = \emptyset$ la restrizione di pol a $L(P_1, P_2)$ è una trasformazione proiettiva non degenere, ed è pertanto iniettiva, per cui $\mathrm{pol}(P_1) \neq \mathrm{pol}(P_2)$.

Viceversa, se $L(P_1, P_2) \cap \mathrm{Sing}(\mathcal{Q}) \neq \emptyset$, allora $L(P_1, P_2) \cap \mathrm{Sing}(\mathcal{Q})$ è un punto. Per quanto visto nell'Esercizio 2.28 l'immagine di $L(P_1, P_2) \setminus \mathrm{Sing}(\mathcal{Q})$ tramite l'applicazione pol è un sottospazio proiettivo di $\mathbb{P}^n(\mathbb{K})^*$ di dimensione

$$\dim L(P_1, P_2) - \dim(L(P_1, P_2) \cap \mathrm{Sing}(\mathcal{Q})) - 1 = 1 - 0 - 1 = 0,$$

cioè un punto. Ne segue in particolare che $\mathrm{pol}(P_1) = \mathrm{pol}(P_2)$.

Esercizio 4.53

Sia $\mathcal{Q}$ una quadrica non degenere e non vuota di $\mathbb{P}^3(\mathbb{K})$. Si provi che vale una delle affermazioni seguenti:

(i) per ogni $P \in \mathcal{Q}$ l'insieme $\mathcal{Q} \cap T_P(\mathcal{Q})$ è unione di due rette distinte che si intersecano in P;

(ii) per ogni $P \in \mathcal{Q}$ si ha $\mathcal{Q} \cap T_P(\mathcal{Q}) = \{P\}$.

(Ricordiamo che $\mathcal{Q}$ si dice iperbolica nel caso (i) ed ellittica nel caso (ii), e che il caso (ii) può presentarsi solo se $\mathbb{K} = \mathbb{R}$ – cfr. 1.8.4.)

Soluzione Sia $P \in \mathcal{Q}$ un punto. Poiché $\mathcal{Q}$ è non degenere, per l'Esercizio 4.48 la conica $\mathcal{C}_P = \mathcal{Q} \cap T_P(\mathcal{Q})$ è singolare in P e ha rango due. Quindi il supporto di $\mathcal{C}_P$ è l'unione di due rette distinte passanti per P, ed in tal caso P si dice iperbolico, oppure è ridotto al solo punto P, ed in tal caso P si dice ellittico (cfr. 1.8.4).

Verifichiamo che i punti di $\mathcal{Q}$ sono tutti iperbolici (e si ha allora il caso (i) dell'enunciato) oppure tutti ellittici (e si ha allora il caso (ii)). Se $\mathcal{Q}$ non contiene rette, si ha ovviamente il caso (ii). Possiamo quindi supporre che $\mathcal{Q}$ contenga una retta r. Per ogni punto $P \in r$, la retta r è contenuta in $T_P(\mathcal{Q})$, e dunque anche in $\mathcal{C}_P$, che è quindi unione di due rette per P. Se invece $P \in \mathcal{Q} \setminus r$, esiste almeno un punto $R \in r \cap T_P(\mathcal{Q})$. Poiché $R \neq P$ e $R \in \mathcal{C}_P$, possiamo concludere che $\mathcal{C}_P$ è unione di due rette passanti per P, e si ha dunque il caso (i).

Descriviamo un modo alternativo per dimostrare che $\mathcal{Q}$ non può contenere sia punti iperbolici sia punti ellittici. Se $\mathcal{Q}$ contenesse un punto P ellittico e un punto R iperbolico, allora $\mathcal{Q} \cap \mathrm{pol}_{\mathcal{Q}}(P) = \{P\}$ e $\mathcal{Q} \cap \mathrm{pol}_{\mathcal{Q}}(R) = r_1 \cup r_2$ con r_1, r_2 rette distinte incidenti in R. Poiché $R \notin \mathrm{pol}_{\mathcal{Q}}(P)$, allora $\mathrm{pol}_{\mathcal{Q}}(P)$ interseca $r_1 \cup r_2$ (e quindi $\mathcal{Q}$) in almeno due punti, in contraddizione col fatto che P fosse ellittico.

Esercizio 4.54

Sia Q una quadrica di $\mathbb{P}^3(\mathbb{K})$ di rango 3. Si provi che, per ogni punto liscio $P \in Q$, la conica $Q \cap T_P(Q)$ è una retta doppia.
(Ricordiamo che, in tal caso, se $Q \setminus \text{Sing}(Q) \neq \emptyset$, Q si dice parabolica – cfr. 1.8.4.)

Soluzione   Avendo rango 3, la quadrica Q ha un unico punto singolare R, e si ha ovviamente $\text{pol}(R) = \mathbb{P}^3(\mathbb{K})$. Sia $P \in Q$ un punto liscio. Per reciprocità si ha $R \in \text{pol}(P) = T_P(Q)$. Per l'Esercizio 3.6, la conica $Q \cap T_P(Q)$ è singolare sia in P che in R, ed è quindi uguale a $2L(P, R)$.

Esercizio 4.55

Si provi che:

(a) *La quadrica Q di $\mathbb{P}^3(\mathbb{C})$ di equazione $x_0^2 + x_1^2 + x_2^2 + x_3^2 = 0$ è iperbolica.*
(b) *La quadrica Q di $\mathbb{P}^3(\mathbb{C})$ di equazione $x_0^2 + x_1^2 + x_2^2 = 0$ è parabolica.*
(c) *La quadrica Q di $\mathbb{P}^3(\mathbb{R})$ di equazione $x_0^2 + x_1^2 + x_2^2 - x_3^2 = 0$ è ellittica.*
(d) *La quadrica Q di $\mathbb{P}^3(\mathbb{R})$ di equazione $x_0^2 + x_1^2 - x_2^2 - x_3^2 = 0$ è iperbolica.*
(e) *La quadrica Q di $\mathbb{P}^3(\mathbb{R})$ di equazione $x_0^2 + x_1^2 - x_2^2 = 0$ è parabolica.*

Soluzione   È immediato innanzi tutto verificare che la quadrica Q è non degenere nei casi (a), (c) e (d), e ha rango 3 nei casi (b) e (e). In particolare, la quadrica Q è comunque irriducibile. Pertanto, per l'Esercizio 4.54, nei casi (b) ed (e) è sufficiente verificare che Q contiene un punto liscio; in effetti nel caso (b) tale verifica è superflua, in quanto Q ha un solo punto singolare e il supporto di una quadrica complessa è infinito. Inoltre, quanto affermato in (a) è conseguenza del fatto che tutte le quadriche non degeneri di $\mathbb{P}^3(\mathbb{C})$ sono iperboliche (cfr. Esercizio 4.53). Nei casi (c) e (d), invece, per decidere se Q è iperbolica o ellittica è sufficiente scegliere un punto $P \in Q$ e determinare il supporto della conica $Q \cap T_P(Q)$ (cfr. Esercizio 4.53).

(a) Come sopra ricordato, tutte le quadriche non degeneri di $\mathbb{P}^3(\mathbb{C})$ sono iperboliche. Scegliamo comunque a titolo di esempio il punto $P = [1, 0, 0, i] \in Q$, e verifichiamo che la conica $Q \cap T_P(Q)$ è costituita da due rette distinte che si intersecano in P. Il piano $T_P(Q)$ è dato da $x_0 + ix_3 = 0$, e la conica $Q \cap T_P(Q)$ è definita in $T_P(Q)$ dall'equazione $x_1^2 + x_2^2 = 0$, il cui supporto è l'unione delle rette $x_1 + ix_2 = 0$ e $x_1 - ix_2 = 0$.

(b) Come sopra osservato, è sufficiente verificare che Q ha almeno un punto liscio. Scegliamo per esempio $P = [1, 0, i, 0] \in Q$. Allora $T_P(Q)$ è definito dall'equazione $x_0 + ix_2 = 0$, per cui P è liscio. Inoltre, la conica $Q \cap T_P(Q)$ è definita in $T_P(Q)$ dall'equazione $x_1^2 = 0$, ed è in effetti una retta doppia.

(c) Scegliamo $P = [1, 0, 0, 1] \in Q$. Il piano $T_P(Q)$ è dato da $x_0 - x_3 = 0$, e la conica $Q \cap T_P(Q)$ è definita in $T_P(Q)$ dall'equazione $x_1^2 + x_2^2 = 0$, il cui supporto è il punto P.

(d) Scegliamo $P = [1, 0, 0, 1] \in Q$. Il piano $T_P(Q)$ è dato da $x_0 - x_3 = 0$, e la conica $Q \cap T_P(Q)$ è definita in $T_P(Q)$ dall'equazione $x_1^2 - x_2^2 = 0$, il cui supporto è l'unione delle rette $x_1 + x_2 = 0$ e $x_1 - x_2 = 0$.

(e) Come nel caso (b), è sufficiente verificare che Q ha almeno un punto liscio. Se $P = [1, 0, 1, 0] \in Q$, lo spazio tangente $T_P(Q)$ è definito da $x_0 - x_2 = 0$, per cui P è liscio. Inoltre, la conica $Q \cap T_P(Q)$ è definita in $T_P(Q)$ dall'equazione $x_1^2 = 0$, ed è in effetti una retta doppia.

Esercizio 4.56

Sia Q una quadrica non degenere e non vuota di $\mathbb{P}^3(\mathbb{R})$. Si provi che esiste un piano H di $\mathbb{P}^3(\mathbb{R})$ esterno a Q se e solo se Q è una quadrica ellittica.

Soluzione Supponiamo che Q non sia ellittica. Per l'Esercizio 4.53, la quadrica Q è iperbolica e, dato un punto $P \in Q$, si ha $Q \cap T_P(Q) = r \cup s$, dove r e s sono rette distinte. Allora per ogni piano H di $\mathbb{R}^3$, l'insieme $Q \cap H$ contiene $H \cap (r \cup s)$ ed è quindi non vuoto. Non esistono dunque piani esterni a Q.

Viceversa, sia Q una quadrica ellittica. È possibile scegliere coordinate omogenee rispetto alle quali Q sia definita da una delle equazioni descritte nel Teorema 1.8.3. Per l'Esercizio 4.55 possiamo perciò supporre che Q sia definita dall'equazione $x_0^2 + x_1^2 + x_2^2 - x_3^2 = 0$. È allora immediato verificare che il piano H di equazione $x_0 = 2x_3$ è esterno a Q.

Esercizio 4.57

Sia Q una quadrica di $\mathbb{P}^3(\mathbb{K})$ e siano $r, s, t \subset Q$ rette distinte. Si provi che:

(a) Se $r \cap s = s \cap t = r \cap t = \emptyset$, allora Q è non degenere.

(b) Se r, s, t sono complanari, allora Q è riducibile.

(c) Se r, s, t sono incidenti in un punto P e non complanari, allora P è singolare per Q.

(d) Se r e s sono complanari e $r \cap t = s \cap t = \emptyset$, allora Q è riducibile.

Soluzione (a) Supponiamo per assurdo che Q sia singolare. Sia $P \in \text{Sing}(Q)$ un punto. Dato che le rette r, s, t sono a due a due sghembe, possiamo supporre $P \notin r$. Poiché ogni quadrica che possiede un punto singolare è un cono avente tale punto come vertice (cfr. 1.8.3), Q è un cono di vertice P e dunque il piano $H = L(P, r)$ è contenuto nel supporto di Q. Per l'Esercizio 3.5, si ha $Q = H + K$, dove K è un piano. Dato che $r \cap s = r \cap t = \emptyset$, le rette s e t non sono contenute in H. Si ha quindi $s, t \subset K$ e dunque $s \cap t \neq \emptyset$, contro le ipotesi.

(b) Sia H il piano che contiene r, s e t e si osservi che, se si avesse $H \not\subseteq Q$, allora il supporto della conica $Q \cap H$ di H conterrebbe tre rette distinte, il che è assurdo. Dunque H è contenuto nel supporto di Q. Per l'Esercizio 3.5 H è una componente di Q, che è quindi riducibile.

(c) Le tre rette r, s, t, essendo contenute in Q, sono contenute in $T_P(Q)$. Si ha allora $L(r, s, t) \subset T_P(Q)$, da cui $T_P(Q) = \mathbb{P}^3(\mathbb{K})$ in quanto r, s, t non sono complanari. Dunque P è singolare per Q.

(d) Sia H il piano generato da r e s. Se H è contenuto nel supporto di Q, allora Q è riducibile per l'Esercizio 3.5. Altrimenti la conica $C = Q \cap H$ ha come supporto $r \cup s$. Si consideri il punto $R = H \cap t$. Per costruzione, R appartiene a C, ossia a $r \cup s$, contraddicendo così l'ipotesi che $r \cap t = s \cap t = \emptyset$.

Esercizio 4.58 (Rigatura delle quadriche iperboliche)

Sia Q una quadrica non degenere iperbolica di $\mathbb{P}^3(\mathbb{K})$. Si mostri che l'insieme delle rette contenute in Q è unione di due famiglie disgiunte X_1 e X_2 tali che:

(i) per ogni punto di Q passano una retta di X_1 e una retta di X_2;
(ii) due rette della stessa famiglia sono sghembe;
(iii) se $r \in X_1$ e $s \in X_2$, r e s sono incidenti in un punto.

Soluzione 1 Sia P un qualsiasi punto di Q. Per definizione di quadrica iperbolica, l'intersezione di Q con il piano $T_P(Q)$ è una coppia di rette distinte che si intersecano in P, quindi per ogni punto di Q passano due rette distinte r e s e per l'Esercizio 4.57 non esistono altre rette contenute in Q e passanti per P.

Sia $P_0 \in Q$ un punto fissato e siano r_0 e s_0 le due rette passanti per P_0 e contenute in Q. Definiamo X_1 come l'insieme delle rette $r \subset Q$ tali che $r \cap s_0$ è un punto e X_2 come l'insieme delle rette $s \subset Q$ tali che $s \cap r_0$ è un punto.

Supponiamo per assurdo che esista $r \in X_1 \cap X_2$. Per definizione di X_1 e X_2, le rette r, r_0 e s_0 sono distinte e $r \cap r_0 \neq \emptyset$, $r \cap s_0 \neq \emptyset$. Quindi r, r_0 e s_0 o hanno in comune il punto P_0 oppure sono complanari, contraddicendo l'Esercizio 4.57.

Mostriamo ora che per ogni punto P di Q passa una retta di X_1. Se $P \in s_0$, l'affermazione è vera perché esiste una retta $r \neq s_0$ contenuta in Q e passante per P e $r \in X_1$ per definizione. Se $P \notin s_0$, poniamo $H = L(P, s_0)$. La conica $Q \cap H$ contiene s_0 e il punto $P \notin s_0$, quindi è unione di s_0 e di una retta $r \neq s_0$ tale che $P \in r$. Le rette s_0 e r, essendo complanari, sono incidenti, per cui $r \in X_1$. Allo stesso modo si fa vedere che per ogni punto di Q passa una retta di X_2. Notiamo ora che, per i punti (b) e (c) dell'Esercizio 4.57, per ogni punto di Q passano esattamente due rette contenute in Q, per cui $X_1 \cup X_2$ è l'insieme di tutte le rette contenute in Q.

Mostriamo ora che due rette della stessa famiglia sono disgiunte (cioè sghembe). Se per assurdo esistessero due rette incidenti $r, s \in X_1$, allora le tre rette distinte s_0, r, s sarebbero complanari o avrebbero un punto in comune. In entrambi i casi si contraddirebbe l'Esercizio 4.57. Lo stesso argomento mostra che due rette distinte di X_2 sono sghembe.

Supponiamo infine per assurdo che $r \in X_1$ e $s \in X_2$ siano sghembe. Scegliamo $R \in s$ e consideriamo il piano $H = L(r, R)$. La conica $Q \cap H$ è unione di r e di una retta t passante per R (e dunque distinta da r) e distinta da s (in quanto r e s sono sghembe). La retta t non appartiene a X_1, perché è incidente con $r \in X_1$ e distinta da r, e non appartiene a X_2, perché è incidente con $s \in X_2$ e distinta da s. Abbiamo quindi ottenuto una contraddizione al fatto che $X_1 \cup X_2$ è l'insieme di tutte le rette contenute in $\mathcal{Q}$.

Soluzione 2   Dato che tutte le quadriche non degeneri iperboliche sono proiettivamente equivalenti (cfr. Teorema 1.8.3 ed Esercizio 4.55), è sufficiente considerare la quadrica $\mathcal{Q}$ definita da

$$\det \begin{pmatrix} x_0 & x_1 \\ x_2 & x_3 \end{pmatrix} = x_0 x_3 - x_1 x_2 = 0. \tag{4.2}$$

Come affermato in 1.8.4, infatti, $\mathcal{Q}$ è non degenere ed iperbolica: un semplice calcolo mostra che il piano tangente a $\mathcal{Q}$ nel punto $[1,0,0,0]$ è il piano $\{x_3 = 0\}$ che taglia su $\mathcal{Q}$ le rette $r_0 = \{x_3 = x_1 = 0\}$ e $s_0 = \{x_3 = x_2 = 0\}$.

Definiamo X_1 come la famiglia delle rette $r_{[a,b]} = \{[\lambda a, \lambda b, \mu a, \mu b] \mid [\lambda, \mu] \in \mathbb{P}^1(\mathbb{K})\}$, al variare di $[a,b] \in \mathbb{P}^1(\mathbb{K})$. In modo analogo, si definisce X_2 come la famiglia delle rette $s_{[a,b]} = \{[\lambda a, \mu a, \lambda b, \mu b] \mid [\lambda, \mu] \in \mathbb{P}^1(\mathbb{K})\}$, al variare di $[a,b] \in \mathbb{P}^1(\mathbb{K})$. Notiamo che i piani del fascio di centro s_0 intersecano $\mathcal{Q}$, oltre che in s_0, in una retta di X_1. Analogamente, i piani del fascio di centro r_0 intersecano $\mathcal{Q}$, oltre che in r_0, in una retta di X_2.

È immediato verificare, usando le parametrizzazioni, che le rette di X_1 e X_2 sono contenute in $\mathcal{Q}$, che due rette della stessa famiglia sono sghembe e che per ogni $[a,b], [c,d] \in \mathbb{P}^1(\mathbb{K})$ le rette $r_{[a,b]}$ e $s_{[c,d]}$ si intersecano nel punto di coordinate $[ca, cb, da, db]$. Quindi le famiglie X_1 e X_2 sono necessariamente disgiunte.

Mostriamo ora che per ogni punto di $\mathcal{Q}$ passano una retta di X_1 ed una retta di X_2, e che $X_1 \cup X_2$ è l'insieme di tutte le rette contenute in $\mathcal{Q}$.

Sia $P \in \mathcal{Q}$ un punto di coordinate $[\alpha, \beta, \gamma, \delta]$. Se, ad esempio, $\alpha \neq 0$, usando l'equazione (4.2) si verifica facilmente che P appartiene alle rette $r_{[\alpha,\beta]}$ e $s_{[\alpha,\gamma]}$. Se $\alpha = 0$, si ragiona in modo analogo considerando un'altra coordinata di P. Quindi per ogni punto di $\mathcal{Q}$ passano una retta di X_1 e una retta di X_2. Inoltre, poiché ogni retta $r \subset \mathcal{Q}$ è contenuta in $T_P(\mathcal{Q})$ per ogni $P \in r$ e $\mathcal{Q}$ è iperbolica, ogni punto $P \in \mathcal{Q}$ appartiene esattamente a due rette contenute in $\mathcal{Q}$. Di conseguenza, $X_1 \cup X_2$ è l'insieme di tutte le rette contenute in $\mathcal{Q}$.

Esercizio 4.59 ──

Siano r e s due rette di $\mathbb{P}^3(\mathbb{K})$ tali che $r \cap s = \emptyset$ e sia $f : r \to s$ un isomorfismo proiettivo. Si mostri che $X = \bigcup_{P \in r} L(P, f(P))$ è il supporto di una quadrica non degenere di $\mathbb{P}^3(\mathbb{K})$ di tipo iperbolico.

Soluzione   Siano $P_0, P_1 \in r$ punti distinti e siano $P_2 = f(P_0), P_3 = f(P_1)$. I punti $P_0, \ldots, P_3$ sono in posizione generale, quindi possiamo completarli a un riferimento proiettivo $P_0, \ldots, P_4$. Nelle coordinate omogenee $x_0, \ldots, x_3$ di $\mathbb{P}^3(\mathbb{K})$ indotte da questo riferimento, r ha equazioni $x_2 = x_3 = 0$, s ha equazioni $x_0 = x_1 = 0$ e l'isomorfismo proiettivo f si scrive $[y_0, y_1, 0, 0] \mapsto [0, 0, ay_0, by_1]$, con $a, b \in \mathbb{K}^*$.

Quindi X è l'insieme dei punti di coordinate $[\lambda y_0, \lambda y_1, \mu a y_0, \mu b y_1]$, al variare di $[\lambda, \mu], [y_0, y_1] \in \mathbb{P}^1(\mathbb{K})$. Si verifica facilmente che i punti di X soddisfano l'equazione

$$0 = a x_0 x_3 - b x_1 x_2 = \det \begin{pmatrix} a x_0 & b x_1 \\ x_2 & x_3 \end{pmatrix}, \qquad (4.3)$$

che definisce una quadrica non degenere $\mathcal{Q}$ di $\mathbb{P}^3(\mathbb{K})$ di tipo iperbolico. Viceversa, sia $R \in \mathcal{Q}$ un punto di coordinate $[c_0, c_1, c_2, c_3]$. Se $c_0 = c_1 = 0$, allora R appartiene a $s = f(r)$, dunque a X. Altrimenti, sia $P \in r$ il punto di coordinate $[c_0, c_1, 0, 0]$. Poiché l'equazione (4.3) esprime precisamente il fatto che $[ac_0, bc_1] = [c_2, c_3] \in \mathbb{P}^1(\mathbb{K})$, il punto $f(P)$ ha coordinate $[0, 0, c_2, c_3]$. Quindi R sta sulla retta $L(P, f(P)) \subseteq X$.

Nota. L'Esercizio 4.59 mostra come ad ogni isomorfismo proiettivo tra due rette sghembe di $\mathbb{P}^3(\mathbb{K})$ sia possibile associare una quadrica iperbolica.

Viceversa, sia data una quadrica iperbolica $\mathcal{Q}$, e siano X_1, X_2 le famiglie di rette che definiscono la rigatura di $\mathcal{Q}$ (cfr. Esercizio 4.58). Se r, r', r'' sono rette distinte di X_1 e $f : r \to r'$ è la prospettività di centro r'', allora f non dipende da r'' e $\mathcal{Q}$ coincide con la quadrica associata a f. Infatti, dato $P \in r$, indichiamo con s_P l'unica retta di X_2 passante per P; qualunque sia $r'' \neq r, r'$, la retta s_P interseca sia r' che r'' e si ha $f(P) = s_P \cap r'$. Sfruttando questa osservazione è possibile dare una dimostrazione alternativa dell'enunciato dell'Esercizio 2.39, che asserisce che ogni isomorfismo proiettivo tra rette sghembe di $\mathbb{P}^3(\mathbb{K})$ è una prospettività, il cui centro può essere scelto in infiniti modi diversi.

Esercizio 4.60

Siano r_1, r_2 e r_3 rette a due a due sghembe di $\mathbb{P}^3(\mathbb{K})$. Sia X l'insieme delle rette s di $\mathbb{P}^3(\mathbb{K})$ tali che $s \cap r_i \neq \emptyset$ per $i = 1, 2, 3$. Si provi che $Z = \bigcup_{s \in X} s$ è il supporto di una quadrica non degenere di $\mathbb{P}^3(\mathbb{K})$ di tipo iperbolico che contiene $r_1 \cup r_2 \cup r_3$.

Soluzione   Sia $f : r_1 \to r_2$ la prospettività di centro r_3, e poniamo $Y = \{L(P, f(P)) \mid P \in r_1\}$. Mostreremo innanzi tutto che si ha $Y = X$. Grazie all'Esercizio 4.59, ciò assicura che Z è il supporto di una quadrica non degenere di tipo iperbolico di $\mathbb{P}^3(\mathbb{K})$. Verificheremo poi che si ha $r_1 \cup r_2 \cup r_3 \subseteq Z$.

Sia $s \in X$ una retta. Per $i = 1, 2, 3$, poniamo $Q_i = r_i \cap s$. Il piano $H = L(Q_1, r_3)$ contiene $s = L(Q_1, Q_3)$. Poiché $Q_2 \in s$, H coincide con il piano $L(Q_2, r_3)$. Quindi si ha $f(Q_1) = Q_2$ e $s = L(Q_1, f(Q_1)) \in Y$. Si ha dunque $X \subseteq Y$.

Viceversa, sia $P \in r_1$. Per definizione di prospettività si ha $f(P) = L(P, r_3) \cap r_2$, quindi $L(P, f(P))$ e r_3, essendo complanari, hanno intersezione non vuota. Dato che, inoltre, $L(P, f(P)) \cap r_1 = P$ e $L(P, f(P)) \cap r_2 = f(P)$, la retta $L(P, f(P))$ appartiene a X e, per l'arbitrarietà di P, si ha pertanto $Y \subseteq X$.

Per concludere, basta ora mostrare che $r_1 \cup r_2 \cup r_3 \subseteq Z$. Poiché $X = Y$, l'insieme Z contiene sia r_1 sia r_2, che sono rispettivamente il dominio e l'immagine di f. Inoltre, se $R \in r_3$ è immediato verificare che il piano $L(r_2, R)$ interseca r_1 in un punto P. La retta $L(P, R)$, essendo complanare con r_2, interseca allora sia r_1, sia r_2, sia r_3, ed appartiene perciò a X. Abbiamo così provato che ogni punto di r_3 appartiene ad una retta di X, e perciò a Z.

Esercizio 4.61

Siano r_1, r_2 e r_3 rette a due a due sghembe di $\mathbb{P}^3(\mathbb{K})$. Si mostri che esiste un'unica quadrica Q tale che $r_i \subset Q$ per $i = 1, 2, 3$ e che Q è non degenere.

Soluzione   Per l'Esercizio 4.60, esiste almeno una quadrica Q che contiene r_1, r_2 e r_3. Tale quadrica è non degenere di tipo iperbolico e ha come supporto $\bigcup_{s \in X} s$, dove X è l'insieme delle rette di $\mathbb{P}^3(\mathbb{K})$ che hanno intersezione non vuota con r_1, r_2 e r_3. Inoltre, per il punto (a) dell'Esercizio 4.57, nessuna quadrica singolare può contenere r_1, r_2 e r_3.

Supponiamo per assurdo che Q e Q' siano due quadriche distinte che contengono r_1, r_2 e r_3 e siano A e A' matrici simmetriche 4×4 che definiscono, rispettivamente, Q e Q'. Per ogni $[\lambda, \mu] \in \mathbb{P}^1(\mathbb{K})$ indichiamo con $Q_{\lambda,\mu}$ la quadrica definita dalla matrice $\lambda A + \mu A'$. Ogni quadrica $Q_{\lambda,\mu}$ contiene r_1, r_2 e r_3. Inoltre, se $\mathbb{K} = \mathbb{C}$ esiste almeno una coppia omogenea $[\lambda_0, \mu_0]$ tale che Q_{λ_0,μ_0} è degenere, contraddicendo la discussione precedente.

Se $\mathbb{K} = \mathbb{R}$, si osserva che se Q è una quadrica reale che contiene r_1, r_2 e r_3, la complessificata $Q_{\mathbb{C}}$ di Q è una quadrica complessa che contiene le complessificate delle rette r_1, r_2, e r_3 ed è quindi unicamente determinata. Dunque anche Q è univocamente determinata.

Esercizio 4.62

Si considerino le rette di $\mathbb{P}^3(\mathbb{R})$

$$r_1 = \{x_0 + x_1 = x_2 + x_3 = 0\}, \quad r_2 = \{x_0 + x_2 = x_1 - x_3 = 0\},$$
$$r_3 = \{x_0 - x_1 = x_2 - x_3 = 0\}.$$

Si determini l'equazione di una quadrica che contiene r_1, r_2 e r_3.

Soluzione 1   È facile verificare che le rette r_i sono a due a due sghembe. Quindi per l'Esercizio 4.61 esiste un'unica quadrica Q che contiene r_1, r_2 e r_3, e tale quadrica è non degenere.

Siano

$$F_1(x) = (x_0 + x_1)(x_0 + x_2), \quad F_2(x) = (x_2 + x_3)(x_0 + x_2),$$
$$F_3(x) = (x_0 + x_1)(x_1 - x_3), \quad F_4(x) = (x_2 + x_3)(x_1 - x_3)$$

e, per $i = 1, \ldots 4$, sia Q_i la quadrica definita dall'equazione $F_i(x) = 0$. Le quadriche Q_i hanno rango 2 e ciascuna di esse contiene r_1 e r_2. Consideriamo una combinazione lineare $F = \alpha_1 F_1 + \alpha_2 F_2 + \alpha_3 F_3 + \alpha_4 F_4$, con $\alpha_i \in \mathbb{R}$ dei polinomi F_i e imponiamo la condizione che F si annulli su r_3. Perché questo accada, dato che F ha grado 2, è sufficiente che esistano tre punti $P_1, P_2, P_3 \in r_3$ tali che $F(P_1) = F(P_2) = F(P_3) = 0$. Scegliamo $P_1 = [1, 1, 0, 0]$, $P_2 = [0, 0, 1, 1]$ e $P_3 = [1, 1, 1, 1]$.

Si ottengono le equazioni: $\alpha_1 + \alpha_3 = 0$, $\alpha_2 - \alpha_4 = 0$, $\alpha_1 + \alpha_2 = 0$.

Una soluzione non banale del sistema è: $\alpha_1 = -1$, $\alpha_2 = \alpha_3 = \alpha_4 = 1$. Con questa scelta di parametri, si ha $F(x) = -x_0^2 + x_1^2 + x_2^2 - x_3^2$, che pertanto definisce una quadrica con le proprietà richieste.

Soluzione 2   Per l'Esercizio 4.60, il supporto di una quadrica che contiene r_1, r_2 e r_3 è l'insieme $\bigcup_{s \in X} s$, dove X è l'insieme delle rette che hanno intersezione non vuota con r_1, r_2 e r_3. Inoltre, è possibile caratterizzare le rette di X studiando le proiezioni $\pi_{ij} : \mathbb{P}^3(\mathbb{R}) \setminus r_i \to r_j$ su r_j di centro r_i, $i, j \in \{1, 2, 3\}$, $i \neq j$. Ciò ci permetterà di esprimere analiticamente la condizione che un punto appartenga ad una retta di X, e di trovare così un'equazione per la quadrica cercata.

Un punto Q di $\mathbb{P}^3(\mathbb{R}) \setminus (r_1 \cup r_2 \cup r_3)$ appartiene a $\bigcup_{s \in X} s$ se e solo se $\pi_{21}(Q) = \pi_{31}(Q)$. Infatti, data $s \in X$ poniamo $Q_i = s \cap r_i$, $i = 1, 2, 3$. Allora per ogni $Q \in s \setminus \{Q_1, Q_2, Q_3\}$ e per ogni scelta di $i \neq j \in \{1, 2, 3\}$ si ha $\pi_{ij}(Q) = Q_j$. Viceversa, se $Q \in \mathbb{P}^3(\mathbb{R}) \setminus (r_1 \cup r_2 \cup r_3)$ e $\pi_{21}(Q) = \pi_{31}(Q) = Q_1$, indichiamo con s la retta $L(Q, Q_1)$. Si ha, ovviamente, $s \cap r_1 = Q_1$. Inoltre, per $i = 2, 3$ si ha $s \subset L(Q, r_i)$ e quindi s e r_i sono incidenti, per cui $s \in X$.

Indichiamo con $[y_0, y_1, y_2, y_3]$ le coordinate di un punto $Q \notin r_2$. Il piano $L(Q, r_2)$ è definito dall'equazione $(y_3 - y_1)(x_0 + x_2) + (y_0 + y_2)(x_1 - x_3) = 0$ e il punto $L(Q, r_2) \cap r_1$ ha coordinate

$$[y_0 - y_1 + y_2 + y_3, -y_0 + y_1 - y_2 - y_3, y_0 + y_1 + y_2 - y_3, -y_0 - y_1 - y_2 + y_3].$$

Quindi la prospettività π_{21} manda il punto di coordinate $[y_0, y_1, y_2, y_3]$ nel punto di coordinate

$$[y_0 - y_1 + y_2 + y_3, -y_0 + y_1 - y_2 - y_3, y_0 + y_1 + y_2 - y_3, -y_0 - y_1 - y_2 + y_3].$$

Con un calcolo simile si ottiene l'espressione in coordinate di π_{31}:

$$[y_0, y_1, y_2, y_3] \mapsto [y_0 - y_1, -y_0 + y_1, y_2 - y_3, -y_2 + y_3].$$

Poiché r_1 ha equazioni $x_0 + x_1 = x_2 + x_3 = 0$, i punti $\pi_{21}(Q)$ e $\pi_{31}(Q)$ sono univocamente determinati dalla prima e dalla terza coordinata. Pertanto, se $Q \notin (r_2 \cup r_3)$ si ha $\pi_{21}(Q) = \pi_{31}(Q)$ se e solo se

$$\mathrm{rk} \begin{pmatrix} y_0 - y_1 + y_2 + y_3 & y_0 + y_1 + y_2 - y_3 \\ y_0 - y_1 & y_2 - y_3 \end{pmatrix} \leq 1,$$

ovvero se e solo se

$$0 = \det \begin{pmatrix} y_0 - y_1 + y_2 + y_3 & y_0 + y_1 + y_2 - y_3 \\ y_0 - y_1 & y_2 - y_3 \end{pmatrix} = -y_0^2 + y_1^2 + y_2^2 - y_3^2.$$

Sia dunque $\mathcal{Q}$ la quadrica definita dall'equazione $-y_0^2 + y_1^2 + y_2^2 - y_3^2 = 0$. Per costruzione, ogni retta $s \in X$ ha infiniti punti in comune con $\mathcal{Q}$ e quindi è contenuta in $\mathcal{Q}$. Quindi $\mathcal{Q}$ contiene X e, di conseguenza, contiene r_1, r_2 e r_3.

Esercizio 4.63 (Polare di una retta rispetto a una quadrica)

Sia Q una quadrica non degenere di $\mathbb{P}^3(\mathbb{K})$ e sia r una retta proiettiva. Si provi che:

(a) Al variare di P in r i piani $\mathrm{pol}(P)$ si intersecano in una retta r' (detta la retta polare di r rispetto a Q).

(b) La polare di r' è r.

(c) $r = r'$ se e solo se r è contenuta in Q.

(d) Se r e r' sono distinte e incidenti, allora r e r' sono tangenti a Q nel punto $r \cap r'$.

(e) r è tangente a Q in un punto P se e solo se r' lo è nello stesso punto P.

(f) Se r non è tangente a Q, allora esistono due piani distinti passanti per r e tangenti a Q se e solo se r' è secante (ossia interseca Q esattamente in due punti distinti). In tal caso i punti di tangenza sono i punti di $Q \cap r'$.

Soluzione (a) L'isomorfismo proiettivo $\mathrm{pol} \colon \mathbb{P}^3(\mathbb{K}) \to \mathbb{P}^3(\mathbb{K})^*$ trasforma la retta r in una retta di $\mathbb{P}^3(\mathbb{K})^*$, ossia in un fascio di piani di $\mathbb{P}^3(\mathbb{K})$ il cui centro è una retta r'. In particolare, dati due punti distinti M e N di r, i piani $\mathrm{pol}(M)$ e $\mathrm{pol}(N)$ sono distinti e si intersecano nella retta r'.

(b) Segue immediatamente dalla proprietà di reciprocità della polarità. La retta r' è dunque il luogo dei poli dei piani passanti per la retta r.

(c) Supponiamo $r = r'$. Per ogni punto $M \in r$ si ha allora $r \subset \mathrm{pol}(M)$, e dunque $M \in \mathrm{pol}(M)$, per cui $M \in Q$ e $r \subset Q$. Viceversa, se $r \subset Q$, per ogni punto $M \in r$ si ha $r \subset \mathrm{pol}(M) = T_M(Q)$ e quindi $r = r'$.

(d) Denotiamo con P il punto in cui le rette distinte r e r' si intersecano e sia $H = L(r, r')$ il piano contenente le due rette. Poiché $P \in r$, per definizione $r' \subset \mathrm{pol}(P)$. Poiché $P \in r'$, per (b) $r \subset \mathrm{pol}(P)$ e dunque $\mathrm{pol}(P) = H$. In particolare $P \in \mathrm{pol}(P)$; quindi $P \in Q$ e $L(r, r') = H = \mathrm{pol}(P) = T_P(Q)$. Ne segue che r e r' sono tangenti a Q in P.

(e) Se $r = r'$, si ha banalmente la tesi; supponiamo dunque che r e r' siano rette distinte. Se r è tangente a Q in P, allora r è contenuta nel piano tangente $T_P(Q) = \mathrm{pol}(P)$ e quindi per ogni punto $M \in r$ si ha $M \in \mathrm{pol}(P)$. Per reciprocità $P \in \bigcap_{M \in r} \mathrm{pol}(M) = r'$ e dunque r e r' sono distinte e incidenti nel punto P. Allora per (d) anche r' è tangente a Q in P.

Il viceversa segue immediatamente da quanto appena provato e da (b).

(f) Se r' è secante e interseca Q nei punti distinti M' e N', allora per definizione di retta polare e per (b) i piani $T_{M'}(Q) = \mathrm{pol}(M')$ e $T_{N'}(Q) = \mathrm{pol}(N')$ passano per r.

Viceversa proviamo che se esiste almeno un piano H passante per r e tangente a Q, allora r' è secante. Infatti, se H è tangente a Q in un punto M, allora $M \in r'$, in quanto r' è il luogo dei poli dei piani passanti per r. Dunque $M \in Q \cap r'$. Inoltre per (e) r' non è tangente a Q, e quindi è secante.

Esercizio 4.64

Si determinino i piani tangenti alla quadrica $\mathcal{Q}$ di $\mathbb{P}^3(\mathbb{C})$ di equazione

$$F(x_0, x_1, x_2, x_3) = 2x_1^2 + x_2^2 - 2x_1x_2 - x_3^2 + 2x_0x_1 = 0$$

e contenenti la retta r di equazioni $x_2 - x_3 = 0, x_0 + 3x_1 - 3x_2 = 0$.

Soluzione 1 Si verifica facilmente che la quadrica è non degenere. I piani cercati sono quelli del fascio $\mathcal{F}$ di centro r che intersecano $\mathcal{Q}$ in una conica degenere. I piani di $\mathcal{F}$ sono quelli di equazione

$$\lambda(x_2 - x_3) + \mu(x_0 + 3x_1 - 3x_2) = 0$$

al variare di $[\lambda, \mu]$ in $\mathbb{P}^1(\mathbb{C})$. Vediamo intanto se il piano $H = \{x_2 - x_3 = 0\}$ corrispondente alla scelta $[\lambda, \mu] = [1, 0]$ è tangente o no alla quadrica. Utilizzando su H le coordinate omogenee x_0, x_1, x_2, la conica $\mathcal{Q} \cap H$ ha equazione

$$G(x_0, x_1, x_2) = F(x_0, x_1, x_2, x_2) = 2x_1^2 - 2x_1x_2 + 2x_0x_1 = 0.$$

Poiché tale conica è degenere, H è tangente a $\mathcal{Q}$.

Escludendo il piano H dal fascio $\mathcal{F}$, i restanti piani H_t del fascio sono tutti e soli quelli di equazione $t(x_2 - x_3) + x_0 + 3x_1 - 3x_2 = 0$ al variare di t in $\mathbb{C}$. Sostituendo $x_0 = -3x_1 + (3-t)x_2 + tx_3$ in F, otteniamo che la conica $\mathcal{Q} \cap H_t$ del piano H_t ha, nelle coordinate omogenee x_1, x_2, x_3, equazione $-4x_1^2 + x_2^2 - x_3^2 + (4-2t)x_1x_2 + 2tx_1x_3 = 0$ ed è pertanto rappresentata dalla matrice $A_t = \begin{pmatrix} -4 & 2-t & t \\ 2-t & 1 & 0 \\ t & 0 & -1 \end{pmatrix}$. Poiché $\det A_t = -4t + 8$, la conica $\mathcal{Q} \cap H_t$ è degenere (e dunque H_t è tangente a $\mathcal{Q}$) se e solo se $t = 2$. Oltre al piano $x_2 - x_3 = 0$ già trovato, ricaviamo dunque che il piano di equazione $x_0 + 3x_1 - x_2 - 2x_3 = 0$ è il solo altro piano contenente r e tangente a $\mathcal{Q}$.

Soluzione 2 I punti $R = [3, -1, 0, 0]$ e $S = [0, 1, 1, 1]$ appartengono a r e dunque $r' = \text{pol}(R) \cap \text{pol}(S)$. Si trova così che r' è la retta di equazioni $-x_0 + x_1 + x_2 = 0, x_0 + x_1 - x_3 = 0$. Risolvendo il sistema costituito dalle due equazioni di r' e dall'equazione di $\mathcal{Q}$, otteniamo che $\mathcal{Q} \cap r'$ consiste dei punti $M' = [1, 0, 1, 1]$ e $N' = [1, 1, 0, 2]$. In virtù dell'Esercizio 4.63 e visto che $\mathcal{Q}$ è non degenere, i piani cercati sono dunque i piani $\text{pol}(M')$ e $\text{pol}(N')$ di equazione rispettivamente $x_2 - x_3 = 0$ e $x_0 + 3x_1 - x_2 - 2x_3 = 0$.

Esercizio 4.65

Sia $\mathcal{Q}$ una quadrica non degenere iperbolica di $\mathbb{P}^3(\mathbb{R})$; sia r una retta non tangente a $\mathcal{Q}$ e r' la sua polare (cfr. Esercizio 4.63). Si provi che:

(a) r è secante se e solo se r' è secante.

(b) Esistono due piani di $\mathbb{P}^3(\mathbb{R})$ passanti per r e tangenti a $\mathcal{Q}$ se e solo se r è secante.

Soluzione (a) Se r' è secante e interseca la quadrica nei punti distinti M' e N', allora per il punto (f) dell'Esercizio 4.63 esistono due piani H_1 e H_2 passanti per r e tangenti a $\mathcal{Q}$ rispettivamente nei punti M' e N'. Siano X_1 e X_2 le due famiglie di rette contenute nella quadrica iperbolica $\mathcal{Q}$ determinate nell'Esercizio 4.58. Poiché $\mathcal{Q}$ è iperbolica, si ha $\mathcal{Q} \cap H_1 = \mathcal{Q} \cap T_{M'}(\mathcal{Q}) = m_1 \cup m_2$ con $m_1 \in X_1$ e $m_2 \in X_2$. Analogamente $\mathcal{Q} \cap H_2 = \mathcal{Q} \cap T_{N'}(\mathcal{Q}) = n_1 \cup n_2$ con $n_1 \in X_1$ e $n_2 \in X_2$. Notiamo che, poiché $H_1 \cap H_2 = r$ e r non è contenuta in $\mathcal{Q}$, le quattro rette m_1, m_2, n_1, n_2 sono distinte. Segue allora dall'Esercizio 4.57 che non esiste un punto comune a tre di esse. Per quanto visto nell'Esercizio 4.58, le rette m_1 e n_2 si intersecano in un punto di $\mathcal{Q}$ e d'altra parte $m_1 \cap n_2 \in H_1 \cap H_2 = r$, per cui il punto $m_1 \cap n_2$ appartiene a $\mathcal{Q} \cap r$. Analogamente il punto $m_2 \cap n_1$, che è distinto da $m_1 \cap n_2$ per quanto osservato precedentemente, appartiene a $\mathcal{Q} \cap r$ e dunque r è secante.

Il viceversa segue immediatamente dal fatto che r è la polare di r'.

(b) è una ovvia conseguenza di (a) e del punto (f) dell'Esercizio 4.63.

Nota. Nell'Esercizio 4.64 la quadrica $\mathcal{Q}$ era definita da un polinomio a coefficienti reali così come la retta r. Si può verificare che tale quadrica è iperbolica e che r è secante in quanto la interseca nei punti reali distinti $M = [3, 0, 1, 1]$ e $N = [0, 1, 1, 1]$. Conformemente a quanto appena provato si erano trovati nella soluzione di quell'esercizio due piani reali passanti per r e tangenti a $\mathcal{Q}$.

Esercizio 4.66

Sia $\mathcal{Q}$ una quadrica ellittica di $\mathbb{P}^3(\mathbb{R})$ non degenere e non vuota; sia r una retta non tangente a $\mathcal{Q}$ e r' la sua polare rispetto a $\mathcal{Q}$. Si provi che:

(a) r è esterna se e solo se r' è secante.

(b) Esistono due piani di $\mathbb{P}^3(\mathbb{R})$ passanti per r e tangenti a $\mathcal{Q}$ se e solo se r è esterna.

Soluzione (a) Supponiamo che r' sia secante e che intersechi la quadrica nei punti distinti M' e N'. Allora $T_{M'}(\mathcal{Q}) \cap T_{N'}(\mathcal{Q}) = \mathrm{pol}(M') \cap \mathrm{pol}(N') = r$; inoltre $\mathcal{Q} \cap T_{M'}(\mathcal{Q}) = \{M'\}$ e $\mathcal{Q} \cap T_{N'}(\mathcal{Q}) = \{N'\}$ perché la quadrica è ellittica. Le rette r e r' sono distinte, perché r non è contenuta nella quadrica, e non sono incidenti, perché r non è tangente (cfr. Esercizio 4.63). Allora se esistesse un punto $R \in \mathcal{Q} \cap r$, necessariamente si avrebbe $R \neq M'$ in contraddizione col fatto che $\mathcal{Q} \cap r \subset \mathcal{Q} \cap T_{M'}(\mathcal{Q}) = \{M'\}$.

Viceversa sia ora r esterna. Per il punto (e) dell'Esercizio 4.63 la retta r' non è tangente a $\mathcal{Q}$.

La complessificata $\mathcal{Q}_\mathbb{C}$ è una quadrica complessa non degenere e pertanto iperbolica; siano dunque X_1 e X_2 le due famiglie di rette complesse contenute in $\mathcal{Q}_\mathbb{C}$ determinate nell'Esercizio 4.58. Dato che il coniugio σ conserva le relazioni di incidenza e che due rette della stessa famiglia sono disgiunte e due rette di famiglie diverse sono incidenti, necessariamente σ o trasforma ogni famiglia di rette in sé stessa o scambia X_1 con X_2. È sufficiente quindi verificare cosa succede per una retta. Sia $P \in \mathcal{Q}$ e sia $H = T_P(\mathcal{Q}_\mathbb{C})$. Allora $\sigma(H) = H$ e quindi σ manda in sé la conica degenere $\mathcal{C} = \mathcal{Q}_\mathbb{C} \cap H = l_1 \cup l_2$, con l_1, l_2 rette complesse coniugate. Essendo $\mathcal{Q}$ ellittica, le rette l_1, l_2 non possono essere reali e dunque non è possibile che siano invarianti per il coniugio. Dunque σ scambia le due rette incidenti l_1, l_2 e quindi scambia X_1 e X_2.

Poiché nel caso complesso nessuna retta può essere esterna a una quadrica proiettiva, siano M e N i punti di intersezione di $\mathcal{Q}_\mathbb{C}$ e di $r_\mathbb{C}$. I punti M e N sono complessi coniugati e $r'_\mathbb{C}$ è l'intersezione degli spazi tangenti $H_1 = T_M(\mathcal{Q}_\mathbb{C})$ e $H_2 = T_N(\mathcal{Q}_\mathbb{C})$, che sono anch'essi complessi coniugati. Si ha $\mathcal{Q}_\mathbb{C} \cap H_1 = \mathcal{Q}_\mathbb{C} \cap T_M(\mathcal{Q}_\mathbb{C}) = m_1 \cup m_2$ con $m_1 \in X_1$ e $m_2 \in X_2$. Analogamente $\mathcal{Q}_\mathbb{C} \cap H_2 = \mathcal{Q}_\mathbb{C} \cap T_N(\mathcal{Q}_\mathbb{C}) = n_1 \cup n_2$ con $n_1 \in X_1$ e $n_2 \in X_2$. Per quanto mostrato sopra si ha $\sigma(m_1) = n_2$, pertanto le rette m_1 e n_2 si intersecano in un punto reale R che appartiene a $r'_\mathbb{C} = H_1 \cap H_2$. Dunque $R \in \mathcal{Q} \cap r'$, per cui r' è secante. In effetti, lo stesso ragionamento mostra che anche il punto $m_2 \cap n_1$ appartiene a $\mathcal{Q} \cap r'$.

(b) è una ovvia conseguenza di (a) e del punto (f) dell'Esercizio 4.63.

Esercizio 4.67

Sia H un piano di $\mathbb{P}^3(\mathbb{C})$, sia $\mathcal{C} \subset H$ una conica non degenere, siano $P, P' \in \mathcal{C}$ punti distinti e siano $t, t' \subset H$ le rette tangenti a $\mathcal{C}$ in P e in P'. Siano r e s rette sghembe di $\mathbb{P}^3(\mathbb{C})$ tali che $r \cap H = P'$ e $s \cap H = P$. Sia $\pi \colon \mathcal{C} \to r$ l'applicazione definita da $\pi(Q) = L(s, Q) \cap r$ se $Q \neq P$ e $\pi(P) = L(s, t) \cap r$.

(a) Si verifichi che π è ben definita e bigettiva.
(b) Posti

$$m = L(r, t') \cap L(s, P'), \qquad X = \bigcup_{Q \in \mathcal{C} \setminus \{P'\}} L(Q, \pi(Q)) \cup m,$$

si provi che X è il supporto di una quadrica non degenere $\mathcal{Q}$.

Soluzione (a) La dimostrazione è identica a quella del punto (a) dell'Esercizio 3.67.

(b) Per l'Esercizio 4.59, è sufficiente mostrare che esiste un isomorfismo proiettivo $\phi \colon r \to s$ tale che $X = \bigcup_{R \in r} L(R, \phi(R))$.

Iniziamo definendo un isomorfismo proiettivo $\alpha \colon \mathcal{F}_s \to \mathcal{F}_r$, dove $\mathcal{F}_s$ è il fascio di piani di centro s e $\mathcal{F}_r$ è il fascio di piani di centro r. Poniamo $\alpha(L(s, t)) = L(r, P)$ e $\alpha(L(s, P')) = L(r, t')$. Se $K \in \mathcal{F}_s$ è diverso da $L(s, t)$ e da $L(s, P')$, allora K interseca H in una retta che contiene P ed è diversa da t e da $L(P, P')$. Tale retta interseca a sua volta $\mathcal{C}$ in P ed in un punto Q_K distinto da P e da P', e poniamo $\alpha(K) = L(r, Q_K)$.

Verifichiamo che α è un isomorfismo proiettivo. Detti $\mathcal{F}_P$ e $\mathcal{F}_{P'}$ i fasci di rette di H di centro rispettivamente P e P', sia $\psi \colon \mathcal{F}_P \to \mathcal{F}_{P'}$ l'applicazione definita da $\psi(t) = L(P, P')$, $\psi(L(P, P')) = t'$, e $\psi(l) = L(P', A)$ per ogni $l \in \mathcal{F}_P$, $l \neq t$, $l \neq L(P, P')$, dove A è l'intersezione di l con $\mathcal{C}$ diversa da P. Per quanto visto

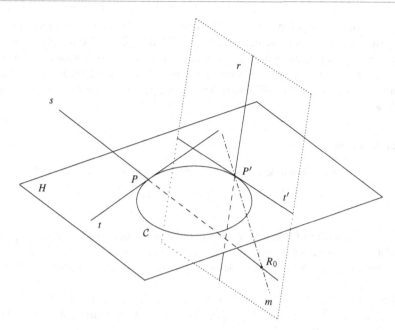

Figura 4.15. La configurazione descritta nell'Esercizio 4.67

nell'Esercizio 4.23, l'applicazione ψ è un ben definito isomorfismo proiettivo. Inoltre, se $\beta_s \colon \mathcal{F}_s \to \mathcal{F}_P$, $\beta_r \colon \mathcal{F}_r \to \mathcal{F}_{P'}$ sono le applicazioni definite da $\beta_s(K) = K \cap H$, $\beta_r(K') = K' \cap H$ per ogni $K \in \mathcal{F}_s$, $K' \in \mathcal{F}_r$, allora β_s e β_r sono ben definiti isomorfismi proiettivi (cfr. Esercizio 2.33). È infine immediato verificare che si ha $\alpha = \beta_r^{-1} \circ \psi \circ \beta_s$. Essendo composizione di isomorfismi proiettivi, α è perciò un isomorfismo proiettivo.

Indichiamo con $\gamma_1 \colon \mathcal{F}_s \to r$ l'isomorfismo proiettivo definito da $K \mapsto K \cap r$ e con $\gamma_2 \colon \mathcal{F}_r \to s$ l'isomorfismo proiettivo definito da $K' \mapsto K' \cap s$ (cfr. Esercizio 2.32) e definiamo $\phi = \gamma_2 \circ \alpha \circ \gamma_1^{-1} \colon r \to s$. L'applicazione ϕ è un isomorfismo proiettivo in quanto è composizione di isomorfismi proiettivi.

Consideriamo ora gli insiemi di rette

$$Z_1 = \{L(R, \phi(R)) \mid R \in r\}, \quad Z_2 = \{L(Q, \pi(Q)) \mid Q \in \mathcal{C} \setminus \{P'\}\} \cup \{m\}.$$

Poiché $X = \bigcup_{l \in Z_2} l$, per concludere è sufficiente dimostrare che $Z_1 = Z_2$.

La retta m appartiene a Z_2 per definizione. Se $R_0 = L(r, t') \cap s$, si ha $m = L(R_0, P')$, per cui per mostrare che $m \in Z_1$ è sufficiente dimostrare che si ha $\phi(P') = R_0$. D'altronde, dalle definizioni discende che $\phi(P') = \gamma_2(\alpha(L(s, P'))) = \gamma_2(L(r, t')) = L(r, t') \cap s = R_0$, come voluto. Poiché $\pi(P') = P'$, l'applicazione π si restringe ad una corrispondenza biunivoca tra $\mathcal{C} \setminus \{P'\}$ e $r \setminus \{P'\}$. Per ogni $R \in r \setminus \{P'\}$ i punti R, $\pi^{-1}(R)$ e $\phi(R)$ sono allineati per costruzione e si ha $R \neq \pi^{-1}(R)$ e $R \neq \phi(R)$. Da questa osservazione segue immediatamente $Z_1 \setminus \{m\} = Z_2 \setminus \{m\}$ e quindi $Z_1 = Z_2$.

Nota. La costruzione proposta nell'Esercizio 4.67 può essere vista come una degenerazione della costruzione dell'Esercizio 3.67, dove è considerato il caso in cui il punto $r \cap H$ non appartiene a $\mathcal{C}$. In quel caso, l'analogo dell'insieme X risulta essere il supporto di una superficie cubica irriducibile che, nella situazione "limite" in cui $r \cap \mathcal{C} \neq \emptyset$, si spezza nell'unione del piano $L(s, H \cap r)$ e della quadrica $\mathcal{Q}$ qui descritta.

Esercizio 4.68

Si provi che una quadrica $\mathcal{Q}$ di $\mathbb{R}^n$ di rango n rappresentata dalla matrice $\overline{A} = \begin{pmatrix} c & {}^t\!B \\ \hline B & A \end{pmatrix} \in M(n+1, \mathbb{R})$ è un cono affine se e solo se $\det A \neq 0$.

Soluzione Poiché $\mathcal{Q}$ ha rango n, la sua chiusura proiettiva $\overline{\mathcal{Q}}$ ha un solo punto singolare P di coordinate omogenee $[z_0, \ldots z_n]$; per quanto visto in 1.8.3, $\overline{\mathcal{Q}}$ è un cono il cui insieme di vertici è dato dal solo $[z_0, \ldots z_n]$, per cui $\mathcal{Q}$ è un cono affine se e solo se $z_0 \neq 0$.

Siano $Z = (z_1, \ldots, z_n) \in \mathbb{R}^n$ e $\widehat{Z} = (z_0, z_1, \ldots, z_n) \in \mathbb{R}^{n+1}$. Il fatto che P è singolare per $\overline{\mathcal{Q}}$ è espresso dall'equazione $\overline{A}\widehat{Z} = 0$ o, equivalentemente, dalle equazioni $AZ + z_0 B = 0$ e ${}^t\!BZ + z_0 c = 0$.

Se $z_0 = 0$, si ha $Z \neq 0$ e $AZ = 0$, quindi $\det A = 0$.

Se $z_0 \neq 0$, poiché $B = -z_0^{-1}AZ$, il vettore ${}^t\!B$ è combinazione delle righe di A, quindi ogni $W \in \mathbb{R}^n$ tale che $AW = 0$ verifica anche ${}^t\!BW = 0$. Supponiamo per assurdo che $\det A = 0$ e indichiamo con $Z' = (z_1', \ldots, z_n') \in \mathbb{R}^n$ un vettore tale che $Z' \neq 0$ e $AZ' = 0$. Il punto $Q = [0, z_1', \ldots z_n'] \in \mathbb{P}^n(\mathbb{R})$ è singolare per $\overline{\mathcal{Q}}$ e diverso da P, contro l'ipotesi che P sia l'unico punto singolare di $\overline{\mathcal{Q}}$.

Esercizio 4.69

Sia $\mathcal{Q}$ una quadrica non degenere di $\mathbb{R}^n$, sia H un iperpiano diametrale e sia $P = [(0, v)] \in \mathbb{P}^n(\mathbb{R})$, con $v \in \mathbb{R}^n$, il polo di $\overline{H}$ rispetto a $\overline{\mathcal{Q}}$.

(a) Si provi che $P \in \overline{H}$ se e solo se il vettore v è parallelo a H.

(b) Supponiamo $P \notin \overline{H}$ e denotiamo con $\tau_{H,v} \colon \mathbb{R}^n \to \mathbb{R}^n$ la riflessione rispetto a H di direzione v. Si provi che $\tau_{H,v}(\mathcal{Q}) = \mathcal{Q}$.

Soluzione (a) Sia $v = (v_1, \ldots, v_n)$ e sia $a_1 x_1 + \cdots + a_n x_n + b = 0$ un'equazione di H. L'iperpiano $\overline{H}$ è definito da $bx_0 + a_1 x_1 + \cdots + a_n x_n = 0$, quindi $P \in \overline{H}$ se e solo se $a_1 v_1 + \cdots + a_n v_n = 0$, cioè se e solo se v è parallelo a H.

(b) Per il punto (a), se $P \notin \overline{H}$ esistono coordinate affini $x_1, \ldots, x_n$ tali che $v = (0, \ldots, 0, 1)$ e $H = \{x_n = 0\}$. In un tale sistema di coordinate $\tau_{H,v}$ si scrive $(x_1, \ldots, x_n) \mapsto (x_1, \ldots, x_{n-1}, -x_n)$. La quadrica $\mathcal{Q}$ è allora rappresentata da una matrice della forma $\begin{pmatrix} c & {}^t\!B & 0 \\ \hline B & A & 0 \\ \hline 0 & 0 & a \end{pmatrix}$, con $A \in M(n-1, \mathbb{R})$, $B \in \mathbb{R}^{n-1}$, $c \in \mathbb{R}$ e

$a \in \mathbb{R}^*$. È immediato verificare che la matrice che definisce $\tau_{H,v}(\mathcal{Q})$ è la stessa che definisce $\mathcal{Q}$, per cui $\tau_{H,v}(\mathcal{Q}) = \mathcal{Q}$.

Esercizio 4.70 (Proprietà di simmetria delle quadriche di $\mathbb{R}^n$)

Sia $\mathcal{Q}$ una quadrica non degenere di $\mathbb{R}^n$, sia $H \subset \mathbb{R}^n$ un iperpiano affine e sia $\tau_H : \mathbb{R}^n \to \mathbb{R}^n$ la riflessione ortogonale rispetto a H. Si provi che:

(a) Se la chiusura proiettiva $\overline{H}$ di H è tangente a $\overline{\mathcal{Q}}$, si ha $\tau_H(\mathcal{Q}) \neq \mathcal{Q}$.

(b) H è un iperpiano principale di $\mathcal{Q}$ se e solo se $\tau_H(\mathcal{Q}) = \mathcal{Q}$.

Soluzione (a) Sia P il punto in cui $\overline{\mathcal{Q}}$ è tangente a $\overline{H}$. Se P è un punto proprio, tramite un cambio isometrico di coordinate su $\mathbb{R}^n$ possiamo supporre che P abbia coordinate $(0, \ldots, 0)$ e che H abbia equazione $y_1 = 0$. In un tale sistema di coordinate $\mathcal{Q}$ è definita da $f(y_1, \ldots, y_n) = y_1 + f_2(y_1, \ldots, y_n) = 0$, dove f_2 è un polinomio omogeneo di grado 2. La riflessione ortogonale τ_H rispetto a H è data da $(y_1, \ldots, y_n) \mapsto (-y_1, y_2, \ldots, y_n)$. La quadrica $\tau_H(\mathcal{Q})$ risulta quindi definita da $-y_1 + f_2(-y_1, y_2, \ldots, y_n) = 0$. Supponiamo per assurdo che $\mathcal{Q} = \tau_H(\mathcal{Q})$: allora esiste $\lambda \in \mathbb{R}^*$ tale che $f(-y_1, y_2, \ldots, y_n) = \lambda f(y_1, \ldots, y_n)$. Dato che $f(-y_1, y_2, \ldots, y_n) = -y_1 + f_2(-y_1, y_2, \ldots, y_n)$, deve essere $\lambda = -1$ e $f_2(-y_1, y_2, \ldots, y_n) = -f_2(y_1, y_2, \ldots, y_n)$, cioè tutti i monomi che compaiono in f_2 sono del tipo $y_1 y_j$, per qualche $2 \leq j \leq n$. Quindi f_2 e, di conseguenza, f sono divisibili per y_1. Questo è impossibile perché per ipotesi $\mathcal{Q}$ è non degenere, e quindi irriducibile.

Se P è un punto improprio, possiamo supporre come sopra che H abbia equazione $y_1 = 0$ e che P sia il punto all'infinito dell'asse y_n, cioè $P = [0, \ldots, 0, 1]$. In un tale sistema di coordinate $\mathcal{Q}$ è definita da $f(y_1, \ldots, y_n) = c + f_1(y_1, \ldots, y_n) + f_2(y_1, \ldots, y_n) = 0$, dove $c \in \mathbb{R}$, f_1 è nullo o omogeneo di grado 1 e $f_2 = y_1 y_n + g_2(y_1, \ldots, y_{n-1})$, con g_2 omogeneo di grado 2 in $y_1, \ldots, y_{n-1}$. In questo caso $\tau_H(\mathcal{Q})$ è definita da $f(-y_1, y_2, \ldots, y_n) = c - y_1 y_n + f_1(-y_1, y_2, \ldots, y_n) + g_2(-y_1, y_2, y_{n-1}) = 0$ e, come nel caso precedente, è facile verificare che se $\tau_H(\mathcal{Q}) = \mathcal{Q}$ allora y_1 divide f e $\mathcal{Q}$ è riducibile, contraddicendo l'ipotesi che $\mathcal{Q}$ sia non degenere.

(b) Indichiamo con $w \in \mathbb{R}^n \setminus \{0\}$ un vettore ortogonale alla giacitura di H e con $R = [(0, w)] \in \mathbb{P}^n(\mathbb{R})$ il punto improprio corrispondente alla direzione w. Si ha ovviamente $R \notin \overline{H}$; inoltre H è un iperpiano principale se e solo se R è il polo di $\overline{H}$ rispetto alla quadrica proiettiva $\overline{\mathcal{Q}}$.

Se H è un iperpiano principale, si ha $\tau_H(\mathcal{Q}) = \mathcal{Q}$ per il punto (b) dell'Esercizio 4.69. Viceversa, supponiamo che $\tau_H(\mathcal{Q}) = \mathcal{Q}$ e sia P il polo di $\overline{H}$. Indichiamo con $\widetilde{\tau_H} : \mathbb{P}^n(\mathbb{R}) \to \mathbb{P}^n(\mathbb{R})$ la proiettività indotta da τ_H. Il luogo dei punti fissi di $\widetilde{\tau_H}$ è $\overline{H} \cup \{R\}$. D'altra parte, poiché $\widetilde{\tau_H}(\overline{\mathcal{Q}}) = \overline{\mathcal{Q}}$, si ha anche $\widetilde{\tau_H}(P) = P$. Dato che per il punto (a) $\overline{H}$ non è tangente a $\overline{\mathcal{Q}}$, P non appartiene a $\overline{H}$ e dunque $P = R$ e H è un iperpiano principale.

Esercizio 4.71

Sia Q una quadrica non degenere di $\mathbb{R}^n$, e sia $\overline{A} = \left(\begin{array}{c|c} c & {}^tB \\ \hline B & A \end{array} \right) \in M(n+1, \mathbb{R})$ una matrice che rappresenta Q. Siano $\lambda_1, \ldots, \lambda_h$ gli autovalori non nulli di A, con $\lambda_i \neq \lambda_j$ se $i \neq j$, sia V_i l'autospazio di A relativo all'autovalore λ_i e sia $d_i = \dim V_i$, $i = 1, \ldots, h$. Sia infine W l'insieme degli iperpiani principali di Q.

(a) Si mostri che W è l'unione di h sistemi lineari propri $W_1, \ldots, W_h$ (cfr. 1.4.3) tali che $\dim W_i = d_i - 1$ per ogni $i = 1, \ldots, h$.

(b) Si mostri che la dimensione del sottospazio affine

$$J = \bigcap_{H \in W} H$$

è data da $n - \operatorname{rk} A$.

(c) Si mostri che, se Q è a centro, allora il centro di Q è intersezione di n iperpiani principali a due a due ortogonali.

(d) Si supponga che Q sia un paraboloide. Si mostri che Q ha un solo asse, il cui punto improprio è contenuto nella chiusura proiettiva di Q. Si mostri inoltre che l'asse di Q è intersezione di $n - 1$ iperpiani principali a due a due ortogonali, e che Q ha un solo vertice.

(e) Sia supponga che Q sia una sfera. Si mostri che Q è a centro e che, detto C il centro di Q, tutti i piani passanti per C sono principali, tutte le rette passanti per C sono assi, e tutti i punti del supporto di Q sono vertici.

(f) Sia $n = 2$. Si mostri che Q ammette almeno un asse, che Q è a centro se e solo se ammette due assi ortogonali, e che Q è una circonferenza se e solo se ammette almeno tre assi distinti (ed in tal caso, Q è a centro e tutte le rette passanti per il centro di Q sono assi).

Soluzione (a) Un iperpiano principale di Q è la parte affine dell'iperpiano polare $\operatorname{pol}(P)$, dove $P = [(0, v)]$ e v è un autovettore di A relativo a un autovalore non nullo (cfr. 1.8.6). Per ogni $i = 1, \ldots, h$, sia allora $K_i = \overline{V_i} \cap H_0$, dove H_0 è l'iperpiano improprio, e sia W_i l'insieme degli iperpiani H di $\mathbb{R}^n$ tali che $\overline{H} = \operatorname{pol}(P)$ per qualche $P \in K_i$. Per quanto appena detto si ha $W = \bigcup_{i=1}^{h} W_i$. Inoltre, se $v \in V_i \setminus \{0\}$ e $X = (x_1, \ldots, x_n)$ sono le usuali coordinate affini di $\mathbb{R}^n$, l'iperpiano principale individuato da v ha equazione ${}^tvAX + {}^tBv = 0$, che può essere riscritta ${}^tvX = -\frac{1}{\lambda_i}{}^tvB$. Da ciò si deduce facilmente che, per ogni $i = 1, \ldots, h$, il sistema lineare di iperpiani proiettivi $\operatorname{pol}(K_i)$ non contiene l'iperpiano improprio H_0, per cui W_i è un sistema lineare proprio. Essendo $\operatorname{pol}: \mathbb{P}^n(\mathbb{R}) \to \mathbb{P}^n(\mathbb{R})^*$ un isomorfismo, si ha infine $\dim W_i = \dim K_i = d_i - 1$ per ogni $i = 1, \ldots, h$.

(b) Per ogni $i = 1, \ldots, h$, sia $\mathcal{B}_i$ una base ortogonale di V_i, e poniamo $\{v_1, \ldots, v_m\} = \mathcal{B}_1 \cup \ldots \cup \mathcal{B}_h$. Per il Teorema spettrale A è diagonalizzabile, per cui dalla definizione dei V_i si deduce immediatamente che $m = d_1 + \ldots + d_h = \operatorname{rk} A$. Inoltre, gli autospazi di A sono a due a due ortogonali, per cui v_i è ortogonale a v_j per ogni $i \neq j, i,j \in \{1,\ldots,m\}$.

Per quanto visto nella soluzione del punto (a), il sottospazio affine J è definito dal sistema lineare

$$\begin{cases} {}^t v_1 X = c_1 \\ \quad\vdots \\ {}^t v_m X = c_m \end{cases}$$

dove $c_1,\ldots,c_m$ sono numeri reali. Poiché $\{v_1,\ldots,v_m\}$ è un insieme di vettori linearmente indipendenti, se ne deduce immediatamente che J è un sottospazio affine di $\mathbb{R}^n$ di dimensione $n - m = n - \operatorname{rk} A$. Notiamo anche che, poichè i v_i sono a due a due ortogonali, il sistema di equazioni sopra descritto esprime J come intersezione di m iperpiani principali a due a due ortogonali.

(c) Poiché il centro C di Q coincide con il polo dell'iperpiano improprio (cfr. 1.8.6), se H è un iperpiano principale, allora per reciprocità si ha $C \in H$. Si ha dunque $C \in \bigcap_{H \in W} H = J$. D'altronde, dato che Q è a centro, si ha $\operatorname{rk} A = n$ (cfr. 1.8.5), e dal punto (b) si deduce perciò che $\dim J = n - n = 0$, per cui $J = \{C\}$. Inoltre, quanto provato nella soluzione di (b) mostra che J è intersezione di n iperpiani principali a due a due ortogonali.

(d) Come osservato in 1.8.5, poiché Q è un paraboloide non degenere si ha $\operatorname{rk} A = n - 1$. Dunque, per il punto (b) si ha $\dim J = 1$, per cui J è una retta. Essendo intersezione di iperpiani principali, J è perciò un asse di Q. Inoltre, se r è un qualsiasi asse di Q, per definizione r è intersezione di iperpiani principali, per cui $r \supseteq J$, e $r = J$ per motivi dimensionali. Dunque J è l'unico asse di Q e, come detto nella soluzione di (b), J è in effetti l'intersezione di $n - 1$ iperpiani principali a due a due ortogonali.

Mostriamo ora che il punto improprio di J è contenuto in Q. Poiché $\operatorname{rk} A = n-1$, esiste un vettore non nullo $v_0 \in \operatorname{Ker} A \subseteq \mathbb{R}^n$. Poniamo $P_0 = [(0, v_0)] \in H_0$. Mantenendo le notazioni introdotte nella soluzione di (b), dal Teorema spettrale si deduce che v_0 è ortogonale a v_i per ogni $i = 1,\ldots,m = n - 1$. Dalle equazioni esplicite per J descritte in (b) è allora immediato ricavare che P_0 è il punto improprio di J. Inoltre, poiché $Av_0 = 0$ si ha $P_0 \in \overline{Q}$, come voluto.

Per definizione di vertice, per concludere è sufficiente dimostrare che $Q \cap J$ consta di un unico punto. Ora, dal fatto che $Av_0 = 0$ si deduce $T_{P_0}(\overline{Q}) = H_0$. Poiché naturalmente $\overline{J}$ non è contenuto in H_0, si ha allora $I(\overline{Q}, \overline{J}, P_0) = 1$. Ne segue che J interseca Q in un solo punto V, che è l'unico vertice di Q.

(e) Per definizione di sfera, Q ha equazione

$$(x_1 - a_1)^2 + \ldots + (x_n - a_n)^2 = \eta$$

per qualche $\eta \in \mathbb{R}$, per cui si ha $A = \operatorname{Id}$, ${}^t B = (-a_1 \ \ldots \ -a_n)$ e $c = a_1^2 + \ldots + a_n^2 - \eta$. In particolare, essendo A invertibile, Q è a centro. Poiché le coordinate del centro C di Q risolvono il sistema $AX = -B$, si ha inoltre $C = (a_1,\ldots,a_n)$.

Poiché tutti i vettori di $\mathbb{R}^n$ sono autovettori per A, un iperpiano di $\mathbb{R}^n$ è principale se e solo se è della forma $\text{pol}([0, v])$ per qualche $v \in \mathbb{R}^n \setminus \{0\}$, ovvero se e solo se ha equazione

$$v_1 x_1 + v_2 x_2 + \ldots + v_n x_n = v_1 a_1 + v_2 a_2 + \ldots + v_n a_n$$

per qualche $(v_1, \ldots, v_n) \in \mathbb{R}^n \setminus \{0\}$. Se ne deduce immediatamente che un iperpiano di $\mathbb{R}^n$ è principale se e solo se passa per C. Inoltre, ogni retta passante per C è intersezione di $n - 1$ piani passanti per C, per cui gli assi di $\mathcal{Q}$ sono tutte e sole le rette passanti per C, e tutti i punti del supporto di $\mathcal{Q}$ sono vertici di $\mathcal{Q}$.

(f) Osserviamo innanzi tutto che per $n = 2$ le nozioni di asse e di iperpiano principale coincidono, pertanto gli assi di $\mathcal{Q}$ sono in bigezione con i sottospazi generati da un autovettore v di A relativo ad un autovalore non nullo (cfr. 1.8.6). Più precisamente, al sottospazio generato da un autovettore $v \neq 0$ corrisponde un'asse di giacitura ortogonale a v. Poiché A è simmetrica e $\text{rk}\, A \geq 1$, per il Teorema spettrale si ha allora che $\mathcal{Q}$ ammette sempre almeno un asse, e che l'esistenza di due assi di $\mathcal{Q}$ ortogonali è equivalente al fatto che A sia invertibile, ovvero al fatto che $\mathcal{Q}$ sia a centro.

Ricordiamo che $\mathcal{Q}$ è una circonferenza se e solo se è definita da un'equazione della forma $(x - x_0)^2 + (y - y_0)^2 = c$, con $x_0, y_0, c \in \mathbb{R}$. Da ciò si deduce facilmente che $\mathcal{Q}$ è una circonferenza se e solo se A è un multiplo non nullo dell'identità, ovvero (poiché $n = 2$) se e solo se A ammette tre autovettori a due a due linearmente indipendenti e relativi ad autovalori non nulli. Possiamo dunque concludere che $\mathcal{Q}$ è una circonferenza se e solo se ammette tre assi distinti (ed in tal caso, come abbiamo visto nella soluzione di (e), $\mathcal{Q}$ è a centro e tutte le rette passanti per il centro di $\mathcal{C}$ sono assi).

Esercizio 4.72

Sia $\mathcal{Q}$ una quadrica non degenere di $\mathbb{R}^n$ e sia V un vertice di $\mathcal{Q}$. Si provi che V appartiene ad un solo asse di $\mathcal{Q}$, che è ortogonale all'iperpiano tangente a $\mathcal{Q}$ in V.

Soluzione   Naturalmente è sufficiente dimostrare che se r è un asse passante per V, allora r è ortogonale a $T_V(\mathcal{Q})$. Per definizione, r è l'intersezione di $n - 1$ iperpiani principali la cui chiusura proiettiva è data da $n - 1$ iperpiani proiettivi $\text{pol}_{\overline{\mathcal{Q}}}(P_1), \ldots, \text{pol}_{\overline{\mathcal{Q}}}(P_{n-1})$ con $P_i = [(0, v_i)] \in H_0$ per $i = 1, \ldots, n - 1$. Più esplicitamente, come mostrato nella soluzione del punto (b) dell'Esercizio 4.71, se A è una matrice simmetrica che rappresenta $\mathcal{Q}$, per ogni $i = 1, \ldots, n - 1$ v_i è un autovettore per A relativo ad un autovalore non nullo e l'iperpiano principale corrispondente a P_i ha equazione affine della forma ${}^t v_i X = c_i$ per qualche $c_i \in \mathbb{R}$. In particolare, poiché $\dim r = 1$, i vettori $v_1, \ldots, v_{n-1}$ sono linearmente indipendenti, per cui la giacitura di r è generata dall'unico (a meno di moltiplicazione per uno scalare) vettore $v_r \in \mathbb{R}^n \setminus \{0\}$ tale che ${}^t v_i v_r = 0$ per ogni $i = 1, \ldots, n - 1$.

Poiché $V \in \overline{r} = \bigcap_{i=1}^{n-1} \text{pol}_{\overline{\mathcal{Q}}}(P_i)$, per reciprocità ogni P_i appartiene a $\text{pol}_{\overline{\mathcal{Q}}}(V)$, ovvero all'iperpiano tangente proiettivo a $\overline{\mathcal{Q}}$ in V. Se ne deduce facilmente che ogni v_i appartiene alla giacitura dell'iperpiano affine $T_V(\mathcal{Q})$. Essendo linearmente indipendenti, i vettori $v_1, \ldots, v_{n-1}$ costituiscono una base della giacitura di $T_V(\mathcal{Q})$. Dal fatto che ${}^t v_i v_r = 0$ per ogni $i = 1, \ldots, n - 1$ segue allora che r è ortogonale a $T_V(\mathcal{Q})$, come voluto.

Esercizio 4.73

Siano $P_1, P_2, P_3 \in \mathbb{R}^2$ punti non allineati. Si provi che esiste un'unica circonferenza $\mathcal{C}$ che contiene P_1, P_2, P_3.

Soluzione Se O è il punto di intersezione tra gli assi dei segmenti $P_1 P_2$ e $P_2 P_3$ e ρ è la distanza tra O e P_1, allora un semplice argomento di geometria piana mostra che l'unica circonferenza che contiene P_1, P_2 e P_3 ha centro in O e raggio uguale a ρ.

Proponiamo qui una soluzione alternativa, fondata sulla caratterizzazione delle circonferenze descritta in 1.8.7. Denotati come di consueto $I_1 = [0, 1, i]$ e $I_2 = [0, 1, -i]$ i punti ciclici del piano euclideo, ricordiamo infatti che una conica $\mathcal{C}$ di $\mathbb{R}^2$ è una circonferenza se e solo se la complessificata $\overline{\mathcal{C}}_{\mathbb{C}}$ della chiusura proiettiva $\overline{\mathcal{C}}$ di $\mathcal{C}$ contiene I_1 e I_2.

I punti P_1, P_2, P_3, I_1, I_2 di $\mathbb{P}^2(\mathbb{C})$ sono in posizione generale. Infatti, P_1, P_2, P_3 sono indipendenti per ipotesi, la retta $L(I_1, I_2) = \{x_0 = 0\}$ non contiene alcun P_i, $i = 1, 2, 3$, e le rette $L(P_i, P_j)$, $i, j \in \{1, 2, 3\}$, intersecano la retta all'infinito $x_0 = 0$ di $\mathbb{P}^2(\mathbb{C})$ in punti reali, e dunque distinti da I_1 e I_2. Allora esiste un'unica conica $\mathcal{Q}$ di $\mathbb{P}^2(\mathbb{C})$ tale che $P_1, P_2, P_3, I_1, I_2 \in \mathcal{Q}$ e tale conica è non degenere (cfr. 1.9.6). La conica coniugata $\sigma(\mathcal{Q})$ contiene i punti $P_i = \sigma(P_i)$, $i = 1, 2, 3$, e i punti $I_1 = \sigma(I_2)$ e $I_2 = \sigma(I_1)$. Per l'unicità di $\mathcal{Q}$ si ha $\sigma(\mathcal{Q}) = \mathcal{Q}$, e quindi esiste una conica $\mathcal{D}$ di $\mathbb{P}^2(\mathbb{R})$ tale $\mathcal{Q} = \mathcal{D}_{\mathbb{C}}$ (cfr. Esercizio 3.7). La parte affine $\mathcal{C} = \mathcal{D} \cap \mathbb{R}^2$ di $\mathcal{D}$ è una circonferenza passante per P_1, P_2 e P_3.

Per quanto riguarda l'unicità, data una circonferenza $\mathcal{C}'$ di $\mathbb{R}^2$ che contiene P_1, P_2 e P_3, la complessificata $\mathcal{Q}' = \overline{\mathcal{C}'}_{\mathbb{C}}$ della chiusura proiettiva di $\mathcal{C}'$ è una conica di $\mathbb{P}^2(\mathbb{C})$ che contiene P_1, P_2, P_3, I_1, I_2. Ancora per l'unicità di $\mathcal{Q}$, si ha $\mathcal{Q}' = \mathcal{Q}$ e, di conseguenza, $\mathcal{C} = \mathcal{C}'$, cioè $\mathcal{C}$ è l'unica circonferenza di $\mathbb{R}^2$ passante per P_1, P_2 e P_3.

Esercizio 4.74

Sia $\mathcal{C}$ una parabola di $\mathbb{R}^2$ e sia P un qualsiasi punto di $\mathcal{C}$. Si mostri che esiste un'affinità $\varphi \colon \mathbb{R}^2 \to \mathbb{R}^2$ tale che $\varphi(P) = (0, 0)$ e $\varphi(\mathcal{C})$ abbia equazione $x^2 - 2y = 0$.

Soluzione Sia $\tau_P \subseteq \mathbb{P}^2(\mathbb{R})$ la retta tangente proiettiva a $\overline{\mathcal{C}}$ in P, sia $Q \in \mathbb{P}^2(\mathbb{R})$ il punto di intersezione di τ_P con la retta impropria, e sia $R \in \mathbb{P}^2(\mathbb{R})$ il punto improprio di $\overline{\mathcal{C}}$. È immediato verificare che, se $S \in \mathbb{R}^2 \subseteq \mathbb{P}^2(\mathbb{R})$ è un punto di $\mathcal{C}$ distinto da P, allora i punti P, Q, R, S costituiscono un sistema di riferimento proiettivo di $\mathbb{P}^2(\mathbb{R})$. Sia $f \colon \mathbb{P}^2(\mathbb{R}) \to \mathbb{P}^2(\mathbb{R})$ la proiettività tale che $f(P) = [1, 0, 0]$, $f(Q) = [0, 1, 0]$, $f(R) = [0, 0, 1]$, $f(S) = [1, 1, 1]$. Poiché $f(Q)$ e $f(R)$ giacciono sulla retta impropria, f si restringe ad un'affinità ψ di $\mathbb{R}^2$.

Sia $C' = \psi(C)$, e sia $g(x, y) = 0$ un'equazione di C'. Per costruzione C' passa per $O = (0, 0)$, e la tangente a C' in O è data dalla parte affine della retta passante per O e per $[0, 1, 0]$, ovvero dalla retta di equazione $y = 0$. Dunque, a meno di un fattore non nullo, l'equazione di C' è della forma $g(x, y) = y + ax^2 + bxy + cy^2$, con a, b, c non tutti nulli. Poiché R è l'unico punto improprio di $\overline{C}$, si ha poi che $[0, 0, 1]$ è l'unico punto improprio di C', per cui $b = c = 0$, mentre dal fatto che $S \in C$ si deduce che $(1, 1) \in C'$, per cui $a = -1$. Dunque C' ha equazione $x^2 - y = 0$. L'affinità cercata è pertanto la composizione di ψ con l'affinità η di $\mathbb{R}^2$ tale che $\eta(x, y) = \left(x, \dfrac{y}{2}\right)$ per ogni $(x, y) \in \mathbb{R}^2$.

Nota. Dall'esercizio segue immediatamente che il gruppo delle affinità di $\mathbb{R}^2$ che lasciano invariata una parabola C agisce transitivamente su C. Questo è ovviamente falso nel caso delle isometrie, perché il vertice di C è un punto fisso per ogni isometria che lascia C invariata.

Esercizio 4.75

Sia C una conica non degenere e non vuota di $\mathbb{R}^2$. Si provi che:

(a) Se C è a centro ma non è una circonferenza, C ha due fuochi, entrambi diversi dal centro O di C.

(b) Se C è una circonferenza, il centro O di C è l'unico fuoco di C.

(c) Se C è una parabola, C ha un unico fuoco.

Soluzione Indichiamo come al solito con $I_1 = [0, 1, i]$ e $I_2 = [0, 1, -i]$ i punti ciclici del piano euclideo. Sia $\mathcal{D} = C_{\mathbb{C}}$ la complessificata di C, sia $\overline{\mathcal{D}}$ la chiusura proiettiva di $\mathcal{D}$, e ricordiamo che C è una circonferenza se e solo se $I_1, I_2 \in \overline{\mathcal{D}}$ (cfr. 1.8.7).

(a) Poiché C è a centro, la retta all'infinito $x_0 = 0$ non è tangente a $\overline{\mathcal{D}}$ (cfr. 1.8.5). Inoltre, come appena osservato $\overline{\mathcal{D}}$ non contiene i punti ciclici. Quindi per il punto I_1 passano due rette distinte r_1 e r_2 di $\mathbb{P}^2(\mathbb{C})$ tangenti a $\overline{\mathcal{D}}$ in punti propri $Q_1 = \overline{\mathcal{D}} \cap r_1$, $Q_2 = \overline{\mathcal{D}} \cap r_2$. Osserviamo che se r_i, $i = 1, 2$, passasse per il centro O di C, allora si avrebbe $O \in r_i = \mathrm{pol}(Q_i)$, da cui per reciprocità $Q_i \in \mathrm{pol}(O)$, il che è assurdo in quanto $\mathrm{pol}(O)$ è la retta all'infinito. Dunque $O \notin r_1 \cup r_2$. Le rette coniugate $s_1 = \sigma(r_1)$ e $s_2 = \sigma(r_2)$ passano per I_2 e sono anch'esse tangenti a $\overline{\mathcal{D}}$, in quanto $\sigma(\overline{\mathcal{D}}) = \overline{\mathcal{D}}$. Per l'Esercizio 3.8, i punti $F_1 = r_1 \cap s_1$ e $F_2 = r_2 \cap s_2$ sono gli unici punti reali contenuti in $r_1 \cup r_2 \cup s_1 \cup s_2$, e quindi $\{F_1, F_2\}$ è l'insieme dei fuochi di C. Poiché, come osservato sopra, sappiamo che $O \notin r_1 \cup r_2$, i fuochi F_1 e F_2 sono diversi da O.

(b) Se C è una circonferenza, allora I_1 e I_2 appartengono a $\overline{\mathcal{D}}$. Denotiamo con r la retta tangente a $\overline{\mathcal{D}}$ in I_1. Poiché la retta all'infinito $x_0 = 0$ interseca $\overline{\mathcal{D}}$ nei due punti I_1 e I_2, la retta r è diversa da $\{x_0 = 0\}$. La retta coniugata $s = \sigma(r)$ è tangente a $\overline{\mathcal{D}}$ in I_2, ed è perciò diversa da r. Le rette r e s, in quanto polari di punti impropri, si intersecano nel centro O di C. Per l'Esercizio 3.8, O è l'unico punto reale di $r \cup s$ ed è quindi l'unico fuoco di C.

(c) Se C non è a centro, la conica $\mathcal{D}$ ha un unico punto improprio, che è reale e quindi diverso da I_1 e I_2. Per I_1 passano due rette tangenti a $\overline{\mathcal{D}}$: la retta $x_0 = 0$ e una seconda retta r. Le tangenti a $\overline{\mathcal{D}}$ passanti per I_2 sono la retta $x_0 = 0$ e la retta coniugata $s = \sigma(r)$. Per l'Esercizio 3.8, il punto $F = r \cap s$ è l'unico punto reale di $r \cup s$ ed è quindi l'unico fuoco di C.

Esercizio 4.76

Sia C una conica non degenere di $\mathbb{R}^2$. Si mostri che:

(a) *Se C è a centro e non è una circonferenza, uno degli assi di C contiene entrambi i fuochi di C.*

(b) *Se C è una parabola, il fuoco F di C appartiene all'unico asse di C.*

Soluzione L'esercizio si risolve facilmente per via analitica, sfruttando un cambio isometrico di coordinate che porti C in forma canonica e utilizzando le formule per i fuochi dell'Esercizio 4.77. Proponiamo qui una soluzione di tipo sintetico.

(a) Per l'Esercizio 4.75, C ha due fuochi F_1, F_2 entrambi distinti dal centro O di C. Inoltre, per il punto (f) dell'Esercizio 4.71, la conica C ha esattamente due assi r_1 e r_2, mutuamente ortogonali. Per $i = 1,2$ sia $\tau_i \colon \mathbb{R}^2 \to \mathbb{R}^2$ la riflessione ortogonale rispetto alla retta r_i. Per l'Esercizio 4.70, le isometrie τ_1 e τ_2 (e quindi anche $\tau = \tau_1 \circ \tau_2$) mandano in sé C e preservano quindi l'insieme $\{F_1, F_2\}$. Poiché r_1 è ortogonale a r_2, l'applicazione τ è una simmetria centrale il cui punto fisso $O = r_1 \cap r_2$ è il centro di C e dunque τ scambia tra loro F_1 e F_2. Ne segue che, ad esempio, τ_1 fissa F_1 e F_2 mentre τ_2 li scambia. Dato che il luogo dei punti fissi di τ_1 è r_1, si ha che $F_1, F_2 \in r_1$.

(b) Osserviamo che per il punto (f) dell'Esercizio 4.71 la conica C, essendo non a centro, ammette un unico asse r. Per l'Esercizio 4.75, C ha un solo fuoco F, che è perciò un punto fisso per qualunque isometria $\tau \colon \mathbb{R}^2 \to \mathbb{R}^2$ tale che $\tau(C) = C$. Applicando questa osservazione alla riflessione ortogonale rispetto a r si ha che F appartiene a r.

Nota. Se C è una conica non degenere e a centro e non è una circonferenza, l'asse che contiene i fuochi di C è detto *asse focale*. Se C è un'ellisse, l'asse focale è detto anche *asse maggiore*, mentre se C è un iperbole è detto anche *asse trasverso*. In entrambi i casi, l'asse focale interseca C in due vertici.

Esercizio 4.77

In ciascuno dei casi (a), (b), (c), (d) sotto descritti, si determinino assi, vertici, fuochi e direttrici della conica non degenere $\mathcal{C}$ di $\mathbb{R}^2$ definita dall'equazione $f(x,y) = 0$:

(a) $f(x,y) = \dfrac{x^2}{a^2} + \dfrac{y^2}{b^2} - 1$, con $a > b > 0$;

(b) $f(x,y) = \dfrac{x^2}{a^2} + \dfrac{y^2}{a^2} - 1$, con $a > 0$;

(c) $f(x,y) = \dfrac{x^2}{a^2} - \dfrac{y^2}{b^2} + 1$, con $a > 0$, $b > 0$;

(d) $f(x,y) = x^2 - 2cy$, con $c > 0$.

Soluzione   (a) Poiché $f(x,y) = f(-x,-y)$, la conica $\mathcal{C}$ ha centro nell'origine $O = (0,0)$ di $\mathbb{R}^2$. Inoltre, $\mathcal{C}$ è rappresentata dalla matrice

$$\overline{A} = \begin{pmatrix} -1 & 0 & 0 \\ 0 & \dfrac{1}{a^2} & 0 \\ 0 & 0 & \dfrac{1}{b^2} \end{pmatrix}.$$

Essendo $a \neq b$, gli autospazi della matrice $A = \begin{pmatrix} \dfrac{1}{a^2} & 0 \\ 0 & \dfrac{1}{b^2} \end{pmatrix}$ relativi ad autovalori non nulli sono le rette generate da $(1,0)$ e da $(0,1)$. Poiché la retta $\mathrm{pol}_{\overline{C}}([0,1,0])$ ha equazione $x_1 = 0$ e la retta $\mathrm{pol}_{\overline{C}}([0,0,1])$ ha equazione $x_2 = 0$, gli assi di $\mathcal{C}$ sono le rette di equazione $x = 0$ e $y = 0$. Intersecando tali rette con $\mathcal{C}$ si ottengono i vertici di $\mathcal{C}$, che hanno coordinate

$$(a,0), \quad (-a,0), \quad (0,b), \quad (0,-b).$$

Calcoliamo ora i fuochi di $\mathcal{C}$. Sia $\overline{\mathcal{C}}_{\mathbb{C}}$ la complessificata di $\overline{\mathcal{C}}$, e determiniamo le rette di $\mathbb{C}^2$ la cui chiusura proiettiva è tangente a $\overline{\mathcal{C}}_{\mathbb{C}}$ e passa per uno dei punti ciclici $I_1 = [0,1,i]$, $I_2 = [0,1,-i]$. La conica $\overline{\mathcal{C}}_{\mathbb{C}}$ ha equazione $b^2 x_1^2 + a^2 x_2^2 - a^2 b^2 x_0^2 = 0$. Se $\mathcal{F}_1$ è il fascio di rette di $\mathbb{P}^2(\mathbb{C})$ di centro I_1, l'insieme delle rette di $\mathcal{F}_1$ distinte dalla retta impropria coincide con l'insieme delle rette r_λ di equazione $\lambda x_0 + i x_1 - x_2 = 0$, al variare di $\lambda \in \mathbb{C}$. Sostituendo l'uguaglianza $x_2 = \lambda x_0 + i x_1$ nell'equazione di $\overline{\mathcal{C}}_{\mathbb{C}}$ si ottiene l'equazione

$$-(a^2 - b^2)x_1^2 + 2\lambda a^2 i x_0 x_1 + a^2(\lambda^2 - b^2)x_0^2 = 0,$$

che ha una radice doppia se e solo se $(\lambda a^2 i)^2 + a^2(a^2 - b^2)(\lambda^2 - b^2) = 0$, ovvero se e solo se $\lambda = \lambda_1 = -i\sqrt{a^2 - b^2}$ oppure $\lambda = \lambda_2 = i\sqrt{a^2 - b^2}$. Dunque, r_λ è tangente a $\overline{\mathcal{C}}_{\mathbb{C}}$ se e solo se $\lambda = \lambda_1$ o $\lambda = \lambda_2$. Sia ora $j = 1$ o $j = 2$. Per l'Esercizio 3.8, l'unico punto reale di r_{λ_j} è dato da $F_j = r_{\lambda_j} \cap \sigma(r_{\lambda_j})$. Inoltre, poiché $\sigma(\overline{\mathcal{C}}_{\mathbb{C}}) = \overline{\mathcal{C}}_{\mathbb{C}}$, la retta $\sigma(r_{\lambda_j}) = \sigma(L(F_j, I_1)) = L(F_j, I_2)$ è tangente a $\overline{\mathcal{C}}_{\mathbb{C}}$. Dunque le rette isotrope passanti per F_j sono tangenti a $\overline{\mathcal{C}}_{\mathbb{C}}$, per cui F_j è un fuoco di $\mathcal{C}$. Sfruttando le equazioni di r_{λ_1} e r_{λ_2} sopra trovate, è ora immediato verificare che F_1 e F_2 hanno coordinate affini

$$F_1 = \left(\sqrt{a^2 - b^2}, 0\right), \quad F_2 = \left(-\sqrt{a^2 - b^2}, 0\right).$$

Inoltre, essendo gli unici punti reali che appartengono a rette passanti per I_1 e tangenti a $\overline{C}_\mathbb{C}$, F_1 e F_2 sono i soli fuochi di C.

Infine, le direttrici r_1 e r_2 di C sono le parti affini delle rette $\mathrm{pol}(F_1)$ e $\mathrm{pol}(F_2)$ e hanno quindi equazione rispettivamente

$$x = \frac{a^2}{\sqrt{a^2 - b^2}}, \quad x = -\frac{a^2}{\sqrt{a^2 - b^2}}.$$

(b) In questo caso C è una circonferenza. Inoltre, poiché $f(x, y) = f(-x, -y)$, il centro di C è l'origine $O = (0, 0)$ di $\mathbb{R}^2$. Per il punto (f) dell'Esercizio 4.71, gli assi di C sono dati da tutte e sole le rette passanti per O, e tutti i punti del supporto di C sono vertici.

Per il punto (b) dell'Esercizio 4.75, l'origine O è l'unico fuoco di C. Dunque la polare del fuoco di C, coincidendo con la polare del centro di C, è la retta impropria, per cui C non ha direttrici.

(c) Procedendo come al punto (a) si mostra facilmente che C ha centro nell'origine $O = (0, 0)$, e che gli assi di C sono le rette di equazione $x = 0$ e $y = 0$. Intersecando tali rette con C si ottengono i vertici di C, che hanno coordinate

$$(0, b), \quad (0, -b).$$

Per calcolare i fuochi di C, procediamo come nella soluzione del punto (a). Sia $\overline{C}_\mathbb{C}$ la complessificata di $\overline{C}$, e consideriamo le rette r_λ di equazione $\lambda x_0 + ix_1 - x_2 = 0$, al variare di $\lambda \in \mathbb{C}$. Poiché $\overline{C}_\mathbb{C}$ ha equazione $b^2 x_1^2 - a^2 x_2^2 + a^2 b^2 x_0^2 = 0$, sostituendo l'uguaglianza $x_2 = \lambda x_0 + ix_1$ nell'equazione di $\overline{C}_\mathbb{C}$ si ottiene l'equazione

$$(a^2 + b^2)x_1^2 - 2\lambda a^2 ix_0 x_1 + a^2(b^2 - \lambda^2)x_0^2 = 0,$$

che ha una radice doppia se e solo se $(\lambda a^2 i)^2 + a^2(a^2 + b^2)(\lambda^2 - b^2) = 0$, ovvero se e solo se $\lambda = \lambda_1 = \sqrt{a^2 + b^2}$ oppure $\lambda = \lambda_2 = -\sqrt{a^2 + b^2}$. Dunque, r_λ è tangente a $\overline{C}_\mathbb{C}$ se e solo se $\lambda = \lambda_1$ o $\lambda = \lambda_2$. Procedendo come nella soluzione di (a), si ottiene che i fuochi di C coincidono con i punti $r_{\lambda_1} \cap \sigma(r_{\lambda_1})$ e $r_{\lambda_2} \cap \sigma(r_{\lambda_2})$, ovvero con i punti

$$F_1 = \left(0, \sqrt{a^2 + b^2}\right), \quad F_2 = \left(0, -\sqrt{a^2 + b^2}\right).$$

Infine, le direttrici r_1 e r_2 di C sono le parti affini delle rette $\mathrm{pol}(F_1)$ e $\mathrm{pol}(F_2)$ e hanno quindi equazione rispettivamente

$$y = \frac{b^2}{\sqrt{a^2 + b^2}}, \quad y = -\frac{b^2}{\sqrt{a^2 + b^2}}.$$

(d) La conica C è rappresentata dalla matrice

$$\overline{A} = \begin{pmatrix} 0 & 0 & -c \\ 0 & 1 & 0 \\ -c & 0 & 0 \end{pmatrix}.$$

L'unico autospazio della matrice $A = \begin{pmatrix} 1 & 0 \\ 0 & 0 \end{pmatrix}$ relativo ad un autovalore non nullo è la retta generata da $(1,0)$, per cui C ha un unico asse, di equazione $x = 0$. Intersecando tale retta con C si ottiene il vertice di C, che coincide con l'origine O di $\mathbb{R}^2$.

Determiniamo ora i fuochi di C (conformemente a quanto mostrato nel punto (c) dell'Esercizio 4.75, mostreremo in effetti che C ha esattamente un fuoco). La complessificata $\overline{C}_{\mathbb{C}}$ di $\overline{C}$ ha equazione $x_1^2 - 2cx_0x_2 = 0$. Poiché C non è a centro, la retta impropria è tangente a C. Pertanto, dato che $I_1 \notin \overline{C}_{\mathbb{C}}$ e $\overline{C}_{\mathbb{C}}$ è non degenere, esiste esattamente una retta $r \subseteq \mathbb{P}^2(\mathbb{C})$ distinta dalla retta impropria, contenente I_1 e tangente a $\overline{C}_{\mathbb{C}}$. Tale retta ha equazione $\lambda x_0 + ix_1 - x_2 = 0$ per qualche $\lambda \in \mathbb{C}$. Sostituendo l'uguaglianza $x_2 = \lambda x_0 + ix_1$ nell'equazione di $\overline{C}_{\mathbb{C}}$ si ottiene l'equazione

$$x_1^2 - 2icx_0x_1 - 2\lambda cx_0^2 = 0,$$

che, essendo $c \neq 0$, ha una radice doppia se e solo se $\lambda = \frac{c}{2}$. La retta r ha pertanto equazione $cx_0 + 2ix_1 - 2x_2 = 0$, per cui, essendo $r \cap \sigma(r) = [2, 0, c]$, l'unico fuoco di C è dato dal punto

$$F = \left(0, \frac{c}{2}\right).$$

Infine, la direttrice di C è la parte affine della retta $\mathrm{pol}(F)$, e ha pertanto equazione

$$y = -\frac{c}{2}.$$

Esercizio 4.78 (Caratterizzazione metrica delle coniche)

Siano F_1, F_2 punti distinti di $\mathbb{R}^2$, sia r una retta di $\mathbb{R}^2$ tale che $F_1 \notin r$, e si indichi con d l'usuale distanza euclidea.

(a) Dato $\kappa > \dfrac{d(F_1, F_2)}{2}$, sia

$$X = \{P \in \mathbb{R}^2 \mid d(P, F_1) + d(P, F_2) = 2\kappa\}.$$

Si mostri che X è il supporto di un'ellisse reale i cui fuochi coincidono con F_1 e F_2. Sia inoltre C un'ellisse reale che non sia una circonferenza. Si mostri che il supporto di C coincide con il luogo dei punti del piano per cui la somma delle distanze dai fuochi di C è costante.

(b) Dato $\kappa \in \mathbb{R}$ tale che $0 < \kappa < \dfrac{d(F_1, F_2)}{2}$, sia

$$X = \{P \in \mathbb{R}^2 \mid |d(P, F_1) - d(P, F_2)| = 2\kappa\}.$$

Si mostri che X è il supporto di un'iperbole i cui fuochi coincidono con F_1 e F_2. Si mostri inoltre che il supporto di ogni iperbole C di $\mathbb{R}^2$ coincide con il luogo dei punti del piano per cui il modulo della differenza delle distanze dai fuochi di C è costante.

(c) *Sia*

$$X = \{P \in \mathbb{R}^2 \mid d(P, F_1) = d(P, r)\}.$$

Si mostri che X è il supporto di una parabola avente F_1 come fuoco e r come direttrice. Si mostri inoltre che il supporto di ogni parabola C di $\mathbb{R}^2$ coincide con il luogo dei punti del piano la cui distanza dal fuoco di C è uguale alla distanza dalla direttrice di C.

Soluzione   (a) A meno di cambiare coordinate tramite un'isometria di $\mathbb{R}^2$, possiamo supporre che i punti F_1 e F_2 abbiano coordinate rispettivamente $(\mu, 0)$ e $(-\mu, 0)$, con $\mu > 0$. Si ha allora $\mu < \kappa$, ed il punto del piano di coordinate (x, y) appartiene a X se e solo se

$$\sqrt{(x - \mu)^2 + y^2} + \sqrt{(x + \mu)^2 + y^2} = 2\kappa, \qquad (4.4)$$

ovvero se e solo se

$$\sqrt{(x - \mu)^2 + y^2} = 2\kappa - \sqrt{(x + \mu)^2 + y^2}.$$

Elevando al quadrato entrambi i membri di questa equazione, dividendo per 4 e riordinando i temini si ottiene l'equazione

$$\kappa^2 + \mu x = \kappa \sqrt{(x + \mu)^2 + y^2}.$$

Elevando nuovamente al quadrato, dopo qualche semplificazione si giunge all'equazione

$$\frac{x^2}{\kappa^2} + \frac{y^2}{\kappa^2 - \mu^2} = 1, \qquad (4.5)$$

e si può verificare che l'equazione (4.5) è in effetti equivalente all'equazione (4.4), per cui, essendo $\kappa > \mu > 0$, l'insieme X è il supporto di un'ellisse reale.

Dal punto (a) dell'Esercizio 4.77 si deduce poi che i fuochi dell'ellisse di equazione 4.5 sono i punti $(\sqrt{\kappa^2 - (\kappa^2 - \mu^2)}, 0) = (\mu, 0) = F_1$ e $(-\sqrt{\kappa^2 - (\kappa^2 - \mu^2)}, 0) = (-\mu, 0) = F_2$, come voluto.

Sia ora C un'ellisse reale che non sia una circonferenza. Per il Teorema 1.8.8 è possibile scegliere coordinate euclidee rispetto alle quali C abbia equazione $\frac{x^2}{a^2} + \frac{y^2}{b^2} = 1$, con $a > b > 0$. Siano $F_1 = (\sqrt{a^2 - b^2}, 0)$, $F_2 = (-\sqrt{a^2 - b^2}, 0)$ i fuochi di C (cfr. Esercizio 4.77). I calcoli appena svolti mostrano che l'insieme

$$\{P \in \mathbb{R}^2 \mid d(P, F_1) + d(P, F_2) = 2a\}$$

coincide con il supporto di C, e ciò conclude la dimostrazione di (a).

(b) A meno di cambiare coordinate tramite un'isometria di $\mathbb{R}^2$, possiamo supporre che i punti F_1 e F_2 abbiano coordinate rispettivamente $(0, \mu)$ e $(0, -\mu)$, con $\mu > 0$.

Si ha allora $\mu > \kappa$, ed il punto del piano di coordinate (x, y) appartiene a X se e solo se

$$\left| \sqrt{x^2 + (y - \mu)^2} - \sqrt{x^2 + (y + \mu)^2} \right| = 2\kappa, \tag{4.6}$$

ovvero se e solo se

$$\left(\sqrt{x^2 + (y - \mu)^2} - \sqrt{x^2 + (y + \mu)^2} \right)^2 = 4\kappa^2.$$

Quest'ultima equazione è a sua volta equivalente a

$$x^2 + y^2 + \mu^2 - 2\kappa^2 = \sqrt{(x^2 + (y - \mu)^2)(x^2 + (y + \mu)^2)}.$$

Elevando al quadrato entrambi i membri di questa equazione, dopo numerose ma ovvie semplificazioni si giunge all'equazione

$$\frac{x^2}{\mu^2 - \kappa^2} - \frac{y^2}{\kappa^2} + 1 = 0, \tag{4.7}$$

che è in effetti equivalente all'equazione (4.6). Poiché $\mu > \kappa > 0$, se ne deduce che X è il supporto di un'iperbole.

Dal punto (d) dell'Esercizio 4.77 si deduce poi che i fuochi dell'iperbole di equazione 4.7 sono i punti $(0, \sqrt{\kappa^2 + (\mu^2 - \kappa^2)}) = (0, \mu) = F_1$ e $(0, -\sqrt{\kappa^2 + (\mu^2 - \kappa^2)}) = (0, -\mu) = F_2$, come voluto.

Sia ora $\mathcal{C}$ un'iperbole di $\mathbb{R}^2$. Per il Teorema 1.8.8 è possibile scegliere coordinate euclidee rispetto alle quali $\mathcal{C}$ abbia equazione $\frac{x^2}{a^2} - \frac{y^2}{b^2} + 1 = 0$, con $a > 0, b > 0$. Se $F_1 = (0, \sqrt{a^2 + b^2})$, $F_2 = (0, -\sqrt{a^2 + b^2})$ sono i fuochi di $\mathcal{C}$ (cfr. Esercizio 4.77), i calcoli appena svolti mostrano che l'insieme

$$\{P \in \mathbb{R}^2 \mid |d(P, F_1) - d(P, F_2)| = 2b\}$$

coincide con il supporto di $\mathcal{C}$. Dunque il supporto di ogni iperbole coincide con il luogo dei punti del piano per cui il modulo della differenza delle distanze dai fuochi è costante.

(c) A meno di cambiare coordinate tramite un'isometria di $\mathbb{R}^2$, possiamo supporre che esista $\mu > 0$ tale che F_1 abbia coordinate $(0, \mu)$ ed r abbia equazione $y = -\mu$. Allora il punto del piano di coordinate (x, y) appartiene a X se e solo se

$$\sqrt{x^2 + (y - \mu)^2} = |y + \mu|,$$

ovvero se e solo se

$$x^2 + (y - \mu)^2 = (y + \mu)^2.$$

Tale condizione è a sua volta equivalente all'equazione

$$x^2 - 4\mu y = 0.$$

Dal punto (d) dell'Esercizio 4.77 si deduce allora che X è il supporto di una parabola avente F_1 come fuoco e r come direttrice.

Sia ora $\mathcal{C}$ una parabola di $\mathbb{R}^2$. Per il Teorema 1.8.8 è possibile scegliere coordinate euclidee su $\mathbb{R}^2$ rispetto alle quali $\mathcal{C}$ abbia equazione $x^2 - 2cy = 0$ con $c > 0$. Se

$F = \left(0, \frac{c}{2}\right)$ e la retta r di equazione $y = -\frac{c}{2}$ sono rispettivamente il fuoco e la direttrice di C (cfr. Esercizio 4.77), i calcoli appena svolti mostrano che l'insieme

$$\{P \in \mathbb{R}^2 \mid d(P, F) = d(P, r)\}$$

coincide con il supporto di C. Se ne deduce che il supporto di ogni parabola di $\mathbb{R}^2$ coincide con il luogo dei punti del piano le cui distanze dal fuoco e dalla direttrice sono uguali.

Esercizio 4.79 (Eccentricità di una conica)

Sia C una conica non degenere di $\mathbb{R}^2$ e si supponga che C non sia una circonferenza. Siano F un fuoco di C e r la relativa direttrice.

(a) Si provi che $F \notin C$ e che r non interseca C.

(b) Si provi che esiste una costante reale positiva e, detta eccentricità *della conica, tale che*

$$\frac{d(P, F)}{d(P, r)} = e \qquad \forall P \in C,$$

e si verifichi che risulta $e = 1$ se C è una parabola, $e < 1$ se C è un'ellisse, $e > 1$ se C è un'iperbole.

(c) Nel caso in cui C non è una parabola, F_1, F_2 sono i suoi fuochi e V_1, V_2 sono i vertici di C che giacciono sulla retta $L(F_1, F_2)$ (cfr. Esercizio 4.76 e Nota successiva), si provi che

$$e = \frac{d(F_1, F_2)}{d(V_1, V_2)}.$$

Soluzione (a) Indichiamo con I_1 e I_2 i punti ciclici del piano euclideo; sia $\mathcal{D} = C_{\mathbb{C}}$ la complessificata di C e sia $\overline{\mathcal{D}}$ la sua chiusura proiettiva. Per quanto visto nella soluzione dell'Esercizio 4.75, il fuoco F è intersezione di una retta propria r di $\mathbb{P}^2(\mathbb{C})$ uscente da I_1 e tangente a $\overline{\mathcal{D}}$ in un punto proprio Q e della retta $\sigma(r)$ uscente da I_2 e tangente a $\overline{\mathcal{D}}$ nel punto $\sigma(Q)$. Inoltre $Q \neq \sigma(Q)$ e $r \neq \sigma(r)$. Pertanto dal punto F escono due rette distinte tangenti a $\overline{\mathcal{D}}$; di conseguenza $F \notin \overline{\mathcal{D}}$ e in particolare $F \notin C$.

Inoltre, dal fatto che $F = \text{pol}_{\overline{\mathcal{D}}}(Q) \cap \text{pol}_{\overline{\mathcal{D}}}(\sigma(Q))$ segue che $\text{pol}_{\overline{\mathcal{D}}}(F) = L(Q, \sigma(Q))$. Pertanto $\text{pol}_{\overline{\mathcal{D}}}(F)$ interseca $\mathcal{D}$ nei punti non reali Q e $\sigma(Q)$, e dunque la direttrice relativa a F non interseca C.

Nel caso in cui C è una parabola, (b) segue immediatamente dal punto (c) dell'Esercizio 4.78 prendendo $e = 1$.

Proviamo ora (b) e (c) nel caso in cui C è un'ellisse che non sia una circonferenza. Per il Teorema 1.8.8 possiamo supporre che C abbia equazione $\frac{x^2}{a^2} + \frac{y^2}{b^2} = 1$, con $a > b > 0$. Per il punto (a) dell'Esercizio 4.77 i fuochi di C sono i punti

$$F_1 = \left(\sqrt{a^2 - b^2}, 0\right), \quad F_2 = \left(-\sqrt{a^2 - b^2}, 0\right),$$

e le equazioni delle direttrici r_1 e r_2 relative a tali fuochi sono rispettivamente

$$x = \frac{a^2}{\sqrt{a^2 - b^2}}, \qquad x = -\frac{a^2}{\sqrt{a^2 - b^2}}.$$

Sia ora $P = (x_0, y_0) \in \mathcal{C}$; poiché le coordinate di P verificano l'equazione di $\mathcal{C}$, si ha $y_0^2 = b^2 - \frac{b^2}{a^2}x_0^2$. Se prendiamo ad esempio $F = F_1$ e $r = r_1$ si ha allora

$$d(P, F)^2 = \left(x_0 - \sqrt{a^2 - b^2}\right)^2 + y_0^2 = \left(1 - \frac{b^2}{a^2}\right)x_0^2 - 2\sqrt{a^2 - b^2}\, x_0 + a^2$$

e

$$d(P, r)^2 = \left(x_0 - \frac{a^2}{\sqrt{a^2 - b^2}}\right)^2 = x_0^2 - 2\frac{a^2 x_0}{\sqrt{a^2 - b^2}} + \frac{a^4}{a^2 - b^2}.$$

Poiché

$$\frac{a^2 - b^2}{a^2}d(P, r)^2 = d(P, F)^2,$$

basta allora prendere

$$e = \frac{\sqrt{a^2 - b^2}}{a}$$

per avere che $e^2 d(P, r)^2 = d(P, F)^2$, e dunque $d(P, F) = e\, d(P, r)$ per ogni punto $P \in \mathcal{C}$, come voluto. Si noti che risulta $e < 1$.

Un calcolo analogo mostra che, con la stessa scelta di e, si ha anche $\dfrac{d(P, F_2)}{d(P, r_2)} = e$.

Osserviamo inoltre che, sempre per l'Esercizio 4.77, i vertici V_1, V_2 di $\mathcal{C}$ che giacciono sulla retta $L(F_1, F_2)$ sono i punti $V_1 = (a, 0)$, $V_2 = (-a, 0)$, per cui $e = \dfrac{d(F_1, F_2)}{d(V_1, V_2)}$.

Infine proviamo (b) e (c) quando $\mathcal{C}$ è un'iperbole. In questo caso possiamo supporre che $\mathcal{C}$ abbia equazione $\frac{x^2}{a^2} - \frac{y^2}{b^2} + 1 = 0$, con $a > 0$, $b > 0$. Per il punto (c) dell'Esercizio 4.77 i fuochi di $\mathcal{C}$ sono i punti

$$F_1 = \left(0, \sqrt{a^2 + b^2}\right), \qquad F_2 = \left(0, -\sqrt{a^2 + b^2}\right),$$

e le equazioni delle direttrici r_1 e r_2 relative a tali fuochi sono rispettivamente

$$y = \frac{b^2}{\sqrt{a^2 + b^2}}, \qquad y = -\frac{b^2}{\sqrt{a^2 + b^2}}.$$

Sia ora $P = (x_0, y_0) \in \mathcal{C}$; poiché le coordinate di P verificano l'equazione di $\mathcal{C}$, si ha $x_0^2 = \frac{a^2}{b^2}y_0^2 - a^2$. Se prendiamo ad esempio $F = F_1$ e $r = r_1$ si ha allora

$$d(P, F)^2 = x_0^2 + \left(y_0 - \sqrt{a^2 + b^2}\right)^2 = \left(1 + \frac{a^2}{b^2}\right)y_0^2 - 2\sqrt{a^2 + b^2}\, y_0 + b^2$$

e

$$d(P,r)^2 = \left(y_0 - \frac{b^2}{\sqrt{a^2+b^2}}\right)^2 = y_0^2 - 2\frac{b^2 y_0}{\sqrt{a^2+b^2}} + \frac{b^4}{a^2+b^2}.$$

Poiché

$$\frac{a^2+b^2}{a^2}d(P,r)^2 = d(P,F)^2,$$

basta allora prendere

$$e = \frac{\sqrt{a^2+b^2}}{b}$$

per avere che $e^2 d(P,r)^2 = d(P,F)^2$, e dunque $d(P,F) = e\, d(P,r)$ per ogni punto $P \in C$, come voluto. In questo caso risulta $e > 1$.

Un calcolo analogo mostra che, con la stessa scelta di e, si ha anche $\dfrac{d(P,F_2)}{d(P,r_2)} = e$.

Infine, sempre per l'Esercizio 4.77, i vertici V_1, V_2 di C che giacciono sulla retta $L(F_1,F_2)$ sono i punti $V_1 = (0,b)$, $V_2 = (0,-b)$, per cui $e = \dfrac{d(F_1,F_2)}{d(V_1,V_2)}$.

Nota. Nell'Esercizio 4.78 si è visto che, dati un punto $F \in \mathbb{R}^2$ e una retta r non passante per F, l'insieme $X = \{P \in \mathbb{R}^2 \mid d(P,F) = d(P,r)\}$ è il supporto di una parabola. Più in generale con facili calcoli si può verificare che, dato un numero reale positivo e, l'insieme $X = \{P \in \mathbb{R}^2 \mid d(P,F) = e\, d(P,r)\}$ è il supporto di una conica non degenere che è un'ellisse se $e < 1$, un'iperbole se $e > 1$ ed evidentemente una parabola se $e = 1$.

Esercizio 4.80

Si consideri la conica C di $\mathbb{R}^2$ di equazione

$$5x^2 + 5y^2 - 10x - 8y + 8xy - 4 = 0.$$

(a) Si determini la forma canonica affine di C.

(b) Si determinino la forma canonica metrica $\mathcal{D}$ di C e un'isometria φ tale che $\varphi(\mathcal{D}) = C$.

(c) Si determinino assi, vertici, fuochi e direttrici di C.

Soluzione (a) Ricordiamo (cfr. 1.8.5) che la coppia $(\mathrm{sign}(\overline{A}), \mathrm{sign}(A))$ è un sistema completo di invarianti affini, la cui conoscenza determina la forma canonica affine della conica.

Nel caso in esame la conica C è rappresentata dalla matrice simmetrica

$$\overline{A} = \left(\begin{array}{c|c} c & {}^t B \\ \hline B & A \end{array}\right) = \begin{pmatrix} -4 & -5 & -4 \\ -5 & 5 & 4 \\ -4 & 4 & 5 \end{pmatrix}.$$

Poiché $\det A = 9$, $\mathrm{tr}A = 10$ e $\det \overline{A} = -81$, si ottiene subito che $\mathrm{sign}(A) = (2,0)$

e $\text{sign}(\overline{A}) = (2,1)$. Pertanto $\mathcal{C}$ è un'ellisse reale e la sua forma canonica affine ha equazione $x^2 + y^2 = 1$.

(b) Per ridurre $\mathcal{C}$ a forma canonica metrica, come primo passo diagonalizziamo la matrice A per mezzo di una matrice ortogonale. Gli autovalori di A sono 1 e 9 e una base ortonormale di autovettori di A è costituita dai vettori $v_1 = \left(\dfrac{1}{\sqrt{2}}, -\dfrac{1}{\sqrt{2}}\right)$ e $v_2 = \left(\dfrac{1}{\sqrt{2}}, \dfrac{1}{\sqrt{2}}\right)$. Sia ψ l'isometria lineare di $\mathbb{R}^2$ che trasforma la base canonica nella base $\{v_1, v_2\}$; pensando ψ come un'affinità e usando la notazione fissata in 1.8.5, ψ è rappresentata dalla matrice

$$M_\psi = \begin{pmatrix} 1 & 0 & 0 \\ 0 & \dfrac{1}{\sqrt{2}} & \dfrac{1}{\sqrt{2}} \\ 0 & -\dfrac{1}{\sqrt{2}} & \dfrac{1}{\sqrt{2}} \end{pmatrix}.$$

Pertanto la conica $\mathcal{C}_1 = \psi^{-1}(\mathcal{C})$ è rappresentata dalla matrice

$$\overline{A_1} = {}^t M_\psi \overline{A} M_\psi = \begin{pmatrix} -4 & -\dfrac{1}{\sqrt{2}} & -\dfrac{9}{\sqrt{2}} \\ -\dfrac{1}{\sqrt{2}} & 1 & 0 \\ -\dfrac{9}{\sqrt{2}} & 0 & 9 \end{pmatrix}.$$

Risolvendo il sistema lineare $A_1 \begin{pmatrix} x \\ y \end{pmatrix} = -B_1$, ossia $\begin{pmatrix} 1 & 0 \\ 0 & 9 \end{pmatrix}\begin{pmatrix} x \\ y \end{pmatrix} = \begin{pmatrix} \dfrac{1}{\sqrt{2}} \\ \dfrac{9}{\sqrt{2}} \end{pmatrix}$,

si ricava (cfr. 1.8.5) che la conica $\mathcal{C}_1$ ha come centro il punto $C_1 = \left(\dfrac{1}{\sqrt{2}}, \dfrac{1}{\sqrt{2}}\right)$. Possiamo dunque eliminare la parte lineare dell'equazione utilizzando la traslazione $\tau(X) = X + C_1$. Posto $M_\tau = \begin{pmatrix} 1 & 0 & 0 \\ \dfrac{1}{\sqrt{2}} & 1 & 0 \\ \dfrac{1}{\sqrt{2}} & 0 & 1 \end{pmatrix}$, la conica $\mathcal{D} = \tau^{-1}(\mathcal{C}_1)$ è rappresentata allora dalla matrice

$$\overline{A_2} = {}^t M_\tau \overline{A_1} M_\tau = \begin{pmatrix} -9 & 0 & 0 \\ 0 & 1 & 0 \\ 0 & 0 & 9 \end{pmatrix}.$$

Abbiamo così ricavato che la forma canonica metrica $\mathcal{D}$ di $\mathcal{C}$ ha equazione $\dfrac{x^2}{9} + y^2 = 1$ e che l'isometria $\varphi = \psi \circ \tau$ ha la proprietà che $\varphi(\mathcal{D}) = \mathcal{C}$.

(c) Per l'Esercizio 4.77 la conica $\mathcal{D}$ ha come centro l'origine $(0,0)$, come assi le rette di equazione $x = 0$ e $y = 0$, come vertici i punti $(3,0)$, $(-3,0)$, $(0,1)$ e

$(0, -1)$; inoltre i suoi fuochi sono i punti $(2\sqrt{2}, 0)$ e $(-2\sqrt{2}, 0)$, e le direttrici sono le rette di equazione $x = \dfrac{9}{2\sqrt{2}}$ e $x = -\dfrac{9}{2\sqrt{2}}$.

Utilizzando il fatto che l'isometria φ trasforma il centro, gli assi, i vertici, i fuochi e le direttrici di $\mathcal{D}$ rispettivamente in quelli di $\mathcal{C}$, si ricava subito che:

- il centro di $\mathcal{C}$ è il punto $C = \varphi(0,0) = \psi(\tau(0,0)) = (1,0)$;
- gli assi di $\mathcal{C}$ sono le rette $a_1 = \{x + y - 1 = 0\}$ e $a_2 = \{x - y - 1 = 0\}$;
- i vertici sono i punti

$$V_1 = \varphi(3,0) = \left(1 + \frac{3}{\sqrt{2}}, -\frac{3}{\sqrt{2}}\right), \quad V_2 = \varphi(-3,0) = \left(1 - \frac{3}{\sqrt{2}}, \frac{3}{\sqrt{2}}\right),$$

$$V_3 = \varphi(0,1) = \left(1 + \frac{1}{\sqrt{2}}, \frac{1}{\sqrt{2}}\right), \quad V_4 = \varphi(0,-1) = \left(1 - \frac{1}{\sqrt{2}}, -\frac{1}{\sqrt{2}}\right);$$

- i fuochi di $\mathcal{C}$ sono i punti

$$F_1 = \varphi(2\sqrt{2}, 0) = (3, -2), \quad F_2 = \varphi(-2\sqrt{2}, 0) = (-1, 2);$$

- le direttrici sono le rette

$$d_1 = \{2x - 2y - 11 = 0\}, \quad d_2 = \{2x - 2y + 7 = 0\}.$$

Osserviamo fra l'altro che, una volta determinati i fuochi, il centro poteva essere determinato anche come punto medio del segmento $F_1 F_2$, un asse come la retta $L(F_1, F_2)$, l'altro asse come la retta ortogonale a $L(F_1, F_2)$ e passante per il centro, i vertici come le intersezioni degli assi con la conica.

Nota (Invarianti metrici per coniche). Nel caso in cui l'esercizio non avesse esplicitamente richiesto di determinare un'isometria φ tra la conica $\mathcal{C}$ e la sua forma canonica metrica $\mathcal{D}$, si sarebbe potuto individuare un'equazione di $\mathcal{D}$ con considerazioni sul modo in cui cambia la matrice associata a $\mathcal{C}$ attraverso un'isometria.

Infatti, se $\mathcal{C}$ ha equazione ${}^t\widetilde{X}A\widetilde{X} = 0$ e se $\varphi(X) = MX + N$ è un'isometria di $\mathbb{R}^2$ rappresentata dalla matrice $\overline{M}_N = \left(\begin{array}{c|cc} 1 & 0 & 0 \\ \hline N & M \end{array} \right)$ con $M \in O(2)$, sappiamo (cfr. 1.8.5) che la conica $\varphi^{-1}(\mathcal{C})$ è rappresentata dalla matrice $\overline{A'} = {}^t\overline{M}_N \overline{A}\, \overline{M}_N$ e, in particolare, $A' = {}^t M A M$. Poiché M è ortogonale, allora $A' = M^{-1}AM$, ossia la matrice A cambia per similitudine. È dunque possibile determinare una matrice diagonale $A' = \left(\begin{array}{cc} \lambda_1 & 0 \\ 0 & \lambda_2 \end{array} \right)$ simile ad A utilizzando semplicemente la traccia e il determinante di A, evitando il calcolo esplicito della matrice ortogonale M. Inoltre, poiché $\det \overline{M}_N = \pm 1$, si ha che $\det \overline{A'} = \det \overline{A}$.

A questo punto, limitandoci per semplicità al caso di coniche non degeneri, utilizziamo il fatto che attraverso un'isometria è possibile trasformare $\mathcal{C}$ nella conica rappresentata da una matrice del tipo $\overline{A'} = \left(\begin{array}{ccc} c & 0 & 0 \\ 0 & \lambda_1 & 0 \\ 0 & 0 & \lambda_2 \end{array} \right)$ se $\mathcal{C}$ è a centro, o da una matrice del tipo $\overline{A'} = \left(\begin{array}{ccc} 0 & 0 & c \\ 0 & \lambda_1 & 0 \\ c & 0 & 0 \end{array} \right)$ se $\mathcal{C}$ è una parabola.

Nel primo caso è possibile determinare c usando il fatto che $\det \overline{A}' = \det \overline{A}$ e poi determinare la forma canonica metrica di $\mathcal{C}$ (cfr. Teorema 1.8.8) scegliendo un opportuno multiplo di $\overline{A}'$ ed eventualmente scambiando le coordinate con l'isometria lineare $(x, y) \mapsto (y, x)$.

Nel secondo caso (quello in cui $\mathcal{C}$ è una parabola), si ha $\det \overline{A}' = \det \overline{A} = -\lambda_1 c^2$ e dunque $c^2 = -\dfrac{\det \overline{A}}{\lambda_1}$. Inoltre le matrici $\begin{pmatrix} 0 & 0 & c \\ 0 & \lambda_1 & 0 \\ c & 0 & 0 \end{pmatrix}$ e $\begin{pmatrix} 0 & 0 & -c \\ 0 & \lambda_1 & 0 \\ -c & 0 & 0 \end{pmatrix}$ sono congruenti, per cui se λ_1 è positivo (risp. negativo) basta scegliere come valore di c la radice quadrata negativa (risp. positiva) di $-\dfrac{\det \overline{A}}{\lambda_1}$ in modo che la forma canonica metrica di $\mathcal{C}$ sia quella rappresentata dalla matrice $\begin{pmatrix} 0 & 0 & \frac{c}{\lambda_1} \\ 0 & 1 & 0 \\ \frac{c}{\lambda_1} & 0 & 0 \end{pmatrix}$.

Nel caso particolare dell'esercizio si ha $\operatorname{tr} A = 10$ e $\det A = 9$, per cui il polinomio caratteristico di A è $t^2 - 10t + 9$ e gli autovalori di A sono dunque 1 e 9. La conica $\mathcal{C}$, essendo a centro, è metricamente equivalente alla conica rappresentata da $\overline{A}' = \begin{pmatrix} c & 0 & 0 \\ 0 & 1 & 0 \\ 0 & 0 & 9 \end{pmatrix}$ dove determiniamo c attraverso la condizione $\det \overline{A}' = \det \overline{A}$, ossia $9c = -81$ e dunque $c = -9$. Ritroviamo così che la forma canonica metrica di $\mathcal{C}$ ha equazione $\dfrac{x^2}{9} + y^2 = 1$.

A questo punto completiamo le osservazioni precedenti vedendo come si potevano calcolare i dati richiesti nel punto (c) dell'esercizio senza utilizzare la conoscenza di un'isometria tra la conica e la sua forma canonica metrica.

Il centro $C = (1, 0)$ è subito calcolato risolvendo il sistema $A \begin{pmatrix} x \\ y \end{pmatrix} = -B$.

La matrice A ha come autospazi le rette generate dai vettori $(1, -1)$ e $(1, 1)$. Poiché $\operatorname{pol}_{\overline{\mathcal{C}}}([0, 1, -1]) = \{-x_0 + x_1 - x_2 = 0\}$ e $\operatorname{pol}_{\overline{\mathcal{C}}}([0, 1, 1]) = \{-x_0 + x_1 + x_2 = 0\}$, gli assi di $\mathcal{C}$ sono le rette di equazione $x - y - 1 = 0$ e $x + y - 1 = 0$.

Intersecando tali rette con la conica troviamo che i vertici di $\mathcal{C}$ sono i punti $V_1 = \left(1 + \dfrac{3}{\sqrt{2}}, -\dfrac{3}{\sqrt{2}}\right)$, $V_2 = \left(1 - \dfrac{3}{\sqrt{2}}, \dfrac{3}{\sqrt{2}}\right)$, $V_3 = \left(1 + \dfrac{1}{\sqrt{2}}, \dfrac{1}{\sqrt{2}}\right)$ e $V_4 = \left(1 - \dfrac{1}{\sqrt{2}}, -\dfrac{1}{\sqrt{2}}\right)$.

Calcoliamo ora i fuochi di $\mathcal{C}$ come i punti di $\mathbb{R}^2$ in cui si intersecano le rette isotrope aventi chiusura proiettiva tangente alla complessificata di $\overline{\mathcal{C}}$ (cfr. 1.8.7).

Le rette affini di $\mathbb{C}^2$ aventi come punto improprio il punto ciclico $I_1 = [0, 1, i]$ hanno equazione $y = ix - a$ al variare di $a \in \mathbb{C}$; quelle aventi chiusura proiettiva tangente a $\overline{\mathcal{C}}_{\mathbb{C}}$ corrispondono ai valori $a = 2 + 3i$ e $a = -2 - i$, per cui otteniamo le rette $l_1 = \{y = ix - 2 - 3i\}$ e $l_2 = \{y = ix + 2 + i\}$.

Le rette di $\mathbb{C}^2$ con punto improprio il punto ciclico $I_2 = [0, 1, -i]$ e con chiusura proiettiva tangente a $\overline{\mathcal{C}}_{\mathbb{C}}$ sono le coniugate delle rette l_1, l_2 (cfr. Esercizio 4.75), ossia sono le rette $l_3 = \sigma(l_1) = \{y = -ix - 2 + 3i\}$ e $l_4 = \sigma(l_2) = \{y = -ix + 2 - i\}$.

Si ottengono così come fuochi i punti

$$F_1 = l_1 \cap l_3 = (3, -2), \quad F_2 = l_2 \cap l_4 = (-1, 2).$$

Le direttrici d_1 e d_2 sono le parti affini delle rette $\mathrm{pol}_{\overline{\mathcal{C}}}(F_1)$ e $\mathrm{pol}_{\overline{\mathcal{C}}}(F_2)$ e sono dunque le rette di equazione rispettivamente $2x - 2y - 11 = 0$ e $2x - 2y + 7 = 0$.

Esercizio 4.81

Si determinino la forma canonica affine e quella metrica della conica $\mathcal{C}$ di $\mathbb{R}^2$ di equazione $x^2 + y^2 + 6xy + 2x + 6y - 2 = 0$.

Soluzione   La conica $\mathcal{C}$ è rappresentata dalla matrice simmetrica $\begin{pmatrix} -2 & 1 & 3 \\ 1 & 1 & 3 \\ 3 & 3 & 1 \end{pmatrix}$.

Questa matrice, avendo determinante positivo e non essendo definita positiva, ha segnatura $(1, 2)$. Per rispettare la convenzione fatta di rappresentare la conica attraverso una matrice $\overline{A}$ tale che $i_+(\overline{A}) \geq i_-(\overline{A})$ e $i_+(A) \geq i_-(A)$, moltiplichiamo l'equazione della conica per -1 in modo tale che essa sia rappresentata dalla matrice

$$\overline{A} = \begin{pmatrix} 2 & -1 & -3 \\ -1 & -1 & -3 \\ -3 & -3 & -1 \end{pmatrix}$$

per la quale si ha $\mathrm{sign}(\overline{A}) = (2, 1)$. Poiché $\det A = -8$, si deduce subito che $\mathrm{sign}(A) = (1, 1)$. La conica $\mathcal{C}$ è dunque un'iperbole e la sua forma canonica affine ha equazione $x^2 - y^2 + 1 = 0$.

Per determinare la forma canonica metrica, utilizziamo le considerazioni svolte nella Nota successiva all'Esercizio 4.80. Poiché $\mathrm{tr} A = -2$, il polinomio caratteristico di A è $t^2 + 2t - 8$ e dunque gli autovalori di A sono 2 e -4. La conica è dunque metricamente equivalente all'iperbole rappresentata dalla matrice $\overline{A'} = \begin{pmatrix} c & 0 & 0 \\ 0 & 2 & 0 \\ 0 & 0 & -4 \end{pmatrix}$

dove c è determinato dalla condizione $\det \overline{A'} = \det \overline{A}$, ossia $-8c = -24$ e dunque $c = 3$. La forma canonica metrica di $\mathcal{C}$ risulta così avere equazione $\frac{2}{3}x^2 - \frac{4}{3}y^2 + 1 = 0$.

Esercizio 4.82

Al variare di α in $\mathbb{R}$ si consideri la conica $\mathcal{C}_\alpha$ di $\mathbb{R}^2$ di equazione

$$x^2 + \alpha y^2 + 2(1 - \alpha)x - 2\alpha y + \alpha + 1 = 0.$$

(a) Si determini il tipo affine di $\mathcal{C}_\alpha$ al variare di α in $\mathbb{R}$.

(b) Si determinino i valori di $\alpha \in \mathbb{R}$ per i quali $\mathcal{C}_\alpha$ è metricamente equivalente alla conica $\mathcal{D}$ di equazione $3x^2 + y^2 - 6x - 2y + 1 = 0$.

Soluzione   (a) La conica $\mathcal{C}_\alpha$ è rappresentata dalla matrice

$$\overline{A_\alpha} = \begin{pmatrix} 1+\alpha & 1-\alpha & -\alpha \\ 1-\alpha & 1 & 0 \\ -\alpha & 0 & \alpha \end{pmatrix}.$$

Per determinare il tipo affine di $\mathcal{C}_\alpha$ è sufficiente calcolare $\text{sign}(\overline{A_\alpha})$ e $\text{sign}(A_\alpha)$. Poiché

$$\text{tr}A_\alpha = 1+\alpha, \quad \det A_\alpha = \alpha, \quad \det \overline{A_\alpha} = \alpha^2(2-\alpha),$$

si ottiene:

- se $\alpha < 0$, dopo aver moltiplicato per -1 l'equazione di $\mathcal{C}_\alpha$ si ha che $\text{sign}(-A_\alpha) = (1,1)$ e $\text{sign}(-\overline{A_\alpha}) = (2,1)$, per cui $\mathcal{C}_\alpha$ è un'iperbole;
- se $\alpha = 0$, la matrice $\overline{A_0}$ ha rango 1, per cui $\mathcal{C}_0$ è doppiamente degenere (in effetti la sua equazione risulta $(x+1)^2 = 0$);
- se $0 < \alpha < 2$, si ha $\text{sign}(A_\alpha) = (2,0)$ e $\text{sign}(\overline{A_\alpha}) = (3,0)$, per cui $\mathcal{C}_\alpha$ è un'ellisse immaginaria;
- se $\alpha = 2$, si ha $\text{sign}(A_2) = (2,0)$ e $\text{sign}(\overline{A_2}) = (2,0)$, per cui $\mathcal{C}_2$ è una conica semplicemente degenere il cui supporto reale è costituito da un unico punto;
- se $\alpha > 2$, si ha $\text{sign}(A_\alpha) = (2,0)$ e $\text{sign}(\overline{A_\alpha}) = (2,1)$, e allora $\mathcal{C}_\alpha$ è un'ellisse reale.

(b) Per il Teorema 1.8.8 di classificazione metrica le coniche $\mathcal{C}_\alpha$ e $\mathcal{D}$ sono metricamente equivalenti se e solo se hanno la stessa forma canonica metrica. Pertanto un modo di risolvere l'esercizio sarebbe quello di determinare le rispettive forme canoniche e poi confrontarle.

Peraltro nella Nota successiva all'Esercizio 4.80 abbiamo visto che è possibile determinare la forma canonica metrica di una conica non degenere attraverso la conoscenza di $\text{tr}A$, $\det A$ e $\det \overline{A}$. Adattando quelle considerazioni al problema di decidere se due coniche $\mathcal{C}$ e $\mathcal{D}$ di equazioni rispettivamente ${}^t\widetilde{X}\overline{A}\widetilde{X} = 0$ e ${}^t\widetilde{X}\overline{A'}\widetilde{X} = 0$ sono metricamente equivalenti, osserviamo che, se esiste un'isometria $\varphi(X) = MX + N$ che trasforma $\mathcal{D}$ in $\mathcal{C}$, allora esiste un numero reale $\rho \neq 0$ tale che ${}^t\overline{M}_N\overline{A}\,\overline{M}_N = \rho\overline{A'}$. Essendo M ortogonale, la matrice A è simile alla matrice $\rho A'$ e dunque $\text{tr}A = \rho \text{tr}A'$ e $\det A = \rho^2 \det A'$. Inoltre, poiché $\det \overline{M}_N = \pm 1$, si ha $\det \overline{A} = \rho^3 \det \overline{A'}$. Se ad esempio $\text{tr}A \neq 0$, risultano così invarianti per isometria, o *invarianti metrici*, le quantità $\dfrac{\det A}{(\text{tr}A)^2}$ e $\dfrac{\det \overline{A}}{(\text{tr}A)^3}$.

D'altra parte se esiste $\rho \neq 0$ tale che $\text{tr}A = \rho\text{tr}A'$, $\det A = \rho^2 \det A'$ e $\det \overline{A} = \rho^3 \det \overline{A'}$, a meno di dividere per ρ l'equazione di $\mathcal{C}$ possiamo supporre che la terna $(\text{tr}A, \det A, \det \overline{A})$ coincida con la terna $(\text{tr}A', \det A', \det \overline{A'})$. Per quanto ricordato sopra, se $\mathcal{C}$ e $\mathcal{D}$ non sono degeneri, possiamo allora concludere che esse hanno la stessa forma canonica metrica e quindi per transitività sono metricamente equivalenti.

Tornando al caso concreto dell'esercizio, la conica $\mathcal{D}$ è rappresentata dalla matrice

$$\overline{A}' = \begin{pmatrix} 1 & -3 & -1 \\ -3 & 3 & 0 \\ -1 & 0 & 1 \end{pmatrix}$$

per la quale si ha $\mathrm{tr}A' = 4$, $\det A' = 3$ e $\det \overline{A}' = -9$. Ne segue subito che $\mathcal{D}$ è non degenere e, più precisamente, che è un'ellisse reale.

Vediamo dunque per quali valori di α esiste $\rho \neq 0$ tale che $\mathrm{tr}A_\alpha = \rho\,\mathrm{tr}A'$, $\det A_\alpha = \rho^2 \det A'$ e $\det \overline{A_\alpha} = \rho^3 \det \overline{A'}$, ossia tale che

$$1 + \alpha = 4\rho, \quad \alpha = 3\rho^2, \quad \alpha^2(2 - \alpha) = -9\rho^3.$$

Con facili calcoli si ricava che gli unici valori che soddisfano le tre equazioni sono $\rho = 1$ e $\alpha = 3$. Pertanto per le considerazioni precedenti l'unica conica della famiglia metricamente equivalente a $\mathcal{D}$ è la conica $\mathcal{C}_3$ di equazione $x^2 + 3y^2 - 4x - 6y + 4 = 0$.

Esercizio 4.83

Si verifichi che la conica $\mathcal{C}$ ottenuta come intersezione del piano H di $\mathbb{R}^3$ di equazione $x + y + z = 0$ e della quadrica di $\mathcal{Q}$ di $\mathbb{R}^3$ di equazione

$$f(x, y, z) = xy - 2xz + yz + 2x - y + 2z - 1 = 0$$

è un'iperbole e se ne determinino il centro e gli asintoti.

Soluzione I punti di H sono del tipo $(x, y, -x - y)$ e l'applicazione $\varphi \colon H \to L = \{z = 0\}$ definita da $\varphi(x, y, -x - y) = (x, y, 0)$ è un isomorfismo affine che permette di utilizzare su H il sistema di coordinate affini (x, y) di L. Rispetto a tale sistema di coordinate la conica $\mathcal{C} = \mathcal{Q} \cap H$ ha equazione

$$g(x, y) = f(x, y, -x - y) = 2x^2 - y^2 + 2xy - 3y - 1 = 0.$$

Equivalentemente possiamo pensare $g(x, y) = 0$ come l'equazione della conica $\mathcal{C}' = \varphi(\mathcal{C})$ del piano $z = 0$.

Poiché φ è un isomorfismo affine, per determinare il tipo affine di $\mathcal{C}$ è sufficiente determinare quello della conica $\mathcal{C}'$ rappresentata dalla matrice simmetrica

$$\overline{A}' = \left(\begin{array}{c|c} c' & {}^t B' \\ \hline B' & A' \end{array} \right) = \begin{pmatrix} -2 & 0 & -3 \\ 0 & 4 & 2 \\ -3 & 2 & -2 \end{pmatrix}.$$

Poiché $\det A' = -12$ e $\det \overline{A}' \neq 0$, si riconosce subito che $\mathcal{C}'$ è un'iperbole e dunque anche $\mathcal{C}$ lo è.

Visto che $\mathcal{C}'$ è una conica a centro e che il concetto di centro è invariante per affinità, anche $\mathcal{C}$ è una conica a centro e, più precisamente, l'isomorfismo affine φ trasforma il centro di $\mathcal{C}$ nel centro di $\mathcal{C}'$.

Risolvendo il sistema lineare $A' \begin{pmatrix} x \\ y \end{pmatrix} = \begin{pmatrix} 0 \\ 3 \end{pmatrix}$ si ricava che il centro di $\mathcal{C}'$ è il punto $\left(\frac{1}{2}, -1\right)$; pertanto il centro di $\mathcal{C}$ è il punto $\varphi^{-1}\left(\frac{1}{2}, -1\right) = \left(\frac{1}{2}, -1, \frac{1}{2}\right)$.

Anche il concetto di asintoto è invariante per affinità per cui possiamo calcolare gli asintoti di $\mathcal{C}$ come i trasformati degli asintoti di $\mathcal{C}'$ attraverso l'isomorfismo affine φ^{-1}. Ora, i punti all'infinito di $\mathcal{C}'$ sono $R = [0, \sqrt{3}-1, 2]$ e $S = [0, -\sqrt{3}-1, 2]$. Calcolando $\mathrm{pol}_{\overline{\mathcal{C}'}}(R)$ e $\mathrm{pol}_{\overline{\mathcal{C}'}}(S)$, risulta che gli asintoti di $\mathcal{C}'$ sono le rette di equazione

$$4\sqrt{3}\,x + (2\sqrt{3}-6)y - 6 = 0 \quad \text{e} \quad 4\sqrt{3}\,x + (2\sqrt{3}+6)y + 6 = 0$$

(che si intersecano nel centro $\left(\frac{1}{2}, -1\right)$). Dunque gli asintoti di $\mathcal{C}$ sono le rette di $\mathbb{R}^3$ di equazioni

$$\begin{cases} 4\sqrt{3}\,x + (2\sqrt{3}-6)y - 6 = 0 \\ x + y + z = 0 \end{cases} \qquad \begin{cases} 4\sqrt{3}\,x + (2\sqrt{3}+6)y + 6 = 0 \\ x + y + z = 0 \end{cases}.$$

Esercizio 4.84

Per $i = 1, \ldots, 5$ si determini il tipo affine della quadrica $\mathcal{Q}_i$ di $\mathbb{R}^3$ di equazione $f_i(x, y, z) = 0$ dove:

(a) $f_1(x, y, z) = x^2 + 3y^2 + z^2 + 2yz - 2x - 4y + 2$;

(b) $f_2(x, y, z) = 2x^2 - y^2 - 2z^2 + xy - 3xz + 3yz - x - 4y + 7z - 3$;

(c) $f_3(x, y, z) = x^2 + y^2 - 2xy - 4x - 4y - 2z + 4$;

(d) $f_4(x, y, z) = 2x^2 + y^2 - 2z^2 + 2xz - 10x - 4y + 10z - 6$;

(e) $f_5(x, y, z) = 4x^2 + y^2 + z^2 - 4xy + 4xz - 2yz - 4x + 2y - 2z + 1$.

Soluzione   (a) Usando la convenzione fissata in 1.8.5, la quadrica $\mathcal{Q}_1$ è rappresentata dalla matrice

$$\overline{A_1} = \begin{pmatrix} 2 & -1 & -2 & 0 \\ -1 & 1 & 0 & 0 \\ -2 & 0 & 3 & 1 \\ 0 & 0 & 1 & 1 \end{pmatrix}.$$

Si ha $\det A_1 = 2$, $\det \overline{A_1} = -2$, $\mathrm{sign}(A_1) = (3, 0)$ e $\mathrm{sign}(\overline{A_1}) = (3, 1)$. Dalla Tabella 1.2 (cfr. 1.8.8) si deduce dunque che $\mathcal{Q}_1$ è un ellissoide reale.

(b) La matrice

$$\overline{A_2} = \begin{pmatrix} -6 & -1 & -4 & 7 \\ -1 & 4 & 1 & -3 \\ -4 & 1 & -2 & 3 \\ 7 & -3 & 3 & -4 \end{pmatrix},$$

che rappresenta $\mathcal{Q}_2$, ha rango 2. La retta di equazioni $x = 0, z = 0$ interseca $\mathcal{Q}_2$ esattamente nei punti $M = (0, -1, 0)$ e $N = (0, -3, 0)$, e in particolare non è contenuta nella quadrica. Ciò assicura che il supporto di $\mathcal{Q}_2$ è unione di due piani distinti. Tali piani sono allora i piani tangenti a Q_2 rispettivamente in M e N. Troviamo così che la quadrica si spezza nei piani $T_M(Q_2) = \{x + y - 2z + 1 = 0\}$ e $T_N(Q_2) = \{2x - y + z - 3 = 0\}$. Alternativamente si può calcolare la retta dei punti singolari $\mathrm{Sing}(Q_2)$ e poi individuare le componenti irriducibili della quadrica come i piani $L(\mathrm{Sing}(Q_2), M)$ e $L(\mathrm{Sing}(Q_2), N)$.

(c) Sia $\overline{A_3}$ la matrice simmetrica che rappresenta Q_3. Possiamo evidentemente riconoscere il tipo affine di Q_3 osservando che $\mathrm{rk}\,\overline{A_3} = 3$ e $\det A_3 = 0$, per cui Q_3 è un cilindro: infatti, essendo degenere, Q_3 è un cono oppure un cilindro, ma la possibilità che sia un cono è esclusa dall'Esercizio 4.68. Più precisamente, poiché la conica $\overline{Q_3} \cap H_0$ ha equazione $x_1^2 + x_2^2 - 2x_1 x_2 = (x_1 - x_2)^2 = 0$ ed è quindi una retta doppia, deduciamo che Q_3 è un cilindro parabolico.

Alla stessa conclusione si può giungere ad esempio osservando che la derivata rispetto a z del polinomio f_3 non si annulla mai e dunque nessun punto di Q_3 è singolare. In particolare il punto $R = (0, 0, 2)$ è un punto liscio della quadrica. Calcolando $\mathrm{pol}_{\overline{Q_3}}([1, 0, 0, 2])$, otteniamo che il piano tangente $T_R(Q_3)$ ha equazione $2x + 2y + z - 2 = 0$.

Controlliamo la natura della conica $Q_3 \cap T_R(Q_3)$ procedendo come nell'Esercizio 4.83. L'immagine di $Q_3 \cap T_R(Q_3)$ sul piano $z = 0$ attraverso l'isomorfismo affine $(x, y, -2x - 2y + 2) \mapsto (x, y, 0)$ è la conica di equazione

$$g_3(x, y) = f_3(x, y, -2x - 2y + 2) = (x - y)^2 = 0.$$

Tale conica, e dunque anche $Q_3 \cap T_R(Q_3)$, è una retta doppia, per cui R è un punto parabolico. Allora (cfr. 1.8.4) necessariamente Q_3 è una quadrica di rango 3, ossia un cono o un cilindro. Avendo già osservato che nessun punto della quadrica affine è singolare, evidentemente Q_3 è un cilindro. Poiché la sua quadrica all'infinito è una retta doppia, la quadrica è un cilindro parabolico.

(d) La matrice simmetrica $\overline{A_4}$ che rappresenta Q_4 ha determinante nullo mentre $\det A_4 \neq 0$. L'Esercizio 4.68 assicura allora che Q_4 è un cono (in effetti si calcola facilmente che $\mathrm{Sing}(\overline{Q_4}) = \{[1, 1, 2, 3]\}$ per cui Q_4 è un cono di vertice $V = (1, 2, 3)$). Per decidere se si tratta di un cono reale o immaginario, basta vedere se il supporto della quadrica contiene almeno un altro punto reale oltre V. Ad esempio la retta di equazioni $x = z = 0$ interseca Q_4 nei punti $(0, y, 0)$ con y soluzione dell'equazione $y^2 - 4y - 6 = 0$. Poiché tale equazione ha due radici reali distinte, si riconosce che Q_4 è un cono reale.

Allo stesso risultato si poteva evidentemente arrivare calcolando che $\mathrm{sign}(A_4) = (2, 1)$ e $\mathrm{sign}(\overline{A_4}) = (2, 1)$ e utilizzando la Tabella 1.2 di 1.8.8.

(e) La matrice simmetrica $\overline{A_5}$ che rappresenta Q_5 ha rango 1, per cui la quadrica è un piano doppio. Poiché tale piano coincide con il luogo singolare della quadrica, per determinarlo basta calcolare $\mathrm{Sing}(Q_5)$ che risulta essere il piano di equazione $2x - y + z - 1 = 0$.

Esercizio 4.85

Si considerino le quadriche $\mathcal{Q}_1$ e $\mathcal{Q}_2$ di $\mathbb{R}^3$ rispettivamente di equazione

$$x^2 + 3y^2 + 3z^2 + 2yz - 2x = 0 \quad e \quad x^2 + y^2 + 2z^2 - 2xy + 3z - x - y + 1 = 0.$$

Si verifichi che sono quadriche non degeneri e se ne determinino il tipo affine e i piani principali.

Soluzione La quadrica $\mathcal{Q}_1$ è rappresentata dalla matrice

$$\overline{A_1} = \begin{pmatrix} 0 & -1 & 0 & 0 \\ -1 & 1 & 0 & 0 \\ 0 & 0 & 3 & 1 \\ 0 & 0 & 1 & 3 \end{pmatrix}.$$

Poiché A_1 è definita positiva e $\det \overline{A_1} < 0$, si deduce che la quadrica è un ellissoide reale.

Una volta scoperto che A_1 è definita positiva, si poteva arrivare alla stessa conclusione anche in un altro modo. Infatti la conica impropria di $\mathcal{Q}_1$, essendo rappresentata dalla matrice definita positiva A_1, è priva di punti reali. Pertanto $\mathcal{Q}_1$ può solo essere un ellissoide reale o un ellissoide immaginario o un cono immaginario. Ma $\mathcal{Q}_1$ non può essere un ellissoide immaginario né un cono immaginario perché l'origine è un punto liscio del supporto.

Per calcolare i piani principali di $\mathcal{Q}_1$ vediamo che A_1 ha autovalori $1, 2, 4$ e che gli autospazi relativi sono le rette generate rispettivamente dai vettori $(1, 0, 0)$, $(0, 1, -1)$ e $(0, 1, 1)$. Calcolando dunque le polari rispetto a $\overline{\mathcal{Q}_1}$ dei punti $[0, 1, 0, 0]$, $[0, 0, 1, -1]$ e $[0, 0, 1, 1]$ otteniamo che la quadrica ha come piani principali i piani di equazione $x = 1$, $y - z = 0$ e $y + z = 0$.

Dall'esame della matrice

$$\overline{A_2} = \begin{pmatrix} 2 & -1 & -1 & 3 \\ -1 & 2 & -2 & 0 \\ -1 & -2 & 2 & 0 \\ 3 & 0 & 0 & 4 \end{pmatrix}$$

si ricava facilmente che $\mathcal{Q}_2$ è un paraboloide ellittico ($\det A_2 = 0$ e $\det \overline{A_2} < 0$, cfr. 1.8.8).

La matrice A_2 ha, oltre all'autovalore nullo, l'autovalore 4 di molteplicità 2 e gli autovettori relativi a 4 sono tutti i vettori non nulli del tipo $(a, -a, b)$. Calcolando la polare rispetto a $\overline{\mathcal{Q}_2}$ di $[0, a, -a, b]$ risulta pertanto che i piani principali per $\mathcal{Q}_2$ sono tutti e soli i piani di equazione $4ax - 4ay + 4bz + 3b = 0$ al variare dei parametri reali a, b non entrambi nulli.

Per completare lo studio della quadrica $\mathcal{Q}_2$ osserviamo che l'asse del paraboloide è l'intersezione di due qualsiasi piani principali distinti, ad esempio quelli di equazione $x - y = 0$ e $4z + 3 = 0$; intersecando l'asse con $\mathcal{Q}_2$ si trova che il vertice del paraboloide è il punto $\left(-\frac{1}{16}, -\frac{1}{16}, -\frac{3}{4} \right)$.

Nota. Il metodo basato sullo studio della conica all'infinito usato per il riconoscimento del tipo affine della quadrica $\mathcal{Q}_1$ può essere utilizzato per determinare il tipo affine di qualsiasi quadrica $\mathcal{Q}$ non degenere. Infatti, denotata con $\mathcal{Q}_\infty = \overline{\mathcal{Q}} \cap H_0$ la conica all'infinito, si ha:

- se $\mathcal{Q}_\infty$ è irriducibile con supporto reale vuoto, allora $\mathcal{Q}$ è un ellissoide reale o immaginario (per decidere se è reale basta trovare un punto reale nel supporto);
- se $\mathcal{Q}_\infty$ è irriducibile con supporto reale non vuoto, allora $\mathcal{Q}$ è un iperboloide iperbolico o ellittico (fatto che può essere deciso ad esempio studiando la natura di un punto della quadrica);
- se $\mathcal{Q}_\infty$ è una coppia di rette reali distinte, allora $\mathcal{Q}$ è un paraboloide iperbolico;
- se $\mathcal{Q}_\infty$ è una coppia di rette complesse immaginarie coniugate, allora $\mathcal{Q}$ è un paraboloide ellittico.

Esercizio 4.86

Sia $\mathcal{Q}$ la quadrica di $\mathbb{R}^3$ di equazione

$$f(x,y,z) = 2y^2 - x^2 + 2yz + 2z^2 - 3 = 0.$$

Si determinino tutte le rette di $\mathbb{R}^3$ contenute in $\mathcal{Q}$ e passanti per il punto $P = (1, \sqrt{2}, 0)$ di $\mathcal{Q}$.

Soluzione La quadrica $\mathcal{Q}$ è rappresentata dalla matrice simmetrica

$$\overline{A} = \begin{pmatrix} -3 & 0 & 0 & 0 \\ 0 & -1 & 0 & 0 \\ 0 & 0 & 2 & 1 \\ 0 & 0 & 1 & 2 \end{pmatrix}.$$

Poiché $\det \overline{A} = 9$, la quadrica è non degenere. Più precisamente si vede che $\det A = -3$, $\text{sign}(A) = (2,1)$ e $\text{sign}(\overline{A}) = (2,2)$. Dalla Tabella 1.2 di 1.8.8 si deduce che $\mathcal{Q}$ è un iperboloide iperbolico.

Essendo dunque P un punto iperbolico, per tale punto passano due rette reali distinte contenute in $\mathcal{Q}$; possiamo trovarle determinando le componenti della conica degenere $\mathcal{Q} \cap T_P(\mathcal{Q})$.

Con facili calcoli si vede che $\nabla f = (-2x, 4y + 2z, 2y + 4z)$ e dunque $\nabla f(P) = (-2, 4\sqrt{2}, 2\sqrt{2})$. Pertanto $T_P(\mathcal{Q})$ ha equazione $-2(x-1) + 4\sqrt{2}(y - \sqrt{2}) + 2\sqrt{2}z = 0$, ossia $x - 2\sqrt{2}y - \sqrt{2}z + 3 = 0$.

L'immagine della conica degenere $\mathcal{C} = \mathcal{Q} \cap T_P(\mathcal{Q})$ sul piano $x = 0$ attraverso la proiezione p tale che

$$(2\sqrt{2}y + \sqrt{2}z - 3, y, z) \mapsto (0, y, z)$$

è la conica degenere $\mathcal{C}'$ di equazione

$$g(y,z) = f(2\sqrt{2}y + \sqrt{2}z - 3, y, z) = -6y^2 - 6yz + 12\sqrt{2}y + 6\sqrt{2}z - 12 = 0,$$

rappresentata ad esempio dalla matrice

$$\overline{A} = \begin{pmatrix} 4 & -2\sqrt{2} & -\sqrt{2} \\ -2\sqrt{2} & 2 & 1 \\ -\sqrt{2} & 1 & 0 \end{pmatrix}.$$

Sapendo che $\mathcal{C}'$ è l'unione di due rette distinte che si intersecano in $p(1, \sqrt{2}, 0) = (\sqrt{2}, 0)$, si trova facilmente che le componenti di $\mathcal{C}'$ sono le rette del piano $x = 0$ di equazioni $y - \sqrt{2} = 0$ e $y + z - \sqrt{2} = 0$. Pertanto le componenti irriducibili di $\mathcal{C}$ sono le rette di $\mathbb{R}^3$ di equazioni

$$\begin{cases} y - \sqrt{2} = 0 \\ x - 2\sqrt{2}y - \sqrt{2}z + 3 = 0 \end{cases} \qquad \begin{cases} y + z - \sqrt{2} = 0 \\ x - 2\sqrt{2}y - \sqrt{2}z + 3 = 0 \end{cases},$$

che sono le rette cercate.

Esercizio 4.87 ——

Siano $r, s \subseteq \mathbb{R}^3$ rette sghembe, sia d l'usuale distanza euclidea di $\mathbb{R}^3$, e si consideri l'insieme

$$X = \{P \in \mathbb{R}^3 \mid d(P, r) = d(P, s)\}.$$

Sia inoltre $l \subseteq \mathbb{R}^3$ l'unica retta che interseca sia r sia s e ha direzione ortogonale sia alla direzione di r sia alla direzione di s, e siano $Q_1 = r \cap l$, $Q_2 = s \cap l$.

(a) Si mostri che X è il supporto di un paraboloide iperbolico $\mathcal{Q}$.

(b) Si mostri che l è l'asse di $\mathcal{Q}$, e che il vertice di $\mathcal{Q}$ coincide con il punto medio del segmento di estremi Q_1 e Q_2.

(c) Si mostri che $\mathcal{Q}$ è metricamente equivalente alla quadrica $\mathcal{Q}'$ di equazione $x^2 - y^2 - 2z = 0$ se e solo se le direzioni di r e s sono ortogonali e $d(Q_1, Q_2) = 1$.

Soluzione   (a) È facile verificare che, a meno di cambiare coordinate tramite isometrie di $\mathbb{R}^3$, si può supporre che r abbia equazioni $x = y = 0$. Tramite una rotazione intorno a r ed una traslazione nella direzione z (trasformazioni che lasciano invariata r) è poi possibile portare s in una retta di equazioni $x - a = z - by = 0$ per qualche $a > 0$, $b \in \mathbb{R}$, per cui supporremo d'ora in poi che r ed s siano definite dalle equazioni appena descritte. Osserviamo che nelle coordinate scelte la retta l ha equazione $y = z = 0$ ed interseca r (risp. s) nel punto $Q_1 = (0, 0, 0)$ (risp. $Q_2 = (a, 0, 0)$).

Se $P \in \mathbb{R}^3$ ha coordinate $(\hat{x}, \hat{y}, \hat{z})$, si ha ovviamente

$$d(P, r)^2 = \hat{x}^2 + \hat{y}^2. \tag{4.8}$$

Inoltre, poiché la retta s ammette la parametrizzazione $t \mapsto (a, t, bt)$, $t \in \mathbb{R}$, il quadrato della distanza di P da s coincide con il minimo di $(\hat{x}-a)^2 + (\hat{y}-t)^2 + (\hat{z}-bt)^2$ al variare di t in $\mathbb{R}$. Un semplice calcolo mostra allora che si ha

$$d(P, s)^2 = (\hat{x} - a)^2 + \hat{y}^2 + \hat{z}^2 - \frac{(\hat{y} + b\hat{z})^2}{1 + b^2}. \tag{4.9}$$

Confrontando (4.8) e (4.9) si ottiene dunque che X coincide con il supporto della quadrica $\mathcal{Q}$ di equazione

$$y^2 - z^2 + 2byz + 2a(1 + b^2)x - a^2(1 + b^2) = 0.$$

Verifichiamo che $\mathcal{Q}$ è un paraboloide iperbolico. Poiché $\mathcal{Q}$ è rappresentata dalla matrice simmetrica

$$\overline{A} = \begin{pmatrix} -a^2(1 + b^2) & a(1 + b^2) & 0 & 0 \\ a(1 + b^2) & 0 & 0 & 0 \\ 0 & 0 & 1 & b \\ 0 & 0 & b & -1 \end{pmatrix},$$

la tesi segue dal fatto che $\det A = 0$ e $\det \overline{A} = a^2(1 + b^2)^3 > 0$ (cfr. 1.8.8).

(b) Ricordiamo che un iperpiano $H \subseteq \mathbb{R}^3$ è principale se e solo se $\overline{H} = \mathrm{pol}_{\overline{\mathcal{Q}}}(P)$ per qualche $P = [0, p_1, \ldots, p_n]$ tale che il vettore $(p_1, \ldots, p_n)$ sia autovettore per A relativo ad un autovalore non nullo (cfr. 1.8.6). È facile verificare che A ammette gli autovalori $\lambda_1 = 0$, $\lambda_2 = \sqrt{1 + b^2}$, $\lambda_3 = -\sqrt{1 + b^2}$. Inoltre, se $b = 0$ gli autospazi relativi a $\lambda_2 = 1$ e $\lambda_3 = -1$ sono generati rispettivamente da $(0, 1, 0)$ e $(0, 0, 1)$, per cui $\mathcal{Q}$ ammette due iperpiani principali H_1, H_2, aventi equazioni rispettivamente $y = 0$ e $z = 0$. Se invece $b \neq 0$, gli autospazi relativi a λ_2 e λ_3 sono generati rispettivamente da $(0, b, \sqrt{1 + b^2} - 1)$ e $(0, b, -\sqrt{1 + b^2} - 1)$, per cui i due iperpiani principali H_1, H_2 di $\mathcal{Q}$ hanno equazione rispettivamente

$$by + \left(\sqrt{1 + b^2} - 1\right)z = 0, \qquad by - \left(\sqrt{1 + b^2} + 1\right)z = 0.$$

Poiché in ogni caso $H_1 \cap H_2 = l$, l'asse di $\mathcal{Q}$ coincide con l, come voluto. Inoltre, mettendo a sistema le equazioni di l con l'equazione di $\mathcal{Q}$ si ottiene immediatamente che il vertice $V = \mathcal{Q} \cap l$ di $\mathcal{Q}$ ha coordinate $\left(\frac{a}{2}, 0, 0\right)$, e coincide pertanto con il punto medio del segmento di estremi Q_1, Q_2.

(c) Osserviamo innanzi tutto che $d(Q_1, Q_2) = a$, e che le direzioni di r e s sono ortogonali se e solo se $b = 0$.

Supponiamo ora che $\mathcal{Q}$ sia metricamente equivalente alla quadrica $\mathcal{Q}'$, che è rappresentata dalla matrice

$$\overline{B} = \begin{pmatrix} 0 & 0 & 0 & -1 \\ 0 & 1 & 0 & 0 \\ 0 & 0 & -1 & 0 \\ -1 & 0 & 0 & 0 \end{pmatrix}.$$

Ragionando come nella Nota successiva all'Esercizio 4.80, dal fatto che $\mathcal{Q}$ e $\mathcal{Q}'$ sono metricamente equivalenti si deduce che $\det \overline{A} = \det \overline{B}$, e che le matrici A e B sono simili. In particolare, gli autovalori di A devono coincidere con quelli di B, che sono $0, 1$ e -1. Per quanto visto nella soluzione di (b), ciò implica $b = 0$, ovvero che le direzioni di r e di s sono ortogonali. Poiché $\det \overline{B} = 1$ e $\det \overline{A} = a^2(1 + b^2)^3$, quando $b = 0$ la condizione $\det \overline{A} = \det \overline{B}$ ed il fatto che $a > 0$ implicano che $a = 1$. Dunque $d(Q_1, Q_2) = a = 1$.

Viceversa, se $b = 0$ e $a = 1$ la quadrica $\mathcal{Q}$ ha equazione $y^2 - z^2 + 2x - 1 = 0$. Se $\varphi \colon \mathbb{R}^3 \to \mathbb{R}^3$ è l'isometria definita da $\varphi(x, y, z) = \left(-z + \frac{1}{2}, x, y\right)$, si ha allora $\varphi(\mathcal{Q}') = \mathcal{Q}$, per cui $\mathcal{Q}$ e $\mathcal{Q}'$ sono metricamente equivalenti.

Elenco dei simboli

Indice analitico

Collana Unitext – La Matematica per il 3+2

A cura di:
A. Quarteroni (Editor-in-Chief)
L. Ambrosio
P. Biscari
C. Ciliberto
G. Rinaldi
W.J. Runggaldier

Editor in Springer:
F. Bonadei
francesca.bonadei@springer.com

Volumi pubblicati. A partire dal 2004, i volumi della serie sono contrassegnati da un numero di identificazione. I volumi indicati in grigio si riferiscono a edizioni non più in commercio.

A. Bernasconi, B. Codenotti
Introduzione alla complessità computazionale
1998, X+260 pp, ISBN 88-470-0020-3

A. Bernasconi, B. Codenotti, G. Resta
Metodi matematici in complessità computazionale
1999, X+364 pp, ISBN 88-470-0060-2

E. Salinelli, F. Tomarelli
Modelli dinamici discreti
2002, XII+354 pp, ISBN 88-470-0187-0

S. Bosch
Algebra
2003, VIII+380 pp, ISBN 88-470-0221-4

S. Graffi, M. Degli Esposti
Fisica matematica discreta
2003, X+248 pp, ISBN 88-470-0212-5

S. Margarita, E. Salinelli
MultiMath - Matematica Multimediale per l'Università
2004, XX+270 pp, ISBN 88-470-0228-1

A. Quarteroni, R. Sacco, F.Saleri
Matematica numerica (2a Ed.)
2000, XIV+448 pp, ISBN 88-470-0077-7
2002, 2004 ristampa riveduta e corretta
(1a edizione 1998, ISBN 88-470-0010-6)

13. A. Quarteroni, F. Saleri
Introduzione al Calcolo Scientifico (2a Ed.)
2004, X+262 pp, ISBN 88-470-0256-7
(1a edizione 2002, ISBN 88-470-0149-8)

14. S. Salsa
Equazioni a derivate parziali - Metodi, modelli e applicazioni
2004, XII+426 pp, ISBN 88-470-0259-1

15. G. Riccardi
Calcolo differenziale ed integrale
2004, XII+314 pp, ISBN 88-470-0285-0

16. M. Impedovo
Matematica generale con il calcolatore
2005, X+526 pp, ISBN 88-470-0258-3

17. L. Formaggia, F. Saleri, A. Veneziani
Applicazioni ed esercizi di modellistica numerica
per problemi differenziali
2005, VIII+396 pp, ISBN 88-470-0257-5

18. S. Salsa, G. Verzini
Equazioni a derivate parziali – Complementi ed esercizi
2005, VIII+406 pp, ISBN 88-470-0260-5
2007, ristampa con modifiche

19. C. Canuto, A. Tabacco
Analisi Matematica I (2a Ed.)
2005, XII+448 pp, ISBN 88-470-0337-7
(1a edizione, 2003, XII+376 pp, ISBN 88-470-0220-6)

20. F. Biagini, M. Campanino
Elementi di Probabilità e Statistica
2006, XII+236 pp, ISBN 88-470-0330-X

21. S. Leonesi, C. Toffalori
Numeri e Crittografia
2006, VIII+178 pp, ISBN 88-470-0331-8

22. A. Quarteroni, F. Saleri
Introduzione al Calcolo Scientifico (3a Ed.)
2006, X+306 pp, ISBN 88-470-0480-2

23. S. Leonesi, C. Toffalori
Un invito all'Algebra
2006, XVII+432 pp, ISBN 88-470-0313-X

24. W.M. Baldoni, C. Ciliberto, G.M. Piacentini Cattaneo
Aritmetica, Crittografia e Codici
2006, XVI+518 pp, ISBN 88-470-0455-1

25. A. Quarteroni
Modellistica numerica per problemi differenziali (3a Ed.)
2006, XIV+452 pp, ISBN 88-470-0493-4
(1a edizione 2000, ISBN 88-470-0108-0)
(2a edizione 2003, ISBN 88-470-0203-6)

26. M. Abate, F. Tovena
Curve e superfici
2006, XIV+394 pp, ISBN 88-470-0535-3

27. L. Giuzzi
Codici correttori
2006, XVI+402 pp, ISBN 88-470-0539-6

28. L. Robbiano
Algebra lineare
2007, XVI+210 pp, ISBN 88-470-0446-2

29. E. Rosazza Gianin, C. Sgarra
Esercizi di finanza matematica
2007, X+184 pp, ISBN 978-88-470-0610-2

30. A. Machì
Gruppi - Una introduzione a idee e metodi della Teoria dei Gruppi
2007, XII+350 pp, ISBN 978-88-470-0622-5
2010, ristampa con modifiche

31. Y. Biollay, A. Chaabouni, J. Stubbe
Matematica si parte!
A cura di A. Quarteroni
2007, XII+196 pp, ISBN 978-88-470-0675-1

32. M. Manetti
   Topologia
   2008, XII+298 pp, ISBN 978-88-470-0756-7

33. A. Pascucci
   Calcolo stocastico per la finanza
   2008, XVI+518 pp, ISBN 978-88-470-0600-3

34. A. Quarteroni, R. Sacco, F. Saleri
   Matematica numerica (3a Ed.)
   2008, XVI+510 pp, ISBN 978-88-470-0782-6

35. P. Cannarsa, T. D'Aprile
   Introduzione alla teoria della misura e all'analisi funzionale
   2008, XII+268 pp, ISBN 978-88-470-0701-7

36. A. Quarteroni, F. Saleri
   Calcolo scientifico (4a Ed.)
   2008, XIV+358 pp, ISBN 978-88-470-0837-3

37. C. Canuto, A. Tabacco
   Analisi Matematica I (3a Ed.)
   2008, XIV+452 pp, ISBN 978-88-470-0871-3

38. S. Gabelli
   Teoria delle Equazioni e Teoria di Galois
   2008, XVI+410 pp, ISBN 978-88-470-0618-8

39. A. Quarteroni
   Modellistica numerica per problemi differenziali (4a Ed.)
   2008, XVI+560 pp, ISBN 978-88-470-0841-0

40. C. Canuto, A. Tabacco
   Analisi Matematica II
   2008, XVI+536 pp, ISBN 978-88-470-0873-1
   2010, ristampa con modifiche

41. E. Salinelli, F. Tomarelli
   Modelli Dinamici Discreti (2a Ed.)
   2009, XIV+382 pp, ISBN 978-88-470-1075-8

42. S. Salsa, F.M.G. Vegni, A. Zaretti, P. Zunino
   Invito alle equazioni a derivate parziali
   2009, XIV+440 pp, ISBN 978-88-470-1179-3

La versione online dei libri pubblicati nella serie è disponibile su SpringerLink.
Per ulteriori informazioni, visitare il sito:
http://www.springer.com/series/5418

Printed in the United States
By Bookmasters